出版说明

《纺织机械与器材标准汇编》是我国纺织机械标准方面的一套系列丛书。丛书按分类分别立卷,由中国标准出版社陆续出版。

本卷共收集截至 2016 年 11 月底由国务院标准化行政主管部门和纺织行业主管部门正式批准发布的棉纺机械标准 65 项,其中国家标准 8 项,行业标准 57 项。

本汇编是一部综合性的工具书,可供棉纺机械的生产、销售单位,监督、检验检测机构,大专院校,科研院所,行业协会(学会),标准管理部门以及从事标准化工作的有关人员参考和使用。

编　者

2016 年 12 月

目　录

ICS 59.120.10
W 90

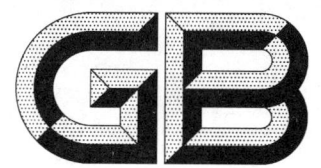

中华人民共和国国家标准

GB/T 17780.2—2012
部分代替 GB/T 17780—1999

纺织机械 安全要求
第 2 部分：纺纱准备和纺纱机械

Textile machinery—Safety requirements—
Part 2：Spinning preparatory and spinning machines

(ISO 11111-2：2005，MOD)

2012-11-05 发布

2013-06-01 实施

中华人民共和国国家质量监督检验检疫总局
中国国家标准化管理委员会 发 布

前　言

GB/T 17780《纺织机械　安全要求》分为七个部分：
——第 1 部分：通用要求；
——第 2 部分：纺纱准备和纺纱机械；
——第 3 部分：非织造布机械；
——第 4 部分：纱线和绳索加工机械；
——第 5 部分：机织和针织准备机械；
——第 6 部分：织造机械；
——第 7 部分：染整机械。

本部分为 GB/T 17780 的第 2 部分。

本部分按照 GB/T 1.1—2009、GB/T 20000.2—2009 给出的规则起草。

GB/T 17780 的本部分代替 GB/T 17780—1999《纺织机械安全要求》中的部分内容（第 7 章），未被代替的内容为"通用要求"部分和下述 5 个涉及各类设备的安全要求：非织造布机械、纱线和绳索加工机械、机织和针织准备机械、织造机械、染整机械。这些内容将分别纳入 GB/T 17780 的第 1 和第 3～7 部分。

本部分与 GB/T 17780—1999《纺织机械安全要求》中的第 7 章相比主要变化是：
a)　作为 GB/T 17780 的第 2 部分，增加了第 1～4、6、7 章。
b)　增加了"开包机和棉箱给棉机"（5.2.4）的安全要求。

本部分修改采用 ISO 11111-2:2005《纺织机械　安全要求　第 2 部分：纺纱准备和纺纱机械》。

本部分根据 ISO 11111-2:2005 重新起草。本部分与 ISO 11111-2:2005 的技术性差异是将引用的有关国际、国外标准改为对应的国家标准。

关于规范性引用文件，本部分做了具有技术性差异的调整，以适应我国的应用，具体调整如下：
——用等效采用国际标准的 GB/T 7111.1 代替 ISO 9902-1（见第 6、7 章）；
——用等效采用国际标准的 GB/T 7111.2 代替 ISO 9902-2（见第 6、7 章）；
——用等效采用国际标准 EN 349:1993 的 GB 12265.3—1997 代替 ISO 13854:1996[见 5.2.2e)]；
——用修改采用国际标准的 GB/T 17780.1—2012 代替 ISO 11111-1:2005（见第 1～7 章）；
——用等同采用国际标准的 GB/T 15706.1—2007 代替 ISO 12100-1:2003[见 5.7.8a)]；
——用等同采用国际标准的 GB/T 15706.2—2007 代替 ISO 12100-2:2003[见 5.4j)]；
——用等同采用国际标准的 GB/T 16855.1—2008 代替 ISO 13849-1:1999[见 5.2.2b)、5.41)、5.6d)]；
——用修改采用国际标准的 GB/T 18831—2010 代替 ISO 14119:1998[见 5.2.3b)]；
——用等同采用国际标准 ISO 13856-1:2001 的 GB/T 17454.1—2008 代替 EN 1760-1:1997（见 5.2.2、5.2.5）；
——用等同采用国际标准 ISO 13856-2:2001 的 GB/T 17454.2—2008 代替 EN 1760-2（见 5.2.2、5.2.5、5.6）；
——用等同采用国际标准 ISO 13856-3:2006 的 GB/T 17454.3—2008 代替 prEN 1760-3:2002[见 5.4h)]；
——用等同采用国际标准 ISO 13857:2008 的 GB 23821—2009 代替 ISO 13852:1996、ISO 13852:1998[见 5.2.3a)、5.3、5.4、5.5.3]。

为便于使用，本部分做了下列编辑性修改：

——"ISO 11111 的本部分"改为"GB/T 17780 的本部分";

——删除 ISO 11111 的前言;

——修改 ISO 11111 的引言成为本部分引言。

本部分由中国纺织工业联合会提出。

本部分由全国纺织机械与附件标准化技术委员会(SAC/TC 215)归口。

本部分起草单位:中国纺织机械器材工业协会、天津宏大纺织机械有限公司、青岛宏大纺织机械有限责任公司、经纬纺织机械有限公司榆次分公司、上海一纺机械有限公司、晋中开发区贝斯特机械制造有限公司、恒天重工股份有限公司、江苏宏源纺机股份有限公司、山西鸿基科技股份有限公司、无锡纺织机械研究所、苏州工业园区职业技术学院、邵阳纺织机械有限责任公司、上海一纺机械纺机有限公司七纺机分公司、深圳市华测检测技术股份有限公司。

本部分主要起草人:冯广轩、王莉、王静怡、亓国红、陈慧、师雅并、徐景禄、徐向红、赵基平、高小改、马丽娜、冯翠、林健、孙品、郭勇。

GB/T 17780 于 1999 年首次发布,本次为第一次修订,本次修订将 GB/T 17780 分为 7 个部分。

GB/T 17780.2—2012

引 言

国际标准 ISO 11111-1~11111-7 是由 ISO/TC 72 和 CEN/TC 214 共同制定的,并根据《维也纳协定》通过,以便于在纺织机械的设计和生产中应用相同的安全标准。

GB/T 17780.1~17780.7 修改采用 ISO 11111-1~11111-7:2005。

GB/T 17780 是为所有关心纺织机械安全的人们,如纺织机械的设计者、制造商以及系统成套供应商等而制定的,同时它也是纺织机械的使用者和安全专家所关心的。

本部分是按照 GB/T 15706.1—2007/ISO 12100-1:2003 规定的 C 类专用标准制定的。GB/T 17780 的各个部分涉及纺织行业使用的纺织机械所存在的潜在的、重要的危险因素。标准内容涵盖了所涉及的各种机器危险因素存在的范围。

当 C 类标准的规定与 A 类或 B 类标准的内容不同时,应以 C 类标准的规定为准。

对于那些在 GB/T 17780 相关章节中没有提及的机器或零部件存在的危险因素,设计者应根据 GB/T 16856/ISO 14121 的内容对其做出风险评价,并提出降低风险的方法。

本部分的内容应与 GB/T 17780.1 结合使用。本部分的要求尽可能按照 GB/T 17780.1 中的第 5 章和第 6 章进行处理。GB/T 17780.1 的第 5 章中包含了针对纺织机械频繁发生的危险及相应的安全要求和/或措施,第 6 章描述了纺织机械专件(如罗拉)和部件的主要危险及相应的安全要求和/或措施,这些安全要求和/或措施都已被本部分引用。

纺织机械　安全要求
第2部分:纺纱准备和纺纱机械

1 范围

GB/T 17780 的本部分规定了纺纱准备和纺纱机械的主要危险和相应的安全要求和/或措施。

本部分适用于开松、除杂、混合、洗毛、打包、梳棉、丝束的切断和牵切纺、梳理后道的纺纱准备工序以及纺纱中使用的所有机器、设备和相关装置。

本部分应与 GB/T 17780.1 结合使用。

2 规范性引用文件

下列文件对于本文件的应用是必不可少的。凡是注日期的引用文件,仅注日期的版本适用于本文件。凡是不注日期的引用文件,其最新版本(包括所有的修改单)适用于本文件。

GB/T 7111.1　纺织机械噪声测试规范　第1部分:通用要求(GB/T 7111.1—2002,eqv ISO 9902-1:2001)

GB/T 7111.2　纺织机械噪声测试规范　第2部分:纺前准备和纺部机械(GB/T 7111.2—2002,eqv ISO 9902-2:2001)

GB 12265.3—1997　机械安全　避免人体各部位挤压的最小间距[eqv EN 349:1993(ISO/DIS 13854)]

GB/T 15706.1—2007　机械安全　基本概念与设计通则　第1部分:基本术语和方法(ISO 12100-1:2003,IDT)

GB/T 15706.2—2007　机械安全　基本概念与设计通则　第2部分:技术原则(ISO 12100-2:2003,IDT)

GB/T 16855.1—2008　机械安全　控制系统有关安全部件　第1部分:设计通则(ISO 13849-1:2006,IDT)

GB/T 17454.1　机械安全　压敏保护装置　第1部分:压敏垫和压敏地板的设计和试验通则(GB/T 17454.1—2008,ISO 13856-1:2001,IDT)

GB/T 17454.2　机械安全　压敏保护装置　第2部分:压敏边和压敏棒的设计和试验通则(GB/T 17454.2—2008,ISO 13856-2:2005,IDT)

GB/T 17454.3　机械安全　压敏保护装置　第3部分:压敏缓冲器、压敏板、压敏线以及类似装置的设计及试验通则(GB/T 17454.3—2008,ISO 13856-3:2006,IDT)

GB/T 17780.1—2012　纺织机械　安全要求　第1部分:通用要求(ISO 11111-1:2005,MOD)

GB/T 18831—2010　机械安全　带防护装置的联锁装置　设计和选择原则(ISO 14119:1998 和 Amd.1:2007,MOD)

GB 23821—2009　机械安全　防止上下肢触及危险区的安全距离(ISO 13857:2008,IDT)

EN 795　防止高物坠落　固定装置　要求和测试(Protection against falls from a height—Anchor devices—Requirements and testing)

3 术语和定义

GB/T 17780.1界定的术语和定义适用于本文件。

4 主要危险一览

纺纱准备和纺纱机械的主要危险,因这些危险通常在其他纺织机械及零部件中也频繁发生,故列在
GB/T 17780.1—2012的第5章和第6章中,具体见本部分第5章中的"一般安全要求"。纺纱准备和纺
纱机械特有的危险见本部分第5章中的"特殊危险"。

在使用本部分之前,对具体机器已识别的主要危险进行鉴别和确认是非常重要的。

注:纺纱准备和纺纱机械的主要危险一般是与安全要求一起考虑的。

5 常见主要危险的安全要求和/或措施

5.1 通则

纺纱准备和纺纱机械应符合GB/T 17780.1—2012第5章和第6章的安全要求,具体见本章其他
条款中的"一般安全要求";同时也应符合本章中的"特殊安全要求"。

5.2 开松、除杂、混合机械

5.2.1 一般要求

用于加工纤维或再生纤维的开松、除杂、混合机械(例如混棉开包机、开包机、混棉箱、自动混棉器、
豪猪式开棉机、棉箱给棉机、卧式开包机、开清棉机、立式开包机、清棉机、给毛机、加油机、开松机、开松
除杂机、打粗纱头机、开纱头机、开碎料机、碎料打浆机,及配备有打手、大锡林、罗拉、小锡林、输送帘子、
剥棉辊、长钉、金属针布、弹性针布及其他类似机器)都是用于将纤维或废料加工成棉束。另外,还包括
向上述机器提供纤维的凝棉器。

一般安全要求:

安全要求和/或措施见表1。

表 1   有关开松、除杂、混合机械的一般安全要求

项　　目	引用GB/T 17780.1—2012条款
整机:	
——一般电气设备	5.4.2.1和5.4.2.2
——电气控制系统	5.4.2.3和6.3f)
——启动和停车	5.4.2.4
——通过设计减少风险	5.3.2
——通过安全防护装置减少危险	5.3.3
————用防护装置	表2
————用安全装置	表3
——噪声	5.4.7,第7章,8.2
——静电	5.4.4
——流体动力系统和元件	5.4.5
——物料	5.4.10
——火	5.4.11
——人体工效学	5.4.13
——特殊操作装置	5.5
——高位操作和维修	5.6
——零件的装配	5.8

表 1（续）

项　　目	引用 GB/T 17780.1—2012 条款
特殊机器零部件：	
驱动和传动装置罩	6.2
特殊危险的机器零部件	6.3
罗拉(包括清棉机的棉卷罗拉)	6.5
进入机器	6.8.4
视窗	6.9
输送带	6.10
风机(包括纤维气输送装置)	6.11
联合机	6.22

特殊危险：

机械的危险来自机器的驱动和传动部件,尤其是当其停止时间超过人身接近的时间时(例如挤压、剪切、缠绕、吸入和卷入)。

特殊风险：

在特殊操作时偶然靠近机器,特别在更换传动件、清除缠花、清洁、拆除、磨砺时,会导致高概率的严重伤害。在机械零件旋转和传动件的滑行过程中也具有特殊风险。

特殊安全要求：

传动件应设置符合 GB/T 17780.1—2012,5.3.3 规定的带防护锁的可移式联锁防护装置,这样在传动停止前,移动式的防护装置就不能被打开或移动。例如:可采用与运动传感器或定时器相结合的防护锁紧装置。即使在控制系统失灵或断电时,防护锁紧装置也能正常工作。上述防护装置可以同特殊危险零件的防护措施结合使用[见 GB/T 17780.1—2012,6.3a)]。

5.2.2　自动混棉开包机

该机带有一个转塔,该转塔可以在一个固定轨道上往复运行,一行或两行棉包与轨道平行放置,抓棉器抓臂以直角方向从转塔上水平伸出,下面装有抓棉辊。该机的工作区域比较大,在工作位置上放置补充棉包时,需要接近此时的非操作侧或非操作区。

一般安全要求：

安全要求见 5.2.1。

特殊危险：

机械危险来自抓棉辊,尤其是缠绕、卷入、吸入和碰撞,此外还自被轮子挤压。

特殊风险：

在正常操作时偶然靠近机器,尤其是从地板上收集残余散棉时,特别是在清洁或清除堵塞时,会导致低概率的严重伤害。

特殊安全要求：

a)　自动混棉开包机上应配置防护罩或保护装置,用以防止触及正在运转的抓棉辊。

b)　当与 GB/T 17780.1—2012 中 6.3 的规定不一致时,应采取下列措施之一来实现安全防护：

　　1)　可安装一个自停装置,当操作人员进入抓棉辊运转区域时,该装置可使抓棉辊立刻停止运转。例如,根据 GB/T 17780.1—2012 A.2 的要求,可在工作区域的侧面,设置如图 1 所示的有源光电保护装置(AOPD)作为自停装置。

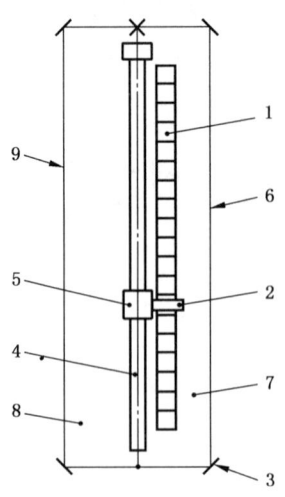

说明：

1——棉包；

2——与抓棉辊相连的抓臂；

3——镜子；

4——纤维通道；

5——转塔；

6——光束（激活的）；

7——操作区；

8——非操作区；

9——光束（减弱的）。

图 1　自动混棉开包机的安全防护装置

当两个操作区之间纤维通道的高度≥300 mm 时，可省去较低处的光束。

有源光电保护装置（AOPD）的压敏按钮开关垫和压敏按钮开关板可按照 GB/T 17454.1 的规定选用；而压敏边缘和压敏条，可按 GB/T 17454.2 的规定选用。

应设置重新启动装置，使操作人员无法在工作区内重新启动。

2)　提供一种装置，通过将抓棉辊封闭或设置一断路器，以便在人身接近之前停止抓棉辊的运转，保护正常生产状态下抓棉辊不会被棉包咬合；当抓棉器移出棉包外时，应采取措施将封闭的防护装置立即移动到抓棉辊的下方，或者使抓棉辊停止运转。或者当它提升到棉包上方时，用封闭防护装置将棉包封闭。

发生上述两种情况中的任一种情况时，控制系统与安全相关的零部件，应按 GB/T 16855.1—2008 第 6 章的规定选用 3 级或 4 级。

c)　应安装自动启动的警告信号器（见 GB/T 17780.1—2012,5.4.2.3）。

d)　应安装一个吊拉装置来支持抓棉器抓臂，防止抓臂意外落下，吊拉装置可以采用两根钢索，钢索应具有足够的强度。

e)　在操作手册中应注明：安装机器时，工作区内的移动件（例如抓臂和转塔）与固定结构件的距离应大于 500 mm（见 GB 12265.3—1997）。

f)　应在转塔运行轨道的末端设置限制转塔前行的限位装置（见 GB/T 17780.1—2012,6.21.3）。

g)　应按 GB/T 17780.1—2012 中 6.7.1 的规定保护轮子。

5.2.3 开松（开松除杂机）

一般安全要求：

安全要求见5.2.1。

特殊危险：

机械的危险来自特别危险部件，尤其是在缠绕、卷入或陷入、严重的擦伤。

特殊风险：

在清洁排杂箱和磨砺时的偶然靠近机器，会导致低概率的严重伤害。

特殊安全要求：

a) 在开松机配置排杂箱时，应严格规定箱子的开口大小、形状和位置，使它不能与开松辊相接触，有关尺寸见GB 23821。

b) 开松机应配置带联锁功能的分段防护板装置，该装置应按GB/T 18831—2010的规定带有防护锁装置，当移去防护罩，可以接近磨砺装置时，只有在磨砺装置安装就位且防护锁紧系统起作用的情况下，开松机才能启动。

5.2.4 开包机和棉箱给棉机

一般安全要求：

安全要求见5.2.1。

特殊危险：

机械的危险，来自卷绕在下罗拉上的直立式针帘，尤其是卷入和引入；以及当操作人员进入正在运行的直立式针帘和棉包之间时，会受到来自针帘上针的刺伤、挤压和擦伤。

特殊风险：

在机器处于间歇式运转的静止期间，操作人员清理位于运转中直立式针帘在喂给区前的散棉及棉卷时，偶然的进入会导致手和手臂的严重伤害，如被卷入棉包和针帘之间，会导致低概率的严重伤害。

特殊安全要求：

a) 开口（此开口针帘的喂给区使正在运行的物可被卷至下罗拉）应联锁并被可移动的防护板保护。如果停止时间超过人身接近的时间时，可移动防护板应被锁住。

b) 在棉包进入开包机的喂给区时，可以使用安装在两侧的跳闸线或跳闸杆或急停装置（蘑菇状按钮），以便人员被夹在棉包和针帘间时使用。

5.2.5 移动式棉箱倒空装置

该装置在轨道上运动，通过混棉箱除杂。为达到清洁的目的，倒空装置的上部装有一个平台。另外，为了能清理多个排列成行的棉箱，该装置可以侧向移动。

一般安全要求：

安全要求见5.2.1。

特殊危险：

机械的危险来自装有角钉的喂入帘，特别是在缠绕、卷入或吸入过程中；来自整个装置的侧向移动，特别是倒空装置和接收箱之间以及在平台和轮子旁产生的挤压和剪切；来自从平台上坠落的危险。

特殊风险：

在进行特殊操作时，偶然与危险部件靠近，也会导致低概率的严重或致命的伤害。

特殊安全要求：

a) 装有角钉喂入帘的驱动应与棉箱倒空装置的侧向移动联锁,即当棉箱倒空装置从棉箱中取出来前,喂入帘应该停止运转,或者配置棉箱侧面防护板,防止操作人员接近喂入帘,在棉箱倒空装置装入棉箱后才能启动喂入帘。

b) 除非采用了止-动控制,否则当棉箱倒空装置未装入棉箱前,喂入帘不能运转。

c) 除非在倒空装置的外边安装有自停棒或自停板,否则只能通过止-动控制,才能使棉箱倒空装置移出棉箱。

   当倒空装置装入棉箱时,棉箱的两侧和倒空装置之间将出现剪切点。因此,应采取下列保护措施之一:

   1) 根据 GB/T 17780.1—2012 中 5.3.3 的规定,应在棉箱侧面设置防护板装置;

   2) 根据 GB/T 17454.2 的规定,应在棉箱倒空装置的末端安装自停装置(例如:自停棒);

   3) 从操作位置能观察到两边时应配备止-动控制。

   轮子的防护遵循 GB/T 17780.1—2012 中 6.7.1 的规定。

d) 只有当喂入帘子停止运转或出现下述情况时,棉箱倒空装置才能从侧面进行移动:

   1) 在倒空装置的左侧安装止-动控制,控制该装置向左侧移动,右侧亦然;

   2) 根据 GB/T 17454.2 的规定,在倒空装置和棉箱边缘之间的所有剪切点都安装高度自停棒;

   3) 倒空装置和棉箱之间的距离,应大于 500 mm。

e) 安装在棉箱倒空装置的平台应符合 GB/T 17780.1—2012 中 6.13 的要求。在使用扶梯时,应确保其稳固不动(见 GB/T 17780.1—2012,5.6)。

   在棉箱倒空装置装有平台的情况下,当操作人员位于平台上时应采取措施确保从主控制位置不能移动棉箱倒空装置(例如根据 GB/T 17454.1 采用压敏垫或压敏地板,或者配置与控制装置相连可同时复位的联锁门),然而通过平台上的止-动控制,可以装入、移走倒空装置以及清理棉箱。

f) 根据 GB/T 17780.1—2012 中 6.8.4 的要求在棉箱的末端应安装紧急出口,如果操作人员可以通过该出口触及棉箱,则该出口应与喂入帘的传动装置联锁。

g) 为了维修时能安全地在棉箱的顶部操作,应满足以下两个条件之一:

   1) 根据 GB/T 17780.1—2012 中 6.13 的要求安装一个平台;

   2) 提供一个符合 EN 795 要求的固定装置,以便将安全带固定到该装置上。

h) 在操作手册中应注明在安装机器时,移动式棉箱倒空装置(包括平台),在工作区域内与固定结构件的距离不得小于 500 mm。

5.2.6 料斗倒空器

料斗(箱)的底板为一条水平传送带,通过它的运动将料箱中的原料运送到倒空区,在运行过程中倒空器固定不动,但它可以沿着侧向移动到邻近的料斗上。

装有可侧向移动料斗倒空器的棉箱的相关安全要求见 5.2.5c)、e)、f)、g),对于静止料斗倒空器棉箱的相关安全要求见 5.2.5e)、f)。

5.3 洗毛机

洗毛机采用轧水辊和洗涤轧辊(耙式)来清洗散毛。

一般安全要求:

安全要求和/或措施见表 2。

表 2 有关洗毛机的一般安全要求

项 目	引用 GB/T 17780.1—2012 条款
整机：	
一般电气设备	5.4.2.1 和 5.4.2.2
电气控制系统	5.4.2.3
启动和停车	5.4.2.4
通过设计减少风险	5.3.2
通过安全防护装置减少风险	5.3.3
——用防护装置	表 2
——用安全装置	表 3
热表面	5.4.6.1
热液体或蒸汽	5.4.6.2
火	5.4.11
人体工效学	5.4.13
特殊操作装置	5.5
零件的装配	5.8
特殊机器零部件：	
驱动和传动装置罩	6.2
罗拉	6.5
输送带	6.10

特殊危险：

机械的危险主要来自于挤压辊和清洁辊，特别是喂入和卷入，以及齿耙和固定件之间的剪切运动。

特殊风险：

在正常操作时与危险部件偶然靠近，特别是处理挤压辊上喂入不均匀的纤维和偶尔的清洁，或进行特殊操作时（例如进行保养或进行调整时），会导致低概率的中等程度或严重的伤害。

特殊安全要求：

a) 挤压辊和清洁辊的保护装置应符合 GB/T 17780.1—2012 中 6.5 的要求。这些装置可以采用装于轧辊两侧的固定式隔离防护板，并应符合 GB 23821—2009 表 1 的要求。

b) 浸入辊叶片的端部与邻近的机器间的间距不得小于 100 mm，或根据 GB 23821—2009 表 1 的要求，在截留区内设置固定侧翼防护板。

5.4 打包机

打包机用于将纤维或废料压紧成包。根据压盘的运动方向的不同，分为立式和卧式两种形式。打包机可配置预压紧装置。

一般安全要求：

安全要求和/或措施见表 3。

表 3　有关打包机的一般安全要求

项　目	引用 GB/T 17780.1—2012 条款
整机：	
一般电气设备	5.4.2.1 和 5.4.2.2
电气控制系统	5.4.2.3
启动和停车	5.4.2.4
通过设计减少风险	5.3.2
通过安全防护装置减少风险	5.3.3
——用防护装置	表 2
——用安全装置	表 3
流体动力系统和元件	5.4.5
人体工效学	5.4.13
特殊操作装置	5.5
高位操作和维修	5.6
被困人员逃生和援救措施	5.7
零件的装配	5.8
特殊机器零部件：	
驱动和传动装置罩	6.2
进入机器、容器或设备	6.8.4
输送带	6.10
机器工作平台和走道	6.13

特殊危险：

机械方面的危险来自压盖,特别是压盖与其他部件之间挤压和剪切,或棉包对操作人员的挤压伤害;来自压盖型的预压紧装置,特别是压盖与其他部件之间的挤压和剪切;来自传送带式的预压紧装置,特别是在喂入过程中;来自打包机的门对人的碰撞;来自加压箱运动时,加压箱与其他部件之间的挤压;也有来自下降过程中的操作平台。

特殊风险：

在正常操作时偶然触及危险零部件,特别是在清理纤维原料或打开打包机的门时,或在特殊操作时,主要是在机器的清洁和保养工作中,会导致低概率的中度或严重的伤害。

特殊安全要求：

a)　应避免靠近压盖与打包机其他部件(包括预压缩装置上的零部件)之间的危险部位。可以采用以下措施：

　　1)　将压盖的行程区封闭,如采用封闭式的防护装置;或者当压盖处于敞开位置时,用封闭式的防护装置遮盖打包箱的边缘和其他挤压和剪切伤害的部位;

　　2)　将压盖的运动和所有的罩、盖、门进行联锁,从而避免触及压盖和其他部件之间的挤压和剪切部位;

3) 所有的开口(包括接头槽)应符合 GB 23821 中规定的安全距离。

b) 如果使用传送带和压轮进行预压缩,根据 GB/T 17780.1—2012 中 6.10 的要求,应对吸入点进行防护,可采用封闭的护罩与带联锁功能的出入门。

c) 对于液压传动的打包机,应避免由于能量的积聚而导致的压盖反冲,可通过调节流量控制阀控制。

d) 出料门和紧固件在加压时不应被打开,由于棉包压缩时出料门横向受压,可通过控制液压系统、螺纹轴、凸轮控制棉包压缩时产生的横向压力,直至加压结束。

此外,卧式打包机的门应与压盖的运动进行联锁:

1) 只有在门完全打开或关闭的状态,压盖才可以加压;

2) 只有在压盖不加压时,门才能打开。

e) 当液压系统失灵时,应有防止压盖下落的措施。

f) 应采取措施防止操作人员落入敞开的加料孔。例如,加料孔的护栏应高于操作平台 1 100 mm 以上或加料孔周围设置 1 100 mm 高的防护栏。防护栏应用薄板、金属网或间距不超过 135 mm 垂直铁杆构成(见 GB 23821)。

g) 为日常清洁设置的挡板和门应安全可靠。由于打包机现场位置的影响,使清洁工作无法安全地从机器的底部开始时,应配置如 k)所述的安全操作平台。

h) 在打包箱可自动移动的打包机上(例如旋转式打包机),应通过以下方式来避免靠近危险区域(旋转区域):

1) 在旋转区四周安装带有联锁门的防护栏(见 GB/T 17780.1—2012,A.3)。

2) 在旋转区局部安装防护栏,其余区域安装光电防护装置(见 GB/T 17780.1—2012,A.2)。当门打开或光电防护装置被切断时,应不能开始新的操作,如果该操作已启动,也应立即自动停止。

3) 在可形成挤压或剪切点的机架或易损的零部件装置上,安装依据 GB/T 17454.3 要求的压敏减震器,它应使用手持的控制器来启动,这样可使危险区域始终处于可监视状态。

4) 箱体的惯性应控制它在开始旋转后,用手便能制动。

i) 当打包机处于手控或被切换至手控模式时,压盖应只能通过手控来制动。

j) 控制器应安装在操作人员能观察到整台机器而又不会接近危险区域的部位(见 GB/T 17780.1—2012 的 5.4.2.3 和 GB/T 15706.2—2007 的 4.11.8)。

k) 如果需要操作平台和过道才能靠近打包机某些部件时(见 GB/T 17780.1—2012,6.13),则应随打包机供应或在操作手册中注明对这种装置的要求。

l) 控制系统与安全相关的零部件,应按 GB/T 16855.1—2008 第 6 章的规定选用 3 级或 4 级。

5.5 梳棉机

5.5.1 一般要求

梳棉机(包括盖板梳棉机、罗拉梳棉机、绒辊梳棉机、样品梳棉机和其他类似机器),配备有罗拉、大锡林(锡林)和金属针布或刺辊。

一般安全要求:

安全要求和/或措施见表4。

表 4　有关梳棉机的一般安全要求

项　目	引用 GB/T 17780.1—2012 条款	本部分条款
整机：		
一般电气设备	5.4.2.1 和 5.4.2.2	
电气控制系统	5.4.2.3 和 6.3 f)	
启动和停车	5.4.2.4	
通过设计减少风险	5.3.2	
通过安全防护装置减少危险	5.3.3	
——用防护装置	表 2	
——用安全装置	表 3	
噪声	5.4.7,第 7 章,8.2	
静电	5.4.4	
流体动力系统和元件	5.4.5	
物料	5.4.10	——
火	5.4.11	
人体工效学	5.4.13	
特殊操作装置	5.5	
零件的装配	5.8	
特殊机器零部件：		
驱动和传动装置罩	6.2	
特殊危险的机器零部件(包括罗拉、锡林、针布和喂入辊)	6.3	
罗拉(包括剥棉罗拉、给棉罗拉、输送罗拉、转移罗拉、棉卷罗拉)	6.5	
输送带	6.10	
风机	6.11	
条筒自动传输系统	6.21	
其他：		
自动条筒更换装置	——	5.7.10

特殊危险：

机械的危险来自喂给罗拉、其他滚筒、锡林和装有金属针布的刺辊,尤其是缠绕、吸入或卷入。

特殊风险：

靠近带针布的辊筒进行操作,特别是在进行磨砺、安装和清理时会导致高概率的严重伤害。当断电后,转动的机器部件运转过程中有特殊危险。

特殊安全要求：

a)　机器的底部应采用带防护锁的联锁防护装置进行保护,或者在门或接近点部位,采用栅栏式防护装置或类似带防护锁的防护装置,以防止与机器底部接近。

b)　如果制动时间超过进入时间,应采用可联锁的移动式防护装置进行保护。

c)　在操作手册中,应说明在维修、磨砺、清理过程中,应怎样进行安全防护(见 GB/T 17780.1—2012,5.5)。

5.5.2　盖板梳棉机

由于技术原因有必要进行针布的磨砺和抄针。

一般安全要求：

安全要求见 5.5.1。

特殊危险：

机械的危险来自包有齿条或金属针布的辊筒,特别是缠绕、卷入、吸入和擦伤。

特殊风险：

在安装、磨砺和抄针时,靠近包有针布的辊筒会导致高概率的严重伤害。

特殊安全要求：

当需要磨砺和抄针时,开口应设有带防护锁的防护装置,并与滚筒的驱动进行联锁,使防护装置移去后只能进行反向转动。如果梳棉机是由一封闭的防护罩进行保护时,它应以同样的方式与滚筒的驱动联锁。

5.5.3 罗拉、绒辊梳棉机

对于罗拉、绒辊梳棉机,在地沟或地平面都有可能从机器下部靠近特别危险的零部件。

一般安全要求：

安全要求和/或措施见 5.5.1 和表 5。

表 5 有关罗拉和绒辊梳棉机的一般安全要求

项　　目	引用 GB/T 17780.1—2012 条款
特殊机器零部件： 中间喂入输送带	
	6.10

特殊危险：

机械的危险来自进入梳棉区下面或中部喂入通道的区域时,或来自于从中间喂入的棉卷罗拉,尤其是轧压、喂入或卷入。

特殊风险：

在特殊操作时靠近危险部件,会产生高概率的严重伤害。

特殊安全要求：

a) 应依照 GB/T 17780.1—2012 中 6.3 的要求来保护特别危险的部件,或者沿罗拉或绒辊两边装上高防护栏(见 GB/T 17780.1—2012,A.3)以防止靠近特别危险的零件,防护栏的高度应符合 GB 23821—2009 表 2 的规定。每个防护栏和门都应与防护锁联锁。若靠近危险部件的时间超过停机时间,因有联锁功能就可保证安全。

b) 应防止从机器下部靠近这些危险部件,需在机器下部采取 GB/T 17780.1—2012 中 6.3 规定的措施,或者在地沟入口装联锁门或带有防护锁的罩壳;对机器可以提升的部位可以在机器四周安装防护栏以及带防护锁的联锁门;对于配置成条机的梳棉机,应采取措施保证只能在成条机的下方可以随意靠近(例如:地沟内具有联锁门和防护锁的等高交叉防护栏),制造者应在操作手册中说明对梳棉机下部进行安全防护的方法,特别是地沟和防护栏是由用户自己配置时。

c) 罗拉和绒辊梳棉机应配置走道、平台或其他装置,以确保安全地进行磨砺和抄针,走道应符合 GB/T 17780.1—2012 中 6.13 的要求,但其宽度不能小于 300 mm;并可安装栏杆代替扶手。

d) 如果从中间喂入通道靠近喂给罗拉,应另外安装防护装置(如管道式防护装置);若从通道底板上或从过道爬上机器,可能靠近梳棉机特别危险的部件时,应另行安装防护装置(如固定式防护装置,见 GB 23821)。

e) 中间喂入的棉卷罗拉的设计,应使它不致造成伤害(如可使用滑动离合器或可压紧的罩盖)。

5.5.4 搓条机

一般安全要求:

安全要求见 5.5.1。

特殊危险:

机械的危险来自于正在运转的辊筒、搓条皮板和传动带等,特别是喂入、卷入、缠绕。

特殊风险:

正常操作时从辊筒上清除油脂、飞花和条卷时的偶然靠近,会导致低概率的严重伤害。

特殊安全要求:

a) 梳棉部分的栅栏式防护装置,应沿着搓条机的两边加长或者安装防护侧板,在搓条机和末道梳棉机圈条器之间的过道上,应安装联锁门作为走道的入口。走道应遵照 GB 17780.1—2012 中 6.13 的规定,其宽度不得小于 300 mm,可安装栏杆代替扶手,走道门应与搓条机的传动联锁,当此门打开时,只允许低速运行,速度不得高于正常运行速度的 25%,且机器应尽快停车。

另外应在走道和搓条机间装紧急制动装置(例如安装自动断路器)。

b) 防止靠近搓条机底部地沟的罩盖、门或其他防护装置,应与防护锁联锁,这样当靠近搓条机底部打开的地沟时,搓条机只能低速运行(见 GB 17780.1—2012,A.1),若要安装另外的保护装置,可在搓条机下安装一个紧急制动装置(例如安装自动断路器)。

5.6 丝束的切断和牵切纺

直接成条机和牵切成条机,用于精纺工序中将长丝加工成短纤维条。

一般安全要求:

安全要求和/或措施见表 6。

表 6 有关丝束的切断和牵切纺的一般安全要求

项 目	引用 GB/T 17780.1—2012 条款	本部分条款
整机:		
一般电气设备	5.4.2.1 和 5.4.2.2	
电气控制系统	5.4.2.3	
启动和停车	5.4.2.4	
通过设计减少风险	5.3.2	
通过安全防护装置减少危险	5.3.3	
——用防护装置	表 2	
——用安全装置	表 3	—
流体动力系统和元件	5.4.5	
噪声	5.4.7,第 7 章,8.2	
物料	5.4.10	
人体工效学	5.4.13	
特殊操作装置	5.5	
高位操作和维修	5.6	
被困人员逃生和援救措施	5.7	
零件的装配	5.8	

表 6（续）

项　　目	引用 GB/T 17780.1—2012 条款	本部分条款
特殊机器零部件：		
驱动和传动装置罩	6.2	
罗拉	6.5	
视窗	6.9	
切割装置	6.12	
联合机	6.22	
其他：		
自动条筒更换装置	—	5.7.10

特殊危险：

机械的危险来自罗拉（如喂给罗拉、卷曲罗拉、牵伸罗拉），特别是缠绕、喂入、卷入；或来自在棉包上清理多余纤维过程中，主要是缠绕；或来自刀辊，主要是切断。

特殊风险：

当启动机器，特别是在移去条卷及清洁等特殊操作过程中的偶然靠近，会导致低概率的严重伤害。

特殊安全要求：

a) 罗拉组之间以及罗拉和运行的丝束之间的入口处，应根据 GB/T 17780.1—2012 的 6.5 配置防护装置，例如将罩板加长，把第一组到最后一组罗拉上的丝束都罩住，罩板应带有联锁门，当门打开时，只能通过一个有限运动控制装置，才可重新启动机器，或者通过一个止-动控制以爬行速度启动机器（见 GB/T 17780.1—2012，A.1）。

b) 应配置适宜的自动制动装置，当操作人员被棉包上残留的纤维缠绕时，可以立即停机，例如可在机器上部第一组纱架上装一个断路器（根据 GB/T 17454.2）。

c) 只有当机器处于停机状态时，才能够触及刀辊。

d) 控制系统与安全相关的零部件，应按 GB/T 16855.1—2008 第 6 章的要求，选择 3 级或 4 级。

5.7 梳理后道的纺纱准备工序

5.7.1 一般要求

并条、精梳机是生产纤维条和粗纱的纺纱准备机械。例如：并条机、针梳机、齿盖式针梳机、链条式针梳机、混条针梳机、自调匀整针梳机、开式针梳机、豪猪式牵伸箱、条卷机、并卷机、条并卷机、精梳机、粗纱机、皮圈式无捻粗纱机、复洗机及其他类似机器。

一般安全要求：

安全要求和/或措施见表 7。

表 7 有关梳理后道的纺纱准备工序的一般安全要求

项　目	引用 GB/T 17780.1—2012 条款	本部分条款
整机：		
一般电气设备	5.4.2.1 和 5.4.2.2	
电气控制系统	5.4.2.3	
启动和停车	5.4.2.4	
通过设计减少风险	5.3.2	
通过安全防护装置减少风险	5.3.3	
——用防护装置	表 2	
——用安全装置	表 3	
静电	5.4.4	
液压或气动系统及元件	5.4.5	
噪声[a]	5.4.7,第 7 章,8.2	—
物料	5.4.10	
火	5.4.11	
人体工效学	5.4.13	
特殊操作装置	5.5	
零件的装配	5.8	
特殊机器零部件：		
驱动和传动装置罩	6.2	
一般不需要安全防护的机械零部件,尤其是输送罗拉和牵伸罗拉	6.4	
罗拉	6.5	
回转轴	6.6	
风机	6.11	
高架轨道	6.21.5b),6.21.6c)	
加工材料的高架输送,尤其是条筒、棉卷运输工具、筒管和纱管	6.21.6	
其他：		
自动条筒更换装置	—	5.7.10
[a] 并条机、复洗机和条筒更换装置的噪声不高。		

特殊危险：

机械的危险来自未被控制的提升罩盖的移动,尤其是挤压、剪切和冲击。

特殊风险：

在正常操作时的靠近机器,尤其在生头、清除缠花或接头时;在特殊操作时,尤其是清除棉卷或堵塞物时,会导致低概率的中等程度至严重的伤害。

特殊安全要求：

在提升位置安装机械式阻尼装置来限制可移动罩壳的晃动。

罩壳设计应考虑降低噪声,可以采取吸音材料覆盖内表面或采用适当的密封。

5.7.2　短纤并条机

一般安全要求：

安全要求和/或措施见 5.7.1。

特殊危险：

机械的危险来自并条罗拉，特别是吸入或卷入。

特殊风险：

在正常操作时的靠近机器，特别是当进行生头和清除缠花；在进行特殊操作时，清除棉卷和清洁工作时，会导致低概率的中等程度至严重的伤害。

特殊安全要求：

为了防止卷入并条罗拉，应配置联锁功能的防护罩壳。当罩壳打开时，只有通过止-动控制或有限运动控制装置，机器才能够重新启动。

5.7.3 针梳机，包括"交叉式"和"链条式"

一般安全要求：

安全要求和/或措施见 5.7.1。

特殊危险：

机械的危险来自针板、链条、前后罗拉、圈条头、罩壳和自调匀整装置，尤其是挤压、剪切、吸入、卷入和刺穿。

特殊风险：

在正常操作时靠近机器，特别是生头和清除缠花；在特殊操作时，尤其是清除毛条、清洁和更换针板，会导致中等程度至严重的伤害。

特殊安全要求：

a) 针板与前后罗拉应同时被联锁（例如：联锁罩壳），当防护装置打开时，机器只有采用下列一种方法才能重新启动：

   1) 通过止-动控制装实现出条罗拉爬行速度≤10 m/min 和出条罗拉在出条长度≤250 mm 时停机（从松开控制开始）；

   2) 在出条长度≤250 mm 的部位，用一个有限运动控制装置。

b) 齿盘式针梳机的锯齿辊，或者链条式针梳机的梳箱应安装定位装置把它固定在提升的位置上。

c) 自调匀整装置的测量点和喂入钳口应进行保护，最好采用固定通道形式或者设置带联锁功能的可移动罩壳。

5.7.4 复洗机

复洗机是用于洗涤和预处理精梳毛条。

一般安全要求：

安全要求和/或措施见 5.7.1。

特殊危险：

机械的危险来自喂入罗拉、轧车、浸渍和换向罗拉，尤其是卷入。

特殊风险：

在特殊操作时偶然靠近机器（即生头、清除毛条卷和接头），会造成低概率的严重伤害。

特殊安全要求：

a) 为防止在罗拉部位被钳持，可根据 GB/T 17780.1—2012 中 6.5c)的规定，进行安全防护，或者在喂入罗拉部位安装固定式或联锁式可移动的导条装置。

b) 浸渍和换向罗拉不需要防护装置，该种罗拉仅需用手就可以抬起。

c) 如果安装了钳口保护装置，那么还应该配置一个探测棉卷的装置。

d) 轧车,可根据 GB/T 17780.1—2012 中 6.19 的规定。

5.7.5 条卷机和并卷机、条并卷机

一般安全要求：

安全要求和/或措施见 5.7.1。

特殊危险：

机械的危险来自成卷装置,尤其是卷入。

特殊风险：

在正常操作时靠近机器,会导致低概率中等至严重程度的伤害。

特殊安全要求：

条卷机、并卷机和条并卷机的成卷装置应采取保护措施(即采用带防护锁的联锁活动式封闭防护装置)。

5.7.6 棉精梳机

一般安全要求：

安全要求和/或措施见 5.7.1。

特殊危险：

机械的危险来自锡林、钳板、顶梳和分离罗拉,尤其是挤压、剪切和卷入。

特殊风险：

在正常操作时偶然靠近机器,特别是生头、清除缠花以及清理棉卷和清洁的特殊操作中,会导致低概率的中等程度的伤害。

特殊安全要求：

各个精梳机构(如锡林、钳板、顶梳和分离罗拉)都应该安装带联锁功能(如一个罩壳)的防护罩,将这些零件罩住。当防护罩打开时,只有通过止-动控制或有限运动控制装置才能将机器重新启动。

5.7.7 直行精梳机(用于精纺毛纱、亚麻纱及其类似纱线)

一般安全要求：

安全要求和/或措施见 5.7.1。

特殊危险：

机械的危险来自圆梳、钳口、夹紧装置、往复滑座、防护罩,以及从落棉箱可触及的传动装置,特别是挤压、剪切、吸入或卷入以及刺伤。

特殊风险：

在正常操作时靠近机器,特别是当进行生头、清除缠花,在特殊操作时,

特别是清理棉卷和清洁,会导致低概率的中等程度至严重的伤害。

特殊安全要求：

a) 安装带联锁功能的防护罩(如带铰链的罩盖)以免靠近圆梳、钳口和往复滑座。在罩壳被打开的情况下,操作人员只能在安全的位置上进行操作。在此位置可靠近精梳机的机械部分(锡林、钳板及摆臂架)。

b) 只有下列情况之一时,精梳机才可以打开罩壳进行操作：

    1) 采用控制梳理速度≤20 钳次/min 和停止运行时间≤1 钳次/min；

    2) 在停止运行小于 1 个工作循环的位置,设置一个有限运动控制装置。在重复触发有限运动控制装置的情况下,精梳机就不能加速到正常运行速度；

    3) 在停止运行小于 1 个工作循环的位置,与紧急制动一起以低速进行。

产品操作手册应说明潜在危险,并应清晰说明对罩壳打开时的操作方法。

c) 采用可移动的联锁防护装置,来阻止操作人员靠近喂入针板。

d) 为防止靠近危险部件,如三角皮带和皮带传动装置,应在此位置安装落棉箱,或安装附加的固定间距的防护装置。

5.7.8 粗纱机

一般安全要求:

安全要求和/或措施见5.7.1。

特殊危险:

机械的危险来自锭翼、龙筋升降齿条或链条,尤其是挤压、缠绕及碰撞。

特殊风险:

在正常操作时靠近机器,特别是在生头、更换筒管、清除缠花以及特殊操作(如清洁、去除下落杂物)时靠近机器,会导致轻度到中等程度的伤害。

特殊安全要求:

a) 粗纱机锭翼前应安装防护装置。

可采用联锁可移动防护装置(见GB/T 15706.1—2007,3.25.4),例如在操作人员的一侧按锭翼的高度分段安装转动的或滑动的防护板,见图2。在防护板打开时,机器可通过一个限制运动控制装置实现停车(缓动),在制动过程中,该装置保证机器停车距离(制动距离);或通过止-动控制使粗纱机以每秒不超过1.5 rs-1的速度运行。

在上述特殊运转模式下(见GB/T 17780.1—2012,5.4.2.3,复位和启动之间的时间间隔)启动机器前,应给出警示信号,除非风险评估显示没有主要危险。

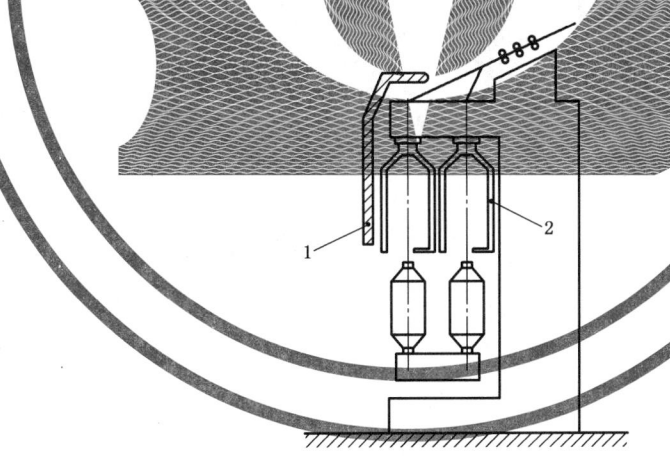

说明:

1——可移动的联锁保护装置;

2——锭翼。

图 2 粗纱机锭翼前的安全防护装置

b) 升降装置的齿轮、齿条或链条应进行防护(如在机器的背面安装固定式防护装置)。

5.7.9 皮圈式无捻粗纱机

一般安全要求:

安全要求和/或措施见5.7.1。

特殊危险:

机械的危险来自牵伸皮圈和搓条胶板,尤其是卷入。

特殊风险:

在正常操作时靠近机器,特别是生头和在特殊操作状态下的清洁、清除棉条时,会导致低概率中等程度伤害。

特殊安全要求:

a) 在牵伸皮圈和搓条胶板间的喂入部位处应安装防护装置,如安装带联锁功能的防护罩(例如:门)。

b) 在防护门被打开的特殊状态下,只有在下列情况之一,机器才可以运行:

 1) 采用止-动控制使给棉罗拉爬行速度≤10 m/min 和分离罗拉在出条长度≤250 mm 时停机;

 2) 在出条长度≤250 mm 时,采用有限运动控制装置。

c) 操作手册应说明潜在的危险,并应清晰说明防护门打开时的操作方法。

d) 如果打开多个防护门时,启动机器前,在每个操作位置上应有醒目的警示信号(复位和启动之间的时间间隔,见 GB/T 17780.1—2012,5.4.2.3)。

e) 防护门设计应考虑降低噪声。

5.7.10 自动换筒装置

自动换筒装置用于粗梳、精梳和并条生产过程中更换条筒。

一般安全要求:

安全要求和/或措施见 GB/T 17780.1—2012 中的 6.7.1 和 5.4.2.4c),包括生产中断后自动重新启动。

特殊危险:

机械的危险来自换筒装置切断棉条臂,尤其是挤压、剪切和撞击。

特殊风险:

在正常操作时偶然靠近机器,特别是进行观察或清除堵塞条筒的特殊操作时,会导致低概率中等程度的伤害。

特殊安全要求:

a) 自动换筒装置设计应考虑避免换筒机构(如旋转臂)间,条筒与主机固定部件间,或换筒装置自身产生的挤压和剪切(见 GB 12265.3)。

b) 在挤压和剪切点不能避免的部位,应安装护板或自停装置,手动操作只能通过止-动控制来进行。

c) 如果工作位置没有条筒会引起操作危险时,则应安装保护装置,确保操作人员不会与接近此部位或者使该装置停止运转,直到将空筒送入工作位置后才能重新启动。

d) 在棉条臂能够引起危险的部位,应该防止操作人员靠近,如采用自停装置。

e) 操作手册中应明确指出条筒卡在换筒装置中所产生的危险,并提醒操作人员如使用损坏的条筒将会引起频繁的堵塞。

5.8 细纱机

5.8.1 一般要求

细纱机(包括环锭细纱机、自由端纺纱机、针排式细纱机和其他机器)用于将棉条或粗纱牵伸加捻成纱线。

安全要求和/或措施见表8。

表 8　有关细纱机的一般安全要求

项　　目	引用 GB/T 17780.1—2012 条款
整机： 　一般电气设备	5.4.2.1 和 5.4.2.2
电气控制系统	5.4.2.3
启动和停车	5.4.2.4
通过设计减少风险	5.3.2
通过安全防护装置减少风险	5.3.3
——用防护装置	表 2
——用安全装置	表 3
静电	5.4.4
流体动力系统和元件	5.4.5
噪声	5.4.7,第 7 章,8.2
物料	5.4.10
火	5.4.11
人体工效学	5.4.13
特殊操作装置	5.5
零件的装配	5.8
特殊机器零部件： 　驱动和传动装置罩	6.2
一般不需要进行安全防护的零部件,尤其是输送罗拉和牵伸罗拉	6.4
罗拉	6.5
回转轴	6.6
输送装置,包括纱管、废料输送	6.10
风机	6.11
移动的机器、操作装置和操作部件(如果有)	6.21.3
可能脱离固定轨道的可移动的机器和操作装置(如果有)	6.21.4
地面轨道和高架轨道(导轨)	6.21.5
加工材料的高架输送	6.21.6
联合机	6.22

5.8.2　环锭细纱机

一般安全要求：

安全要求和/或措施见 5.8.1。

特殊危险：

机械的危险来自牵伸装置、前罗拉、清除粗纱条用的刀片、接头装置和落纱装置,尤其是挤压、剪切、缠绕、吸入或卷入、擦伤、刺伤。

特殊风险：

在正常操作时频繁靠近以及在特殊操作时的偶然靠近机器,都会导致高概率的轻微至中等程度的伤害。

特殊安全要求：

GB/T 17780.2—2012

a) 应根据 GB/T 17780.1—2012 中 8.2 的规定,在操作手册中说明引导粗纱条通过牵伸装置和前罗拉、制动纱管、清除粗纱条及进行维修工作的安全方法。

b) 对于自动化设备(例如可移动接头装置或落纱装置),应符合 GB/T 17780.1—2012 中 6.21.3 的要求。如果根据 GB/T 17780.1—2012 中的 6.21.3d)选择了自停杆或自停板,那么在往复运动的两端都要安装超过该装置高度的自停杆或自停板。

c) 应通过设计或安装防护装置,或安全装置(例如往返电缆、往返杆和 AOPD)来减少固定式落纱装置引起的危险。

d) 如果采用按钮作为紧急停车开关,那么在机器的两端均应配置紧急停车开关。

5.8.3 自由端纺纱机

包括转杯纺纱机、摩擦纺纱机、包覆纺纱机和喷气纺纱机。

一般安全要求:

安全要求和/或措施见 5.8.1。

特殊危险:

机械的危险来自纱头、粗纱条和清除粗纱条用的刀具,以及来自接头装置和落纱装置。

特殊风险:

在正常操作时频繁靠近和特殊操作时偶然靠近机器,会导致高概率的轻度至中等程度的伤害。

特殊安全要求:

a) 根据 GB/T 17780.1—2012 中 8.2 的规定,在产品操作手册中,应该有清纱器,清除缠花、维修保养等方面的信息。

b) 对于自动化设备(例如可移动接头装置或者落纱装置),应符合 GB/T 17780.1—2012 中 6.21.3 的要求。如根据 GB/T 17780.1—2012 中的 6.21.3d)选择了自停杆或自停板,那么在往复运动的两端都要安装超过该装置高度的自停杆或自停板。

5.8.4 针排式细纱机

安全要求和/或措施见 5.7.3 和 5.8.1。

6 安全要求和/或措施的检验

机器在交付使用时,应按 GB/T 17780.1—2012 的第 7 章和附录 C 进行最终检验。

无论噪声是否对操作人员构成主要危害,本部分所涉及机器的噪声值都应按 GB/T 7111.1 和 GB/T 7111.2 的规定进行检验。

7 机器的使用说明

机器的使用说明应符合 GB/T 17780.1—2012 第 8 章的规定。同时还应包括第 5 章的所有内容。

无论噪声是否对操作人员构成主要危害,本部分所包含的机器都应按 GB/T 7111.1 和 GB/T 7111.2 的规定进行说明。

参 考 文 献

[1]　ISO 12100-1　Safety of machinery—Basic concepts, general principle for design—Part 1: Basic terminology, methodology

[2]　ISO 14121　Safety machinery—Principles of risk assessment

ICS 59.120.10；59.120.20
W 90

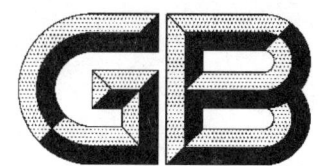

中华人民共和国国家标准

GB/T 17780.4—2012
部分代替 GB/T 17780—1999

纺织机械 安全要求
第 4 部分：纱线和绳索加工机械

Textile machinery—Safety requirements—
Part 4：Yarn processing，cordage and rope manufacturing machinery

（ISO 11111-4：2005，MOD）

2012-11-05 发布

2013-06-01 实施

中华人民共和国国家质量监督检验检疫总局
中国国家标准化管理委员会
发布

前　　言

GB/T 17780《纺织机械 安全要求》分为七个部分：
——第 1 部分：通用要求；
——第 2 部分：纺纱准备和纺纱机械；
——第 3 部分：非织造布机械；
——第 4 部分：纱线和绳索加工机械；
——第 5 部分：机织和针织准备机械；
——第 6 部分：织造机械；
——第 7 部分：染整机械。

本部分为 GB/T 17780 的第 4 部分。

本部分按照 GB/T 1.1—2009、GB/T 20000.2—2009 给出的规则起草。

GB/T 17780 的本部分代替 GB/T 17780—1999《纺织机械安全要求》中的部分内容（第 9 章），未被代替的内容为"通用要求"部分和下述 5 个涉及各类设备的安全要求：纺纱准备和纺纱机械、非织造布机械、机织和针织准备机械、织造机械、染整机械。这些内容将分别纳入 GB/T 17780 的第 1～3 和第 5～7 部分。

本部分修改采用 ISO 11111-4:2005《纺织机械　安全要求　第 4 部分：纱线和绳索加工机械》。

本部分根据 ISO 11111-4:2005 重新起草。本部分与 ISO 11111-4:2005 的技术性差异是将引用的有关国际、国外标准改为对应的国家标准。

关于规范性引用文件，本部分做了具有技术性差异的调整，以适应我国的应用，具体调整如下：
——用等效采用国际标准的 GB/T 7111.1 代替 ISO 9902-1（见第 6、7 章）；
——用等效采用国际标准的 GB/T 7111.4 代替 ISO 9902-4（见第 6、7 章）；
——用修改采用国际标准的 GB/T 17780.1—2012 代替 ISO 11111-1:2005（见第 1～7 章）；
——用修改采用国际标准的 GB/T 17780.2—2012 代替 ISO 11111-2:2005［见 5.2a)］；
——用修改采用国际标准的 GB/T 16855.1—2008 代替 ISO 13849-1:1999（见 5.5.1）；
——用等效采用国际标准 EN 349:1993 的 GB 12265.3—1997 代替 ISO 13854:1996［见 5.4b)］；
——用修改采用国际标准的 GB/T 18831—2002 代替 ISO 14119:1998（见 5.5.2.2）；
——用等同采用国际标准 ISO 13856-2:2001 的 GB/T 17454.2—2008 代替 EN 1760-2:2001［见 5.3b)］；
——用等同采用国际标准 ISO 13856-3:2006 的 GB/T 17454.3—2008 代替 EN 1760-3:2004［见 5.3b)］；
——用等同采用国际标准 ISO 13857:2008 的 GB 23821—2009 代替 ISO 13852:1996（见 5.5.3、5.5.4、5.6）。

为便于使用，本部分做了下列编辑性修改：
——"ISO 11111 的本部分"改为"GB/T 17780 的本部分"；
—— 删除 ISO 11111-4 的前言；
—— 修改了 ISO 11111-4 的引言成为本部分引言。

本部分由中国纺织工业联合会提出。

本部分由全国纺织机械与附件标准化技术委员会（SAC/TC 215）归口。

本部分起草单位：中国纺织机械器材工业协会、苏州工业园区职业技术学院、青岛宏大纺织机械有限责任公司、恒天重工股份有限公司、江苏宏源纺机股份有限公司、经纬纺织机械有限公司榆次分公司、无锡纺织机械研究所、天津宏大纺织机械有限公司、邵阳纺织机械有限责任公司、晋中开发区贝斯特机械制造有限公司、山西鸿基科技股份有限公司、上海一纺机械有限公司、上海一纺机有限公司七纺机分公司、深圳市华测检测技术股份有限公司。

本部分主要起草人：冯翠、王静怡、王莉、亓国红、徐向红、赵基平、师雅并、冯广轩、林健、徐景禄、陈慧、马丽娜、孙品、孙华山。

GB/T 17780 于 1999 年首次发布，本次为第一次修订，本次修订将 GB/T 17780 分为 7 个部分。

引　言

　　国际标准 ISO 11111-1～11111-7 是由 ISO/TC 72 和 CEN/TC 214 共同制定的,并根据《维也纳协定》通过,以便于在纺织机械的设计和生产中应用相同的安全标准。

　　GB/T 17780.1～17780.7 修改采用 ISO 11111-1～11111-7:2005。

　　GB/T 17780 是为所有关心纺织机械安全的人们,如纺织机械的设计者、制造商以及系统成套供应商等而制定的,同时它也是纺织机械的使用者和安全专家所关心的。

　　本部分是按照 GB/T 15706.1—2007/ISO 12100-1:2003 规定的 C 类专用标准制定的。GB/T 17780 的各个部分涉及纺织行业使用的纺织机械所存在的潜在的、重要的危险因素。标准内容涵盖了所涉及的各种机器危险因素存在的范围。

　　当 C 类标准的规定与 A 类或 B 类标准的内容不同时,应以 C 类标准的规定为准。

　　对于那些在 GB/T 17780 相关章节中没有提及的机器或零部件存在的危险因素,设计者应根据 GB/T 16856/ISO 14121 的内容对其做出风险评估并提出降低风险的方法。

　　本部分需要与 GB/T 17780.1 结合使用。本部分的要求尽可能按照 GB/T 17780.1 的第 5 章和第 6 章进行处理。GB/T 17780.1 的第 5 章包含了针对纺织机械频繁发生的危险应采取的安全要求和/或措施,GB/T 17780.1 的第 6 章描述了纺织机械专件(如罗拉)和部件的主要危险及相应的安全要求和/或措施,这些安全要求和/或措施都已被本部分引用。

纺织机械　安全要求
第4部分:纱线和绳索加工机械

1　范围

GB/T 17780 的本部分规定了纱线加工、绳索加工机械的主要危险及其相应的安全要求和/或措施。

本部分适用于并纱、捻线、变形、摇纱、络筒、成球、绳索加工和织带工序中的所有机器、设备和相关装置。

本部分需要与 GB/T 17780.1 结合使用。

2　规范性引用文件

下列文件对于本文件的应用是必不可少的。凡是注日期的引用文件,仅注日期的版本适用于本文件。凡是不注日期的引用文件,其最新版本(包括所有的修改单)适用于本文件。

GB/T 7111.1　纺织机械噪声测试规范　第 1 部分:通用要求（GB/T 7111.1—2002,eqv ISO 9902-1:2001）

GB/T 7111.4　纺织机械噪声测试规范　第 4 部分:纱线加工、绳索加工机械（GB/T 7111.4—2002,eqv ISO 9902-4:2001）

GB 12265.3　机械安全　避免人体各部位挤压的最小间距[GB 12265.3—1997,eqv EN 349:1993（ISO/DIS 13854）]

GB/T 16855.1—2008　机械安全　控制系统有关安全部件　第 1 部分:设计通则（ISO 13849-1:2006,IDT）

GB/T 17454.2　机械安全　压敏保护装置　第 2 部分:压敏边和压敏棒的设计和试验通则（GB/T 17454.2—2008,ISO 13856-2:2001,IDT）

GB/T 17454.3　机械安全　压敏防护装置　第 3 部分:压敏缓冲器、压敏板、压敏线及类似装置的设计和试验通则（GB/T 17454.3—2008,ISO 13856-3:2006,IDT）

GB/T 17780.1—2012　纺织机械　安全要求　第 1 部分:通用要求（ISO 11111-1:2005,MOD）

GB/T 17780.2—2012　纺织机械　安全要求　第 2 部分:纺纱准备和纺纱机械（ISO 11111-2:2005,MOD）

GB/T 18831—2010　机械安全　带防护装置的联锁装置　设计和选则原则（ISO 14119:1998 和 Amd.1:2007,MOD）

GB 23821　机械安全　防止上下肢触及危险区的安全距离（GB 23821—2009,ISO 13857:2008,IDT）

3　术语和定义

GB/T 17780.1 界定的术语和定义适用于本文件。

4　主要危险一览

纱线加工、绳索加工机械中常见的主要危险在其他纺织机械及其零部件中也频繁发生,这些危险列

GB/T 17780.4—2012

在 GB/T 17780.1—2012 的第 5 章和第 6 章中,具体内容见本部分第 5 章中的"一般安全要求"。纱线加工、绳索加工机械特有的危险见本部分第 5 章中的"特殊危险"。

在使用本部分之前,对具体机器已识别的危险进行鉴别和确认是非常重要的。

注：纱线加工、绳索加工机械的主要危险一般是与安全要求一起考虑。

5 主要危险及其相应的安全要求和/或措施

5.1 通则

机器应符合 GB/T 17780.1—2012 第 5 章和第 6 章的安全要求,具体内容见本章其他条款中的"一般安全要求",同时应符合本章中的"特殊安全要求"。

5.2 并纱机、捻线机和变形丝机

并纱机、捻线机(如翼锭并捻机、环锭并捻机、倍捻机、上行捻线机、花式捻线机、拉伸加捻机、拉伸卷绕机及类似机器)用于纱线的合股与加捻。

变形丝机(如假捻变形机、空气变形机和其他变形机)用于合成纤维长丝卷曲变形。

一般安全要求:

安全要求和/或措施见表 1。

表 1 有关并纱机、捻线机和变形丝机的一般安全要求

项　　　目	引用 GB/T 17780.1—2012 条款
整机: 　电气设备的一般要求 　电气控制系统 　启动和停车 　通过设计减少风险 　通过设置安全防护装置减少风险 　　——用防护装置 　　——用安全装置 　噪声 　火 　人体工效学 　特殊操作装置 　零件的装配	5.4.2.1 和 5.4.2.2 5.4.2.3 5.4.2.4 5.3.2 5.3.3 表 2 表 3 5.4.7,第 7 章,8.2 5.4.11 5.4.13 5.5 5.8
特殊机器零部件: 　驱动和传动装置罩 　一般不需要安全防护的机器零部件,如喂入罗拉、锭子、假捻器、导纱器 　罗拉 　回转轴 　自动机械和设备	6.2 6.4 6.5 6.6 6.21

特殊危险：

机械的危险来自锭子、锭翼、缠绕、气圈、去缠绕的刀片，尤其是切割、缠绕和碰撞。

特殊风险：

正常和特殊操作中的频繁接近，尤其是机器起动或断头后接头时，包括清除线头时会导致高概率的轻度或中度伤害。

特殊安全要求：

a) 因为翼锭用于重型加捻中，尤其是韧皮纤维的加工，应采用 GB/T 17780.2—2012 的 5.7.8 的要求。另外，机器应在车头、车尾和翼锭罩下面提供固定防护装置以防止从移动防护装置的侧面和下面进入。

b) 如果使用急停装置按钮，至少应在每节的头部设置一个。

c) 应按照 GB/T 17780.1—2012 的 8.2 要求在操作手册中提供有关引头和去除缠绕的安全方法。

5.3 摇纱机和络筒机

摇纱机和络筒机用于将纱或线卷绕形成绞纱、管纱或筒子等卷装，便于进一步深加工或销售。

一般安全要求：

安全要求和/或措施见表 2。

表 2 有关摇纱机和络筒机的一般安全要求

项 目	引用 GB/T 17780.1—2012 条款
整机：	
电气设备的一般要求	5.4.2.1 和 5.4.2.2
电气控制系统	5.4.2.3
启动和停车	5.4.2.4
通过设计减少机械风险	5.3.2
通过设置安全防护装置减少风险	5.3.3
——用防护装置	表 2
——用安全装置	表 3
噪声	5.4.7，第 7 章，8.2
火	5.4.11
人体工效学	5.4.13
特殊操作装置	5.5
零件的装配	5.8
特殊机器零部件：	
驱动和传动装置罩	6.2
一般不需要安全防护的机器部件，特别是导纱器	6.4
罗拉	6.5
旋转轴	6.6
输送带，包括管纱准备系统和落纱系统的输送带	6.10
自动机械和设备	6.21

特殊危险：

机械危险来自气圈、缠绕和为去除缠绕的刀片、自动打结或捻接器附件和落纱装置、自动打结或捻接机械及纱框。

特殊风险：

在正常操作时的接近，特别是生头，特殊操作中尤其是去除缠绕时会导致高概率的轻微至中等程度伤害。

特殊安全要求：

a) 在操作手册中应提供有关强力纱线的生头、去除缠绕和排除工艺故障的安全要求。

b) 在自动打结或捻接装置、落纱装置和固定零件之间的挤压和剪切点应该有防护装置。当装置移动时可由自停装置来实现防护（例如：在机器两侧并一直延伸到整个走车高度的符合GB/T 17454.2的断开棒和符合GB/T 17454.3的断开板）。

c) 自动打结器或捻接器应该有防护装置（例如：用固定或联锁式可移动的防护装置）。

d) 在摇纱机上摇纱装置正面应有防护装置（例如：用固定或联锁式可移动的防护装置）。

5.4 成球机

多头机器，包括合股线球和纱线球的自动成球机。

一般安全要求：

安全要求和/或措施见表3。

表3 有关成球机的一般安全要求

项　　　目	引用 GB/T 17780.1—2012 条款
整机：	
电气设备的一般要求	5.4.2.1 和 5.4.2.2
电气控制系统	5.4.2.3
启动和停车	5.4.2.4
通过设计减少机械风险	5.3.2
通过设置安全防护装置减少风险	5.3.3
——用防护装置	表2
——用安全装置	表3
流体动力系统和元件	5.4.5
噪声	5.4.7,第7章,8.2
火	5.4.11
人体工效学	5.4.13
特殊操作装置	5.5
遭遇危险时的逃脱和援救措施	5.7
零件的装配	5.8
特殊机器零部件：	
驱动和传动装置罩	6.2
罗拉	6.5
回转轴	6.6
自动机械和设备	6.21

特殊危险：

机械危险来自于旋转的锭翼、运动的心轴、压杆，用以固定插接装置的用具或带子以及自动落纱装置、球的运输和成型装置，特别是由于挤压、剪切、缠绕和碰撞。

特殊风险：

正常和特殊操作中的偶然接近，特别是排除工艺故障时会导致低概率的严重伤害。

特殊安全要求：

a) 应设置防护或安全装置来防止接近锭翼。例如，带有联锁的滑动门栅栏式保护装置，或是积极的光电保护装置，如光幕。

b) 成球机设计中应按照 GB 12265.3 的要求避免在运转的心轴或压杆与固定机器零件包括侧面的导向装置之间形成挤压点和剪切点。

c) 在自动成球机上，诸如用以固定插接装置的用具或带子以及自动落纱装置、运输系统和成球装置等的自动装置应符合 GB/T 17780.1—2012 的 6.21 的要求。自动装置的安全防护装置可与 a)和 b)的方法相结合。

d) 在机器的操作一侧和背面都应有防护或安全装置。

5.5 绳索加工机械

5.5.1 一般安全要求

绳索加工机械是利用纺织纤维制造绳索的机器，包括黄麻栉梳机、麻纺并条机、翼锭捻线机、缆绳机、股线搓捻机、绳索并股机、联合制绳并股机。

一般安全要求：

安全要求和/或措施见表4。

表 4 有关绳索加工机器的一般安全要求

项　　目	引用 GB/T 17780.1—2012 条款
整机：	
电气设备的一般要求	5.4.2.1 和 5.4.2.2
电气控制系统	5.4.2.3
启动和停车	5.4.2.4
通过设计减少机械风险	5.3.2
通过设置安全防护装置减少风险	5.3.3
——用防护装置	表 2
——用安全装置	表 3
噪声	5.4.7,第 7 章,8.2
人体工效学	5.4.13
特殊操作装置	5.5
遭遇危险时的逃脱和援救措施	5.7
零件的装配	5.8
特殊机械零部件：	
驱动和传动装置罩	6.2
回转轴	6.6
手轮	6.7.2
工作平台和走道	6.13

与防护装置联锁的控制系统安全部件应该按照 GB/T 16855.1—2008 第 6 章选择 3 类或 4 类。

5.5.2 绳索加工机械特殊零部件的安全要求和/或措施

5.5.2.1 筒锭

筒管经常被连接在使用抽取式锭子的固定驱动轴上并使之转动。

一般安全要求：

安全要求适用 5.5.1。

特殊危险：

来自筒管意外飞出产生的撞击。

特殊风险：

在正常操作中会导致低概率的中等程度至严重的伤害。

特殊安全要求：

a) 筒管底座应该设计成机器运转时能卡住筒管。

b) 应设置坚固的封闭保护装置以便能够承受得住旋转中飞出的筒管（飞出的原因可能是接触锭翼或者是旋转筒管架的离心力作用）。

5.5.2.2 锭翼

锭翼是绕筒管旋转的零件。

一般安全要求：

安全要求适用 5.5.1。

特殊危险：

机械危险来自旋转的锭翼，尤其是挤压、剪切、缠绕和撞击。

特殊风险：

在正常操作（如换筒管或引头）和特殊操作期间的偶然接近，会导致低概率的严重伤害。

特殊安全要求：

应提供封闭式防护装置以防止接近锭翼及其相关零件，如使用固定的防护装置和联锁的可移动防护装置相结合。如果最长停机时间超过进入时间，应提供措施以确保在锭翼及其相关零件停止转动之前，移动式防护装置不能被打开，例如带有运动传感器的联锁机构的防护装置。防护装置的联锁机构在控制系统失灵或停电状态下应保持锁闭（见 GB/T 18831—2010,5.4）

制动装置对于缩短停机时间是有用的辅助装置，但不应用来替代防护装置联锁系统。

5.5.2.3 绞盘

绞盘是一组排列的滑轮，用于牵引绳索并将其输送到卷绕装置上。

一般安全要求：

安全要求适用 5.5.1。

特殊危险：

机械危险来自移动着的缆绳或绳索，尤其是吸入或卷入。

特殊风险：

在正常操作和特殊操作期间会导致低概率的严重伤害。

特殊安全要求：

应提供防护装置以保护握持点（例如联锁防护装置或固定的钳口防护装置或加工成仿绞盘外形的隔离式保护装置）。

5.5.3 黄麻栉梳机和黄麻制条机

黄麻栉梳机包括输送压扁的纤维(通常是剑麻或黄麻)通过进料罗拉送入粗针慢速底板和梳麻机构的输送带,也包括快速底板从慢速底板中拉拽纤维并梳理。

一般安全要求:

安全要求和/或措施应符合5.5.1和表5。

表5 有关黄麻栉梳机、制条机和碎茎机的附加安全要求

项　　目	引用 GB/T 17780.1—2012 条款
整机: 　粉尘排放	5.4.10
特殊机器零部件: 　罗拉 　工作平台和走道	6.5 6.13

特殊危险:

机械危险来自喂入罗拉、牵伸罗拉、慢速底板、快速底板、输送罗拉,尤其是卷入。

特殊风险:

在正常操作和特殊操作期间会导致低概率的中等程度至严重的伤害。

特殊安全要求:

a) 喂入罗拉隧道式防护装置应符合 GB 23821 的要求。

b) 牵伸罗拉和底板应用固定的封闭防护装置或移动式联锁防护装置保护。

c) 输送罗拉应该用固定的封闭防护装置保护,送料开口和通道应符合 GB 23821 的要求。

防护装置可以是粉尘收集系统的一部分。

5.5.4 麻纺并条机、末道并条机

麻纺并条机是由一系列针板组成的牵伸装置将韧皮纤维精细地梳理成条的机器。

一般安全要求:

安全要求应符合 5.5.1 和 GB/T 17780.1—2012 的 5.4.10。

特殊危险:

机械危险来自输入罗拉、进料罗拉、牵伸装置和输送罗拉,尤其是卷入和刺伤。

特殊风险:

在正常操作和特殊操作期间会导致低概率的中等程度至严重的伤害。

特殊安全要求:

a) 输入罗拉应该有防护装置,如钳口防护装置或自停装置。

b) 进料罗拉、牵伸装置、侧面输送罗拉和中间输送罗拉应该有防护装置,如固定的防护装置;任何开口都应符合 GB 23821 的要求。

5.5.5 股线搓捻机

股线搓捻机是将绳索用纱搓捻成股线的机器。绳索用纱经过记录板、加压管和附加剪切装置(如果配备的话)后,集合在有锭翼绕其旋转的转动筒管上形成股线。

一般安全要求:

安全要求和/或措施应满足 5.5.1 和表 6。

表 6 有关股线搓捻机的附加安全要求

项 目	引用 GB/T 17780.1—2012 条款	本部分条款
特殊机械零部件: 有特殊危险的机器零部件	6.3	—
其他: 筒锭 锭翼	— 	5.5.2.1 5.5.2.2

特殊危险:

机械的危险,来自记录板附近的纱架上纱圈,尤其是缠绕。

特殊风险:

在正常操作期间的接近,会导致高概率的中等程度至严重的伤害,特殊操作期间会导致高概率的严重伤害。

特殊安全要求:

在操作手册中应给出有纱圈缠绕的风险和修接断头应停车的相关信息。

5.5.6 绳索并股机

绳索并股机是将搓捻后的股线合并成绳索的机器。筒管装在筒子架上的锭子上,股线经过上导纱轮集合经旋转的锭翼臂到模板。最终的绳索通过两个光滑的改向拖运绞盘到卷绕滚筒上。

一般安全要求:

安全要求和/或措施应满足 5.5.1 和表 7。

表 7 有关绳索并股机的附加安全要求

项 目	本部分条款
筒锭	5.5.2.1
锭翼	5.5.2.2
绞盘	5.5.2.3
股线搓捻机	5.5.5

特殊危险:

模板附近股线的缠绕。

特殊风险:

正常和特殊操作时的低概率的中等至严重程度的伤害。

特殊安全要求:

应该提供固定或连锁的封闭防护装置把成型模板封闭起来。

5.5.7 联合制绳并股机

联合制绳并股机是指搓制股线和合并股线成绳子的连续生产机器。

有纱的筒管或有边筒子固定在筒子架上的锭子上,纱从筒管喂入,经记录盘和成型模板形成搓制股线,数股分开的股线通过压缩管形成绳子。该绳子被二次旋转的锭翼臂加捻再通过两个光滑的改向拖运绞盘到卷绕滚筒上。

安全要求:

安全要求和/或措施适用5.5.5和5.5.6。保护是指整机的,包括卷取纱框。

5.5.8 编绳机

编绳机是用股线编结成双根辫子状绳子的机器。

安全要求:

安全要求和/或措施适用5.6,特别是5.6c)。

5.6 编带机

包括履带机或织网机、圆型编织带机、实心或螺旋编织带机。

一般安全要求:

安全要求和/或措施见表8。

表8 有关编带机的一般安全要求

项 目	引用 GB/T 17780.1—2012 条款
整机:	
一般电气设备	5.4.2.1 和 5.4.2.2
电气控制系统	5.4.2.3
启动和停车	5.4.2.4
通过设计减少风险	5.3.2
通过安全防护装置减少风险	5.3.3
——用防护装置	表2
——用安全装置	表3
噪声	5.4.7,第7章,8.2
粉尘排放	5.4.10
人体工效学	5.4.13
特殊操作装置	5.5
零件的装配	5.8
特殊机器零部件:	
驱动和传动装置罩	6.2
回转轴	6.6

特殊危险:

机械的危险来自移动走锭(花边筒子),尤其是挤压、缠绕和碰撞;来自走锭和织网机的移锤轮,尤其是挤压和剪切。

特殊风险:

正常操作中的接近,尤其是启动时和特殊操作时(如清洁、引头)会导致的低概率的轻度至中等程度的伤害。

特殊安全要求:

a) 移锤轮直径 $d \leqslant 120$ mm 的机器、不管尺寸大小和单头多头的饰带和再生毛起绒机应在外部轮廓周围设置防护杆,距外层走锭的距离 $s \geqslant 25$ mm,自台面起的高度 $h = 100$ mm± 5 mm(见

图1和图2),当过载时,连接驱动电机和传动齿轮的超载装置(如联轴器、安全销、电机超载保护)应能够使传动部分和电机脱开。

注：此处 d 等于移锤轮最大半径的两倍。

单位为毫米

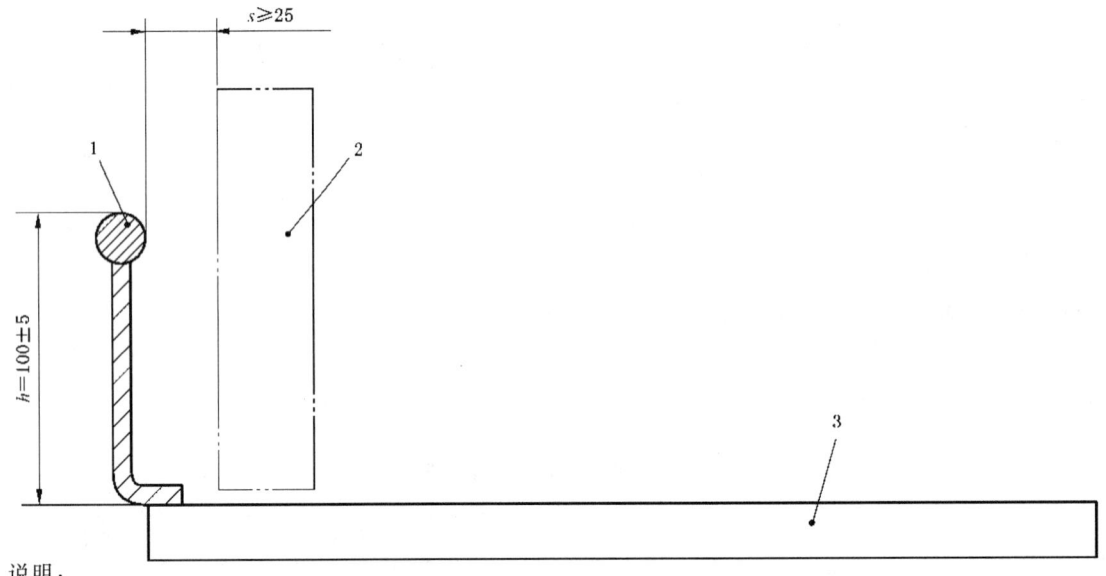

说明：
1——防护杆；
2——外层走锭；
3——机座。

图 1　小型单头编带机防护装置

单位为毫米

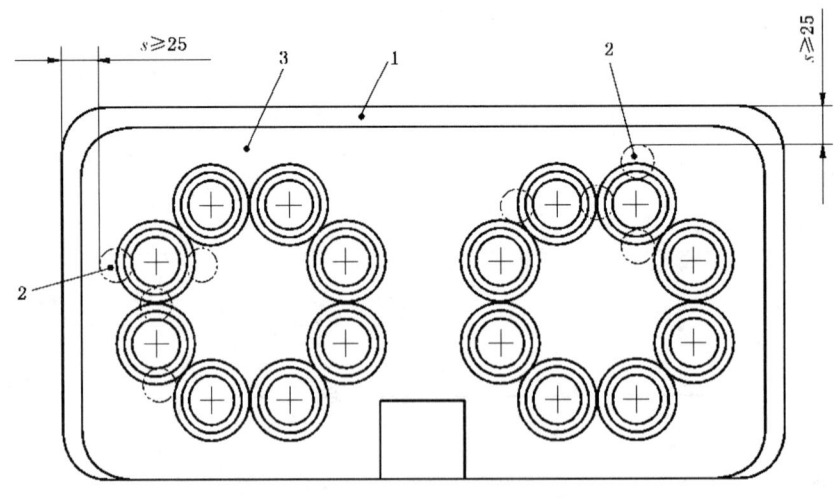

说明：
1——防护杆；
2——外层走锭；
3——机座。

图 2　小型多头编带机防护装置

b)　120 mm＜移锤轮直径 d≤180 mm 的机器应在单机或组机的外部轮廓周围设置防护装置，距外层走锭以及上方走锭的上边缘的距离 s≥25 mm。与 GB 23821 的要求不同，防护装置的上方不需要保护。

c) 移锤轮直径 $d>180$ mm 的大型机器，尤其是编绳机，应按照 GB 23821 在机器周围设置防护栏或防护装置，够不着的上方设置其他封闭防护装置。

任何进入门都应是联锁的。

没有制动的最长停机时间超过进入时间的情况下应提供措施确保在托架停止转动之前门不能打开。如用防护联锁装置与一个运动传感器相连。门在控制系统失灵或停电状态下保持关闭。

刹车装置对减少停机时间是有帮助的，但不能用来代替防护装置锁闭系统。

d) 圆型编织带机应该提供移动封闭防护装置。它们应该连锁，其要求与 c) 相同。

6 安全要求和/或措施的检验

机器在交付使用时应按照 GB/T 17780.1—2012 第 7 章和附录 C 进行最终检验。

无论噪声是否为主要危险，本部分所有机器的噪声值应该按照 GB/T 7111.1 和 GB/T 7111.4 的方法检测。

7 机器的使用说明

应该按照 GB/T 17780.1—2012 第 8 章的规定提供机器的使用说明，并应该包括第 5 章的所有内容。

无论噪声是否为主要危险，应声明本部分所有机器的噪声值是按照 GB/T 7111.1 和 GB/T 7111.4 的方法检测的。

GB/T 17780.4—2012

参 考 文 献

[1] ISO 12100-1 Safety of machinery—Basic concepts，general principle for design—Part 1：Basic terminology，methodology

[2] ISO 14121 Safety machinery—Principle of risk assessment

42

ICS 59.120.10
W 90

中华人民共和国国家标准

GB/T 24372—2009/ISO 1809:1977

纺织机械与附件
卷绕纱线用筒管名称

Textile machinery and accessories—
Types of formers for yarn packages—Nomenclature

（ISO 1809:1977,IDT）

2009-09-30 发布

2010-03-01 实施

中华人民共和国国家质量监督检验检疫总局
中国国家标准化管理委员会 发布

前　言

本标准等同采用 ISO 1809:1977《纺织机械与附件　卷绕纱线用筒管　名称》(英文版)。

本标准等同翻译 ISO 1809:1977。

为便于使用,本标准对 ISO 1809:1977 作了下列编辑性修改:

a)　"ISO 1809"一词改为"GB/T 24372";

b)　删除 ISO 1809:1977 的前言;

c)　删除国际标准中法文版和俄文版;

d)　在"范围"前增加了章的编号"1",其后各章的编号顺延;

e)　相关图中表示金属剖面符号改为非金属剖面符号,如:2.1.1、2.1.3、2.1.4、2.1.6、2.2.1、2.2.2、2.2.3、2.2.7、2.2.9、2.3.1、2.3.6;

f)　补充 2.1.3 图中管壁的金属剖面符号、2.2.3、2.2.5 局部放大图的断裂线和 2.3.2 图的中心线。

本标准由中国纺织工业协会提出。

本标准由全国纺织机械与附件标准化技术委员会归口。

本标准起草单位:浙江三友塑业股份有限公司、河南第一纺织器材股份有限公司、陕西纺织器材研究所。

本标准主要起草人:侯水利、赵玉生、张小叔、蒋传良、张根芳、赵钢。

纺织机械与附件
卷绕纱线用筒管名称

1 范围

本标准规定了卷绕纱线用各类筒管的型式和名称。

2 筒管的分类、型式和名称

2.1 圆柱形筒管 Cylindrical tubes or bobbins

序 号	型 式	名 称
2.1.1		无网眼圆柱形筒管 Cylindrical non-perforated tube
2.1.2		网眼圆柱形筒管 Cylindrical perforated tube
2.1.3		牵伸加捻机用圆柱形筒管 Cylindrical tube for draw-twisters
2.1.4		无底座筒管 Tube for peg or skewer
2.1.5		双边筒管 Double flanged bobbin
2.1.6		有底座粗纱筒管 Flyer bobbin
2.1.7		无边搓条筒管 Condenser bobbin without flanges
2.1.8		有边搓条筒管 Condenser bobbin with flanges

2.2 圆锥形筒管　Tapered tubes

序　号	型　式	名　称
2.2.1		无锥座圆锥形筒管 Tapered tube without cone base
2.2.2		无网眼圆锥形筒管 Non-perforated cone
2.2.3		平卷头或内卷头无网眼圆锥形筒管 Non-perforated cone with rolled-in top or flat-end top
2.2.4		网眼圆锥形筒管 Perforated cone
2.2.5		平卷头或内卷头网眼圆锥形筒管 Perforated cone with rolled-in top or flat-end top
2.2.6		圆锥形木筒管 Wood cone
2.2.7		牵伸加捻和捻线用圆锥形筒管 Tapered tube for draw twisting and twisting
2.2.8		大卷装用圆锥形纬管 Initial cone for supercops
2.2.9		绕丝用圆锥形筒管 Initial cone for rocket bobbins

2.3 复合形筒管 Combined types

序　号	型　　式	名　　称
2.3.1		有锥座圆锥形筒管 Tapered tube with cone base
2.3.2		染色用网眼筒管 Perforated cheese centre for dyeing purposes
2.3.3		丝织用纬纱管 Weft pirn with half cone base for natural silk and other continuous filament yarns
2.3.4		换纤式纬纱管 Weft pirn for automatic looms
2.3.5		瓶状纱管 Bottle bobbin
2.3.6		小瓶状纱管 Small bottle bobbin
2.3.7		编织或缝纫用锥边纱管 Knitting or sewing spool with conical flanges
2.3.8		双锥形纱管 Biconical tube

ICS 59.120.10
W 90

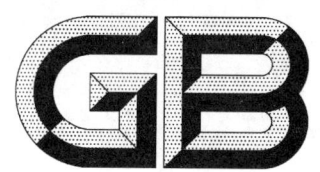

中华人民共和国国家标准

GB/T 24373—2009/ISO 2572:1982

纺织机械与附件 梳理机用隔距片

Textile machinery and accessories—Card gauges

(ISO 2572:1982,IDT)

2009-09-30 发布　　　　　　　　　　　　　2010-03-01 实施

中华人民共和国国家质量监督检验检疫总局
中国国家标准化管理委员会　发 布

前　言

本标准等同采用 ISO 2572：1982《纺织机械与附件　梳理机用隔距片》(英文版)。

为便于使用,本标准对 ISO 2572：1982 作了下列编辑性修改：

a)　"本国际标准"一词改为"本标准"；

b)　删除 ISO 2572：1982 的前言；

c)　用小数点符号"."代替作为小数点符号的","。

本标准由中国纺织工业协会提出。

本标准由全国纺织机械与附件标准化技术委员会归口。

本标准起草单位：金轮科创股份有限公司、青岛纺机针布有限公司、常州钢箔有限公司、光山白鲨针布有限公司、上海远东钢丝针布有限责任公司、陕西纺织器材研究所。

本标准主要起草人：赵玉生、付晓艳、陈幼泉、吴志谨、周建平、张永刚、梁庆新、陈翔鸿、安国隆。

纺织机械与附件 梳理机用隔距片

1 范围

本标准规定了通常用于调节梳理机工作部件之间距离的两种型式隔距片的号数和尺寸。

2 型式、号数和尺寸

梳理机用隔距片的型式、号数和尺寸见图1、图2和表1、表2。

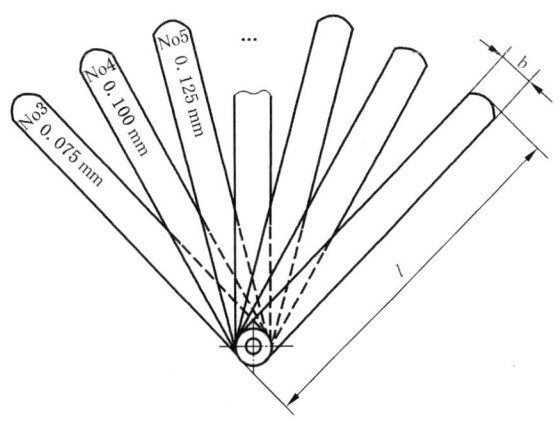

图 1 A 型隔距片[a]

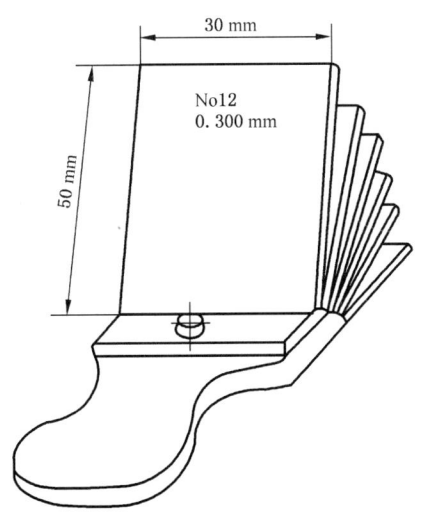

图 2 B 型隔距片[a]

---

[a] 只需一种厚度时,可用单页隔距片。

表 1 A 型隔距片尺寸   单位为毫米

b	l
30	300
45	(240)[1]
	300
	400

[1] 尽量避免采用的数值。

表 2 隔距片厚度与号数

号数[1]	厚度/mm
1	0.025
2	0.050
3	0.075
4	0.100
5	0.125
6	0.150
7	0.175
8	0.200
9	0.225
10	0.250
12	0.300
20	0.500
40	1.000
80	2.000
120	3.000
200	5.000

[1] 号数乘以 0.025 mm(相当于 1/1 000 英寸)等于隔距片的厚度。

ICS 59.120.20
W 90

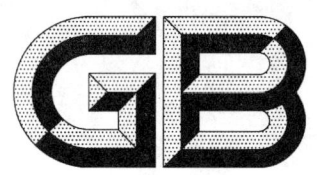

中华人民共和国国家标准

GB/T 24374—2009

纺织机械与附件
纺纱机械　粗纱筒管

Textile machinery and accessories—Spinning machines—Flyer bobbins

(ISO 344:1981,MOD)

2009-09-30 发布

2010-03-01 实施

中华人民共和国国家质量监督检验检疫总局
中国国家标准化管理委员会　发布

前　言

本标准修改采用 ISO 344:1981《纺织机械与附件　纺纱机械　粗纱筒管》(英文版)。

本标准根据 ISO 344:1981 重新起草,与 ISO 344:1981 的技术性差异为:

——表 1 中 H 增加 320 mm,对应增加 $L=360$ mm,$d_0=22$ mm,$d=22.2$ mm,$d_1=44$ mm,$d_2=36$ mm,$d_3=38.3$ mm,$d_4=50$ mm;表 1 中 $H=400$ mm,对应增加 $L=445$ mm,$d_0=22$ mm 或 25 mm,$d=22.2$ mm 或 25.2 mm,$d_1=45$ mm,$d_2=38$ mm 或 36 mm,$d_3=39.4$ mm 或 37.4 mm,$d_4=60$ mm;表 1 中 $H=400$ mm,$L=450$ mm,$d_0=25$ mm,$d=25.2$ mm,对应增加 $d_1=56$ mm,$d_2=49$ mm,$d_3=50.3$ mm,$d_4=72$ mm。

——图 1 中"30 ± 1"改为"$30^a\pm1$",对应增加脚注"a 需要时该尺寸由供、订货双方商定"。

上述技术性差异的原因是:由于 ISO 344:1981 已发布 27 年之久,而技术进步与发展已不局限于 ISO 344:1981 中规定的尺寸规格,本标准增加的尺寸规格符合国际上技术发展的趋势,并极大可能与未来国际标准修订相协调。因此,本标准增加上述规格才能满足实际需要,并增强本标准适用性。

为便于使用,本标准对 ISO 344:1981 还作了下列编辑性修改:

a) "ISO 344"一词改为"GB/T 24374";

b) 删除 ISO 344:1981 的前言;

c) 第 2 章"引用标准"一词改为"规范性引用文件",并采用 GB/T 1.1—2000 中规定的引导语;

d) 图 1 中直径代号"d、d_0、d_1、d_2、d_3、d_4"前增加"ϕ";圆跳动基准符号改为带小圆的大写斜体字母,并用细实线与粗的短横线相连;由"AB"组成的公共基准符号改为由横线隔开的两个斜体字母"A-B"表示;锭翼轮廓线改为双点画线表示。

本标准由中国纺织工业协会提出。

本标准由全国纺织机械与附件标准化技术委员会归口。

本标准起草单位:浙江三友塑业股份有限公司、河南第一纺织器材股份有限公司、陕西纺织器材研究所。

本标准主要起草人:侯水利、赵玉生、张小叔、蒋传良、张根芳、赵钢。

纺织机械与附件
纺纱机械　粗纱筒管

1　范围

本标准规定了塑料粗纱筒管的主要尺寸及其偏差。

本标准适用于翼锭粗纱机用粗纱筒管。

2　规范性引用文件

下列文件中的条款通过本标准的引用而成为本标准的条款。凡是注日期的引用文件,其随后所有的修改单(不包括勘误的内容)或修订版均不适用于本标准,然而,鼓励根据本标准达成协议的各方研究是否可使用这些文件的最新版本。凡是不注日期的引用文件,其最新版本适用于本标准。

GB/T 1800.4—1999　极限与配合　标准公差等级和孔、轴的极限偏差表(eqv ISO 286-2:1988)

3　尺寸与偏差

有底座粗纱筒管应符合图 1a)和表 1 的规定。

表 1　有底座粗纱筒管　　　　　　　　　　　　　　　　单位为毫米

H	L ±1.5	d_0 h8[1]	d ±0.1	d_1 ±0.5	d_2 min	d_3 ±0.2	d_4 ±0.5
300	340	22	22.2	44	34	36.5	51
		25	25.2	48	38	40.3	56.5
320	360	22	22.2	44	36	38.3	50
350	395	25	25.2	48	38	40.3	56.5
400	445	22	22.2	45	38	39.4	60
		25	25.2	45	36	37.4	
	450	25	25.2	48	38	40.3	56.5
				56	49	50.3	72
		27	27.2	51	40	42.3	60
450	500	30	30.2	53	42	44.3	60

[1] d_0 适用于公差 h8,见 GB/T 1800.4—1999。

无底座粗纱筒管应符合图 1b)和表 2 的规定。

表 2　无底座粗纱筒管　　　　　　　　　　　　　　　　单位为毫米

H	L ±1.5	d_0 h8[1]	d ±0.1	d_1 ±0.5	d_2 min	d_3 ±0.2	d_4 ±0.5
350	395	25	25.2	60	38	40.3	60
400	450	25	25.2	60	38	40.3	60
		27	27.2		40	42.3	
450	500	30	30.2	60	42	44.3	60

[1] d_0 适用于公差 h8,见 GB/T 1800.4—1999。

注:未详细说明的尺寸由供货方自定,偏差小于上述标准的由供、订货双方商定。

单位为毫米

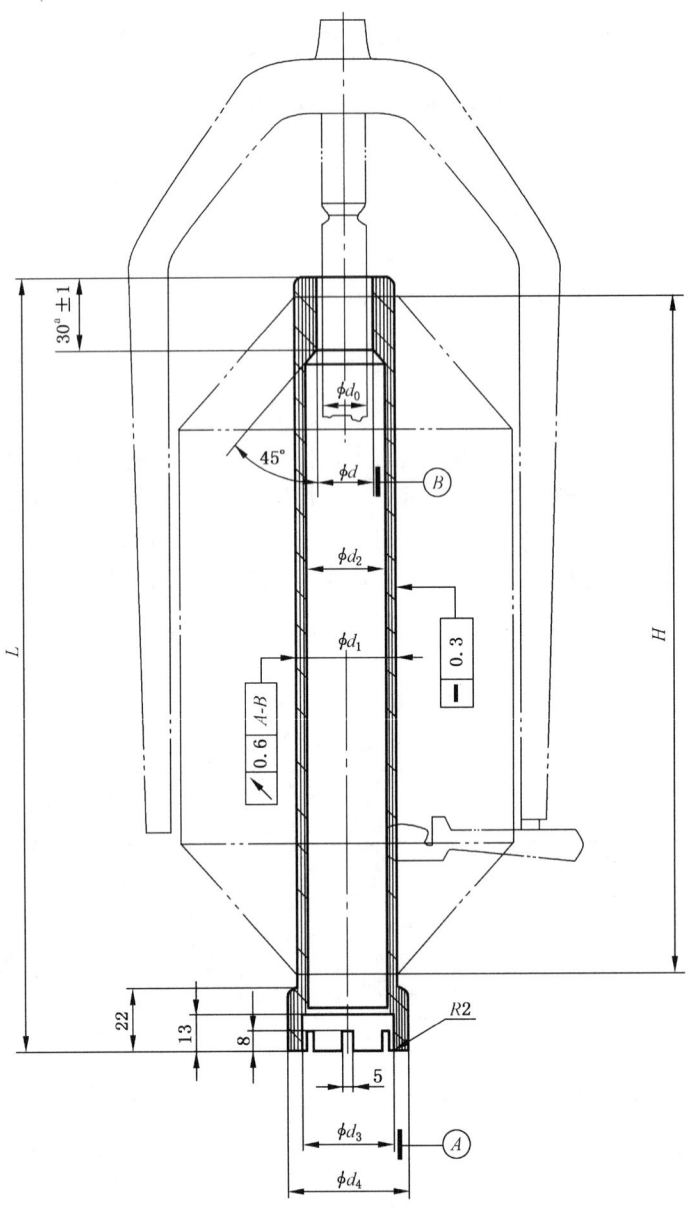

a) 有底座粗纱筒管

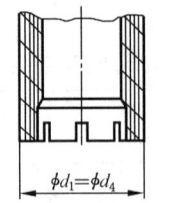

b) 无底座粗纱筒管

图 1　粗纱筒管

ICS 59.120.10
W 90

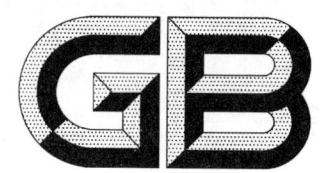

中华人民共和国国家标准

GB/T 24375—2009

纺织机械与附件
牵伸装置用下罗拉

Textile machinery and accessories—
Bottom fluter rollers for drafting systems

(ISO 5233:1978,MOD)

2009-09-30 发布

2010-03-01 实施

中华人民共和国国家质量监督检验检疫总局
中国国家标准化管理委员会 发布

前　言

本标准修改采用国际标准 ISO 5233:1978《纺织机械与附件　牵伸装置用下罗拉》(英文版)。

本标准根据 ISO 5233:1978 重新起草。

为了适应我国国情,本标准对 ISO 5233:1978 作了如下技术性的修改:

a)　"表1"中,直径尺寸增加尺寸 28.5 mm,并将 28 mm 改为优先选用的尺寸。

b)　"表1"中,工作面宽度增加尺寸 34 mm。

为了便于使用,对 ISO 5233:1978 作了以下编辑性修改:

a)　"本国际标准"一词改为"本标准"。

b)　"适用范围"一词改为"范围",增加"本标准适用于纺纱准备和纺纱机械牵伸装置用下罗拉"。

c)　"2　参考文献"改为"2　规范性引用文件",保留 ISO 94(即 GB/T 5459—2003),并增加规范性引用文件的导语。

d)　因 ISO 3464 标准已废止,故在参考文献中取消该标准。根据 GB/T 1.1 的要求,将 ISO 98 (GB/T 24376—2009　纺织机械与附件　纺纱准备和纺纱机械　上罗拉包覆物的主要尺寸) 列入参考文献。

e)　"3　尺寸"中,将表1及表2合并为表1,增加表头,并将表中的计量单位置于表的右上方,用"单位为毫米"表示。

f)　"图1"、"图2"中,"胶辊"用双点划线表示,"罗拉的齿形"用斜齿表示。

g)　锭距"g"亦列入表1中。

本标准由中国纺织工业协会提出。

本标准由全国纺织机械及附件标准化技术委员会归口。

本标准起草单位:无锡纺织机械研究所、同和纺织机械制造有限公司、经纬纺织机械股份有限公司榆次分公司、江阴市东杰纺机专件有限公司、衡阳纺织机械厂。

本标准主要起草人:赵基平、崔桂生、徐美、臧晨东、阳艳玲、张玉红。

纺织机械与附件
牵伸装置用下罗拉

1 范围

本标准规定了纺纱准备和纺纱机械牵伸装置用下罗拉工作面的直径和宽度。

本标准适用于纺纱准备和纺纱机械牵伸装置用下罗拉。

2 规范性引用文件

下列文件中的条款通过本标准的引用而成为本标准的条款。凡是注日期的引用文件,其随后所有的修改单(不包括勘误的内容)或修订版均不适用于本标准,然而,鼓励根据本标准达成协议的各方研究是否可使用这些文件的最新版本。凡是不注日期的引用文件,其最新版本适用于本标准。

GB/T 5459—2003 纺织机械与附件 环锭细纱机和环锭捻线机 锭距(ISO 94:1982,IDT)

3 尺寸

见图1、图2及表1。

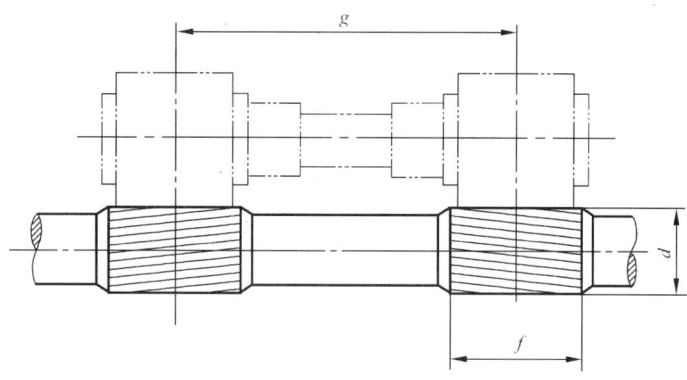

图 1 细纱机和粗纱机用下罗拉

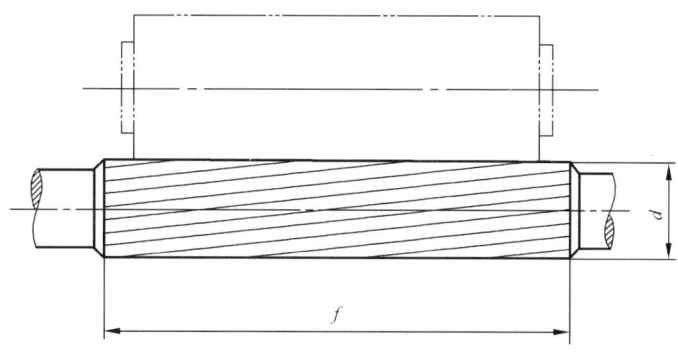

图 2 纺纱准备机械用下罗拉

表 1　　　　　　　　　　　　　　　　　　　　　　　　　单位为毫米

项　目	尺　寸
下罗拉直径 d	(20)　(22)　25　27　28　28.5　30　32　35　38　40　45　50　55　60　65　70　80　90 100
工作面宽度 f	(30)　32　34　36　40　45　50　56　63　70　80　90　100　110　125　140　160　180 200　220　250　280　315　355　400　450　500
锭距 g	按 GB/T 5459—2003 中的 e 值选取
注 1：不推荐采用带括号的数值。 注 2：表中 d 与 f 之间无对应关系。	

参 考 文 献

[1] GB/T 24376—2009　纺织机械与附件　纺纱准备和纺纱机械　上罗拉包覆物的主要尺寸
(ISO 98:2001,MOD)

ICS 59.120.10
W 90

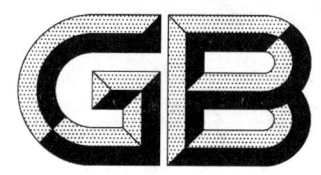

中华人民共和国国家标准

GB/T 24376—2009

纺织机械与附件
纺纱准备和纺纱机械
上罗拉包覆物的主要尺寸

Textile machinery and accessories—
Spinning preparatory and spinning machinery—
Main dimensions of coverings for top rollers

(ISO 98:2001,MOD)

2009-09-30 发布   2010-03-01 实施

中华人民共和国国家质量监督检验检疫总局
中国国家标准化管理委员会   发布

前　　言

本标准修改采用 ISO 98:2001《纺织机械与附件　纺纺准备和纺纱机械　上罗拉包覆物的主要尺寸》(英文版)。

本标准根据 ISO 98:2001 重新起草,与 ISO 98:2001 的技术性差异为:

——表1中裸罗拉外径 d_1 增加了22 mm和32 mm两个规格;表2中包覆物外径 d_2 增加了24 mm和38 mm两个规格;表3中包覆物宽度 b 增加了170 mm规格。

上述技术性差异的原因是:由于 ISO 98:2001 已发布7年之久,而技术进步与发展已不局限于 ISO 98:2001 中规定的尺寸规格,本标准增加的尺寸规格符合国际上科技发展的趋势,并极大可能与未来国际标准修订相协调。因此,本标准增加上述规格才能满足实际需要,并增强本标准适用性。

为便于使用,本标准对 ISO 98:2001 作了下列编辑性修改:

a)　"ISO 98"一词改为"GB/T 24376";

b)　删除 ISO 98:2001 的前言;

c)　"2　代号"中代号与对应名称之间的"空格"改为破折号"——",在名称后增加标点符号;

d)　图1、图2中直径代号" d_1 、 d_2 "修改为" ϕd_1 、 ϕd_2 ";

e)　"4　上罗拉包覆物的标记"中陈述的"尺寸 d_1 、 d_2 和 b 以毫米表示······摇架压力 F 以 daN 表示"改为"尺寸 d_1 、 d_2 和 b (以 mm 表示)······上罗拉压力 F (以 daN 表示)"。

本标准由中国纺织工业协会提出。

本标准由全国纺织机械与附件标准化技术委员会归口。

本标准起草单位:无锡二橡胶股份有限公司、如东纺织橡胶有限公司、安徽八一纺织器材厂、陕西纺织器材研究所。

本标准主要起草人:侯水利、赵玉生、胡万春、陈亮、扈益民、吴国轩、文皖、肖国华。

纺织机械与附件
纺纱准备和纺纱机械
上罗拉包覆物的主要尺寸

1 范围

本标准规定了纺纱准备和纺纱机械上罗拉包覆物(组合成的包覆物)的主要尺寸。

本标准适用于纺纱准备和纺纱机械上罗拉包覆物。

2 代号

d_1——裸罗拉外径；

d_2——包覆物外径(已磨制好的)；

b——包覆物宽度；

F——摇架压力；

B——直角包覆物型式(见图1和图2)；

C——斜角包覆物型式(见图1和图2)；

D——圆弧角包覆物型式(见图1和图2)。

3 尺寸

3.1 单头上罗拉

纺纱准备(如并条机和精梳机)用单头上罗拉包覆物主要尺寸见图1、表1、表2和表3(双头上罗拉参见图2)。如果单头上罗拉包覆物有可拆卸的内衬管,执行标准与图3类似。

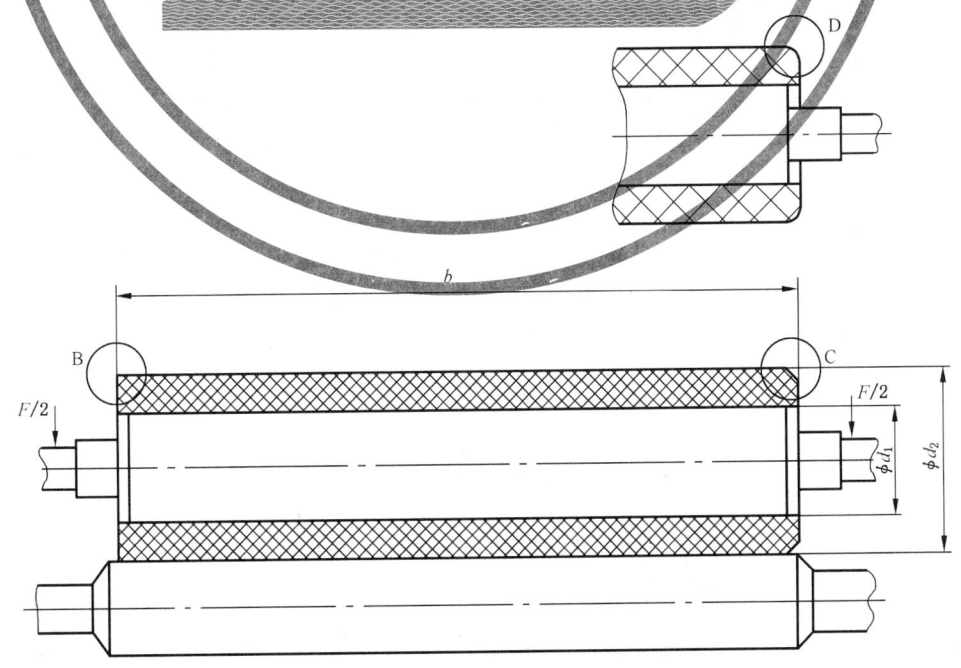

图 1　单头上罗拉的直径和包覆物宽度

表 1　裸罗拉外径

单位为毫米

d_1	16	18	19	22	23	26	28	30	32	35	40	45	50	55	60	65	70	75	80

注：当 $d_1 > 80$ 时，级差为 10。

表 2　包覆物外径（已磨制好的）

单位为毫米

d_2	24	25	28	32	34	36	38	40	45	50	55	60	65	70	75	80	85	90

注：当 $d_2 > 90$ 时，级差为 10。

表 3　包覆物宽度

单位为毫米

b	80	90	100	110	125	140	160	170	180	200	220	250	280	315	355	400	450

3.2　双头上罗拉

纺纱机和粗纱机用双头上罗拉包覆物主要尺寸见图 2、表 4、表 5 和表 6。如果双头上罗拉包覆物有可拆卸的内衬管，执行标准与图 3 类似。

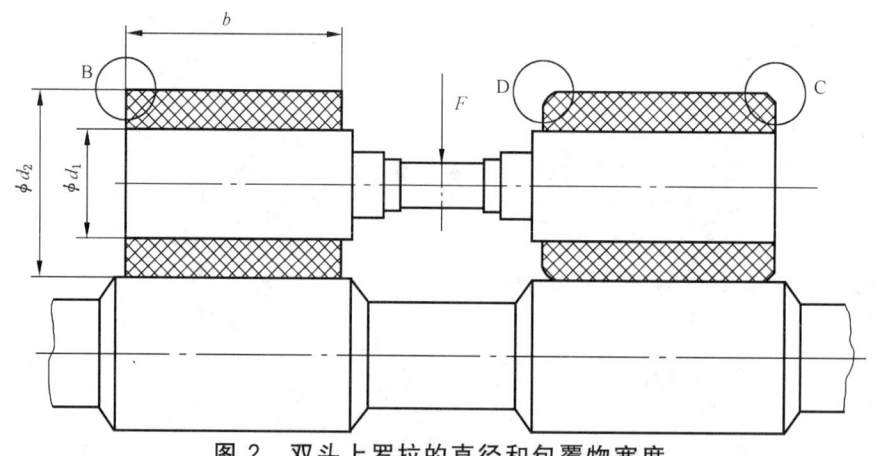

图 2　双头上罗拉的直径和包覆物宽度

表 4　裸罗拉外径

单位为毫米

d_1	19	23	25	28	30	35	40	45	50	55	60

注：当 $d_1 > 60$ 时，级差为 10。

表 5　包覆物外径（已磨制好的）

单位为毫米

d_2	25	28	30	32	35	40	45	50	55	60	65	70	75	80

注：当 $d_2 > 80$ 时，级差为 5。

表 6　包覆物宽度

单位为毫米

b	25	28	30	32	34	35	40	45	50	55	60

注：当 $b > 60$ 时，级差为 10。

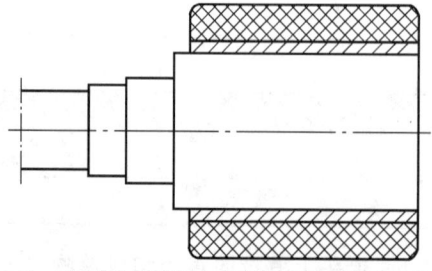

图 3　有内衬管的包覆物固定在裸罗拉上

4 上罗拉包覆物的标记

上罗拉包覆物标记包括本标准编号,尺寸 d_1、d_2 和 b(以 mm 表示),邵尔 A 硬度,型式,上罗拉压力 F(以 daN 表示)。

如果订货方不给予详细说明,供货方可供给 B、C 或 D 的任一型式。

示例:

按照 GB/T 24376 的上罗拉包覆物尺寸 d_1=28 mm、d_2=40 mm、b=160 mm,邵尔 A 硬度为 80 度,B 型,上罗拉压力为 40 daN,标记为:

GB/T 24376-28×40×160-80-B-40

ICS 59. 120. 30
W 90

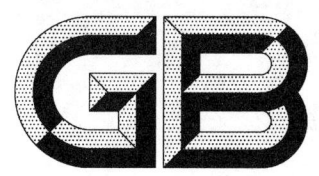

中华人民共和国国家标准

GB/T 24377—2009

纺织机械与附件　金属针布
尺寸定义、齿型和包卷

Textile machinery and accessories—Metallic card clothing—
Definitions of dimensions,types and mounting

(ISO 5234:2005,MOD)

2009-09-30 发布

2010-03-01 实施

中华人民共和国国家质量监督检验检疫总局
中国国家标准化管理委员会
发布

前　　言

本标准修改采用 ISO 5234:2005《纺织机械与附件　金属针布　尺寸定义、齿型和包卷》(英文版)。

本标准根据 ISO 5234:2005 重新起草,与 ISO 5234:2005 的技术性差异为:

——在 3.4 中增加"图 15　双弧形齿条"及其图形。

上述技术性差异的原因是:国际上广泛应用的齿前面和齿背面均为弧形的齿条,尤其是道夫齿条,其抓取、凝聚和转移纤维的能力优异、适用性强,因此在本标准中予以补充。

为便于使用,本标准对 ISO 5234:2005 作了下列编辑性修改:

a)　"本国际标准"一词改为"本标准";

b)　删除 ISO 5234 的前言;

c)　删去 ISO 5234 图 3、图 4 中"key"的译文;

d)　图 9～图 14 中齿距代号"P"改为"p",以与表 A.3 一致。

本标准的附录 A 为规范性附录。

本标准由中国纺织工业协会提出。

本标准由全国纺织机械与附件标准化技术委员会归口。

本标准起草单位:青岛纺机针布有限公司、常州钢箔有限公司、金轮科创股份有限公司、光山白鲨针布有限公司、上海远东钢丝针布有限责任公司、陕西纺织器材研究所。

本标准主要起草人:赵玉生、付晓艳、陈幼泉、吴志谨、周建平、张永刚、梁庆新、陈翔鸿、安国隆。

纺织机械与附件 金属针布
尺寸定义、齿型和包卷

1 范围

本标准列出了用于金属针布的各种截面和齿形的齿条,并规定了尺寸定义、齿型和包卷。

2 金属齿条的截面

2.1 包卷在有槽滚筒或无槽滚筒表面上的齿条截面

普通基部齿条尺寸见图 1 和表 A.1。

注:主要尺寸见 ISO 9903-1。

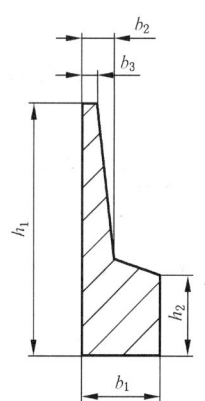

图 1 普通基部齿条

2.2 包卷在无槽滚筒上的齿条截面

自锁基部(V 型)齿条尺寸见图 2 和表 A.1。

注:主要尺寸见 ISO 9903-2。

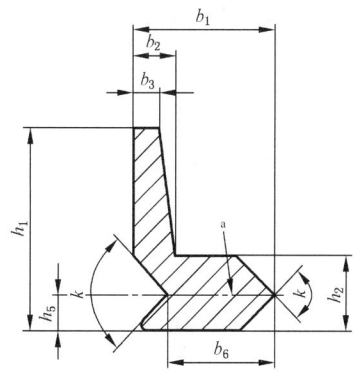

a 基准线。

图 2 自锁基部(V 型)齿条

3 齿形

3.1 概述

所有齿条形式(面对基部)见图 3。

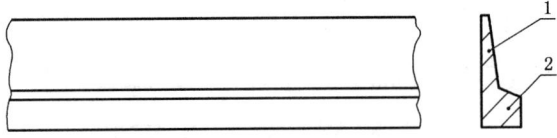

1——齿部；

2——基部。

图 3　齿形

3.2　齿向

左向齿条见图 4，右向齿条见图 5。

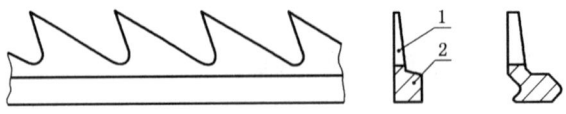

1——齿部；

2——基部。

图 4　左向齿条

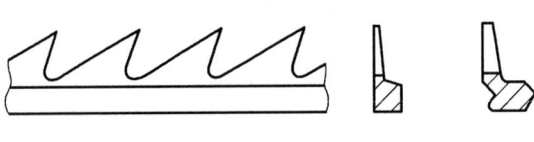

图 5　右向齿条

3.3　角度

齿条的角度，见图 6～图 8 和表 A.2。

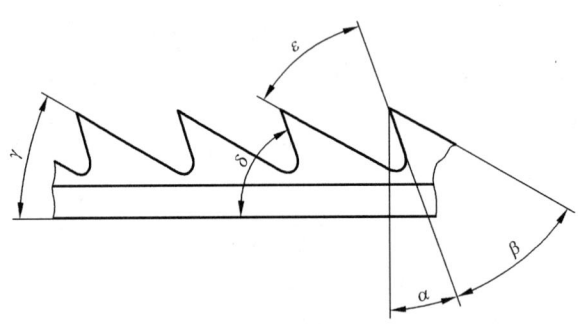

图 6　前角 $\delta \leqslant 90°$

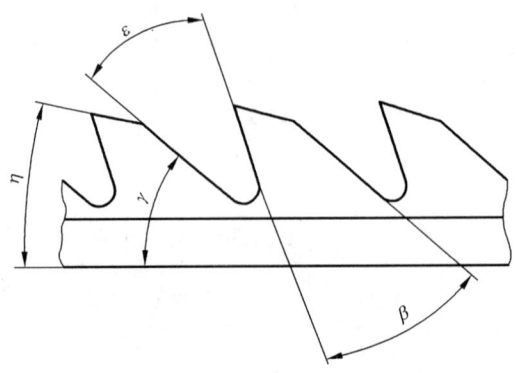

图 7　棱形齿尖

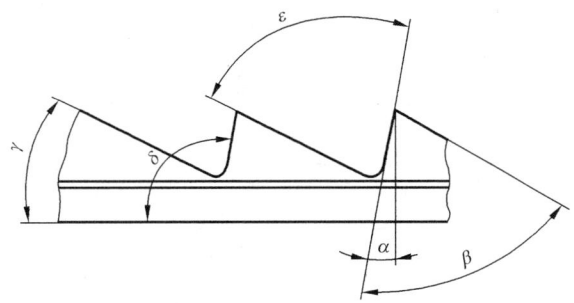

图 8　前角 $\delta \geqslant 90°$

3.4　齿型

各种齿条型式及其尺寸见图 9～图 15 和表 A.3。

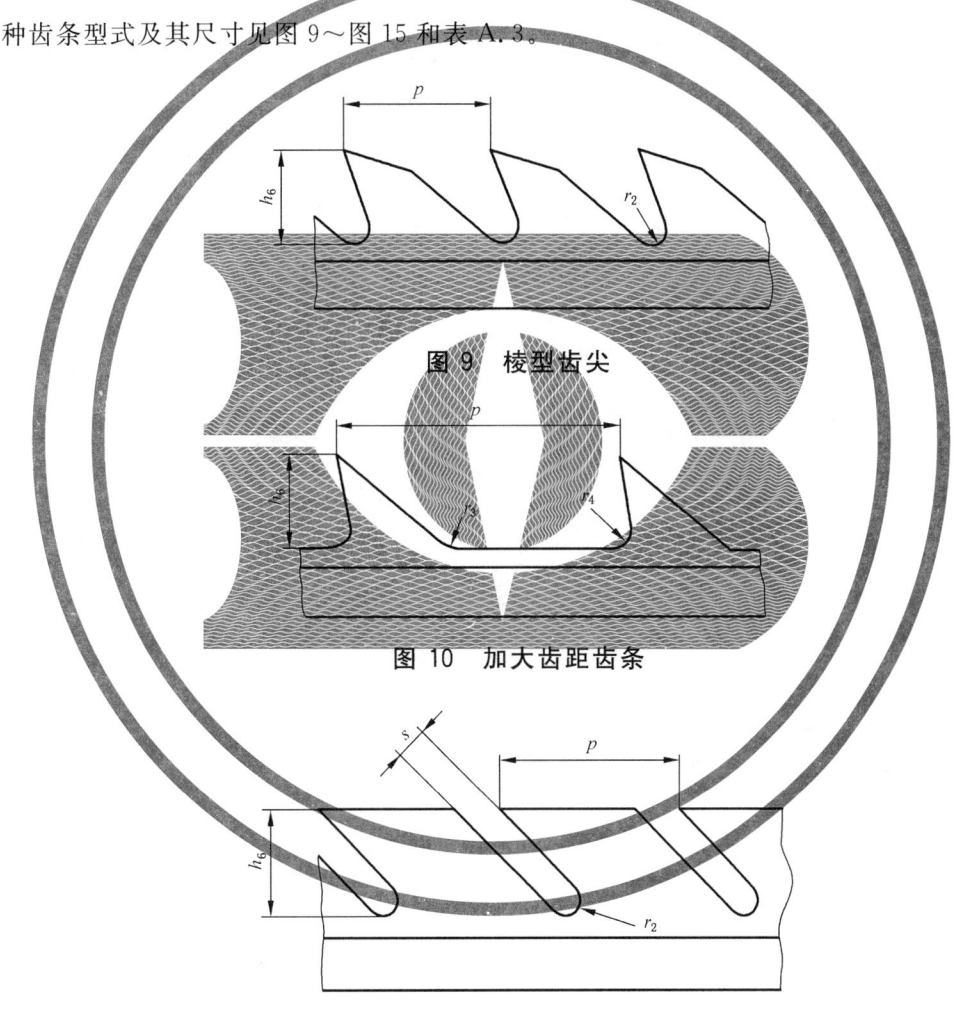

图 9　棱型齿尖

图 10　加大齿距齿条

图 11　"Morel"齿条

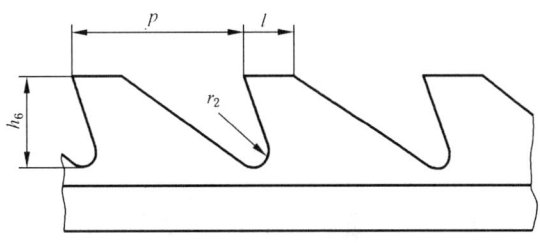

图 12　平顶齿条

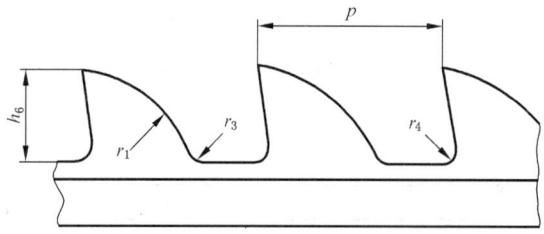

图 13　尖顶弧背齿条

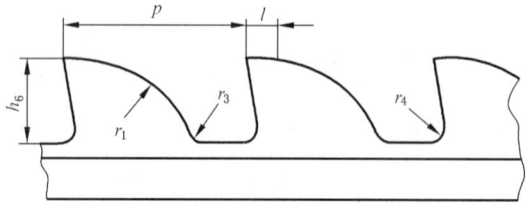

图 14　平顶弧背齿条

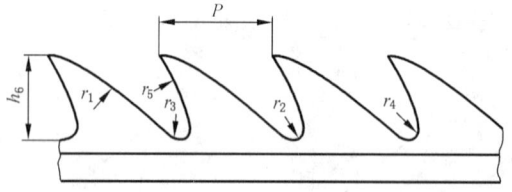

图 15　双弧形齿条

4　包卷齿条的截面形式

4.1　包卷在无槽滚筒表面的齿条

包卷在无槽滚筒上的齿条截面见图16～图17。

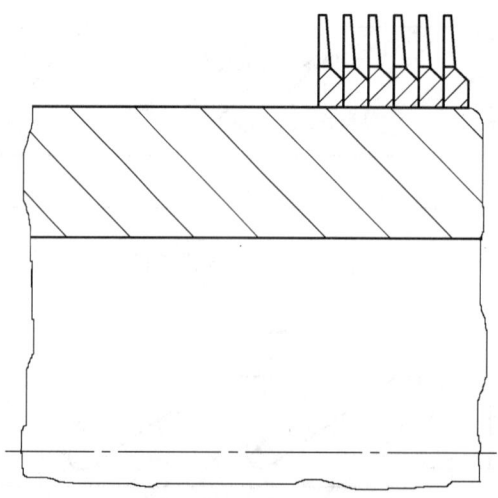

图 16　普通基部齿条的包卷（见图1）

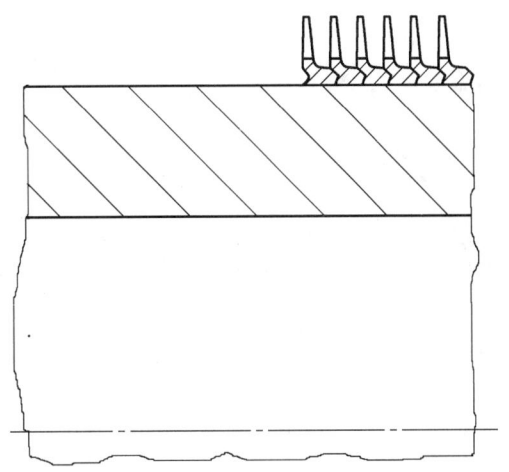

图 17 自锁基部齿条的包卷（例如，V 型：见图 2）

4.2 包卷在有槽滚筒表面的齿条

包卷在有槽滚筒表面的齿条截面见图 18。

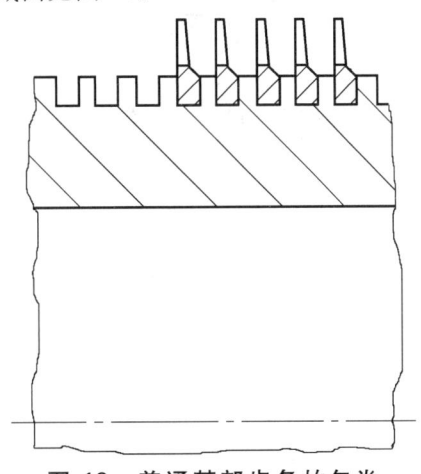

图 18 普通基部齿条的包卷

5 金属针布齿条的包卷

包卷在有槽滚筒表面的金属针布尺寸见图 19、表 A.4。单根齿条包卷和多根齿条包卷见图 20～图 21。

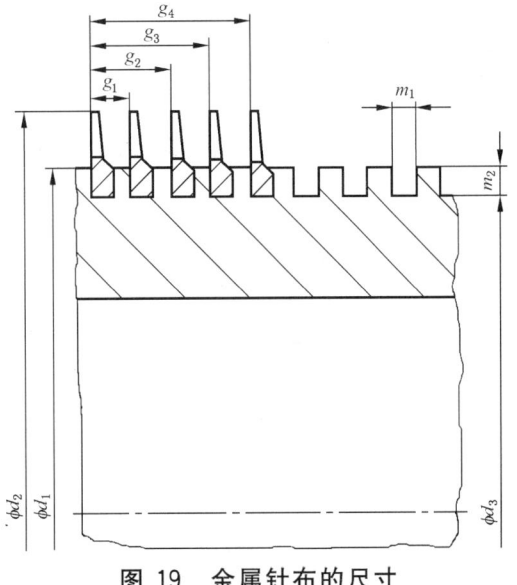

图 19 金属针布的尺寸

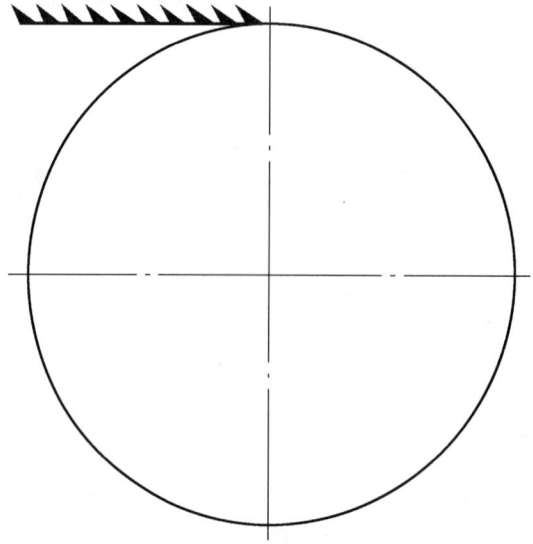

图 20　单根齿条的包卷

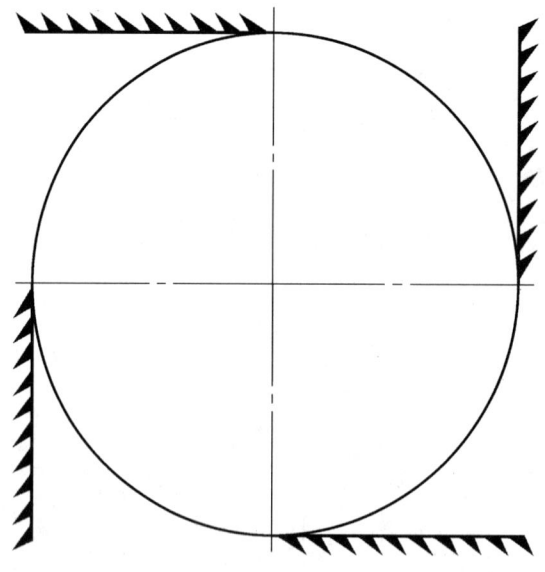

图 21　多根齿条的包卷(图例 4 根)

附　录　A

（规范性附录）

尺　　寸

表 A.1　普通基部齿条尺寸

代号	术　语	定　义
h_1	齿条总高	齿条基部底面到齿顶面的高度
h_2	基部高	齿条基部底面到基部顶面的高度
h_5	基部基准线	齿条基部底面到 V 型尖端的高度
b_1	基部宽	齿条基部从前面到背面的宽度
b_2	齿部宽	齿根的宽度
b_3	齿顶宽	齿顶面的宽度
b_6	基部节距	齿条背面到凸榫的宽度
k	V 型基部的内角	

表 A.2　角度

代号	术　语	定　义
α	工作角	齿前面与底面垂线之间的夹角
β	齿尖角	前角 δ 与后角 γ 之间的夹角
γ	后角	齿背面与齿条底面之间的夹角
δ	前角	齿前面与齿条底面之间的夹角
ε	内角	相邻两齿之间的夹角（$\varepsilon = \beta$）
η	背尖角	齿顶面与齿条底面之间的夹角

表 A.3　齿型

代号	术　语	定　义
h_6	齿深	切齿深度
p	齿距	两齿顶间平行于齿条底面的距离
l	齿顶长	齿顶平面的长度
s	槽宽	齿片切槽宽度
r_1	齿背半径	凸起的弧背面半径
r_2	齿根半径	齿根部的半径
r_3	背根半径	连接齿背面的半径
r_4	前根半径	连接齿前面的半径
r_5	齿前半径	齿前面圆弧半径

表 A.4 包卷金属针布

代　号	公式/数字	术　语	定　义
d_1		空筒直径	包卷齿条或切槽用的滚筒直径
d_2		齿顶直径	包卷齿条后的齿顶直径
d_3	$d_3 = d_2 - 2m_2$ 或 $d_3 = d_2 - 2h_1$	槽底直径	空筒直径 d_1 减去 2 倍的槽深 m_2 或齿顶直径 d_2 减去 2 倍齿条总高 h_1
m_1		槽宽	
m_2		槽深	空筒表面切槽深度
g_1		齿条节距	平行于滚筒轴线相邻齿条对应面之间的距离
$g_2, g_3, g_4\cdots$		导程	在同一根齿条上,平行于滚筒轴线测量的对应面之间的距离,角标数字表示包卷根数
R·H		右旋	当滚筒以轴线位置横向放置时观察,齿条螺旋角从右向左倾斜
L·H		左旋	当滚筒以轴线位置横向放置时观察,齿条螺旋角从左向右倾斜
T	$T=$单位长度$/p$	单位长度齿数	在直齿条上测量,每单位长度的齿数
R	$R=$单位长度$/g_1$	单位长度齿条排列数	在与滚筒轴线平行的截面上测量,单位长度的齿条数
D	$D = T \cdot R$	单位密度或每单位面积齿数	单位长度齿数×单位长度的排列数

参　考　文　献

[1]　ISO 9903-1,纺织机械与附件　金属针布齿条截面主要尺寸　第1部分:基部无自锁
[2]　ISO 9903-2,纺织机械与附件　金属针布齿条截面主要尺寸　第2部分:基部自锁

ICS 59.120.01
W 93

中华人民共和国纺织行业标准

FZ/T 90108—2010

棉纺设备网络管理通信接口和规范

Application requirements of communication interface of network management
for cotton spinning preparatory and cotton spinning machinery

2010-08-16 发布   2010-12-01 实施

中华人民共和国工业和信息化部   发 布

前　言

本标准的附录 A 为规范性附录，附录 B 为资料性附录。

本标准由中国纺织工业协会提出。

本标准由全国纺织机械与附件标准化技术委员会归口。

本标准由中国纺织机械器材工业协会、西门子(中国)有限公司、无锡市华明自动化技术有限公司、上海二纺机股份有限公司、经纬纺机股份榆次分公司、青岛宏大纺织机械股份有限公司、江苏宏源纺机股份有限公司、天津宏大纺织机械有限公司、湖北天门纺织机械有限公司、郑州纺织机械股份有限公司、马佐里(东台)纺机有限公司、立达(常州)纺织仪器有限公司、中达电通股份有限公司、欧姆龙自动化(中国)有限公司、北京众仁智杰科技有限公司、北京经纬纺机新技术有限公司负责起草。

本标准主要起草人：曾延波、孙凉远、李士光、吕渭贤、叶平、李旭芳、周锦碚、李增润、宋钦文、张始荣、杨长青、吴洪武、吴林、何斌、谢国伟、向阳、李振、关鹏、刘广喜、陈峰。

引　言

　　随着自动化技术从单机控制向多机控制、向工厂自动化发展,纺织生产企业对生产过程中产量、质量、设备运行状态等信息实行在线采集和处理,并在车间或企业管理层应用计算机网络进行监视、管理的需求不断增长。为了引导不同厂家开发、生产的棉纺设备满足使用厂设备联网的要求,编制了FZ/T 90108—2010,以规范各棉纺设备通信的接口和协议。本标准不包含设备级控制单元的详细要求。本标准旨在解决网络通信中棉纺设备与设备组监控中心或与中央监控中心之间数据的互连互通,数据信息的具体内容由设备制造方、设备使用方和网络集成方协商确定。

棉纺设备网络管理通信接口和规范

1 范围

本标准规定了棉纺设备进行数字化联网,实现设备集中管理的监控网络的基本要求、网络设备的基本要求、网络设备的通信接口规范、棉纺设备的数据信息结构。

本标准适用于棉纺设备(见附录 A)的联网。棉纺设备制造商在开发、设计、生产时应考虑本标准的规定,棉纺生产企业在进行集中控制系统建设以及选择棉纺设备时也可参考本标准。

2 规范性引用文件

下列文件中的条款通过本标准的引用而成为本标准的条款。凡是注日期的引用文件,其随后所有的修改单(不包括勘误的内容)或修订版均不适用于本标准,然而,鼓励根据本标准达成协议的各方研究是否可使用这些文件的最新版本。凡是不注日期的引用文件,其最新版本适用于本标准。

GB/T 15157.7 频率低于 3 MHz 的印制板连接器 第 7 部分:有质量评定的具有通用插合特性的 8 位固定和自由连接器详细规范

GB/T 15192 纺织机械用图形符号

GB/T 15629.3 信息处理系统 局域网 第 3 部分:带碰撞检测的载波侦听多址访问(CSMA/CD)的访问方法和物理层规范

GB/T 15969.5—2002 可编程序控制器 第 5 部分:通信

GB/T 16657.2 工业通信网络 现场总线规范 第 2 部分:物理层规范和服务定义

3 术语和定义

下列术语和定义适用于本标准。

3.1

现场总线 fieldbus

应用在制造自动化或过程自动化的现场设备之间、现场设备与控制装置之间的双向、串行和多点的数字通信技术。

3.2

开放系统 open system

在通信系统中的一种计算机网络,设计使正确执行的应用程序能在多个厂商提供的不同的平台上运行,能与其他应用程序互操作,并且为用户相互作用提供一个统一风格的界面。

3.3

网关 gateway

一个网络连接到另一个网络的关口。该网络设备在需要时可将一个网络所用的接口和协议转换为另一个不同网络所用的接口和协议。

3.4

节点 node

在控制网络中和通信媒体相连接的一个智能设备。

[GB/T 20299.4—2006,定义 3.22]

3.5

控制网络 control network

监测传感器、控制执行器、管理网络操作和提供对网络数据全面接入的装置的集合。

［GB/T 20299.4—2006,定义3.2］

3.6

厂级网络　network in a factory

在工厂范围内,用于连接操作员站和各棉纺车间中央监控中心的网络,即工厂管理级的网络。

3.7

主干控制网络　main control network

用于连接棉纺设备或设备组监控中心(含网关)和中央监控中心的实时网络,在车间范围内实现各个棉纺设备的数据采集与控制,即车间级的网络。

3.8

设备组控制网络　devices control network

用于连接设备组监控中心和各个棉纺设备的实时网络,作为中央监控中心与棉纺设备连接的通信代理。

3.9

可互操作性　interoperability

连接到同一网络上不同制造商的设备之间、系统之间进行通信与互用,不同制造商的性能类似的设备可以实现互换。

3.10

可互换性　interchangeability

不同制造商生产的两个或两个以上设备,在一个或多个分布式应用中使用相同的通信协议和接口一起工作的能力,每个设备的数据和功能性定义之后,如果任意一个设备被替换,包括被替换设备的所有分布式应用仍会如同替换前一样继续运行,包括同样的分布式应用的动态响应。

［GB/T 20299.4—2006,定义3.21］

3.11

拓扑结构　topology

在通信网络各节点间相互连接的方式,通常可分为总线型、星型、环型及自由拓扑结构(任意组合)。

［GB/T 20299.4—2006,定义3.7］

3.12

行规　profile

由制造商和用户制定的有关设备和系统的特征、功能特性和行为的规范。

4　缩略语

OLE　Object Linking and Embedding(对象链接与嵌入)

OPC　OLE for Process Control(用于过程控制的对象链接与嵌入)

PLC　Programmable Logic Controller(可编程控制器)

TCP　Transmission Control Protocol(传输控制协议)

TCP/IP　Transmission Control Protocol/Internet Protocol(传输控制协议/互联网协议)

UDP　User Datagram Protocol(用户数据报协议)

5　监控网络的基本要求

5.1　棉纺设备监控网络总体结构及基本要求

5.1.1　监控网络结构

5.1.1.1　整体监控网络宜采用分级控制结构,保证网络的可靠性和安全性,提高网络资源的利用效率。

5.1.1.2　常用的监控网络结构分下列三级(见图1):

——厂级网络；

——主干控制网络；

——设备组控制网络。

5.1.1.3 常用的设备网络连接分下列三种类型（见图1）：

——棉纺设备直接连接到中央监控中心；

——棉纺设备通过设备组监控中心连接到中央监控中心；

——棉纺设备通过网关连接到中央监控中心。

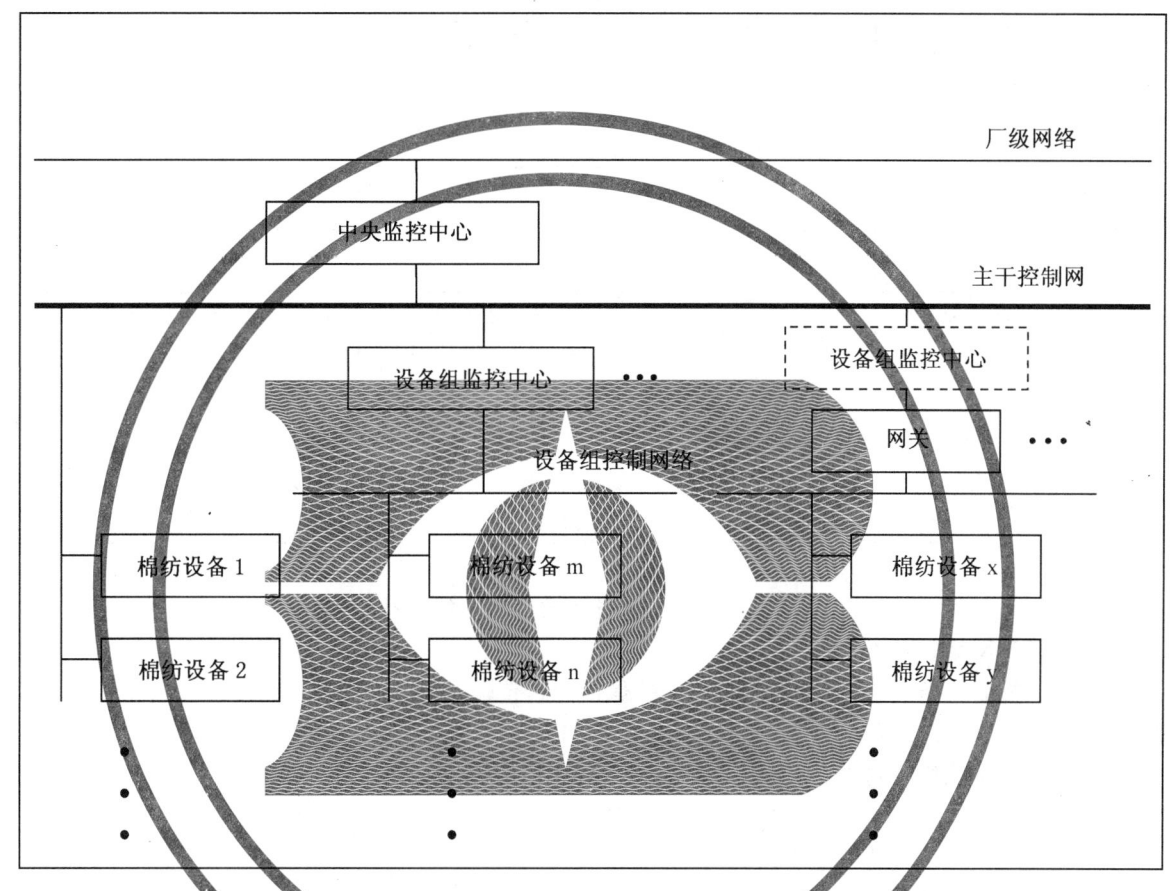

注：虚框中的设备为可选设备。

图1 棉纺设备监控网络结构类型

5.1.2 基本要求

5.1.2.1 监控网络应具有可靠性，包括信息的可靠传送，控制链路的可靠连接，系统容错能力。

5.1.2.2 监控网络应具有可维护性，包括故障诊断、隔离和恢复等。

5.1.2.3 监控网络应具有网络管理和维护工具，为系统配置及故障的诊断、隔离和恢复提供方便的手段。

5.1.2.4 监控网络应基于开放系统平台，满足可互换性和可互操作性的要求。

5.1.2.5 监控网络应具有良好的可扩展性，可修改系统及设备的配置。

5.1.2.6 监控网络应保证网络传输的安全性和保密性，只允许合法的网络设备连接，阻挡非法接入。

5.1.2.7 监控网络宜采用分布式网络结构，消除故障集中点，降低系统故障风险。

5.2 主干控制网络的结构及其基本要求

5.2.1 主干控制网络及设备组控制网络结构

常用的主干控制网络及设备组控制网络结构见图2。

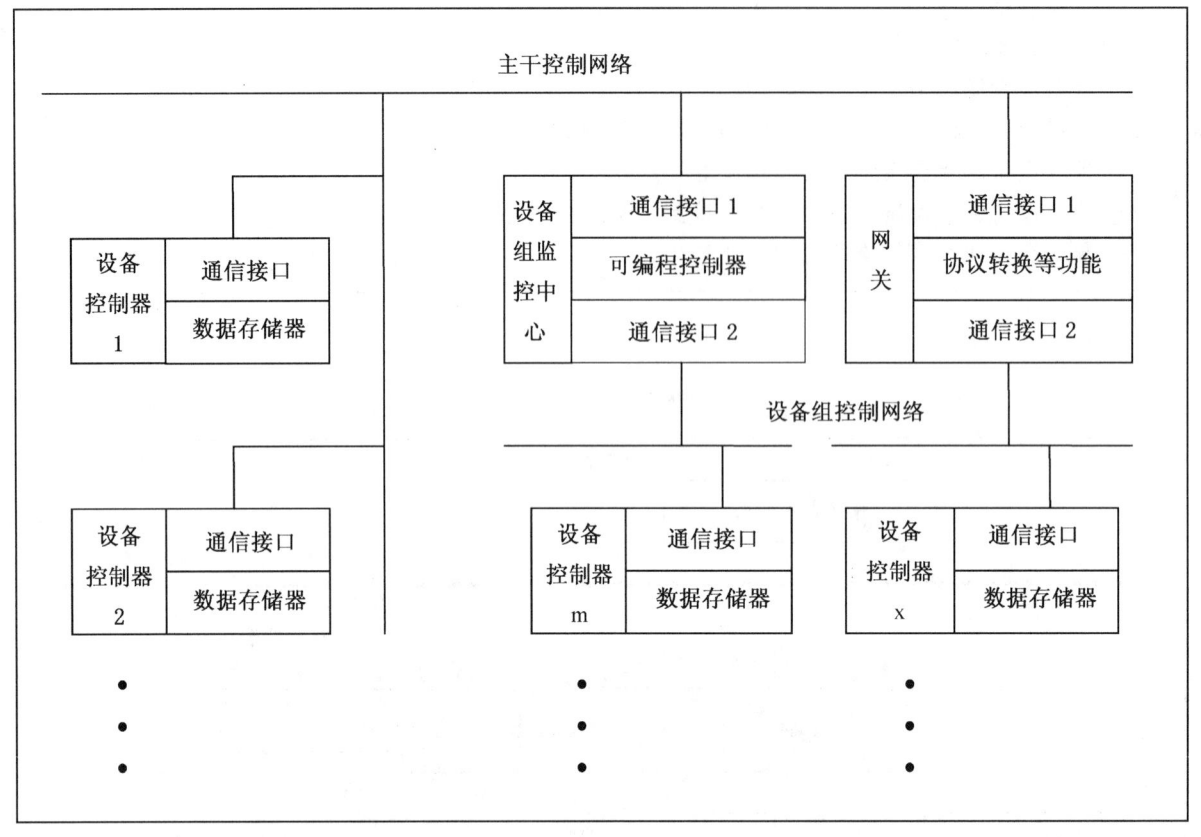

图 2 主干控制网络及设备组网络结构

5.2.2 主干控制网络的基本要求

5.2.2.1 主干控制网络应选用独立网络连接,并保证数据传输的实时性。

5.2.2.2 主干控制网络应选用高速网络协议,传输速率不小于 100 Mb/s。

5.2.2.3 主干控制网络应具有直接连接至少 64 个节点的能力。

5.2.2.4 主干控制网络宜具有冗余连接的能力,实现高可靠的通信。

5.2.2.5 主干控制网络宜选用基于以太网连接的网络通信协议。

5.2.2.6 主干控制网的网线推荐采用屏蔽双绞线或光纤,也可采用无线连接方式。

5.3 设备组控制网络的结构及其基本要求

5.3.1 设备组控制网络(含网关)的结构

常用的设备组控制网络(含网关)结构见图2。

5.3.2 设备组控制网络的基本要求

5.3.2.1 设备组控制网络应选用独立网络连接,并保证数据传输的实时性,数据响应时间应满足设备控制的要求。

5.3.2.2 设备组控制网络的传输速率不宜小于 100 kb/s。

5.3.2.3 设备组控制网络应具有直接连接至少 32 个节点的能力。

5.3.2.4 根据设备的控制器不同,可以选择控制器生产厂商所提供的开放的通信协议或专有的通信协议,但设备控制器应按第 7 章的规定,提供到主干控制网络或设备组控制网络的通信接口。

6 网络设备的基本要求

6.1 中央监控中心的基本要求

6.1.1 中央监控中心应支持基于以太网的通信协议,并应满足网络速率和连接节点数的要求(见 5.2.2.2

和 5.2.2.3)。

6.1.2 中央监控中心应具有访问其他中央监控中心的数据库的功能,以满足可互操作性的要求。

6.1.3 中央监控中心宜具有图形功能,即操作员可通过图形化的界面进行设备监控。有关图形符号应符合 GB/T 15192 的规定。

6.1.4 中央监控中心应具有采集棉纺设备的实时数据的功能,并且可以将控制数据实时地、可靠地下传到棉纺设备。

6.1.5 中央监控中心可具有远程设备诊断和维护的功能,即通过控制网络监视、处理、记录和查询棉纺设备的运行状态,修改运行程序。

6.1.6 中央监控中心应具有用户管理的功能,采用分级管理的机制,即根据每个操作员的级别,通过对用户名和密码的控制,而达到操作权限管理的功能。

6.1.7 中央监控中心宜具有冗余的功能,如实时数据的冗余连接,历史数据的冗余备份和数据恢复机制,保证网络的数据安全、可靠。

6.1.8 中央监控中心应具有扩展能力,支持 5 万锭以上棉纺设备的联网能力。

6.1.9 中央监控中心应采用开放的数据库和网络管理系统,具备数据归档、查阅和检索等功能,允许多个客户应用程序访问网络数据并执行设备管理功能。

6.2 设备组监控中心的基本要求

6.2.1 设备组监控中心应具有就地数据显示和控制功能。

6.2.2 设备组监控中心应具有连接到主干控制网络的通信接口和设备组控制网络的通信接口。

6.2.3 设备组监控中心应具有采集棉纺设备的实时数据的能力,并且将控制数据实时地、可靠地下传到棉纺设备。

6.2.4 设备组监控中心应具有扩展能力,保证系统资源有足够的容量连接棉纺设备。

6.2.5 设备组监控中心宜具有棉纺设备诊断和维护的功能,即通过控制网络监视、处理组内各棉纺设备的运行状态。

6.2.6 设备组监控中心宜具有自诊断的功能。

6.2.7 设备组监控中心宜具有冗余的功能,如实时数据的冗余连接,以提高系统的可靠性。

6.3 网关的基本要求

6.3.1 网关应具有协议转换和数据缓存的功能。

6.3.2 网关应具有连接到主干控制网络的通信接口和设备组控制网络的通信接口。

6.3.3 网关应具有实时数据的缓存功能,保证在由于中央监控网络和设备层网络速率不一致的情况下可以实现双方的数据通信。

6.3.4 网关应具有扩展能力,保证系统资源有足够的容量连接棉纺设备。

6.4 棉纺设备通信的基本要求

6.4.1 棉纺设备控制器(如 PLC)的通信功能应满足 GB/T 15969.5—2002 的规定。

6.4.2 棉纺设备以及控制器应满足可互换性的要求。

6.4.3 棉纺设备以及控制器的增减或更换不得影响网络上其他设备的工作。

7 网络设备的通信接口规范

7.1 物理接口

7.1.1 中央监控中心

中央监控中心连接主干控制网的物理接口应采用 RJ45 标准,符合 GB/T 15157.7 的规定。传输速率宜不小于 100 Mb/s。

7.1.2 设备组监控中心及网关

连接主干控制网络的通信接口应与中央监控中心的通信接口一致(见 7.1.1),连接设备组控制网络的通信接口应与组内棉纺设备的接口一致(见7.1.3)。

7.1.3 棉纺设备

棉纺设备连接到：

a) 主干控制网的棉纺设备的物理接口应采用RJ45标准,符合GB/T 15157.7的规定。

b) 设备组监控中心或网关的物理接口可以是：

——RJ45,符合GB/T 15157.7的规定；

——RS-485,符合GB/T 16657.2的规定。

7.2 通信协议

7.2.1 厂级网络

厂级网络应采用基于以太网连接的、TCP及UDP的通信协议,符合GB/T 15629.3的规定。

7.2.2 主干控制网络

主干控制网络应采用基于以太网连接的、适合于工业控制要求、可互操作性强、适应性广的工业以太网协议或工业通信协议,如:Profinet、Modbus TCP/IP 等。

注:OPC通常用于现场设备及系统的集成。

7.2.3 设备组控制网络

根据棉纺设备连接到不同的网络层可采用：

a) 基于以太网连接的、适合于工业控制要求、可互操作性强、适应性广的工业以太网协议或工业通信协议,如:Profinet、Modbus TCP/IP 等。

注:OPC通常用于现场设备及系统的集成。

b) 开放性强、应用较广的工业现场总线或其他技术,如:ProfiBus、CANopen 等。

8 棉纺设备的数据信息

8.1 一般要求

8.1.1 棉纺设备的控制器应具有用于存储供上位机(中央监控中心或设备组监控中心)访问的通信数据的存储单元。

8.1.2 棉纺设备中供上位机访问的通信数据宜按照顺序存储在一个连续的数据包内,便于由上位机单独地或成批地读取,提高通信效率。

8.1.3 控制器中的通信数据保存模型见图3。

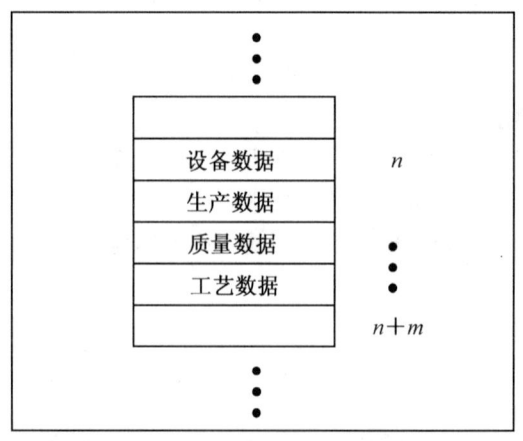

图3 控制器中的通信数据保存模型示例

8.1.4 各棉纺设备的通信数据的数据类型应符合GB/T 15969.5—2002中A.3.2的表1要求,本标准推荐的数据类型见表1。各棉纺设备的数据结构按8.3的描述方式。

表 1 数据类型

序号	数据类型关键字	描述类别和大小
1	BOOL	布尔[a]
2	SINT	8 位整数[a]
3	INT	16 位整数[a]
4	DINT	32 位整数[a]
5	LINT	64 位整数[a]
6	USINT	8 位无符号整数[a]
7	UINT	16 位无符号整数[a]
8	UDINT	32 位无符号整数[a]
9	REAL	32 位浮点数[a]
10	TIME	32 位无符号数[a]
11	STRING[N]	8 位位组串 N[b]
12	BYTE	8 位位串[a]
13	WORD	16 位位串[a]
14	DWORD	32 位位串[a]
15	ARRAY	数组
16	STRUC	结构

[a] 实现者应规定允许的最大长度,给出的 N 即此串的最大尺寸。
[b] 给出的大小是固定的。

8.1.5 棉纺设备的消息、警告和报警信息宜主动上传到中央监控中心或设备组监控中心。

8.2 数据信息

8.2.1 概述

棉纺设备中的通信数据是用于棉纺厂管理、监控的数据,主要包括设备数据、生产数据、质量数据及工艺数据。数据信息的具体内容由设备使用方和设备制造方根据管理的需要和设备的性能协商确定。

8.2.2 设备数据

8.2.2.1 设备数据宜包含运行设备的运行工况、健康情况、标识等涉及设备管理的数据。数据存储结构见表 2。

表 2 设备数据存储结构

序号	数据分类类型	内容	描述	备注
1	运行工况	报警信息	如设备温度、压力等	根据设备而定
		统计信息	如耗电量等	
2	健康情况	设备总体情况		见表 3 和表 4
		子设备 1 情况		
		⋮		
3	设备标识	设备类型		见表 5
		辅助信息		
		设备编号		
4	设备参数	设备和(或)主要零部件的规格参数	如罗拉直径	

8.2.2.2 运行工况数据应根据各个棉纺设备的检测能力而提供,包括报警信息和设备健康的统计信息,用于生产时维护设备的良好运转。

8.2.2.3 健康情况数据包含棉纺设备整体运行的状态信息以及可检测的子设备的状态信息。子设备包括控制器、智能控制单元、变频器、CPU、I/O 模板、通信模板等。设备组控制中心和网关也应具备健康情况数据。健康情况数据用于设备的整体评测和生命周期的计算,其数据存储结构见表 3 和表 4。

表 3　棉纺设备运行状态数据结构

序号	名称	数据类型	表示状态	数值(16 进制)	描述
1	设备状态	WORD	正常	2001	设备整体状态良好,包括各子模板或子设备
2			警告	2002	至少有一个子模板或子设备状态为警告,没有故障,表示控制系统警告
3			故障	2003	至少有一个子模板或子设备状态为故障,不能正常工作
4	工作状态	WORD	运行	3001	设备处于运行状态,正常生产
5			停机	3002	设备处于停止状态
6			启动	3003	设备处于启动状态
7			紧急停车	3004	设备处于紧急停止状态,属于非正常停机
8	控制状态	WORD	本地	4001	本地(就地)控制有效
9			远程	4002	远程控制有效

表 4　子设备运行状态数据结构

序号	名称	数据类型	表示状态	数值(16 进制)	描述
1	设备状态	WORD	正常	5X01	子设备整体状态运行良好,包括模板或子系统
2			警告	5X02	至少有一个模板或部件状态为警告,没有故障,表示子设备控制系统警告
3			故障	5X03	至少有一个模板或部件状态为故障,表示子设备控制系统故障
4	工作状态	WORD	运行	6X01	子设备处于运行状态
5			停机	6X02	子设备处于停止状态
6			保护	6X03	子设备处于保护状态,不接收远程信息

注:数值中的"X"表示第 X 个子设备。

8.2.2.4 设备标识包含工作设备的机型、车间内编号等信息,设备组监控中心和网关也需具备标识数据。各个设备的标识信息在车间(工厂)内具有唯一性,供设备管理检索使用,见表 5。

表 5 设备标识数据结构

序号	名称	数据类型	表示状态	描述
1	设备类型	BYTE	用三个十六进制字节表述的设备名称	根据工艺段确定,见附录 A。 如:01 06 01 表示棉纺环锭细纱机
2	辅助信息	BYTE	设备描述的辅助信息	用于不同型号的同类设备的识别
3	设备编号	WORD	用数字表述的设备编号	车间(工厂)内识别设备的代码

8.2.3 生产数据

生产数据是反映实际生产情况、设备状况和进行生产调度、物流调配、参数设置等数据。如:生产品种、生产班组、产量、效率、速度、压力、故障类型等。

8.2.4 质量数据

质量数据包括在线检测和设备内部计算所得到的原料、产品的质量信息。如:断头率、纱疵数、CV值等。

8.2.5 工艺数据

工艺数据包括原料、产品的类型等涉及生产工艺的指标和数据。如:细纱号数、捻度、牵伸倍数、卷绕密度等。

8.3 棉纺设备数据结构

棉纺设备的数据结构应至少包括序号、变量名称、数据类型、单位、值域范围、数据读(写)类型、数据存储地址,必要时对变量名称给予解释说明。附录 B 给出了梳棉机的数据结构示例。

a) 序号:按变量名称的顺序排列编号。

b) 变量名称:即棉纺设备的数据内容。

c) 数据类型:本标准表 1 推荐的数据类型。

d) 单位:数据内容对应的法定计量单位。

e) 值域范围:数据的数值范围。

f) 数据读(写)类型:从棉纺控制器的角度观察,"读"类型指输入到控制器中,即设定值,"写"类型指控制器输出的数据,即显示值,"读(写)"类型指既可输入也可输出。

g) 存储地址:控制器内分配的数据存储地址,供中央监控中心或设备组监控中心存取。

附 录 A

（规范性附录）

设备标识中棉纺设备类型代码

表 A.1 设备标识中棉纺设备类型代码

棉纺设备代码	棉纺设备种类
01 01	棉纺前纺设备（含粗纱机）
01 01 01	轧棉机、轧花机
01 01 02	打包机
01 01 03	抓包机、抓棉机
01 01 04	开清棉机
01 01 05	混棉机
01 01 06	异性纤维（杂物）分离机
01 01 07	梳棉机自动喂棉装置（自动喂棉箱）
01 01 08	梳棉机
01 01 09	并条机
01 01 10	成卷机（开清棉设备成卷机、精梳准备条卷机、并卷机、条并卷机等）
01 01 11	精梳机
01 01 12	粗纱机
01 01 13	棉纺废料再生设备
01 01 14	棉纺用其他前纺机械
01 06	纺纱设备
01 06 01	棉纺环锭细纱机
01 06 06	集聚（紧密）纺环锭细纱机
01 06 07	直接纺环锭细纱机
01 06 08	转杯纺纱机
01 06 09	喷气纺纱机
01 06 11	离心纺纱机
01 06 12	翼锭纺纱机
01 06 13	摩擦纺纱机
01 06 14	自捻纺纱机
01 06 15	空心锭子纺纱机
01 06 16	花式纱纺纱设备
01 06 17	包覆纱机
01 06 18	其他纺纱机

表 A.1（续）

棉纺设备代码	棉纺设备种类
02 01	络筒、摇纱、并纱和捻线设备
02 01 01	锥形和扁柱形筒子络纱机
02 01 02	锥形和扁柱形筒子精密络纱机
02 01 03	卷纬机
02 01 04	空心纡子卷纬机
02 01 05	瓶形筒子络筒机
02 01 06	缝纫线络筒机
02 01 07	有边筒子络筒机
02 01 08	摇纱机
02 01 09	绞纱络筒机
02 01 10	绕球机
02 01 11	卡片绕纱机
02 01 12	纱线烧毛机
02 01 13	纱线起绒机
02 01 14	并纱机
02 01 15	捻线机
02 01 16	倒筒机
02 01 17	其他络筒、摇纱、并纱和捻线设备

附 录 B
（资料性附录）
梳棉机的数据结构示例

表 B.1 梳棉机的数据结构示例

序号	变量名称	数据类型	单位	值域范围	数据读（写）类型	存储地址	描述
设备数据							
1	报警信息	WORD	—		写		影响设备正常运行的报警
2	统计信息	WORD			写		如耗电量等
3	设备状态	WORD	—		写		正常、警告、故障
4	工作状态	WORD	—		写		运行、停机、启动、紧急停车
5	控制状态	WORD	—		写		本地、远程
6	设备类型	BYTE	—	01 01 08	写		见附录 A
7	辅助信息	BYTE	—		写		用于不同型号的同类设备
8	设备编号	WORD	—		写		车间（工厂）内识别设备的代码
生产数据							
9	锡林转速	INT	r/min	0～1 000	写		显示锡林的转速
10	道夫转速	INT	r/min	0～1 000	读（写）		设定（显示）道夫的转速
11	刺辊转速	INT	r/min	0～2 000	写		显示刺辊的转速
12	盖板速度	INT	mm/min	0～1 000	写		显示盖板的速度
13	开松辊转速	INT	r/min	0～2 000	写		显示开松辊的转速
14	出条速度	INT	m/min	0～1 000	读（写）		设定（显示）出棉条的速度
15	吹气时间	INT	s	0～300	读（写）		设定（显示）刮刀吹气时间
16	棉箱压力	INT	Pa	0～999	读（写）		设定（显示）棉箱的压力
17	右棉层传感器值	REAL	mm	0～10	读		筵棉棉层厚度传感器值
18	左棉层传感器值	REAL	mm	0～10	读		筵棉棉层厚度传感器值
19	棉层变化率	REAL	%	0～120	读		筵棉棉层的厚度
20	故障信号	BOOL	—		写		故障报警信号
21	班号	INT	班	0～8	读（写）		当前生产班次
22	班产	REAL	m 或 kg	0～999 999 999	写		每班的产量
23	产量	REAL	kg/h	0～300	写		实时的产量
24	总产量	DINT	m 或 kg	0～999 999 999	读		总产量
25	生产效率	REAL	%	0～100	写		（主要用途的时间/总时间）×100%

表 B.1（续）

序号	变量 名称	数据 类型	单位	值域范围	数据读（写） 类型	存储 地址	描述
质量数据							
26	CV 值	REAL	％	0～50	写		棉条的 CV 值
工艺数据							
27	牵伸比	REAL	—	0～150	读（写）		设定（显示）牵伸比
28	棉条定量	REAL	g/m	4.0～7.0	读（写）		设定（显示）单位长度中棉条 的重量

参 考 文 献

[1]　GB/T 9387.1—1998　信息技术　开放系统互连　基本参考模型　第1部分:基本模型(idt ISO/IEC 7498-1:1994)

[2]　GB/T 20540.1—2006　测量和控制数字数据通信　工业控制系统用现场总线　类型3: PROFIBUS规范　第1部分:概述和导则(IEC 61158-1 Type 3:2003,MOD)

[3]　GB/Z 20541.1—2006　测量和控制数字数据通信　工业控制系统用现场总线　类型10: PROFINET规范　第1部分:应用层服务定义(IEC 61158-5 Type 10:2003,MOD)

[4]　GB/T 19582.3—2008　基于Modbus协议的工业自动化网络规范　第3部分:Modbus协议 在TCP/IP上的实现指南

ICS 59.120.01
W 92

中华人民共和国纺织行业标准

FZ/T 90109—2011

纺织机械电气设备 电气图形文字符号

Electrical equipment for textile machinery—
Electrical graphical and letter symbols

2011-12-20 发布 2012-07-01 实施

中华人民共和国工业和信息化部 发 布

前　言

本标准按照 GB/T 1.1—2009 给出的规则起草。

本标准由中国纺织工业协会提出。

本标准由全国纺织机械与附件标准化技术委员会(SAC/TC 215)归口,全国工业机械电气系统标准化技术委员会纺织机械电气系统分技术委员会(SAC/TC 231/SC 1)专业归口。

本标准起草单位:北京经纬纺机新技术有限公司、浙江恒强科技有限公司、青岛宏大纺织机械有限责任公司、恒天重工股份有限公司、天津宏大纺织机械有限公司、西安德高印染自动化工程有限公司、宏大研究院有限公司、北京众仁智杰科技发展有限公司、中国纺织机械(集团)有限公司。

本标准主要起草人:陈迪、武艳红、邵松娟、许丽珍、胡军祥、刘广喜、马公书、王海英、赵关红。

纺织机械电气设备 电气图形文字符号

1 范围

本标准规定了纺织机械电气设备电气图形文字符号。

本标准适用于纺织机械电气图样和其他技术文件。

2 规范性引用文件

下列文件对于本文件的应用是必不可少的。凡是注日期的引用文件,仅注日期的版本适用于本文件。凡是不注日期的引用文件,其最新版本(包括所有的修改单)适用于本文件。

GB/T 4728(所有部分) 电气简图用图形符号

GB/T 24340 工业机械电气图用图形符号

3 术语和定义

GB/T 24340 界定的术语和定义适用于本文件。

4 图形符号

4.1 图形符号的绘制

4.1.1 图形符号用于传递某一功能或某一特定的信息。图形符号绘制时应使符号互相之间比例适当。

4.1.2 布置符号时,应使连接线之间的距离是模数 M(M 为 2.5 mm)的倍数,一般至少为 $2M$(5 mm),以便标注端子的标志,并符合国际通行的最小字符高为 2.5 mm 的要求。

4.1.3 图形符号应设计成能用于特定模数 M 的网格中,例如:模数 M 为 2.5 mm。

4.1.4 图形符号的连接线同网格线重合并终止于网格线的交点上。

4.1.5 矩形的边长和圆的直径应设计成 $2M$ 的倍数。对较小的符号则选为 $1.5M$、$1M$ 或 $0.5M$。

4.1.6 本标准中的图形符号可以直接采用或按比例绘制。

4.2 图形符号的说明

4.2.1 本标准规定的图形符号,应按无电压、无外力作用的正常状态示出。

4.2.2 本标准规定的图形符号中的文字符号、物理量符号等,应视为图形符号的组成部分,但这些文字符号、物理量符号等不属于本标准规定的内容。

4.3 图形符号的使用

4.3.1 本标准给出了纺织机械电气设备常用的电气图形符号。如果某些特定装置或概念的符号在本标准中未作规定,应按 GB/T 4728 规定符号的适当组合进行派生。

4.3.2 为适应不同图样或用途的要求,可以改变彼此有关的符号的尺寸,如变频器和测量用互感器可以采用不同大小的符号。

4.3.3 本标准中的符号可根据需要放大或缩小。当一个符号用以限定另一个符号时,该符号常常缩小绘制。各符号缩小或放大时,其相互间及符号本身的比例应保持不变。

4.3.4 本标准示出的符号方位不是强制的。在不改变符号含义的前提下,符号可根据图面布置的需要旋转或成镜像放置,但文字和指示方向不应倒置。

4.3.5 导线符号可以根据图面要求采用不同宽度的线条表示。

4.3.6 为清晰起见,符号通常带连接线示出。只要不另加说明,符号只给出带连接线的一种形式。

4.3.7 大部分符号上都可以增加补充信息。但是仅在有表示这种信息的推荐方法的情况下,本标准才示出实例。

4.3.8 本标准中有些图形符号具有几种形式,在同一张电气图样中只能选用其中的一种形式,推荐优先选用形式 1 图形符号。图形符号的大小和线条的粗细也应基本一致。

4.3.9 纺织机械电气设备常用电气图形符号见附录 A 表 A.1。

5 文字符号

文字符号分为基本文字符号(单字母或双字母)和辅助文字符号。纺织机械电气设备常用文字符号见附录 A。

5.1 基本文字符号

5.1.1 单字母符号是按拉丁字母将各种电气设备、装置和元器件进行大类划分,每一大类用一个专用单字母符号表示。如"C"表示电容器类,"R"表示电阻器类等。单字母符号应优先采用。

5.1.2 双字母符号是由一个表示种类的单字母符号与另一个字母组成,其组合形式应以单字母符号在前、另一字母在后的次序列出。如"GB"表示蓄电池,"G"为电源的单字母符号。只有当用单字母符号不能满足要求、需要将大类进一步划分时,才采用双字母符号,以便较详细和更具体地表述电气设备、装置和元器件。如"F"表示保护类器件,而"FU"表示熔断器,"FR"表示具有延时动作的限流保护器件等。

5.1.3 本标准规定的双字母符号的第一位字母只允许按附录 A 表 A.1 中单字母所表示的种类使用。本标准未列出的双字母符号可根据需要补充。

5.2 辅助文字符号

5.2.1 辅助文字符号是用以表示电气设备、装置和元器件以及线路的功能、状态和特征的。如"SYN"表示同步,"L"表示限制,"RD"表示红色等。辅助文字符号可以放在表示种类的单字母符号后边组成双字母符号,如"SP"表示压力传感器,"YB"表示电磁制动器。

5.2.2 为简化文字符号起见,若辅助文字符号由两个以上字母组成时,允许只采用其第一位字母进行组合,如"MS"表示同步电动机等。

5.2.3 辅助文字符号还可以单独使用,如"ON"表示接通,"PE"表示保护接地等。

5.2.4 常用辅助文字符号见附录 A 表 A.2。

5.3 补充文字符号的原则

5.3.1 本标准中已规定的基本文字符号和辅助文字符号如不够使用,可按本标准中文字符号组成规律和原则予以补充。

5.3.2 在不违背本标准编制原则的条件下,可采用国际标准中规定的电气技术文字符号。

5.3.3 在优先采用本标准中规定的单字母符号、双字母符号和辅助文字符号的前提下,可补充本标准未列出的双字母符号和辅助文字符号。

5.3.4·文字符号应按有关电气名词术语国家标准或专业标准中规定的英文术语缩写而成。同一设备若有几种名称时,应选用其中一个名称。当设备名称、功能、状态或特征为一个英文单词时,一般采用该单词的第一位字母构成文字符号,需要时也可用前两位字母,或前两个音节的首位字母,或采用常用缩略语或约定俗成的习惯用法构成;当设备名称、功能、状态或特征为两个或三个英文单词时,一般采用该两个或三个单词的第一位字母,或采用常用缩略语或约定俗成的习惯用法构成文字符号。基本文字符号不得超过两位字母,辅助文字符号一般不能超过三位字母。

5.3.5 因拉丁字母"I"和"O"易同阿拉伯数字"1"和"0"混淆,因此不允许单独做为文字符号使用。

5.3.6 文字符号的字母采用拉丁字母大写正体字。

附　录　A

（资料性附录）

纺织机械电气设备常用电气图形文字符号

表 A.1

设备、装置和元器件种类	名　称	基本文字符号		图 形 符 号	附注
		双字母	单字母		
1　组件、部件	1.1　静电消除器		A	SRD	
	1.2　电动吸边器			EEG	
	1.3　红外对中装置			ICD	
	1.4　张力检测装置			TDD	
	1.5　回潮检测仪			MRC	
	1.6　流量控制器			FC	
	1.7　印制电路板	AP		AP	
	1.8　人机界面，一般符号			HMI	＊
	1.9　打印机，一般符号			PRN	＊
	1.10　可编程序控制器			PLC	＊
	1.11　工控计算机			IPC	＊

表 A.1（续）

设备、装置和元器件种类	名 称	基本文字符号		图 形 符 号	附注
		双字母	单字母		
1 组件、部件	1.12 计算机数控装置		A	CNC	*
2 非电量—电量转换器或电量—非电量转换器	2.1 压力变送器	BP	B	P	
	2.2 压差变送器	BDP		DP	
	2.3 压力传感器	BP		p	*
	2.4 流量变送器	BF		BF	
	2.5 液位变送器	BL			
	2.6 温度变送器	BT		θ	
	2.7 温度传感器	BT		t°	*
	2.8 称重变送器	BW		W	
	2.9 位移传感器（位置变送器）	BD		D	
	2.10 电阻传感器	BR			*

表 A.1（续）

设备、装置和元器件种类	名称	基本文字符号 双字母	基本文字符号 单字母	图形符号	附注
2 非电量—电量转换器或电量—非电量转换器	2.11 红外检测传感器		B		*
3 电容器	3.1 电容器,一般符号		C		S00567
	3.2 极性电容器（电解电容器）				S00571
	3.3 可调电容器				S00573
	3.4 热敏极性电容器（陶瓷电容器）				S00581
	3.5 压敏极性电容器（半导体电容器）				S00582
4 其他元器件（本表其他地方未规定的器件）	4.1 热电偶 注:示出极性符号	EA	E		S00952
5 保护器件	5.1 热继电器（线圈、常开触点、常闭触点）	FR	F		
	5.2 熔断器,一般符号	FU			S00362

表 A.1（续）

设备、装置和元器件种类	名　称	基本文字符号 双字母	单字母	图形符号	附注
	5.3　独立报警熔断器	FU			S00366
	5.4　熔断器开关	FU			S00368
5　保护器件	5.5　带灯熔断器	FU	F		*
	5.6　阻容抑制器 注1：单相框外引线为两根，三相为三根。 注2：可用"FV"代替框内的全部内容。				*
	5.7　压敏电阻抑制器 注：同5.6的注。				*
	6.1　直流稳压电源 注：当输出电压不可调节时可取掉调节符号"↗"。				*
6　发生器、电源	6.2　直流/直流变换器		G		S00893
	6.3　整流器				S00894
7　信号器件	7.1　音响信号装置，一般符号（电喇叭、电铃、单击电铃、电动汽笛）	HA	H		S01417

表 A.1（续）

设备、装置和元器件种类	名　称	基本文字符号		图　形　符　号	附注
		双字母	单字母		
7　信号器件	7.2　灯,一般符号;信号灯,一般符号 示例:三色指示灯	HL	H		S00965
	7.3　荧光灯,一般符号;发光体,一般符号 示例1:三管荧光灯 示例2:五管荧光灯				* * *
	7.4　带灯角的灯管				
	7.5　由内置变压器供电的信号灯				S00975
	7.6　闪光型信号灯				S00966
	7.7　蜂鸣器				S00973
	7.8　报警器				S00972

表 A.1（续）

设备、装置和元器件种类	名　称	基本文字符号		图形符号	附注
		双字母	单字母		
8　继电器、接触器	8.1　驱动器件，一般符号；继电器线圈，一般符号（选择器的操作线圈）	KA	K	形式1 形式2	S00305
	8.2　缓慢释放继电器线圈	KT			S00311
	8.3　缓慢吸合继电器线圈	KT			S00312
	8.4　延时继电器线圈	KT			S00313
	8.5　延时闭合的动合触点	KT			S00243
	8.6　延时断开的动合触点	KT			S00244
	8.7　延时断开的动断触点	KT			S00245
	8.8　延时闭合的动断触点	KT			S00246
	8.9　固态继电器			SSR	

表 A.1（续）

设备、装置和元器件种类	名　　称	基本文字符号 双字母	单字母	图　形　符　号	附注
8　继电器、接触器	8.10　中间继电器	KA			
	8.11　交流接触器（带线圈、主触点、辅触点）	KM			
9　电感器、电抗器	9.1　线圈，绕组，一般符号（电感器，扼流圈）		L		S00583
	9.2　带磁芯的电感器				S00585
	9.3　电抗器，一般符号（扼流圈）			形式1	S00849
				形式2	S00848
10　电动机	10.1　电机，一般符号 注：符号的星号必须用下述字母代替： ——M：电动机； ——MG：可作发电机或电动机用电机； ——MS：同步电动机； ——MT：力矩电动机。		M		S00819
	10.2　单相鼠笼式感应电动机				S00837
	10.3　三相鼠笼式感应电动机				S00836

表 A.1（续）

设备、装置和元器件种类	名　称	基本文字符号		图　形　符　号	附注
		双字母	单字母		
10　电动机	10.4　步进电动机，一般符号			形式1 / 形式2	S00821
	10.5　三相交流伺服电机带编码器		M	电机动力线　电机编码器线 SM3	
	10.6　无刷直流电机			形式1　电机动力线　霍尔传感器线 / 形式2　电机动力线　霍尔传感器线　编码器线	
11　检测设备、试验设备	11.1　电压表	PV		V	S00913
	11.2　电流表（安培表）	PA	P	A	＊
	11.3　频率计			Hz	S00919

表 A.1（续）

设备、装置和元器件种类	名　　　称	基本文字符号		图 形 符 号	附注
		双字母	单字母		
11　检测设备、试验设备	11.4　示波器		P		S00922
	11.5　脉冲计（电动计数装置）	PC		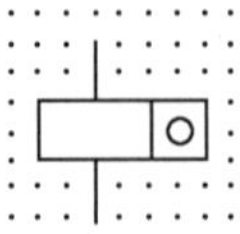	S00947
	11.6　转速表	Pn		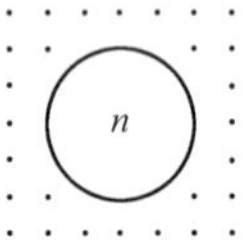	S00927
	11.7　温度计;高温计			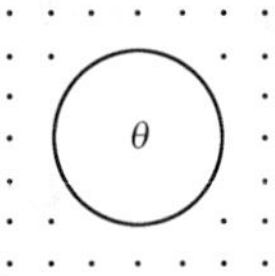	S00926
	11.8　脉冲发生器	PU		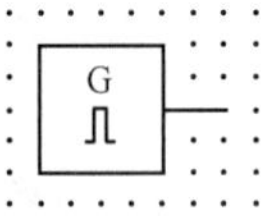	S01228
	11.9　液位表	PH			*
	11.10　记录式功率表	PW		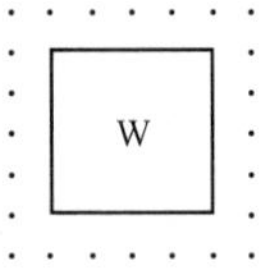	S00928
	11.11　电度表（瓦时计）	PJ		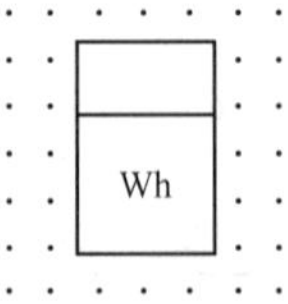	S00933
	11.12　凸轮驱动计数器件 注：每 n 次触点闭合一次。			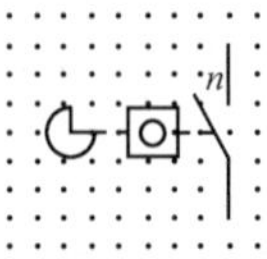	S00951
12　接地	12.1　接地,一般符号	PE	P	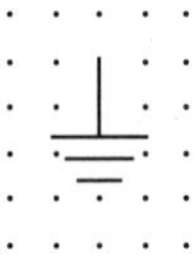	S00200

110

表 A.1（续）

设备、装置和元器件种类	名　　称	基本文字符号		图形符号	附注
		双字母	单字母		
12　接地	12.2　保护接地（保护接地导体；保护接地端子）	PE	P		S00202
	12.3　保护等电位联结（保护接地导体；保护接地端子）	PE			S00204
	12.4　功能性接地（功能接地导体；功能接地端子）	PE			S01408
	12.5　功能等电位联结（功能联结导体；功能联结端子）	PE			S01409
	12.6　功能等电位联结（功能联结导体；功能联结端子）	PE			S01410
13　动力电路的机械开关器件	13.1　断路器	QF	Q		S00287
	13.2　隔离开关；负荷隔离开关				S00290
	13.3　双极断路器	QF			
	13.4　三极断路器	QF			

表 A.1（续）

设备、装置和元器件种类	名　称	基本文字符号		图形符号	附注
		双字母	单字母		
13　动力电路的机械开关器件	13.5　三相负荷开关		Q		*
	13.6　三相隔离开关	QS			*
	13.7　电动机起动器，一般符号 注：特殊类型的起动器可以在一般符号内加上限定符号。	QM			S00297
	13.8　步进起动器 注：起动步数可以示出。				S00298
	13.9　星-三角起动器				S00302
	13.10　带自耦变压器的起动器				S00303
14　电阻器	14.1　电阻器，一般符号		R		S00555
	14.2　可调电阻器				S00557
	14.3　带滑动触点的电位器	RP			S00561
	14.4　热敏电阻器	RT			
	14.5　压敏电阻器	RV			S00558

表 A.1（续）

设备、装置和元器件种类	名　称	基本文字符号 双字母	基本文字符号 单字母	图　形　符　号	附注
14　电阻器	14.6　加热元件		R		S00566
	14.7　光敏电阻(LDR)；光敏电阻器				S00684
15　控制开关、器件	15.1　无自动复位的手动旋转开关	SA			S00256
	15.2　具有动合触点，自动复位的旋转开关	SA			*
	15.3　自动复位的手动按钮开关	SB			S00254
	15.4　自动复位的手动拉拔开关	SB	S		S00255
	15.5　应急制动开关	SB			S00258
	15.6　压力开关	SP			*
	15.7　压差开关	SDP			

表 A.1（续）

设备、装置和元器件种类	名　　称	基本文字符号		图　形　符　号	附注
		双字母	单字母		
15　控制开关、器件	15.8　接近开关	SQ	S	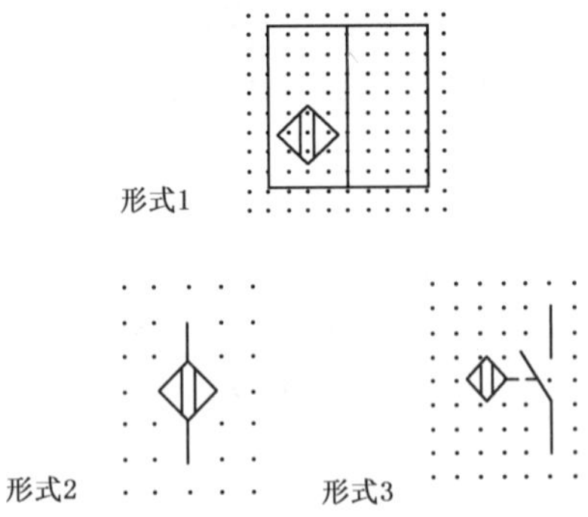 形式1 形式2　　　形式3	S00354 S00359
	15.9　电感式接近开关	SQ		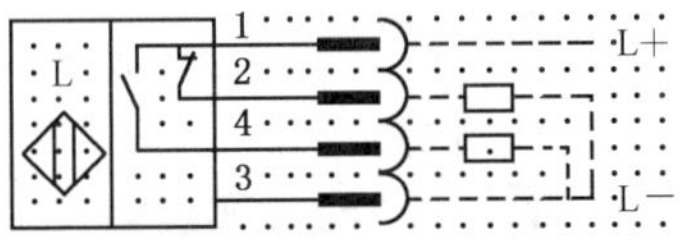	
	15.10　电容式接近开关	SQ		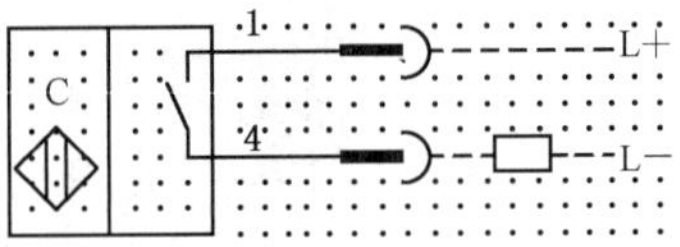	
	15.11　回射光电式接近开关	SQ		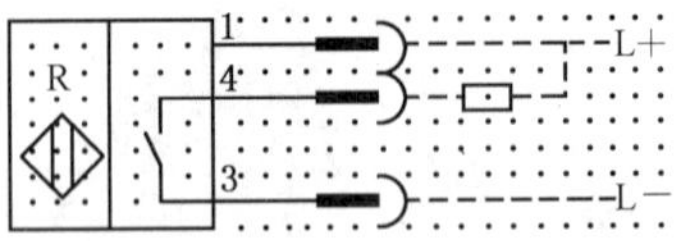	
	15.12　超声波式接近开关	SQ		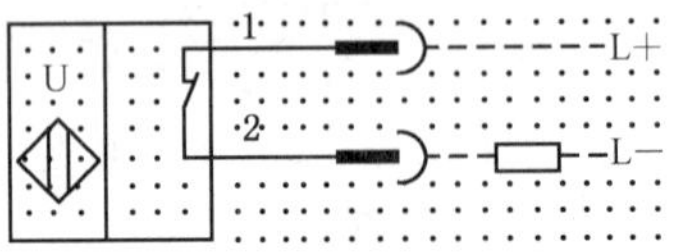	
	15.13　对射光电式接近开关	SQ		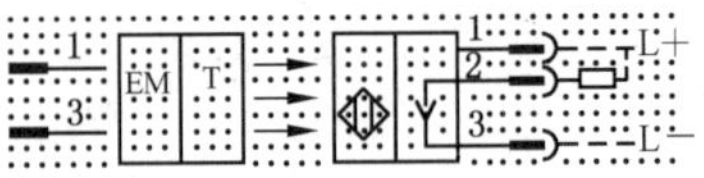	
	15.14　漫射光电式接近开关	SQ		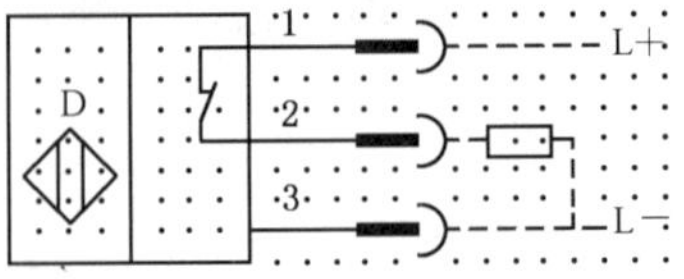	
	15.15　非机械磁性式接近开关	SQ		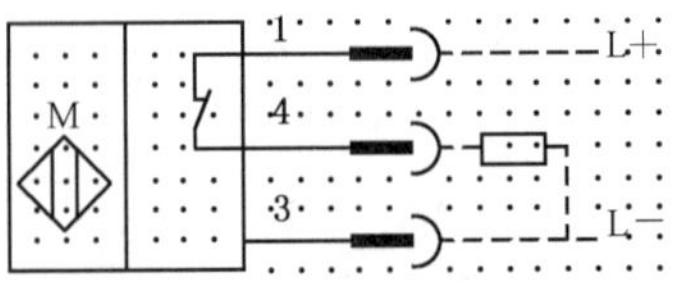	
	15.16　带动合触点的位置开关	SA			S00259

114

表 A.1（续）

设备、装置和元器件种类	名称	基本文字符号		图形符号	附注
		双字母	单字母		
15 控制开关、器件	15.17 带动断触点的位置开关	SA	S		S00260
	15.18 液位开关	SL		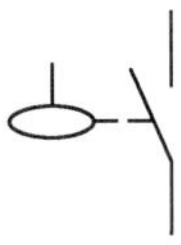	*
	15.19 脚踏开关				*
	15.20 凸轮操作的动合触点开关				*
	15.21 钥匙操作的动合触点开关				*
	15.22 计数器控制的动合触点开关			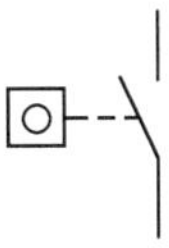	*
	15.23 光电开关	SQ		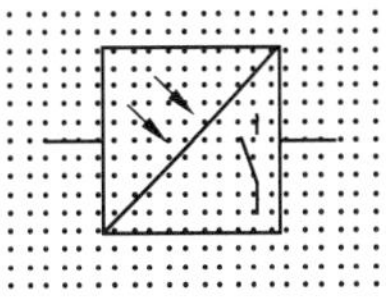	
	15.24 气动或液动的单向控制开关 注：气动或液动产生的力向箭头方向运动时，触点闭合。			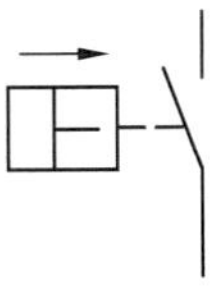	*
	15.25 流量控制的动合触点开关 注：当为气体控制时，在操作件中加一黑色圆点。			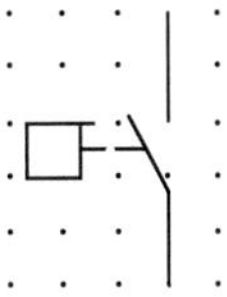	*

115

表 A.1（续）

设备、装置和元器件种类	名　　称	基本文字符号		图　形　符　号	附注
		双字母	单字母		
15　控制开关、器件	15.26　转速控制的动合触点开关		S		*
	15.27　线速度控制的动合触点开关	SR			*
	15.28　拨盘开关 注1：a 为数制，如 $a=8$、10、16，为八进制、十进制、十六进制。 注2：n 为数位，如 $n=0$、1、2、3……，即个位、十位、百位。 注3：示例为十进制的两位数。			a^n　0 8 4 2 1	*
	15.29　霍尔接近开关				*
	15.30　带动断触点的热敏自动开关	ST			S00265
	15.31　组合位置开关	SA			S00261
	15.32　带动合触点的热敏开关 注：θ 可用动作温度代替。	ST		θ	S00263

表 A.1（续）

设备、装置和元器件种类	名　称	基本文字符号		图形符号	附注
		双字母	单字母		
15　控制开关、器件	15.33　带动断触点的热敏开关 注：θ可用动作温度代替。	ST	S		S00264
16　变压器	16.1　双绕组变压器，一般符号（电压互感器） 注：带瞬时电压极性指示。流入绕组标记端的瞬时电流产生辅助磁通。	TC （TV）	T	形式1 形式2 形式3	S00842 S00843 S00841
	16.2　带屏蔽铁芯的双绕组变压器	TC			
	16.3　初次级绕组均有中间抽头的变压器	TC			
	16.4　主次级绕线次级抽头型变压器	TC			
	16.5　多绕组变压器	TC			

表 A.1（续）

设备、装置和元器件种类	名　　称	基本文字符号		图形符号	附注
		双字母	单字母		
16　变压器	16.6　三绕组变压器，一般符号			形式1 形式2	S00845 S00844
	16.7　电流互感器，一般符号	TA	T	形式1 形式2	S00851 S00850
	16.8　单向自耦变压器，一般符号			形式1 形式2	S00847 S00846
	16.9　三相自耦变压器			形式1 形式2	S00873 S00872

表 A.1（续）

设备、装置和元器件种类	名　称	基本文字符号		图　形　符　号	附注
		双字母	单字母		
16　变压器	16.10　三相感应调压器		T	形式1 形式2	S00877 S00876
17　调制器、变换器	17.1　整流器/逆变器		U		S00897
	17.2　逆变器				S00896
	17.3　变频器			· U ·	
	17.4　编码器				
18　电子管、半导体器件	18.1　桥式全波整流器	VC	V		S00895
	18.2　半导体二极管，一般符号				S00641
	18.3　发光二极管（LED），一般符号				S00642

表 A.1（续）

设备、装置和元器件种类	名 称	基本文字符号		图 形 符 号	附注
		双字母	单字母		
18 电子管、半导体器件	18.4 热敏二极管		V		S00643
	18.5 单向击穿二极管（齐纳二极管，电压调整二极管）				S00646
	18.6 双向击穿二极管				S00647
	18.7 双向二极管				S00649
	18.8 光电二极管				S00685
	18.9 具有四根引出线的霍尔发生器				S00688
	18.10 光电耦合器（光隔离器）				S00691
19 传导路线	19.1 连线，一般符号（导线，电缆，电线）		W		S00001
	19.2 导线组（示出导线数） 注：示出三根连线。			形式1 形式2	S00002 S00003
	19.3 电缆中的导线 注：示出三根导线。			形式1 形式2	S00009 *

表 A.1（续）

设备、装置和元器件种类	名称	基本文字符号		图形符号	附注
		双字母	单字母		
19 传导路线	19.4 直流电路 注：110 V，两根 120 mm² 的铝导线。			＝110 V 2×120 mm²Al	S00004
	19.5 三相电路 注：50 Hz，400 V，三根 120 mm² 的导线，一根 50 mm² 的中性线。		W	3 N～50 Hz 400 V 3×120 mm²＋1×50 mm²	S00005
	19.6 屏蔽导体				S00007
	19.7 绞合连接 注：示出两根导线。				S00008
20 端子、接线座、插头、插座	20.1 阴接触件（连接器的）/插座	XS			S00031
	20.2 阳接触件（连接器的）/插头	XP			S00032
	20.3 插头和插座，多极（多线表示法）			形式1	S00034
				形式2	S00035
	20.4 插头和插座式连接器，阳-阳（U型连接）		X		S00047
	20.5 插头和插座式连接器，阳-阴（U型连接）				S00048
	20.6 接通的连接片	XB			S00044
	20.7 断开的连接片	XB			S00046
	20.8 端子板	XT			S00018

表 A.1（续）

设备、装置和元器件种类	名　　称	基本文字符号		图　形　符　号	附注
		双字母	单字母		
20　端子、接线座、插头、插座	20.9　连接器,组件的固定部分 注:仅当需要区别连接器的固定部分与可动部分时才采用此符号。	X			S00036
	20.10　连接器,组件的可动部分 注:仅当需要区别连接器的固定部分与可动部分时才采用此符号。				S00037
	20.11　配套连接器 注1:本符号表示插头端固定和插座端可动。 注2:使用要求同20.9注。 示例:配套连接器的接线图 注1:示例仅为圆形连接器,也可根据需要绘成其他形式的连接器。 注:小圆圈内的号为导线线号,圆圈上面的数字为对应的接线柱号。				S00038 *
21　电气操作的机械器件	21.1　电磁制动器	YB	Y		*
	21.2　电磁离合器	YC			*
	21.3　电动阀	YM			*
	21.4　电磁阀	YV			*
	21.5　带灯电磁阀	YV			*

表 A.1（续）

设备、装置和元器件种类	名　称	基本文字符号 双字母	基本文字符号 单字母	图 形 符 号	附注
21　电气操作的机械器件	21.6　电磁转差离合器或电磁粉末离合器		Y		*
	21.7　电磁吸盘	YH			*
	21.8　电永磁吸盘	YH			*
	21.9　电磁调速装置				*
22　滤波器	22.1　滤波器，一般符号		Z		S01246
23　电气连接辅件	23.1　插针				
	23.2　叉形预绝缘端头；UT 型冷压端子				
	23.3　管形预绝缘端头；IT 型冷压端子				
	23.4　电缆（线束）穿管所用的管接头 注：可在上方或适当的位置标注型号或尺寸。				*

注 1：表示采用国家标准的图形符号，其附注栏内标注对应的国家标准符号识别号（参见 GB/T 4728）。
注 2：表示采用 GB/T 24340 的图形符号，其附注栏内标注"＊"符号。
注 3：表示本标准自定的图形符号，该附注栏内为空。

表 A.2

序号	文字符号	中文名称	英文名称
1	A	电流	current
2	A	模拟·	analog
3	AC	交流	alternating current
4	A、AUT	自动	automatic
5	ACC	加速	accelerating
6	ADD	附加	add
7	ADJ	调节（调整）	adjustability
8	AL	警报	alarm
9	AMP	放大	amplify
10	AUX	辅助	auxiliary
11	ASY	异步	asynchronism
12	B、BRK	制动	braking
13	BK	黑	black
14	BL	蓝	blue
15	BW	后（向后）	backward
16	C	控制	control
17	CLR	清	clear
18	CW	顺时针	clockwise
19	CCW	逆时针	counter clockwise
20	D	延时（延迟）	delay
21	D	差动	differential
22	D	数字	digital
23	D	降,下	down,lower
24	DC	直流	direct current
25	DEC	减	decrease
26	DIS	显示	display
27	DIV	分	divide
28	E	接地	earthing
29	ELM	电磁	electromagnetism
30	EM	紧急	emergency
31	F	快速	fast
32	FB	反馈	feedback
33	FW	正（向前）	forward
34	FT	正转	forward turn

表 A.2（续）

序号	文字符号	中文名称	英文名称
35	GN	绿	green
36	H	高	high
37	H、HS	高速	high speed
38	IN	输入	input
39	INC	增、寸行	increase
40	IND	感应	induction
41	INL	联锁	interlock
42	L	左	left
43	L	限制	limiting
44	L	低	low
45	LA	闭锁	latching
46	LS	低速	low speed
47	LV	低压	low voltage
48	M	主	main
49	M	中	medium
50	M	中间线	mid-wire
51	MAG	磁	magnetism
52	M、MAN	手动	manual
53	MC	主令	master control
54	N	中性线	neutral
55	OFF	断开	open,off
56	ON	闭合	close,on
57	OP	操作	operate
58	OUT	输出	output
59	P	压力	pressure
60	P	保护	protection
61	PE	保护接地	protective earthing
62	PEN	保护接地与中性线共用	protective earthing neutral
63	PL	脉冲	pulse
64	POW	电源	power
65	PRO	程序	program
66	PU	不接地保护	protective unearthing
67	R	记录	recording
68	R	右	right

表 A.2（续）

序号	文字符号	中文名称	英文名称
69	R	反	reverse
70	RD	红	red
71	R、RST	复位	reset
72	RES	备用	reservation
73	RT	反转	reverse turn
74	RUN	运转	run
75	S	信号	signal
76	SEL	选择	select
77	S、SET	置位,定位	setting
78	SAT	饱和	saturate
79	ST	起动	start
80	STE	步进	stepping
81	STP	停止	stop
82	SYN	同步	synchronizing
83	T	温度	temperature
84	T	时间	time
85	TE	无噪声（防干扰）接地	noiseless earthing
86	TES	试验	test
87	UP	上、升	up
88	V	真空	vacuum
89	V	速度	velocity
90	V	电压	voltage
91	WH	白	white
92	YE	黄	yellow

纺织机械电气图形文字符号大类索引

ICS 59.120
W 90

中华人民共和国纺织行业标准

FZ/T 90110—2013

纺织机械通用项目质量检验规范

Quality inspection standard for common items of textile machinery

2013-07-22 发布　　　　　　　　　　　　　　　2013-12-01 实施

中华人民共和国工业和信息化部　　发 布

前　言

本标准按照 GB/T 1.1—2009 给出的规则起草。

本标准由中国纺织工业联合会提出。

本标准由全国纺织机械与附件标准化技术委员会(SAC/TC 215)归口。

本标准起草单位:国家纺织机械质量监督检验中心、青岛宏大纺织机械有限责任公司、太平洋机电(集团)有限公司、浙江方正轻纺机械检测中心有限公司、经纬纺织机械股份有限公司榆次分公司、恒天重工股份有限公司、天津宏大纺织机械有限公司、赛特环球机械(青岛)有限公司、常州市同和纺织机械制造有限公司、绍兴东升数码科技有限公司、江苏迎阳无纺机械有限公司、浙江格罗斯机械有限公司。

本标准主要起草人:李瑞芬、赵云波、周莹、胡宏波、刘志萍、崔红、王玥、王成吉、崔桂生、张伯洪、范立元、岑涛、张玉红。

引　言

提出制定本标准的目的,是为了协调、规范纺织机械产品的质量工作,逐步完善纺织机械产品质量的评价体系。

纺织机械领域十分广泛,对纺织机械质量水平进行评价的检验项目众多。这些检验项目中,包含专用项目、通用项目两大类,其中专用项目是指某一纺织机械产品所特有的检验项目,即各种纺织机械产品标准,所制定的一些极具个性的要求和检验方法;对于通用项目,其中一部分我国现有的国家标准已对其检验方法作出了规定,如尺寸公差、形位公差、表面粗糙度、材料性能、绝缘电阻、耐压试验等,因此本标准均不涉及(仅节选了纺织机械噪声国家标准的主要内容,并作了提示性介绍)。本标准主要涉及纺织机械的温度、速度、功率、振动等通用项目,相关纺织行业标准以及企业标准,因选用仪器的型号、准确度、检验条件等不尽一致,所采用的检验方法和结果处理也不尽相同。因此,无法对这些项目进行准确评价,且对其质量水平评价的结论缺乏可比性。

本标准对上述纺织机械通用项目的检验方法等有关要求,作出一些具体的规定,作为行业标准、企业标准制定的依据。

本标准还对纺织机械产品质量检验工作中型式检验、出厂检验,以及第三方检验时的一些具体要求作出规定,作为共同遵守的准则,使纺织机械的产品质量评价工作更加客观、公正。

本标准还根据相关国家标准,结合纺织机械行业的实际情况,对数据修约、结果表示和评定、测量不确定度的表示作出规定,以规范对纺织机械产品质量的评定。

纺织机械通用项目质量检验规范

1 范围

本标准规定了纺织机械的通用项目质量检验和试验方法、检验规则、试验结果。
本标准适用于纺织机械的产品质量检验。

2 规范性引用文件

下列文件对于本文件的应用是必不可少的。凡是注日期的引用文件,仅注日期的版本适用于本文件。凡是不注日期的引用文件,其最新版本(包括所有的修改单)适用于本文件。

GB/T 1732　漆膜耐冲击测定法

GB/T 2828.11　计数抽样检验程序　第 11 部分:小总体声称质量水平的评定程序

GB/T 3767　声学　声压法测定噪声源声功率级　反射面上方近似自由场的工程法(eqv ISO 3744:1994)

GB/T 3768　声学　声压法测定噪声源声功率级　反射面上方采用包络测量表面的简易法(eqv ISO 3746:1995)

GB/T 4054　涂料涂覆标记

GB/T 6075.1　机械振动　在非旋转部件上测量评价机器的机械振动　第 1 部分:总则

GB/T 7111.1—2002　纺织机械噪声测试规范　第 1 部分:通用要求(eqv ISO 9902-1:2001)

GB/T 7111.2　纺织机械噪声测试规范　第 2 部分:纺前准备和纺部机械(eqv ISO 9902-2:2001)

GB/T 7111.3　纺织机械噪声测试规范　第 3 部分:非织造布机械(eqv ISO 9902-3:2001)

GB/T 7111.4　纺织机械噪声测试规范　第 4 部分:纱线加工、绳索加工机械(eqv ISO 9902-4:2001)

GB/T 7111.5　纺织机械噪声测试规范　第 5 部分:机织和针织准备机械(eqv ISO 9902-5:2001)

GB/T 7111.6　纺织机械噪声测试规范　第 6 部分:织造机械(eqv ISO 9902-6:2001)

GB/T 7111.7　纺织机械噪声测试规范　第 7 部分:染整机械(eqv ISO 9902-7:2001)

GB/T 8170　数值修约规则与极限数值的表示和判定

GB/T 9286　色漆和清漆　漆膜的划格试验

GB/T 16538　声学　声压法测定噪声源声功率级　现场比较(ISO 3747:2000,IDT)

FZ/T 90074　纺织机械产品涂装

JB/T 7929　齿轮传动装置清洁度

3 检验项目和试验方法

3.1 噪声检验

3.1.1 机器噪声

3.1.1.1　机器噪声发射声压级的测量,应符合 GB/T 7111.1 及 GB/T 7111.2~7111.7 的相关规定。声功率级的测量,应符合 GB/T 3767、GB/T 3768 和 GB/T 16538 的规定。

3.1.1.2 机器的安装,应符合使用说明书和相关标准的规定。

3.1.1.3 机器噪声的测量应在被测机器的运转速度、电源等均符合标准规定的试验条件下进行。

3.1.1.4 机器噪声测量时的背景和环境噪声,应符合以下要求:

    a) 测量发射声压级时,应按 GB/T 7111.1—2002 中附录 A 的规定:

        1) 工程法:当被测机器在运转和停机时测得某测点的噪声级差值大于 15 dB,背景噪声修正值为零;噪声级差值小于 6 dB,测量无效;

        2) 现场简易法:当被测机器在运转和停机时测得某测点的噪声级差值大于 10 dB,背景噪声修正值为零;噪声级差值小于 3 dB,测量无效。

    b) 测量声功率级时,应按 GB/T 7111.1—2002 中表 1 的规定。

3.1.1.5 除在 GB/T 7111.2～7111.7 表中的相应栏目中用字母"L"表示的大型机器,不要求测量声功率外,其余的机器可进行声功率的测量。

3.1.2 锭子类回转件噪声测量

锭子类回转件的噪声发射声压级,应采用专用测试装置,在下列条件下测量:

    a) 被测件及声级计安装位置,见图 1;

    b) 测量环境的背景噪声应低于被测件噪声 10 dB 以上;

    c) 被测件四周 2 m 内应无障碍物;

    d) 悬挂重锤质量 p 或张力,应符合被测件相关标准的规定;

    e) 润滑条件应符合被测件相关标准的规定;

    f) 试验速度应符合被测件相关标准的规定;

    g) 测量前被测件应先运转不少于 20 min。

单位为毫米

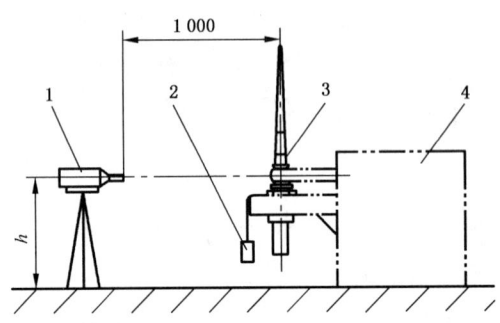

说明:

1——声级计;

2——重锤(或张力);

3——被测件;

4——专用测试装置;

h——与被测件中心等高。

图 1

3.1.3 测量仪器

按 GB/T 7111.1 的规定,应尽可能用积分声级计。仪器的准确度等级,工程法应不低于 Ⅰ 型,简易法应不低于 Ⅱ 型。

3.2 振动检验

3.2.1 振动性能指标

在机器的非旋转部件或非往复式部件上测量和评价机器的振动性能,可使用以下的量值:
a) 机器的低频振动,以位移为量值,用峰峰值表示,以毫米(mm)或微米(μm)为单位;
b) 机器的中频振动,以速度为量值,用均方根值(有效值)表示,以毫米每秒(mm/s)为单位;
c) 机器的高频振动,以加速度为量值,用峰值或均方根值表示,以米每二次方秒(m/s²)为单位。
振动频率应依据所测量机器的类型或经测量后确定。

注:对机械振动高、中、低频率的评价区域,可参阅 GB/T 6075.1。

3.2.2 测量仪器

振动应选用测振仪(位移可用百分表或千分表),仪器应能显示全部测量参数量值,并配备对测振仪及系统进行校准的仪器。

3.2.3 测量方法

3.2.3.1 测量条件

被测机器应按使用说明书进行安装,其基础应符合相关标准的规定。
被测机器应在标准规定的试验条件下运行。

3.2.3.2 测量位置

应测量机器上最具振动特性部位的相互垂直方向的振动。
几种典型的振动测量位置示意图,如:轴承座见图 2、典型的纺织机械的机架和机座见图 3、摩擦盘式假捻器见图 4。

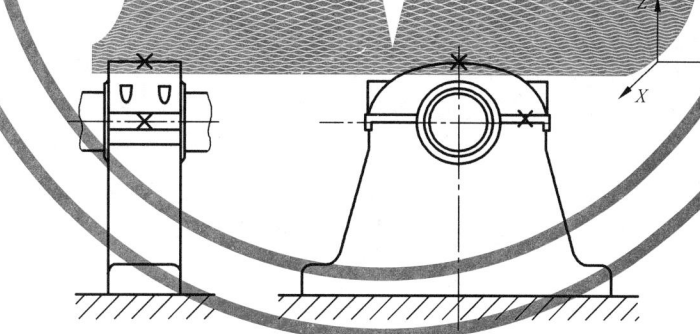

说明:
×——测量位置。

图 2

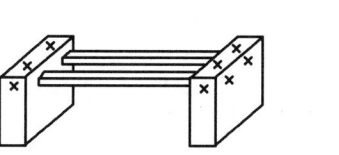

a) 织机左、右机架   b) 针刺机下机架   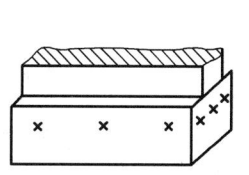c) 经编机床身基座

说明:
×——测量位置。

图 3

137

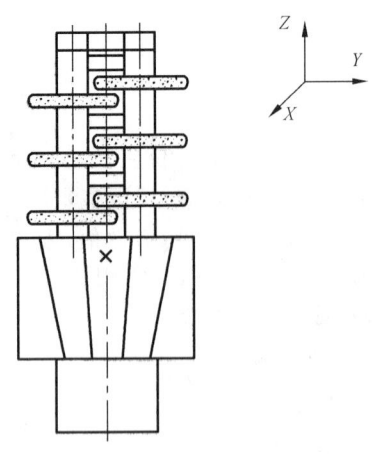

说明：
×——测量位置（X方向）。

图 4

3.2.3.3 仪器的使用

测量前,应正确安装测振仪的传感器,并不得影响机器的振动特性。

测量时,仪器的使用环境应符合使用说明书规定的温、湿度等要求。

测量振动应是宽带,以充分覆盖机器频谱。

3.3 功率消耗检验

3.3.1 功率消耗的性能指标

功率消耗是机器能耗的性能指标,应以机器的输入功率为评定值。

3.3.2 测量仪器

3.3.2.1 功率消耗的测量仪器应选用功率表或功率分析仪。

3.3.2.2 锭子类回转件功率消耗的测量,应选用专用的功率测量仪器,见图5。

3.3.3 测量方法

测量输入功率时,应将功率表、功率分析仪按使用说明书要求进行连接。

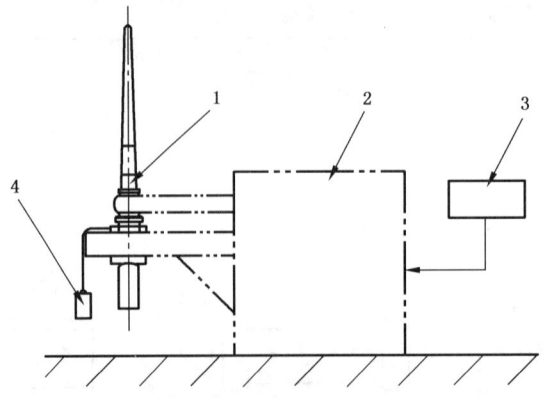

说明：
1——锭子类回转件；   3——功率测试仪；
2——专用测试装置；   4——重锤(或张力)。

图 5

3.4　温度检验

3.4.1　温度的性能指标

3.4.1.1　表面温度

表面温度应以机器特征部位外表面的温度值表示,以摄氏度(℃)或开[尔文](K)为单位。

3.4.1.2　温升

温升应以机器被测部位(通常为零部件)表面温度与环境温度的差异值表示,用以评价机器的运转性能。

3.4.1.3　温度均匀性

温度均匀性应以机器内各部位气体或液体介质温度差异值表示,是温度均匀程度的质量指标。

3.4.2　测量仪器

3.4.2.1　测量表面温度和温升时应选用接触式温度计或非接触式温度计。
3.4.2.2　测量温度的均匀性时应选用接触式温度计。

3.4.3　测量方法

3.4.3.1　表面温度应在机器运转结束后立即进行测量。
3.4.3.2　接触式温度计应与被测表面充分接触,示值稳定后应尽快读取,避免因热量散失而产生误差。非接触式表面温度计应按说明书要求与被测物体保持适当距离,防止热辐射的影响,待温度计的示值稳定后读取。
3.4.3.3　测量温升时,环境温度应与表面温度同时进行测量,并应将测量仪器置于距被测部位距离半径1 m～2 m内读取仪器示值,以防止气流和热辐射的影响。
3.4.3.4　对于需多点位测量的部件,应选择温度较高的部位进行测量,按最大值评定。

3.4.4　测量示例

示例1:测量染整机械蒸箱、烘箱(烘房)的左、中、右温度,用接触式温度计测量织物表面左、中、右三处的温度;机器带有喷风嘴时,用接触式温度计在左、中、右三个位置的喷风口处进行测量。

示例2:测量细纱机的各传动轴承温升时,在空车运转试验即将结束前,用非接触式温度计测量机器主轴轴承、前罗拉轴承等的表面温度,并在表面温度较高的轴承座上做记号。待空车运转结束停机时,立即用接触式温度计测量有记号的轴承座表面温度,同时在距被测轴承1 m～2 m内测量环境的温度。再将轴承的表面温度减去相应环境温度作为该轴承的温升值,取其最大值。

3.5　速度检验

3.5.1　速度的性能指标

3.5.1.1　线速度

线速度应以机器生产中的成品,如织物、纱及丝线等成品上的某一质点,在单位时间内移动的距离作为机器运转速度性能指标,以米每分(m/min)为单位。

3.5.1.2　转速

转速应以机器零部件,在单位时间内转动的圈数作为机器运转速度性能指标,以转每分(r/min)为单位。

3.5.1.3 转速不匀率

转速不匀率(％)表征机器中多个同一类型的零部件运转速度的一致性。

3.5.2 测量仪器

3.5.2.1 测量转速和线速度时应选用速度测试仪。

3.5.2.2 测量转速不匀率时应选用闪光测速仪。

3.5.3 测量方法

3.5.3.1 转速和线速度的测量仪器应按使用说明书的要求进行操作。

3.5.3.2 测量转速不匀率(X)时,在测量每个回转件的转速后,按公式(1)进行计算:

$$X=\frac{2n_{\text{上}}(\overline{x}_{\text{上}}-\overline{x})}{n\overline{x}}\times100\%=\frac{2n_{\text{下}}(\overline{x}-\overline{x}_{\text{下}})}{n\overline{x}}\times100\% \quad\cdots\cdots\cdots\cdots(1)$$

式中:

X ——转速不匀率,％;

$n_{\text{上}}$ ——平均转速以上的回转件数量;

$n_{\text{下}}$ ——平均转速以下的回转件数量;

$\overline{x}_{\text{上}}$ ——平均转速以上的转速平均值,单位为转每分(r/min);

$\overline{x}_{\text{下}}$ ——平均转速以下的转速平均值,单位为转每分(r/min);

$\overline{x}$ ——转速的平均值,单位为转每分(r/min);

n ——测量的回转件数量。

3.6 真空度检验

3.6.1 真空度的性能指标

真空度应以机器负压系统或真空容器的压力值表示,以帕[斯卡](Pa)为单位。

3.6.2 测量仪器

真空度的测量应选用U型压力计、数字压力计或压力表。

3.7 清洁度检验

3.7.1 清洁度的性能指标

机器或部件的清洁度应以被测件的储油腔内杂质含量来表示。

3.7.2 测量

3.7.2.1 锭子类回转件清洁度的测量

3.7.2.1.1 仪器、器具及清洗液

分析天平、烘箱、干燥箱、烧杯、称量瓶、中速定性滤纸、煤油、溶剂油、石油醚(分析纯)。

3.7.2.1.2 测量前准备工作

测量前准备工作包括:

a) 被测件测量部位的外表面,用溶剂油或煤油擦揩干净;

b) 所有取样工具和容器清洗干净,目测无异物;

c) 煤油用滤纸过滤后使用；

d) 将滤纸在烘箱内烘至恒重。

3.7.2.1.3 测量步骤

测量步骤如下：

a) 将经过滤的煤油注入被测件的内腔，用拇指按住被测件的口端，倒置，上下快速摆动 10 次，然后把含有残留物的混合液倒在烧杯中，每个被测件应清洗三次；

b) 将烧杯中的混合液，用已烘至恒重（m_1）的滤纸进行过滤，再用溶剂油、石油醚分别清洗滤纸上的油脂，直到洗净为止；

c) 把含有残留物的滤纸置于称量瓶中，放入烘箱，直至恒重（m_2）。

3.7.2.1.4 清洁度计算

锭子类回转件的平均清洁度 G 按式（2）计算：

$$G = \frac{m_2 - m_1}{n} \times 1\,000 \qquad\qquad\qquad\qquad (2)$$

式中：

G ——平均清洁度，单位为毫克（mg）；

m_1 ——滤纸与称量瓶的质量，单位为克（g）；

m_2 ——滤纸、称量瓶与残留物的质量，单位为克（g）；

n ——锭子类回转件的数量。

3.7.2.2 传动装置清洁度测量

测量机器传动装置清洁度，应按 JB/T 7929 的规定进行检验。

3.8 轧余率检验

3.8.1 轧余率的性能指标

轧余率是轧压机械的轧压性能指标，应以织物轧压后剩余的溶液量与轧压前织物质量之比的百分数表示，应以多次测量的平均轧余率进行评价。

3.8.2 测量方法

3.8.2.1 测量样品

样品为面密度为 120 g/m² ~ 130 g/m² 的纯棉织物。

3.8.2.2 测量条件

测量条件包括：

a) 水温：常温；

b) 车速：20 m/min；

c) 线压力：按相关标准的规定。

3.8.2.3 测量步骤

测量步骤如下：

a) 将在环境中自然吸湿达到平衡湿度的回潮样品称重（m_c）；

b) 将此样品浸湿；

c) 将湿样品放入轧压机械内进行轧压后称重（m_s）。

测量次数(n)应不少于三次。

3.8.2.4 轧余率计算

轧余率(W)和平均轧余率($\overline{W}$),分别按式(3)、式(4)计算:

$$W = \frac{m_s - m_c}{m_c} \times 100\% \qquad \cdots\cdots\cdots\cdots\cdots\cdots\cdots\cdots\cdots\cdots (3)$$

$$\overline{W} = \frac{W_1 + W_2 + \cdots + W_n}{n} \qquad \cdots\cdots\cdots\cdots\cdots\cdots\cdots\cdots (4)$$

式中:

W ——轧余率,%;

m_s ——轧后样品质量,单位为克(g)或千克(kg);

m_c ——样品质量,单位为克(g)或千克(kg);

$\overline{W}$ ——平均轧余率,%;

W_1 ——第 1 次轧余率,%;

W_2 ——第 2 次轧余率,%;

W_n ——第 n 次轧余率,%;

n ——测试次数($n \geqslant 3$)。

3.9 测量仪器选用一般原则

3.9.1 根据标准规定的指标要求,应正确选择仪器(包括类型、量程等),以减少测量误差。

3.9.2 测量仪器的准确度,应满足标准规定的要求。

4 检验规则

4.1 型式检验和检验项目

4.1.1 型式检验

4.1.1.1 型式检验时,项目的检验应在同一台机器或同一型号和生产批的机器上进行。

4.1.1.2 型式检验时,应对机器的主要参数与相关标准的符合性进行核查。

4.1.1.3 机器的负载检验,应在空车运转试验合格后进行。

4.1.1.4 关键件或专件,应按照相关标准规定的抽样规则,在该产品的生产批中随机抽取。

4.1.1.5 机器的工艺试验,可由制造企业与用户共同进行。

4.1.1.6 有下列情况之一应进行型式检验:

——新产品投产鉴定时;

——正常生产后,结构、工艺、材料有较大改变时;

——产品停产两年以上,恢复生产时;

——正常生产一定时期或积累一定的产量时;

——第三方提出要求时。

4.1.2 检验项目

4.1.2.1 型式检验应按标准规定进行全部项目的检验,以评定该产品是否符合标准的要求。

4.1.2.2 整机同一部件的相同项目需多处测量时,可不进行全数检验,抽检数量为 10～20 处。

4.1.2.3 第三方进行型式检验时,对产品的涂装、材料、成品质量、零部件等应按以下要求检验:

    a) 涂装应符合 FZ/T 90074 的规定,检验内容如下:

        1) 机器应在规定的表面上涂装;

        2) 涂膜颜色应符合标准色板色差范围的规定；

        3) 主要外露件涂膜的表面质量,应符合 GB/T 4054 规定的外观等级 2 级；

        4) 涂膜的附着力采用划格法进行检验时,应符合 GB/T 9286 规定的试验结果分级 2 级；涂膜采用耐冲击测定法进行检验时,应符合 GB/T 1732 的规定。

  b) 材料检验应按照相应标准规定,核查材料的化学成分、物理性能的试验报告或相应批次的进货单、质量证明。必要时,对材料的化学成分和物理性能进行检验。

  c) 成品质量检验应按相关标准对工艺试验报告进行评定。出具工艺试验报告的用户单位,应具备相应项目的检验能力。

  d) 零部件的检验可按照 GB/T 2828.11 确定的抽样方案进行检验。检验样本量为 50 套的专件产品,对需要做破坏性检验或检验方法比较繁琐的单项检验项目,如:单锭噪声、单锭功率、硬度、同套轴承滚子直径差、摇架压力降低值及摇架压力动态波动值等,其产品标准未作规定时,采用分步法检验与判定,步骤如下:

    第一步检验 10 套,检验结果为全部合格,判 50 套合格;当不合格数大于单项合格率规定的不合格数时,判 50 套不合格;当不合格数不大于单项合格率规定的不合格数时,将作第二步检验。

    第二步检验 15 套,检验结果为两次检验共 25 套,当不合格数小于单项合格率规定的合格数时,判 50 套合格;当不合格数大于单项合格率规定的不合格数时,判 50 套不合格;当不合格数等于单项合格率规定的不合格数时,将作第三步检验。

    第三步检验 25 套,检验结果为三次检验共 50 套,当不合格数不大于单项合格率规定的不合格数时,判 50 套合格;当不合格数大于单项合格率规定的不合格数时,判 50 套不合格。

4.2 出厂检验和检验项目

4.2.1 机器、专件及零部件出厂前应经制造企业的质量检验部门检验,并附有质量合格证明。

4.2.2 检验项目应按相关产品标准的规定。

4.3 判定原则

  产品全部项目按相关标准的规定检验合格,则判该产品符合标准要求。

5 试验结果

5.1 数值修约

5.1.1 在数据处理过程中,对质量检验的测定值或计算值,需要修约时,应按 GB/T 8170 的规定进行。

5.1.2 在数据处理过程中,应正确确定数值的修约间隔。拟修约数值应在确定修约间隔或指定修约数位后,经一次修约获得结果,不允许连续修约(见示例)。

    注:修约间隔为修约值的最小数值单位。修约间隔一经确定,修约值即为该数的整数倍。

    示例:修约 97.46,修约间隔为 1;

          正确的修约:97.46→97;

          不正确的修约:97.46→97.5→98。

5.1.3 一般情况下,对测定值或其计算值进行修约,修约值所标识的数位应与产品标准规定的指标或参数数值所标识的数位一致;相关标准已对修约间隔作出规定时,应按规定的修约间隔进行修约。

5.1.4 当测试或计算精度允许,第三方检验机构对测定值或其计算值进行修约时,其修约值所保留的数位应比相关标准规定的指标或参数的数位多一位。

  纺织机械常用测试项目的修约间隔,或根据不同的测量条件规定的测定值位数(或书写位数)的示例见表 1。

表 1

测试项目		指标范围	修约间隔或测定值位数(或书写位数)
噪声/dB(A)		—	0.1
振动	位移/mm	≤0.10	0.001
		>0.10	0.01
	速度/(mm/s)	—	0.1
	加速度/(m/s²)	—	0.1
温度/℃		—	0.1
功率/W		≤10	0.1
		>10	1
功率/kW		≤1	0.01
		1<指标值≤35	0.1
		>35	1
接地电阻/Ω		<0.1	<0.1
圆跳动/mm		≤0.10	0.001
			0.01(动态检测时)
		>0.10	0.01
轴承	径向游隙/mm	—	0.001
	轴向游隙/mm	—	0.01
洛氏硬度/HRC 或 HRA		—	0.5(指针式[a]) 0.1(数显式)
盖板跑偏量/mm		1	0.1
摇架	压力偏差	—	0.01F(F 为公称压力)
	平行度/mm	—	0.01
	卸压力、加压杆压力、弹簧压力/N	—	1
注:本表中书写位数的精确程度,已充分考虑到能保证产品或其他标准化对象应有的性能和质量。			
[a] 洛氏硬度计的表盘为指针式时,测定值位数(或书写位数)精确到 0.5 个表面洛氏硬度单位。			

5.2 数值判定

5.2.1 修约值比较法

将修约后的测定值或计算值与标准规定的指标或参数的极限值进行比较,以判定是否符合要求。
一般情况下,相关标准未加说明时,均采用修约值比较法。

5.2.2 全数值比较法

将测试所得的测定值或计算值不经修约(或虽经修约处理,但应标明它是经进、舍或未进未舍而得),用该数值与极限数值作比较,以判定是否符合要求。

需要时,第三方检验机构应采用全数值比较法进行判定。

5.3 测量不确定度

在用户有要求时或检验结果在临界值时,第三方检验机构应能提供测量结果的不确定度及其评定报告。

注:测量不确定度是表征合理地赋予被测量值的分散性,与测量结果相联系的参数。它定量说明了测量结果的质量,比传统的误差表示方法更为科学、合理。

ICS 59.120.10
W 93

中华人民共和国纺织行业标准

FZ/T 92013—2006
代替 FZ/T 92013—1992

SL 系列上罗拉轴承

SL series top roller bearings

2006-07-10 发布
2007-01-01 实施

中华人民共和国国家发展和改革委员会　　发 布

FZ/T 92013—2006

前　言

本标准代替 FZ/T 92013—1992《SL 系列上罗拉轴承》。

本标准与 FZ/T 92013—1992 相比主要变化如下：

——增加了产品品种规格(本版表6)；

——增加了要求的内容(本版的 4.3、4.4、4.5)；

——提高了部分质量指标；

——将 FZ/T 92013—1992 中 6.1～6.2,修订为本版 6.1～6.3；

——删除 FZ/T 92013—1992 中 4.1.5,4.2；

——删除 FZ/T 92013—1992 中附录 A；

——删除 FZ/T 92013—1992 中附录 B。

请注意本标准的某些内容有可能涉及专利。本标准的发布机构不承担识别这些专利的责任。

本标准由中国纺织工业协会提出。

本标准由全国纺织机械与附件标准化技术委员会归口。

本标准起草单位:无锡纺织机械研究所、衡阳纺织机械厂、山西经纬纺机股份公司榆次分公司、无锡明珠纺织专件有限公司、余姚市纺织器材厂、无锡市玉祁纺织机械配件厂。

本标准主要起草人:赵蓉贞、阳艳玲、徐美、刘政、徐利明、张健华。

本标准所代替标准的历次版本发布情况为:

——FJ/JQ 5—1982；

——FZ/T 92013—1992。

SL 系列上罗拉轴承

1 范围

本标准规定了 SL 系列上罗拉轴承(以下简称轴承)的分类、要求、试验方法、检验规则、标志及包装、运输和贮存。

本标准适用于棉、毛、麻、绢、化纤纯纺和混纺的有捻粗纱机和细纱机牵伸机构中的双外圈(壳)上罗拉轴承。

2 规范性引用文件

下列文件中的条款通过本标准的引用而成为本标准的条款。凡是注日期的引用文件,其随后所有的修改单(不包括勘误的内容)或修订版均不适用于本标准,然而,鼓励根据本标准达成协议的各方研究是否可使用这些文件的最新版本。凡是不注日期的引用文件,其最新版本适用于本标准。

GB/T 308—2002 滚动轴承 钢球

GB/T 18254 高碳铬轴承钢

JB/T 1255 高碳铬轴承钢滚动轴承零件热处理技术条件

FZ/T 90001 纺织机械产品包装

3 分类

3.1 轴承结构型式

轴承采用双壳双列向心球轴承结构型式,见图1、图2。

3.1.1 防尘结构为叠片式密封结构见图1。

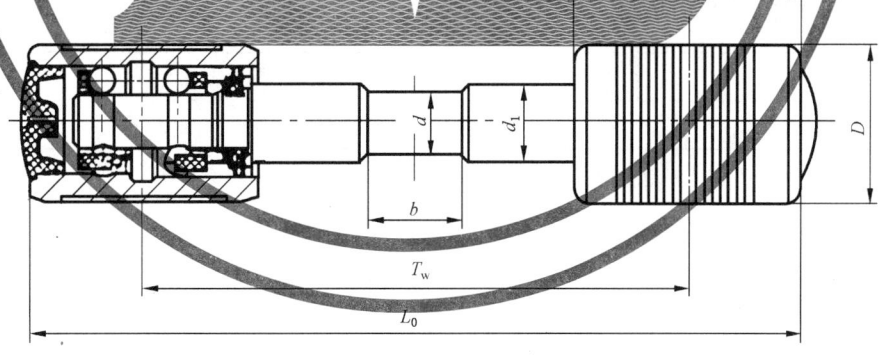

图 1

3.1.2 防尘结构为工字型密封结构见图2。

3.2 符号

T_w——两外圈(壳)中心距;

D——外圈(壳)直径;

L——外圈(壳)长度;

d——握持档直径;

b——握持档宽度;

d_1——握持档大外圆直径;

L_0——轴承总长。

FZ/T 92013—2006

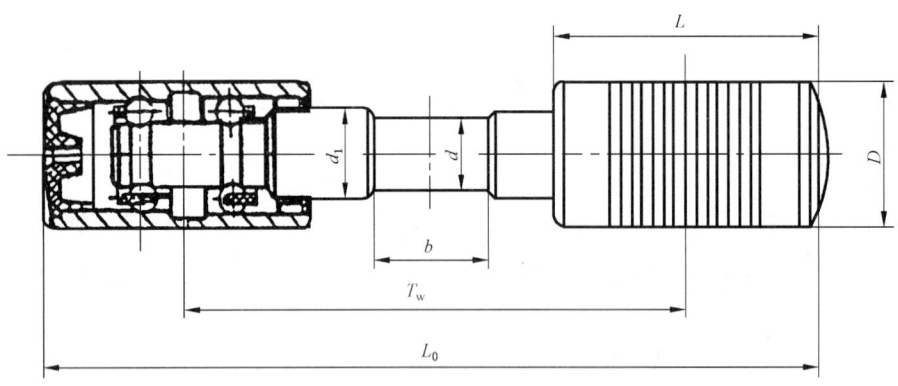

图 2

3.3 型号、尺寸系列及公差

3.3.1 型号的表示方法如下：

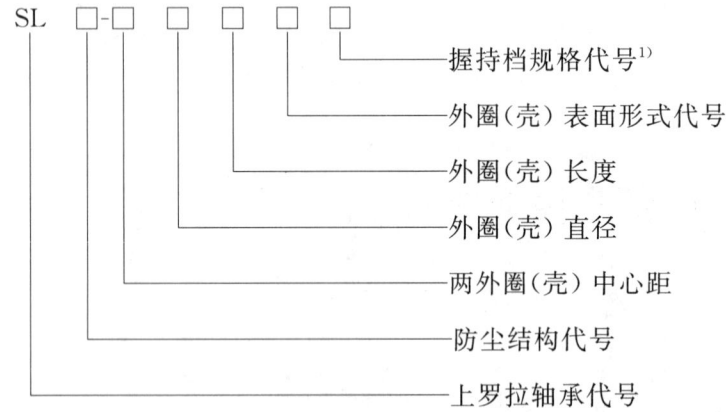

握持档规格代号[1]
外圈（壳）表面形式代号
外圈（壳）长度
外圈（壳）直径
两外圈（壳）中心距
防尘结构代号
上罗拉轴承代号

3.3.2 防尘结构代号表示方法见表 1。

表 1

代　　号	防 尘 结 构
—	叠片式密封
1	工字形密封

3.3.3 两外圈（壳）中心距的尺寸系列及表示方法见表 2。

表 2　　　　　　　　　　　　　　　　　　　　　　　　单位为毫米

两外圈（壳）中心距 T_w	65	68.4	70	75	82.5	90	100	110	130	150
表示方法	65	68	70	75	82	90	100	110	130	150

3.3.4 外圈（壳）直径的尺寸系列（含公差）及表示方法见表 3。

表 3　　　　　　　　　　　　　　　　　　　　　　　　单位为毫米

外圈（壳）直径 D	(16)(18)19(20) 25 30(32) (35)(38)40 45 50
表示方法	直接用外圈（壳）直径 D 的数字表示
公差代号	h7
注：括号中数值尽量避免采用。	

3.3.5 外圈（壳）长度的尺寸系列表示方法见表 4。

---

[1] 当握持档尺寸规格超出表 6 所列范围时，用括号直接标出握持档尺寸。

表 4   单位为毫米

外圈(壳)长度 L	30	32	34	40	45	50	60
表示方法	当 $T_w \leqslant 82.5$，$L=34$ 及当 $T_w \geqslant 90$，$L=45$ 时，外圈(壳)长度的表示可省略，其余均直接以 L 的数字表示。						

3.3.6 外圈(壳)表面形式代号见表 5。

表 5

代　号	外圈(壳)表面形式
—	有环形槽
E	无环形槽
U	中间下凹

3.3.7 握持档规格代号、尺寸及公差见表 6。

表 6   单位为毫米

代　号	握持档尺寸($d \times b \times d_1$)					
	d	公差代号	b	公差代号	d_1	公差代号
—	11	h11	22	A13	12.6	h8
A	9.5		16		11.5	
B	9.5		22		11.5	
C	11		28		12.6	
D	12		22		13.5	
F	11		35		12.6	
G	12		28		13.5	
H	12.6		28		15	
J	9.5		16		11.36	
K	9.5	0 −0.035	10		12	

注：与气动摇架配用时 d 的公差在合同中约定。

3.3.8 标记示例

示例 1：两外圈(壳)中心距 $T_w=68.4$ mm，外圈(壳)直径 $D=25$ mm，外圈(壳)长度 $L=32$ mm，外圈(壳)无环形槽，握持档尺寸为 $\phi 9.5 \times 16 \times \phi 11.5$，防尘结构为叠片式密封的双外圈(壳)上罗拉轴承的标记。

SL-682532EA

示例 2：两外圈(壳)中心距 $T_w=82.5$ mm，外圈(壳)直径 $D=19$ mm，外圈(壳)长度 $L=34$ mm，外圈(壳)有环形槽。握持档尺寸为 $\phi 11 \times 22 \times \phi 12.6$，防尘结构为工字形密封的双外圈(壳)上罗拉轴承的标记。

SL1-8219

4 要求

4.1 成套技术要求：

4.1.1 径向游隙 0.003 mm～0.025 mm。

4.1.2 轴向游隙≤0.10 mm。

4.1.3 外圈(壳)径向圆跳动公差值≤0.010 mm。

4.1.4 轴承旋转灵活,转动平稳,无急刹及打顿现象。

4.1.5 轴承表面光滑、无毛刺。

4.2 轴承外圈(壳)及心轴用 GCr15 钢制造,材料应符合 GB/T 18254 的要求。

4.3 外圈(壳)的硬度应为 60 HRC~65 HRC,同一零件硬度差应不大于 1 HRC。

4.4 心轴安装钢球的轴承部位的硬度应为 60 HRC~65 HRC。

4.5 钢球批直径变动量、球形误差、硬度应符合 GB/T 308—2002 G20 级的要求:球批直径变动量≤1 μm,球形误差≤0.5 μm,硬度 61 HRC~66 HRC。

5 试验方法

5.1 4.1.1~4.1.3,径向游隙、轴向游隙、外圈(壳)径向圆跳动的检验方法见表7。

表 7

试验项目	简 图	测试仪器	试 验 方 法
径向游隙		专用径向游隙测量仪,千分表	水平握持心轴,千分表触头置于外圈(壳)沟径处,上下加压,测量负荷 F 为 19.6 N,每转 120°测量一次,每条沟径处一周测三次,取三次算术平均值作为测量值。
轴向游隙		专用轴向游隙测量仪,百分表	水平握持心轴,百分表触头置于外圈(壳)端面,左右施加轴向负荷 F 为 19.6 N,外圈(壳)左右移动,百分表读数差值为测量值。
外圈(壳)径向圆跳动		专用径向游隙测量仪,千分表	水平握持心轴,千分表触头置于外圈(壳)沟径处,加压,测量负荷 F 为 19.6 N,转动外圈,该读数值为测量值。

5.2 4.1.4,轴承旋转灵活性,将成套轴承进行清洗后,水平握持心轴,同时转动轴承外壳,进行感官检查。

5.3 4.1.5,轴承表面质量,将成套轴承进行清洗后,进行感官检查。

5.4 4.2,轴承相关件的材质,按 GB/T 18254 的要求检查。

5.5 4.3、4.4,轴承相关件的硬度,按 JB/T 1255 的要求,现场取备装轴承外圈(壳)和心轴用洛氏硬度计检查。

5.6 4.5,钢球批直径变动量、球形误差、硬度,现场取备装钢球,按 GB/T 308—2002 的有关规定检查。

6 检验规则

6.1 出厂检验

6.1.1 成品由制造厂质量检查部门按规定的检验项目进行检验,检验合格方能出厂,并附有产品合格证。

6.1.2 检验项目:4.1 成套技术要求。

6.2 型式检验

6.2.1 有下列情况之一时,应进行型式检验:

  a) 正常生产中,如产品结构、原材料、生产工艺有较大改变时;

  b) 产品停产一年以上,恢复生产时;

  c) 第三方检验机构进行质量检验时。

6.2.2 检验项目:第 4 章。

6.3 抽样方法和评定规则

6.3.1 按简单随机抽样法从检验批中抽取作为样本的产品。

6.3.2 检验项目、样品数、合格率见表 8。

表 8

序号		检 验 项 目	样品数	合格率
1		4.1 成套技术要求	≥50 套	≥98%
2		4.2 轴承外圈(壳)及心轴的材料、材质要求	—	100%
3		4.3 轴承外圈(壳)的硬度要求	≥5 件	100%
4		4.4 轴承心轴的硬度要求	≥5 件	100%
5	4.5	批直径变动量	≥25 粒	100%
		球形误差	≥8 粒	100%
		钢球硬度	≥5 粒	100%
注:在检查 4.5 钢球要求时,现场抽取批钢球样品数不小于 80 粒。				

6.3.3 表 8 中各项均检验合格,方可判定该批产品符合标准要求。

6.4 其他使用厂在安装调试过程中,发现有不符合本标准要求的产品时,由制造厂负责处理。

7 标志

  每套轴承应有制造厂标志(或厂名)。

8 包装、运输和贮存

8.1 产品的包装按 FZ/T 90001 的规定。

8.2 产品在运输过程中,包装箱应按规定的朝向安置,不得倾斜或改变方向。

8.3 产品出厂后,在良好的防雨及通风贮存条件下,包装箱内的产品防潮、防锈有效期为一年。

ICS 59.120.10
W 93

中华人民共和国纺织行业标准

FZ/T 92016—2012
代替 FZ/T 92016—1992

精梳毛纺环锭细纱锭子

Spindles for wool textile ring spinning frame

2012-05-24 发布   2012-11-01 实施

中华人民共和国工业和信息化部   发 布

前　言

本标准按照 GB/T 1.1—2009 给出的规则起草。

本标准代替 FZ/T 92016—1992《精梳毛纺环锭细纱锭子》。

本标准与 FZ/T 92016—1992 相比主要变化如下：

——引用文件 FJ 527《纺织机械噪声声压级的测定方法》改为 GB/T 7111.1《纺织机械噪声测试规范　第 1 部分:通用要求》;

——增加了规范性引用文件:GB/T 191《包装储运图示标志》;

——补充了特征代号(见 3.1.1);

——表 4 中删除了筒管长度:220 mm 及代号 1、(230)240 mm 及代号 2;

——表 5 中删除了筒管长度:220 mm、(230)240 mm 及相应数据;

——表 5 中增加了轴承内径尺寸代号 d 和螺母对边宽度 S;

——表 5、图 1 中 l_1 修改为 h;

——表 8 中铝套管的单锭噪声≤71 修改为≤69 dB(A)、木套管的单锭噪声≤72 修改为≤70 dB(A);

——润滑油按照 SH/T 0017—1990(1998 年确认)中的 L-FD 类的规定;

——图 3 中:与锭盘中心等高≥640,修改为(640±10)mm;

——补充了试验方法(见 5.6~5.11);

——增加了 6.2 型式检验;

——增加了 6.3 抽样方法及判定规则;

——增加了 7.1 包装储运的图示标志。

本标准由中国纺织工业联合会提出。

本标准由全国纺织机械与附件标准化技术委员会(SAC/TC 215)归口。

本标准起草单位:上海良纺纺织机械专件有限公司。

本标准主要起草人:沈春辉、李铭祎、邵爱华。

本标准所代替标准的历次版本发布情况为:

——FJ/JQ 58—1986;

——FZ/T 92016—1992。

精梳毛纺环锭细纱锭子

1 范围

本标准规定了精梳毛纺环锭细纱锭子的分类及代号、要求、试验方法、检验规则、标志及包装、运输和贮存。

本标准适用于精梳毛纺环锭细纱锭子和毛纺环锭捻线锭子(以下简称"锭子")。

2 规范性引用文件

下列文件对于本文件的应用是必不可少的。凡是注日期的引用文件,仅注日期的版本适用于本文件。凡是不注日期的引用文件,其最新版本(包括所有的修改单)适用于本文件。

GB/T 191 包装储运图示标志

GB/T 7111.1 纺织机械噪声测试规范 第1部分:通用要求

FZ/T 90001 纺织机械产品包装

FZ/T 90106 锭子型号编写规定

SH/T 0017 轴承油

3 分类及代号

3.1 产品代号的组成及含义

3.1.1 代号组成

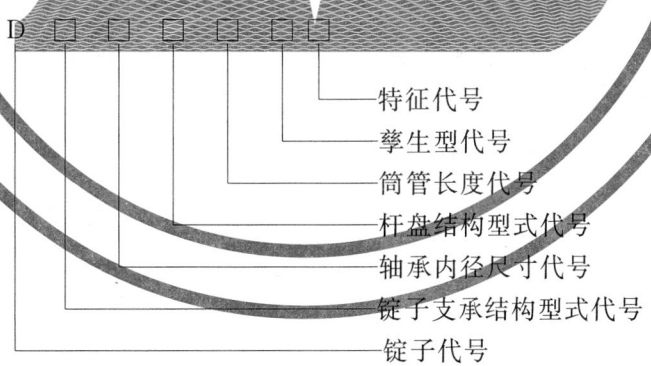

D □ □ □ □ □ □
- 特征代号
- 孪生型代号
- 筒管长度代号
- 杆盘结构型式代号
- 轴承内径尺寸代号
- 锭子支承结构型式代号
- 锭子代号

3.1.2 代号含义

3.1.2.1 锭子支承结构型式代号以数字表示,见表1。

表1

锭子支承结构型式	代 号
弹性圈分离型	1
弹性圈连接型	2
金属弹性管连接型	3
其他结构型式	4～9

3.1.2.2 轴承内径尺寸代号以数字表示,见表 2。

表 2

轴承内径尺寸 mm	Φ7.8	Φ8.8
代　号	2	3

3.1.2.3 杆盘结构型式及代号

3.1.2.3.1 杆盘结构型式分木套管、铝套管、凸榫锭盘。

3.1.2.3.2 弹性圈分离型锭子杆盘型式代号均以"0"表示。

3.1.2.3.3 金属弹性管连接型锭子杆盘结构型式代号以数字表示,见表 3。

表 3

杆盘结构型式	铝套管	凸榫锭盘
代　号	1	2

3.1.2.4 筒管长度代号

3.1.2.4.1 金属弹性管连接型锭子筒管代号以数字表示,见表 4。

表 4

筒管长度 mm	260	280
代　号	3	4

3.1.2.4.2 弹性圈分离型锭子筒管长度代号表示设计顺序号。

3.1.2.5 孪生型代号以字母表示(字母 O 和 I 除外)。

3.1.2.6 特征代号以数字或字母表示,用以表达锭盘带轮直径、锭脚螺纹尺寸等特征。是否采用此特征代号可由企业自定。

3.1.3 标注示例

示例:D3313-M25 表示锭子,其支承结构型式为金属弹性管连接型、轴承孔径为 Φ8.8 mm、铝套管、筒管长度为 260 mm、锭脚螺纹为 M 25×1.5。

3.2 主要规格

见表 5、图 1。

单位为毫米
表 5

代　号	筒管长度 H	
	260	280
d_1	17.93	20.37
C	2.2∶100	2.2∶100
D_1	24	27
h	240	265

表 5（续）
单位为毫米

代　号	筒管长度 H		
	260	280	
L	310　315	335　340	
d	7.8	8.8	
L_1	(64)	70	75
L_2	30	35	
D_2	24	27	
D_3	24	25.5	27
M	M 24×1.5	M 25×1.5	M 27×1.5
S	30	32	36
设计新机时,尽量避免采用括号内尺寸。			

单位为毫米

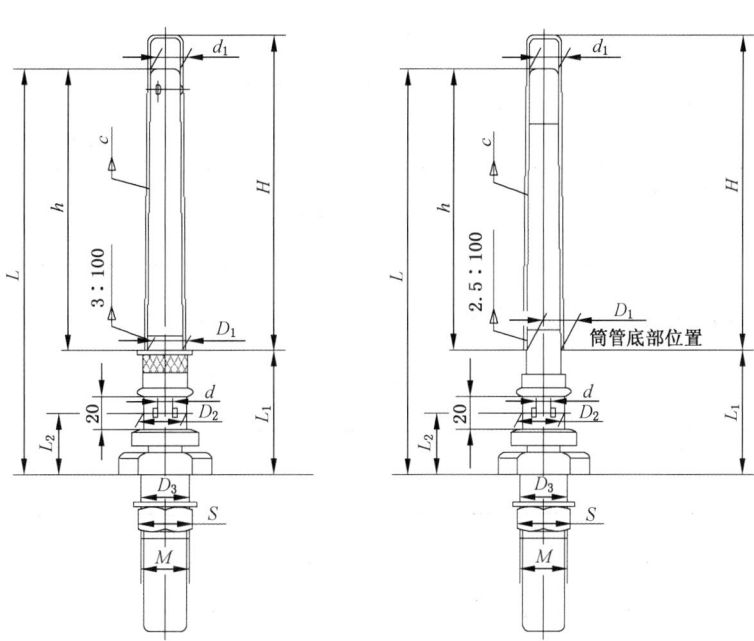

图 1

4 要求

4.1 空锭在 12 000 r/min 运转时,锭子振程值见表 6。

表 6   单位为毫米

套管型式	振程值
铝套管	≤0.10
木套管	≤0.12

4.2 空锭在 12 000 r/min 运转时,单锭功率见表 7。

表 7

轴承内径 d mm	单锭功率 W
7.8	≤10
8.8	≤12

4.3 空锭在 12 000 r/min 运转时,单锭噪声发射声压级见表 8。

表 8

套管型式	单锭噪声 dB(A)
铝套管	≤69
木套管	≤70

4.4 清洁度以锭座结合件内腔残留杂物的质量表示,单锭平均清洁度见表 9。

表 9

轴承内径 d mm	每套清洁度 mg
7.8	≤4
8.8	≤8

4.5 垂直度:金属弹性管连接型锭子以锭杆轴线为基准,锭座结合件安装面在距轴线 25 mm 处,锭子的端面圆跳动见表 10。

表 10   单位为毫米

轴承内径 d	垂直度公差值
7.8	≤0.05
8.8	≤0.08

4.6 锭子顶端距锭座安装面高度 L 的极限偏差±1.0 mm。

4.7 锭子杆盘与筒管配合处的直径 D_1 极限偏差 $_{-0.10}^{0}$ mm。

4.8 锭盘轮直径 D_2 极限偏差±0.05 mm。

4.9 杆盘结合件在锭座内应回转灵活,不得有顿滞现象。

4.10 锭钩的作用应可靠有效,不得有杆盘难以插入、拔出或钩不住等现象。

4.11 刹锭装置的作用应可靠有效。

5 试验方法

5.1 空锭振程值(4.1)用光电式测振仪在下列条件下测量:

 a) 测量部位:无支持器的锭子在距离顶端 10 mm~15 mm 范围内;有支持器的锭子在支持器中心以下 10 mm~15 mm 范围内。

 b) 测量速度:锭子转速为 12 000 r/min。

5.2 单锭功率(4.2)用单锭扭矩仪在下列条件下测量:

 a) 被测锭子应先运转 20 min。

 b) 被测锭子空锭转速为 12 000 r/min。

 c) 锭带张力 6 N/锭,见图 2 所示。

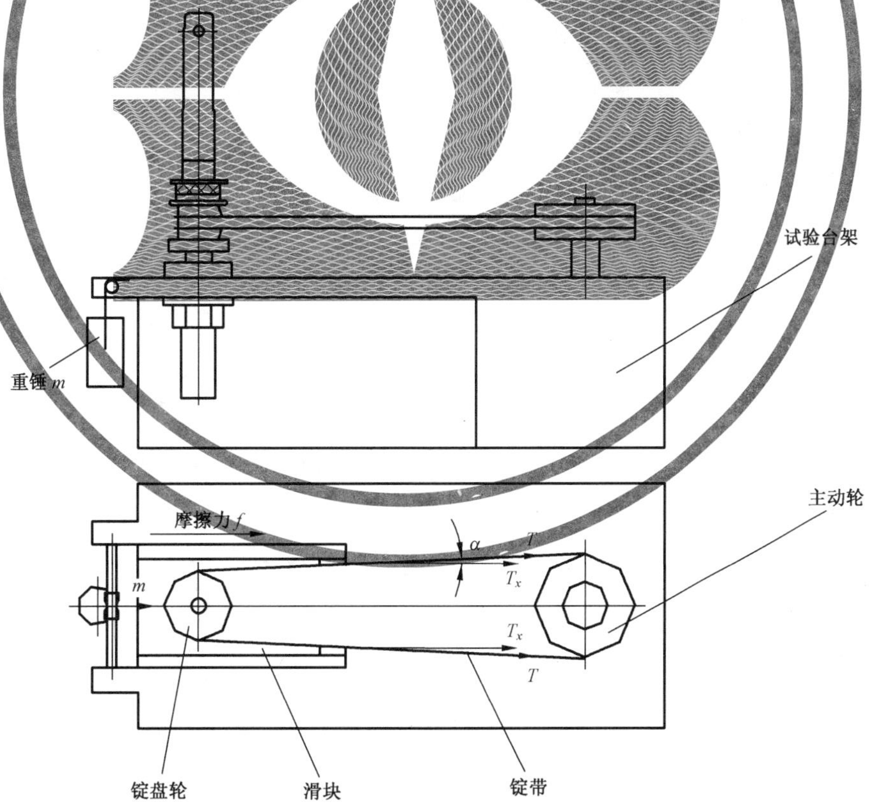

图 2

FZ/T 92016—2012

重锤质量按式(1)和式(2)计算:

$$m = (2T_x + f)/g \quad\quad\quad (1)$$

式中:

m —— 重锤质量,单位为千克(kg);

g —— 重力系数(为 9.8 N/kg);

T_x —— 锭带张力在 x 方向的分力,单位为牛顿(N);

f —— 滑块的摩擦力,单位为牛顿(N)。

$$T_x = T\cos\alpha \quad\quad\quad (2)$$

式中:

T —— 锭带张力,单位为牛顿(N);

α —— 锭带张力夹角($\leqslant 10°$)。

d) 锭带应为无接头型、宽 10 mm、厚度 0.5 mm~0.65 mm。

e) 将锭杆插入锭座进行油位高度检查,当锭子上下支承中心距为 120 mm 时,油位高度应为 70^{+5}_{0} mm;当锭子上下支承中心距为 135 mm 时,油位高度应为 85^{+5}_{0} mm。

f) 润滑油按 SH/T 0017 中 L-FD 类轴承油的规定,黏度等级为 7。

g) 测试环境的温度为 25 ℃±5 ℃。

5.3 单锭噪声发射声压级(4.3)按 GB/T 7111.1 的规定用声级计在下列条件下测量:

a) 被测锭子应先运转 20 min;

b) 被测锭子空锭转速为 12 000 r/min;

c) 测试环境的本底噪声低于被测噪声 10 dB(A)以上;

d) 被测锭子四周 2 m 内无障碍物;

e) 锭带张力为 6 N/锭;

f) 锭子及声级计位置如图 3 所示。

单位为毫米

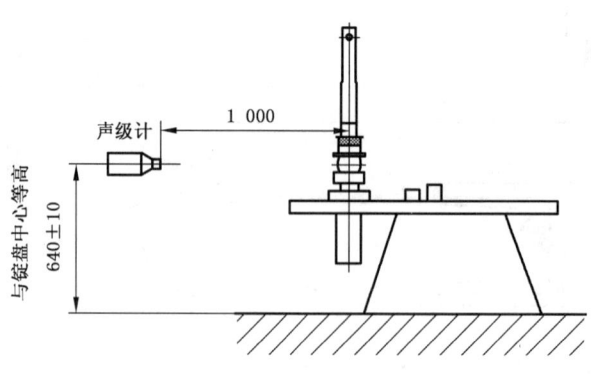

图 3

5.4 锭子清洁度(4.4)按附录 A 规定的方法检验。

5.5 锭子的垂直度(4.5)测量方法:

将被测量的锭座结合件倒立插入标准锭杆后回转,在标准垫块上离轴线 25 mm 处测量端面圆跳动,如图 4 所示。

单位为毫米

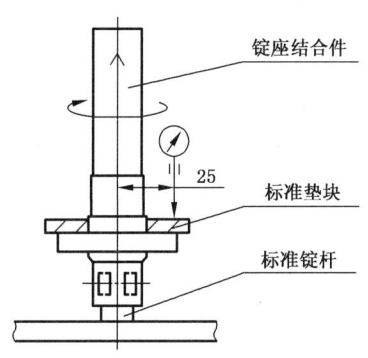

图 4

5.6　锭子顶端距锭座安装面的高度极限偏差(4.6)用专用量具或高度尺测量。

5.7　锭子杆盘与筒管配合处的直径(4.7)用专用量具或游标卡尺测量。

5.8　锭盘轮直径(4.8)用专用量具或外径千分尺测量。

5.9　杆盘结合件回转灵活性(4.9)用手感检查。

5.10　锭钩的作用(4.10)用手感及目测检验。

5.11　刹锭装置的作用(4.11)用手感及目测检验。

6　检验规则

6.1　出厂检验

6.1.1　产品由制造厂质量检查部门按本标准的规定进行检验,检验合格后方能出厂,并附有合格证。

6.1.2　出厂检验项目:4.1、4.5～4.11。

6.2　型式检验

6.2.1　产品在下列情况之一时,应进行型式检验:

　　a)　新产品定型鉴定时;

　　b)　正常生产后,如原材料、生产工艺有重大改变可能影响产品性能时;

　　c)　正常生产时,生产量以10万套为周期,进行一次检验;

　　d)　产品停产一年以上恢复生产时;

　　e)　国家质量监督部门提出型式检验的要求时。

6.2.2　型式检验项目:第4章。

6.3　抽样方法及判定规则

6.3.1　按简单随机抽样法从检验批中抽取作为样本的产品,样本数为50套。

6.3.2　检验项目、样本数、合格率见表11。

表 11

序 号	检 验 项 目		样本数套	合格率 %
1	清洁度		50	100
2	垂直度		50	≥96
3	成套项目	空锭振程值	50	≥96
4		单锭功率	10	
5		单锭噪声发射声压级	10	
6		锭子顶端距锭座安装面的高度极限偏差	50	
7		锭子杆盘与筒管配合处的直径	50	
8		锭盘轮直径	50	
9		杆盘结合件在锭座内回转灵活性	50	
10		锭钩的作用	50	
11		刹锭装置的作用	50	

6.3.3 成套或单项项目合格判定规则:样本经检验,其合格率达到要求,判该批产品的成套或单项项目合格;反之,判其不合格。

6.3.4 成套项目及单项项目均检验合格后,方可判定该批产品符合标准要求。

7 标志

7.1 包装储运的图示标志应符合 GB/T 191 的规定。

7.2 产品上应有厂标(或商标)和制造年份。

8 包装、运输和贮存

8.1 产品的包装按 FZ/T 90001 的规定执行。

8.2 产品在运输过程中,包装箱应按规定的朝向安置,不得倾斜或改变方向。

8.3 产品出厂后,在良好的防雨及通风贮存条件下,包装箱内的产品防潮、防锈有效期为一年。

附　录　A
（规范性附录）
锭子清洁度检验方法

A.1　检验准备

A.1.1　试剂

检验需要的试剂包括：
a)　经定性分析滤纸过滤后的煤油；
b)　120 号溶剂油；
c)　分析纯石油醚。

A.1.2　仪器及器具

检验需要的仪器及器具包括：
a)　$\Phi 7$ cm 称量瓶 2 只及 $\Phi 12.5$ cm 中速定性滤纸；
b)　三角烧瓶 500 mL 2 只，玻璃漏斗 $\Phi 7.5$ cm 2 只，烧杯 500 mL 2 只；
c)　感量为 0.000 1 g 的光电天平一台；
d)　烘箱、干燥箱、滴管、100 mL 量杯等。

A.2　检验方法

A.2.1　先用 120 号溶剂油或煤油洗净 50 套样本的外表并揩净。
A.2.2　将过滤好的煤油注入锭座结合件内腔约 80% 油腔高度，用拇指按住锭座结合件的轴承口，倒置，上下快速摆动 10 次，然后把含有残留物的混合液集中倒在 500 mL 烧杯中，每套锭座结合件内腔清洗 3 次。
A.2.3　将收集到的混合液用已烘至恒重(m_1)的 $\Phi 12.5$ cm 中速定性滤纸以倾斜法进行过滤，过滤后应自然沥干，再用 120 号溶剂油、分析纯石油醚清洗滤纸上的油脂，直到洗净为止。另外，把洗净油脂的滤纸置于原称量瓶中，在 120 ℃烘箱内烘 1 h 后取出，放在干燥箱中冷却至室温，称量，烘 30 min 后再称至恒重(m_2)。滤纸前、后烘干方法应相同，每次烘后冷却至室温的时间应一致。

A.3　计算

单锭平均清洁度 G 按式(A.1)计算：

$$G = \frac{m_2 - m_1}{50} \times 1\,000 \qquad\qquad\cdots\cdots\cdots\cdots\cdots\cdots\cdots\cdots (A.1)$$

式中：
G ——清洁度，单位为毫克每套(mg/套)；
m_1 ——滤纸和称量瓶质量，单位为克(g)；
m_2 ——滤纸、称量瓶和残留物质量，单位为克(g)。

ICS 59.120.10
W 91

中华人民共和国纺织行业标准

FZ/T 92018—2011
代替 FZ/T 92018—2001

平 面 钢 领

Plane ring

2011-12-20 发布

2012-07-01 实施

中华人民共和国工业和信息化部　发布

前　言

本标准按照 GB/T 1.1—2009 给出的规则起草。

本标准代替 FZ/T 92018—2001《平面钢领》。

本标准与 FZ/T 92018—2001 相比,主要变化如下:

——增加了按材料、跑道成形工艺的分类;

——增加了表面维氏硬度指标;

——将钢领的主要规格纳入资料性附录 A;

——增加了边宽尺寸和公差;

——提高了内径圆度公差;

——增加了车削型、磨削型钢领的形位公差和平均工作时间的要求。

本标准由中国纺织工业协会提出。

本标准由全国纺织机械与附件标准化技术委员会纺纱、染整机械分技术委员会(SAC/TC 215/SC 1)归口。

本标准起草单位:无锡纺织机械研究所、常州航月纺织机件有限公司、重庆润丰纺织机械有限公司、山西经纬纺织机械专件有限公司、日照裕华机械有限公司、江阴市东杰纺织机械有限公司、金坛市纺织机械专件制造厂、浙江锦峰纺织机械有限公司。

本标准主要起草人:张玉红、沈建良、陈俊义、王迪文、王胜、刘文田、牟文明、王国龙。

本标准所代替标准的历次发布情况为:

——FJ/JQ 95—1983;

——FZ/T 92018—1992、FZ/T 92018—2001。

平　面　钢　领

1　范围

本标准规定了平面钢领(以下简称"钢领")的分类和标记、要求、试验方法、检验规则及标志、包装、运输、贮存。

本标准适用于环锭细纱机和捻线机的钢领。

2　规范性引用文件

下列文件对于本文件的应用是必不可少的。凡是注日期的引用文件,仅注日期的版本适用于本文件。凡是不注日期的引用文件,其最新版本(包括所有的修改单)适用于本文件。

GB/T 191　包装储运图示标志

GB/T 230.1　金属材料　洛氏硬度试验　第1部分:试验方法(A、B、C、D、E、F、G、H、K、N、T标尺)

GB/T 4340.1　金属材料　维氏硬度试验　第1部分:试验方法

FZ/T 90001　纺织机械产品包装

3　分类和标记

3.1　分类

3.1.1　按材料分类

分为低碳钢、合金钢。

3.1.2　按跑道成形工艺分类

分为滚轧型、车削型和磨削型。

3.2　标记

3.2.1　标记内容

标记依次包括以下内容:

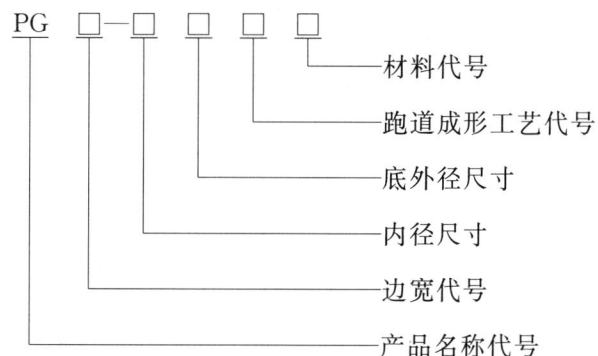

a)　产品名称代号用大写拉丁字母"PG"表示;

b)　边宽代号见图1、表1;

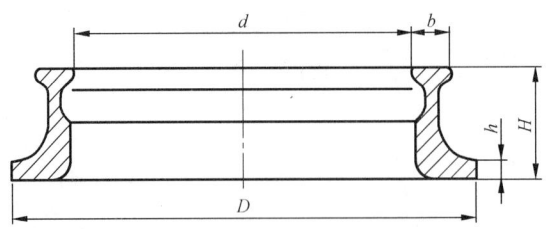

b——边宽；

D——底外径；

d——内径；

H——高度；

h——底边厚度。

图 1

表 1

边宽 b/ mm	代　号
2.6	1/2
3.2	1
4.0	2

c) 内径尺寸以阿拉伯数字表示，单位为毫米；

d) 底外径尺寸以阿拉伯数字表示，单位为毫米；

e) 跑道成形工艺代号见表 2；

表 2

跑道成形工艺	代　号
滚轧	—
车削	C
磨削	M
注："滚轧"省略标注。	

f) 材料代号见表 3。

表 3

材　料	代　号
低碳钢	—
合金钢	H
注："低碳钢"省略标注。	

3.2.2 标记示例

示例 1：

边宽为 2.6 mm，内径为 42 mm，底外径为 54 mm，跑道滚轧成形工艺、低碳钢的钢领，其标记为：
PG1/2-4254。

示例 2：

边宽为 3.2 mm，内径为 42 mm，底外径为 54 mm，跑道车削成形工艺、合金钢的钢领，其标记为：
PG1-4254CH。

示例 3：

边宽为 4.0 mm，内径为 42 mm，底外径为 54 mm，跑道磨削成形工艺、合金钢的钢领，其标记为：
PG2-4254MH。

3.3 钢领的主要规格

参见附录 A。

4 要求

4.1 钢领的表面洛氏硬度≥81.5 HRA，同一钢领的硬度差异值≤1.5 HRA，或表面维氏硬度≥780 HV0.2。

4.2 钢领内径圆度公差见表 4。

表 4

单位为毫米

内径尺寸	滚轧型	车削型	磨削型
$d \leqslant 50$	0.10	0.07	0.02
$50 < d \leqslant 70$	0.14	0.10	0.03
$d > 70$	0.17	0.12	0.04

4.3 钢领顶面平面度公差见表 5。

表 5

单位为毫米

内径尺寸	滚轧型	车削型	磨削型
$d \leqslant 50$	0.08	0.05	0.02
$50 < d \leqslant 70$	0.12	0.08	0.03
$d > 70$	0.15	0.11	0.04

4.4 钢领顶面对底面平行度公差见表 6。

表 6

单位为毫米

内径尺寸	滚轧型	车削型	磨削型
$d \leqslant 50$	0.12	0.07	0.03
$50 < d \leqslant 70$	0.20	0.12	0.04
$d > 70$	0.26	0.17	0.05

4.5 钢领内径尺寸极限偏差见表7。

表 7

尺　寸		边宽代号		
		1/2	1	2
内径 d/mm	$d \leqslant 50$	$^{+0.30}_{\ \ 0}$		± 0.15
	$50 < d \leqslant 70$	$^{+0.40}_{\ \ 0}$		± 0.20
	$d > 70$	$^{+0.50}_{\ \ 0}$		—
底外径 D/mm	$D \leqslant 50$	$^{\ \ 0}_{-0.16}$		
	$50 < D \leqslant 70$	$^{\ \ 0}_{-0.19}$		
	$D > 70$	$^{\ \ 0}_{-0.22}$		
边宽 b/mm		$^{+0.15}_{-0.05}$		

4.6 钢领底外径尺寸的极限偏差见表7。

4.7 钢领边宽尺寸的极限偏差见表7。

4.8 钢领内跑道工作部位表面(见图2),不应有裂纹及影响使用的擦伤、磕碰、方向性纹路等缺陷。

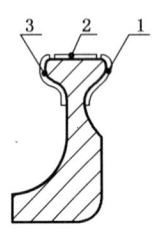

1——内跑道;
2——顶面;
3——外跑道。

图 2

4.9 低碳钢钢领失效前的平均工作时间应不低于 6 个月;合金钢(不含低碳合金钢)钢领失效前的平均工作时间应不低于 2 年。

5　试验方法

5.1 钢领的表面硬度(4.1),用洛氏硬度计按 GB/T 230.1 规定或用维氏硬度计按 GB/T 4340.1 的规定检测。每只钢领的顶面测两点,测点组成的圆心角大于 120°。若有一点不合格,则在该点附近再测两点,该两点均合格为符合要求,否则为不符合要求。

5.2 钢领的内径圆度(4.2),将钢领放在专用量仪上旋转 360°,取最大与最小读数差值之半为内径圆度值,见图3。

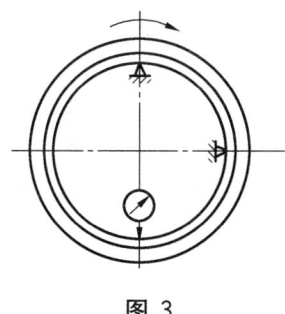

图 3

5.3　钢领的顶面平面度(4.3),将钢领顶面朝下放在平板上,上面加 300 g 砝码,用塞尺测量。

5.4　钢领的顶面对底面平行度(4.4),将钢领放在专用量仪上,转动 360°,取最大与最小读数之差,见图4。

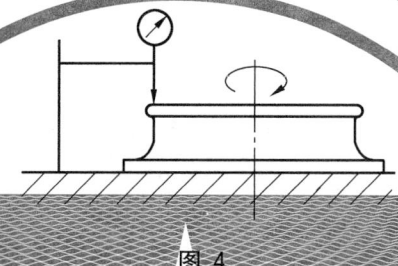

图 4

5.5　钢领内径尺寸(4.5),用圆柱塞规检测。

5.6　钢领底外径尺寸(4.6),用环规检测。

5.7　钢领边宽尺寸(4.7),用卡规或通用量具检测。

5.8　钢领内跑道工作部位表面外观质量(4.8),感官检验。

5.9　钢领失效前的平均工作时间(4.9),在正常纺纱条件下,选用合适的钢丝圈,线速度不超过 38 m/s,按钢领连续工作的时间计算。

6　检验规则

6.1　型式检验

6.1.1　在下列情况之一时,应进行型式检验:

   a)　新产品投产鉴定时;

   b)　结构、工艺、材料有较大改变时;

   c)　产品停产两年以上恢复生产时;

   d)　第三方进行质量检验时。

6.1.2　检验项目:见 4.1~4.8。

6.2　出厂检验

6.2.1　产品由生产企业检验合格后并附有合格证,方能出厂。

6.2.2　检验项目:见 4.1~4.8。

6.3　抽样方法和判定规则

6.3.1　抽样方法

采用随机抽样方法从检验批中抽取样本,样本批量不少于 500 只,样本量 50 只。检验项目及合格

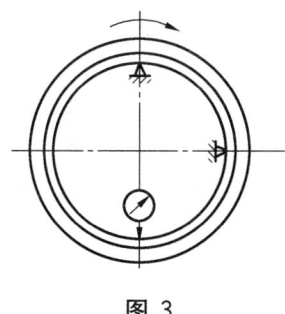

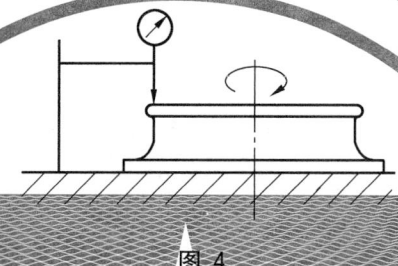

率见表8。

表 8

检验项目		检验数量	合格率 %
主要项目	表面硬度	20	≥90
	内径圆度	50	≥90
	顶面平面度	50	≥90
	顶面对底面平行度	50	≥90
次要项目	内径尺寸	50	≥85
	外径尺寸	50	≥85
	边宽尺寸	50	≥85
	外观质量	50	≥85
检验项目总项次合格率≥97%。			

6.3.2 判定规则

样本经过检验,检验项目总项次合格率和各单项项次合格率均达到要求,则判定该样本符合标准要求。若其中有一项不符合要求,判为该样本不符合标准要求。

6.4 其他

用户在进行安装、调试、试验中,发现有不符合本标准时,由生产企业会同用户共同处理。

7 标志

7.1 钢领表面标识产品标记。

7.2 包装箱的储运图示标志,按 GB/T 191 的规定。

8 包装、运输和贮存

8.1 产品包装按 FZ/T 90001 的规定。

8.2 产品在运输过程中,包装箱应按规定的朝向放置,不得倾斜或改变方向。

8.3 产品出厂后,在良好的防雨及通风贮存条件下,包装箱内的零件防潮、防锈有效期为 1 年。

附　录　A
（资料性附录）
钢领的主要规格

钢领的主要规格见表 A.1。

表 A.1

内径 d mm	底外径 D mm	高度 H [a] mm	底边厚度 h mm	边宽代号		
				1/2	1	2
32 35 36	(44)	8 10	2	√	√	—
	47			√	√	—
	51			√	√	—
	54			√	√	—
38 40	47			√	√	—
	51			√	√	—
	54			√	√	—
42	51			√	√	—
	54			√	√	—
	60			√	√	—
45	54			√	√	√
	57			—	√	—
48	57			—	√	—
	60			—	√	—
51	57	10		—	—	—
	60			—	√	√
	63			—	√	√
54	63			—	√	√
57	—			—	—	—
60	70			—	—	√
63	—			—	—	—
70	80			—	—	—
75	85			—	—	—

注："√"为常用规格,其他由供需双方商定。

[a] 可按用户要求确定。

ICS 59.120.10
W 93

FZ/T 92019—2012
代替 FZ/T 92019—2004

中华人民共和国纺织行业标准

棉纺环锭细纱机牵伸下罗拉

Bottom rollers for drafting systems
of cotton ring spinning machines

2012-12-28 发布   2013-06-01 实施

中华人民共和国工业和信息化部   发 布

前　　言

本标准按照 GB/T 1.1—2009 给出的规则起草。

本标准代替 FZ/T 92019—2004《棉纺环锭细纱机牵伸下罗拉》。

本标准与 FZ/T 92019—2004 相比,主要变化如下:

——范围中增加了"(集聚纺纱用下罗拉亦可参照执行)"(见第 1 章);

——删除了"罗拉的结构型式",增加了分类和标记(见第 3 章,2004 年版的第 3 章);

——原表 1 中注释移入分类,增加了锭距、锭数项目,增加了螺纹、内螺纹长度的参数及表的注释和脚注(见 3.1.2,3.2 表 1,2004 年版的表 1);

——表 2 中沟槽数 z,由数值表示改为以数值范围表示,并有拓展(见 3.2 表 2,2004 年版的表 2);

——增加了产品标记(见 3.3);

——要求中沟槽罗拉改为喂入下罗拉,滚花罗拉改为中下罗拉,增加了输出下罗拉(见第 4 章,2004 年版的第 4 章);

——拓宽了使用材料的范围(见 4.1,2004 年版的 4.1);

——增加了表面镀层厚度的要求(见 4.3);

——提高了下罗拉镶接端面表面粗糙度、长度公差、导柱外圆和导孔内圆圆跳动及镶接圆跳动的要求(见 4.5、4.6、4.8、4.11,2004 版的 4.3、4.5、4.6、4.9);

——将"公差"改为"宽度差",并改为对输出下罗拉的要求(见 4.10,2004 年版的 4.8);

——增加了对中下罗拉镶接后外圆径向圆跳动的要求(见 4.11);

——增加了材料、硬度差、圆度和镶接跳动的试验方法(见 5.1、5.2、5.7、5.11);

——修改了抽样方法(见 6.3,2004 年版的 6.3);

——修改了原标准的图及图号(见第 4 章和第 5 章,2004 年版的第 4 章和第 5 章)。

本标准由中国纺织工业联合会提出。

本标准由全国纺织机械与附件标准化技术委员会纺纱、染整机械分技术委员会(SAC/TC 215/SC 1)归口。

本标准主要起草单位:国家纺织机械质量监督检验中心、常州市同和纺织机械制造有限公司、山西经纬纺织机械专件有限公司、安徽华茂纺织股份有限公司、上海良纺纺织机械专件有限公司、江阴市东杰纺机专件有限公司、东台市润生纺机专件有限公司。

本标准主要起草人:李瑞芬、崔桂生、张恒才、倪俊龙、王宗伟、臧晨东、潘涛、唐国新、张玉红。

本标准所代替标准的历次版本发布情况为:

——FJ/JQ 1—1982、FZ/T 92019—1992、FZ/T 92019—2004。

棉纺环锭细纱机牵伸下罗拉

1 范围

本标准规定了棉纺环锭细纱机牵伸下罗拉(以下简称"下罗拉")的分类、参数与标记、要求、试验方法、检验规则和标志、包装、运输、贮存。

本标准适用于棉纺环锭细纱机牵伸装置中具有沟槽或滚花形状的下罗拉(集聚纺纱用下罗拉亦可参照本标准执行)。

2 规范性引用文件

下列文件对于本文件的应用是必不可少的。凡是注日期的引用文件,仅注日期的版本适用于本文件。凡是不注日期的引用文件,其最新版本(包括所有的修改单)适用于本文件。

GB/T 191 包装储运图示标志

GB/T 699 优质碳素结构钢

GB/T 5459—2003 纺织机械与附件 环锭细纱机和环锭捻线机 锭距(ISO 94:1982,IDT)

GB/T 6002.1—2004 纺织机械术语 第1部分:纺部机械牵伸装置

FZ/T 90001 纺织机械产品包装

3 分类、参数与标记

3.1 分类

3.1.1 按下罗拉的安装位置分为输出下罗拉、中下罗拉和喂入下罗拉。

注:输出下罗拉、中下罗拉和喂入下罗拉参见 GB/T 6002.1—2004。

3.1.2 按下罗拉工作面的表面形状分为沟槽下罗拉(见图1)和滚花下罗拉(见图2)。

注:工作面指具有沟槽或滚花形状的外圆表面。

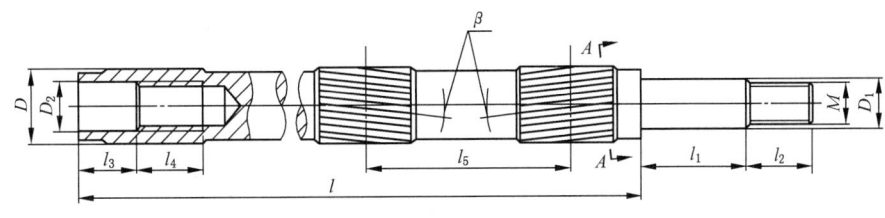

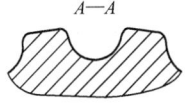

图 1

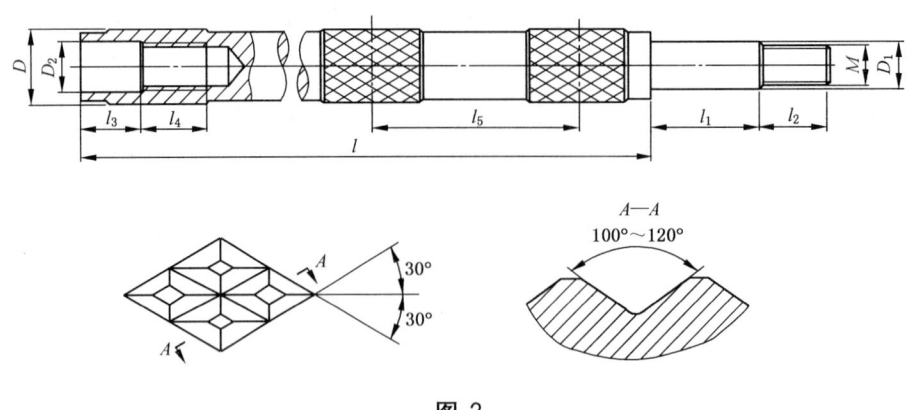

图 2

3.2 参数

参数见表1,沟槽下罗拉的沟槽数 z 及螺旋角 β 见表2。

表 1

项　　目	参　　数		
工作面直径 D/mm	25	27	30
导柱直径 D_1/mm	16.5、19	19	
导孔直径 D_2/mm			
螺纹 M/mm	M16×1.5、M18×1.5	M18×1.5、M18×2	
导柱长度 l_1/mm	34、37	37	
外螺纹长度 l_2/mm	23、25	25、31	
导孔长度 l_3/mm	20、22	22	
内螺纹长度 l_4/mm	22、24	24、28	
锭距 l_5/mm	(67[a])、70、75		
锭数	6、8		
注:括号内的锭距参数不推荐使用。			
[a] 锭距(67),包含 66.675 和 66.7 两个锭距,目前仍有使用。			

表 2

工作面直径 D/mm	沟槽数 z	螺旋角 β
25	49～80	0°、4°、5°、6°
27	53～80	
30	58～80	

3.3 标记

3.3.1 标记内容

标记依次包括以下内容:

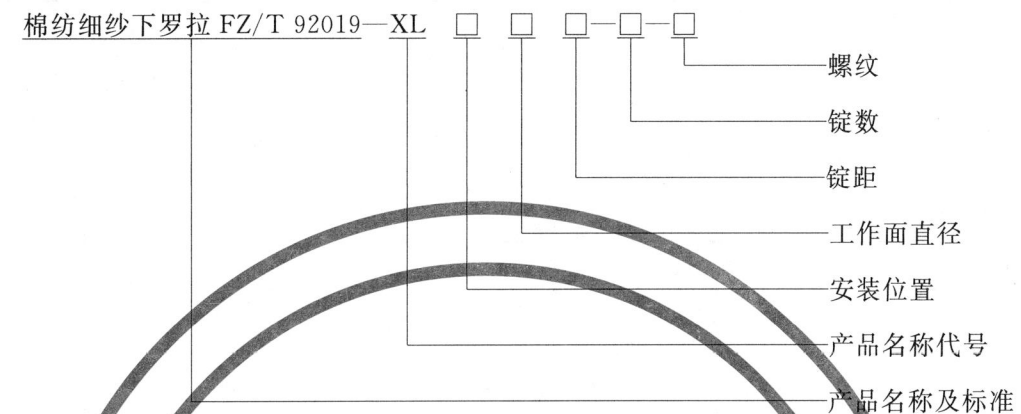

棉纺细纱下罗拉 FZ/T 92019—XL □ □ □—□—□

- 螺纹
- 锭数
- 锭距
- 工作面直径
- 安装位置
- 产品名称代号
- 产品名称及标准

a) 产品名称及标准代号,棉纺细纱下罗拉 FZ/T 92019;

b) 产品代号为大写字母"XL";

c) 安装位置,用大写字母"S"表示输出下罗拉,"Z"表示中下罗拉,"W"表示喂入下罗拉;

d) 工作面直径,按表 1 的参数表示,单位为毫米;

e) 锭距,按表 1 的参数表示,单位为毫米;

f) 锭数,按表 1 的参数表示;

g) 螺纹,用螺纹代号 M、公称直径×螺距及旋向表示。用大写字母"R"表示右旋,"L"表示左旋。

注:本标记可用于技术文件、货物订单等场合;用于下罗拉非工作面作产品代码时,可省略产品名称及标准代号。

3.3.2 标记示例

示例 1:某企业生产的下罗拉,符合 FZ/T 92019 标准,其特征为:输出下罗拉、工作面直径 25 mm、锭距 70 mm、每节 6 锭、螺纹 M16×1.5 右旋,其标记为:

棉纺细纱下罗拉 FZ/T 92019-XLS 25706-M16×1.5R

示例 2:某企业生产的下罗拉,符合 FZ/T 92019 标准,其特征为:中下罗拉、工作面直径 30 mm、锭距 66.7 mm、每节 8 锭、螺纹 M18×2 左旋,其标记为:

棉纺细纱下罗拉 FZ/T 92019-XLZ 30678-M18×2L

4 要求

4.1 下罗拉材料的机械性能应不低于含碳量 0.45% 的优质碳素结构钢。

4.2 下罗拉工作面硬度≥78 HRA,输出下罗拉的同节硬度差异值≤2 HRA。

4.3 下罗拉表面(除导孔、导柱、螺纹的表面和镶接端面外)需经镀硬铬或其他表面处理;表面镀层厚度≥0.005 mm 。

4.4 下罗拉表面应光滑,无碰痕和锋利的棱边,不挂纤维。

4.5 下罗拉表面粗糙度应符合表 3 的规定。

表 3   单位为微米

项　　目	表面粗糙度 Ra	
	输出下罗拉	中下罗拉、喂入下罗拉
工作面	0.4	0.8
导柱表面	0.8	
镶接端面		
导孔表面	1.6	
非工作面[a]		
[a]　非工作面指与工作面相邻的光滑圆柱表面。		

4.6　下罗拉主要部位尺寸的极限偏差应符合表 4 的规定。

表 4   单位为毫米

项　　目		极限偏差		
		输出下罗拉	中下罗拉	喂入下罗拉
工作面直径 D		h8	h10	h9
导柱直径 D_1		j5		
导孔直径 D_2	16.5	$+0.020$ $+0.007$		
	19	$+0.023$ $+0.007$		
下罗拉长度 l		$+0.060$ -0.020		

4.7　输出下罗拉工作面的圆度公差 0.007 mm。

4.8　下罗拉各部位的圆跳动公差(见图 3),应符合表 5 的规定。

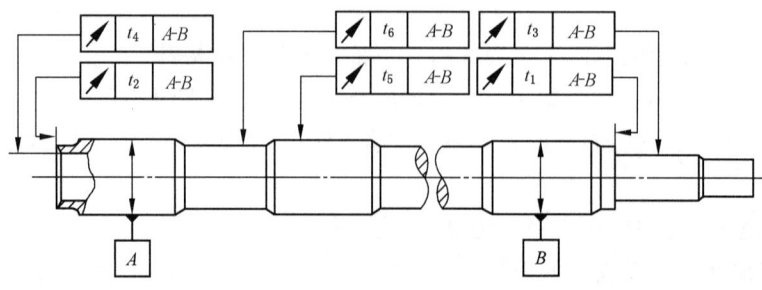

图 3

表 5
单位为毫米

项　　目	公　差		
	输出下罗拉	中下罗拉	喂入下罗拉
导柱端轴向圆跳动 t_1	0.004	0.005	
导孔端轴向圆跳动 t_2			
导柱外圆径向圆跳动 t_3	0.010	0.015	
导孔内圆径向圆跳动 t_4			
工作面外圆径向圆跳动 t_5	0.015	0.030	
非工作面外圆径向圆跳动 t_6	0.020	—	

4.9　下罗拉各工作面的中心平面对导柱端面的位置度公差 1.0 mm。

4.10　输出下罗拉单锭齿顶宽宽度差≤0.040 mm。

　　注：齿顶宽指沟槽下罗拉工作面法向长度。

4.11　任意两节下罗拉镶接并紧(不经校直),与轴承相邻的工作面对轴线的径向圆跳动公差(图 4),应符合表 6 的规定。

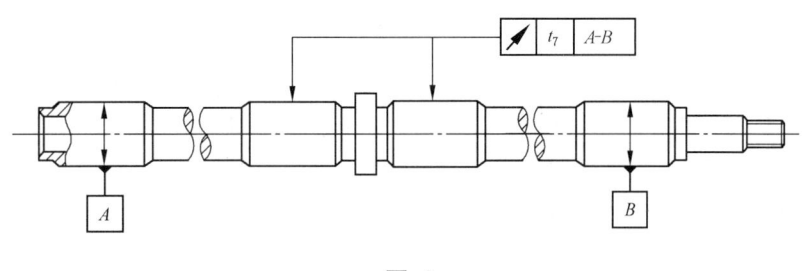

图 4

表 6
单位为毫米

锭　　数	径向圆跳动公差 t_7	
	输出下罗拉	中下罗拉、喂入下罗拉
六锭	0.08	0.15
八锭	0.15	

5　试验方法

5.1　下罗拉的材料(4.1),查验该批产品材料的质量证书;必要时按 GB/T 699 标准的规定检测。

5.2　工作面硬度(4.2),按非工作面硬度值不低于 76 HRA 进行评定。试验时用洛氏硬度计测量同一截面上相隔 180°两点的硬度,两点均不低于 76 HRA,判该节符合要求;两点均低于 76 HRA,判该节不符合要求;如有一点低于 76 HRA,在该点附近再测两点,两点均不低于 76 HRA,可判该节符合要求。

5.3　镀层厚度(4.3),用镀层测厚仪测量非工作面镀层的厚度。

5.4　外观质量(4.4),用棉纤维在下罗拉表面作轴向擦拭,检验表面是否挂纤维。

5.5　表面粗糙度(4.5),用粗糙度样板比对检验,必要时用粗糙度仪检测。

5.6 主要部位尺寸(4.6),工作面直径用外径千分尺或专用量规检测;导柱、导孔直径用气动量仪检测;下罗拉长度用标准样棒作比较检测,必要时用测长仪检测。

5.7 圆度(4.7),用千分表测量(见图5),必要时用圆度仪检验。

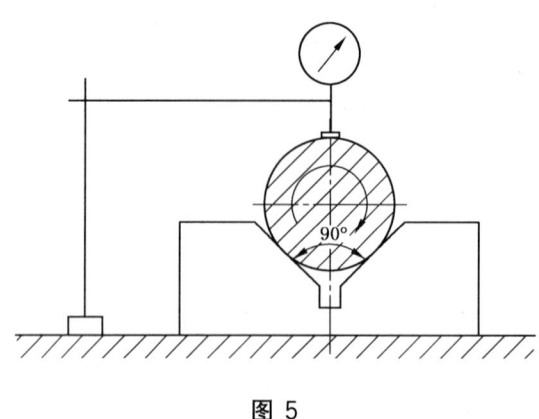

图 5

5.8 圆跳动(4.8),将下罗拉放在专用测试台上,按图6所示,用千分表和百分表检测。在测量端面圆跳动时,轴向定位支点与测点的夹角为180°,测量示值的1/2为该端面的圆跳动值。

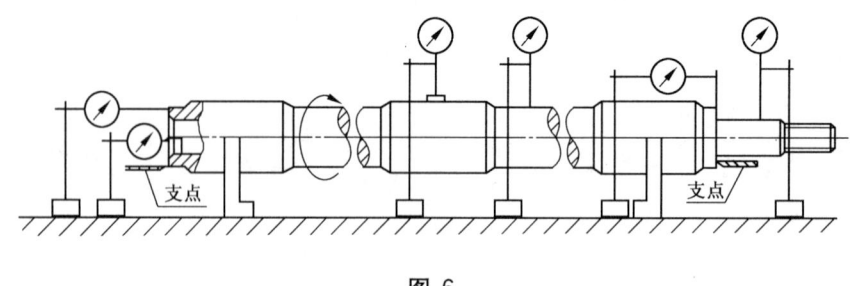

图 6

5.9 位置度(4.9),用万能工具显微镜检测。

5.10 齿顶宽宽度差(4.10),用万能工具显微镜检验,必要时用轮廓仪检测。每节全锭数测量,单锭测量4个齿,其间隔约90°,取最大值与最小值之差为单锭齿顶宽宽度差。

5.11 镶接跳动(4.11),将任意两节下罗拉镶接,扭矩扳手的力矩为78 N·m时并紧。不经校直,按图7所示,用百分表测量轴承相邻的两个工作面对轴线的径向圆跳动,调头镶接共测两次。

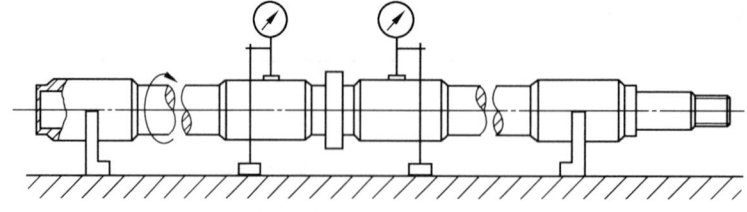

图 7

6 检验规则

6.1 型式检验

6.1.1 在下列情况之一时,应进行型式检验:

a) 新产品投产鉴定时；

b) 结构、工艺、材料有较大改变时；

c) 产品长期停产两年以上恢复生产时；

d) 正常生产定期或积累一定的产量时；

e) 第三方进行质量检验时。

6.1.2 检验项目：见第 4 章。

6.2 出厂检验

6.2.1 产品由生产企业的质量检验部门检验，并附有质量合格证。

6.2.2 检验项目：见 4.2～4.11。

6.3 抽样方法和判定规则

6.3.1 检验样本采取随机抽样，抽取下罗拉 30 节，检验项目、样品数量、合格率见表 7。

表 7

检验项目	样品数量/节	单项合格率/%	项次合格率/%
材料	1	100	—
硬度	10	90	
镀层厚度	10	90	
外观	30	90	
表面粗糙度ª	30	90	
主要部位尺寸ª	30	90	
圆度	5（输出下罗拉）	90	97
圆跳动	30	90	
位置度	10	90	
齿顶宽	2（输出下罗拉）	90	
镶接跳动	10	90	
ª 必要时用仪器检验的项目均抽样检验 10 节。			

6.3.2 样本经检验，单项合格率、项次合格率均达到本标准的规定，则判定该样本符合标准要求。反之，判定该样本不符合标准要求。

6.4 其他

用户在安装、调整过程中，发现有产品不符合本标准时，由生产企业会同用户共同处理。

7 标志

7.1 下罗拉非工作面上标识企业或产品代码的标志。

7.2 包装储运图示标志按 GB/T 191 的规定。

8 包装、运输和贮存

8.1 产品包装按 FZ/T 90001 的规定。

8.2 产品在运输过程中,按规定的起吊位置起吊,包装箱应按规定的朝向安置,不得倾倒或者改变方向。

8.3 产品出厂后,在良好的防雨及通风贮存条件下,包装箱内的下罗拉防潮、防锈有效期为一年。

ICS 59.120.10
W 93

中华人民共和国纺织行业标准

FZ/T 92024—2006
代替 FZ/T 92024—1993

LZ 系列下罗拉轴承

LZ series bottom roller bearings

2006-07-10 发布

2007-01-01 实施

中华人民共和国国家发展和改革委员会　　发 布

前　言

本标准是根据 FZ/T 92024—1993《LZ 系列下罗拉轴承》进行修订的。

本标准与 FZ/T 92024—1993 相比主要变化如下：

——增加了轴承型号表示方法分类；

——提高了成套技术要求；

——增加了尼龙材料的要求；

——增加了抽样方法和评定；

——原附录 A 列入标准正文；

——取消了原标准中附录 B"LZ 系列下罗拉轴承一般技术要求"(参考件)。

请注意本标准的某些内容有可能涉及专利。本标准的发布机构不承担识别这些专利的责任。

本标准的附录 A 为资料性附录。

本标准由中国纺织工业协会提出。

本标准由全国纺织机械与附件标准化技术委员会归口。

本标准起草单位：无锡纺织机械研究所、衡阳纺织机械厂、山西经纬合力机械制造公司六厂、常熟长城轴承有限公司、余姚市纺织器材厂。

本标准主要起草人：赵蓉贞、赵基平、阳艳玲、伊育文、蔡旭东、徐利明。

本标准所代替标准的历次版本发布情况为：

——FZ/JQ 2—1982；

——FZ/T 92024—1993。

LZ 系列下罗拉轴承

1 范围

本标准规定了 LZ 系列下罗拉轴承(以下简称轴承)的型号和基本参数、要求、试验方法、检验规则、标志和包装、运输、贮存。

本标准适用于纺纱准备、纺纱和并(捻)机械的下罗拉轴承,其他同类型的下罗拉轴承也可参照采用。

2 规范性引用文件

下列文件中的条款通过本标准的引用而成为本标准的条款。凡是注日期的引用文件,其随后所有的修改单(不包括勘误的内容)或修订版均不适用于本标准,然而,鼓励根据本标准达成协议的各方研究是否可使用这些文件的最新版本。凡是不注日期的引用文件,其最新版本适用于本标准。

GB/T 309—2000　滚动轴承　滚针

GB/T 18254　高碳铬轴承钢

JB/T 1255—2001　高碳铬轴承钢滚动轴承零件热处理技术条件

JB/T 7048—2002　滚动轴承零件　工程塑料保持架技术条件

FZ/T 90001　纺织机械产品包装

FZ/T 90086—1995　纺织机械与附件　下罗拉轴承和有关尺寸

3 型号和基本参数

3.1 轴承的简图

见图 1。

单位为毫米

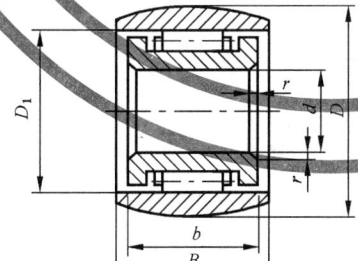

注:外圈内径 D_1 尺寸系列参见附录 A。

图 1

3.2 轴承型号表示方法分类

3.2.1　A 类:以轴承外径 D 尺寸系列为主参数表示法,基本参数见表 1。

3.2.2　B 类:以轴承内径 d 尺寸系列为主参数表示法,基本参数见表 2。

表 1 单位为毫米

名 称	代 号	轴 承 型 号				
		LZ2820 LZ2822 LZ2824 LZ2800	LZ3220 LZ3222 LZ3224 LZ3200	LZ3620 LZ3622 LZ3624 LZ3626 LZ3600	LZ4024 LZ4026 LZ4030 LZ4000	LZ4524 LZ4526 LZ4530 LZ4500
外圈外径	D	28	32	36	40	45
内圈内径	d	16.5	19	21	23	25
外圈宽度	B	22	23	25	27	30
内圈宽度	b	19	20	22	23.5	25
内圈倒角	r	$0.8^{+0.4}_{-0.2}$				
最小基本承载能力/N	—	6 000	7 000	10 000	12 000	15 000

表 2 单位为毫米

名 称	代 号	轴 承 型 号			
		LZ16.5	LZ19	LZ22	LZ25
外圈外径	D	30	36	42	47
内圈内径	d	16.5	19	22	25
外圈宽度	B	23	26	27	29
内圈宽度	b	19	22	23	25
内圈倒角	r	$0.8^{+0.4}_{-0.2}$			
最小基本承载能力/N	—	6 000	7 000	11 000	15 000

3.3 轴承型号的表示方法

3.3.1 A 类表示法

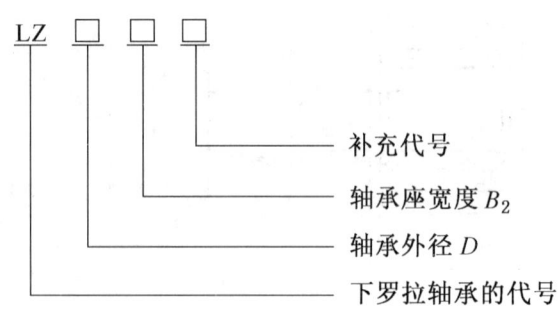

3.3.1.1 轴承外径 D 见表 1。

3.3.1.2 轴承座宽度 B_2 见表 3。

表 3 单位为毫米

B_2 [a]	20	22	24	(25) [b]	26	30

[a] 与轴承尺寸无固定关系,选用时建议 $B_2 \leqslant B$(B 见表 2)。

[b] 括号内数值尽量避免使用。

3.3.1.2.1 轴承座宽度 B_2 的表示方法：

　　a) 当附有中凸块轴承盖时用"00"表示；

　　b) 当轴承盖有侧凸块时用轴承座宽度表示。

3.3.1.2.2 轴承盖及轴承座的结构型式、技术参数按照 FZ/T 90086—1995 的规定。

3.3.1.3 补充代号的特征及表示法见表 4。

表 4

补充代号	特　征
不　标	增强尼龙(尼龙)保持架
G	钢保持架
注：结构性能等需表达特征的内容，也可在代号内表示。	

3.3.1.4 标记示例

　　轴承外径为 28 mm，轴承座宽度为 22 mm，增强尼龙保持架的下罗拉轴承标记为：LZ2822。

3.3.2　B 类表示法

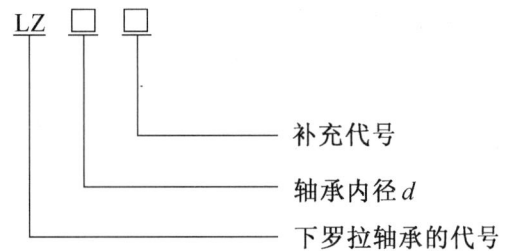

3.3.2.1 轴承内径 d 见表 2。

3.3.2.2 补充代号的特征及表示法见表 4。

3.3.2.3 标记示例

　　轴承内径为 16.5 mm，钢保持架，其下罗拉轴承标记为：LZ16.5G。

4　要求

4.1 轴承外圈、内圈、滚针用 GCr15 制造，材料应符合 GB/T 18254 的要求。

4.2 保持架采用增强尼龙(尼龙)制造，材料应符合 JB/T 7048—2002 的要求。

4.3 外圈、内圈硬度为 60 HRC～65 HRC，同一零件硬度差应不大于 1 HRC。

4.4　成套技术要求

4.4.1 外圈外径尺寸极限偏差为 $D_{-0.05}^{\ 0}$ mm。

4.4.2 内圈内径尺寸极限偏差为 $d_{-0.010}^{\ 0}$ mm。

4.4.3 内圈宽度尺寸极限偏差为 $b\pm0.025$ mm。

4.4.4 内圈径向圆跳动见表 5。

表 5 单位为毫米

内径 d	≤19	>19
公差值	≤0.009	≤0.013

4.4.5 内圈两端面的端面圆跳动≤0.004 mm。

4.4.6 内圈两端的平行度≤0.004 mm。

4.4.7 轴承径向游隙 0.020 mm～0.040 mm。

4.4.8 平头滚针的规值批直径变动量、圆度、硬度应符合 GB/T 309—2000 中 G3 的要求。

4.4.8.1 平头滚针规值批直径变动量≤0.003 mm。

4.4.8.2 平头滚针圆度≤0.001 5 mm。

4.4.8.3 平头滚针硬度为 60 HRC～65 HRC。

4.4.9 同批成套轴承的外圈与内圈滚针保持架组件间应可以进行互换,并符合轴承的径向游隙值要求。

4.4.10 成套轴承旋转应灵活,不允许有阻滞、打顿现象。

5 试验方法

5.1 4.1,相关金属件的材质,按 GB/T 18254 的规定检验。

5.2 4.2,保持架材质按 JB/T 7048—2002 的规定检验。

5.3 4.3,外圈、内圈硬度用洛氏硬度计按照 JB/T 1255—2001 的规定测试。

5.4 4.4.1,外圈外径尺寸极限偏差用外径通用量具或专用量仪测量。

5.5 4.4.2,内圈内径尺寸极限偏差用内径通用量具或专用量仪测量。

5.6 4.4.3,内圈宽度尺寸偏差用专用量仪与标准件或块规作比较测量,测量时将内圈安放在平台上,测头打在另一端面,旋转一周。

5.7 4.4.4～4.4.7,内圈径向圆跳动、端面圆跳动、平行度的检验方法见表6。

表 6

项 目	简 图	检验方法	检验工具
内圈径向圆跳动		轴承装于检验心轴,心轴置于两顶尖之间,测点在外圈中间位置,固定外圈,使心轴与内圈同旋转一周以上,千分表读数差值为测量值。	检验心轴、专用轴测仪、千分表(或齿轮比较仪)
内圈端面圆跳动		轴承装于检验心轴,心轴置于两顶尖之间,测点在内圈端面1/2圆周平面内,旋转心轴一周,千分表读数差值为测量值	检验心轴、专用轴测仪、千分表(或齿轮比较仪)

表 6（续）

项 目	简 图	检 验 方 法	检 验 工 具
内圈两端面平行度		将轴承内圈端面放在平台上，测点在端面 1/2 圆周平面内，旋转内圈一周，千分表读数差值为测量值。	高度测量台架、标准高度块、千分表
轴承径向游隙		测点置于外圈中间处，径向上下加压，测量负荷 F 为 19.6N，内圈每旋转 120° 测量一次，共测量三次，取其算术平均值为测量值。	专用游隙测量仪

5.8 4.4.8，在现场取备装滚针，按 GB/T 309—2000 的有关规定检测规值批直径变动量、圆度、硬度。

5.9 4.4.10，检验成套轴承旋转灵活性时，将下罗拉轴承清洗干净后用手握持内圈，转动外圈，手感检查。

6 检验规则

6.1 出厂检验

6.1.1 由制造厂质量检验部门按标准检验，检验合格后方能出厂，并附有产品合格证。

6.1.2 出厂检验项目：4.4.1～4.4.7、4.4.8.1、4.4.9、4.4.10。

6.2 型式检验

6.2.1 有下列情况之一时应进行型式检验：

    a) 正常生产后，如结构、原材料、工艺有较大改变时；

    b) 产品停产一年以上，恢复生产时；

    c) 第三方检验机构进行质量检验时。

6.2.2 检验项目：第 4 章。

6.3 抽样方法和评定规则

6.3.1 按简单随机抽样法从检验批中抽取作为样本的产品。

6.3.2 检验项目、样品数、合格率见表 7。

表 7

序号	检 验 项 目		样 品 数	合 格 率
1	4.1　轴承外圈、内圈、滚针的材料、材质要求		—	100％
2	4.2　保持架材料、材质要求		—	100％
3	4.3　外圈、内圈的硬度要求		≥5 件	100％
4	4.4　成套技术要求		≥50 套	≥98％
5	4.4.8	4.4.8.1　平头滚针规值批直径变动量	≥20 根	100％
		4.4.8.2　平头滚针圆度	≥20 根	100％
		4.4.8.3　平头滚针硬度	≥5 根	100％
注:检查 4.4.8 平头滚针要求时,现场抽取批滚针样品数不少于 50 根(包括备用样品)。				

6.3.3　表 7 中各项均检验合格,方可判定该批产品符合标准要求。

6.4　其他

使用厂在安装、调整过程中,发现有不符合本标准要求的产品时,由制造厂负责处理。

7　标志

每套轴承应有型号及制造厂标志。

8　包装、运输和贮存

8.1　产品的包装按 FZ/T 90001 的规定。

8.2　产品在运输过程中,包装箱应按规定的朝向安置,不得倾斜或改变方向。

8.3　产品出厂后,在良好的防雨及通风贮存条件下,包装箱内的产品防潮、防锈有效期为一年。

附　录　A

（资料性附录）

外圈内径 D_1 尺寸系列

表 A.1　外圈内径 D_1 尺寸

类别	参　　数				
A	型号	LZ2800	LZ3200	LZ3600	LZ4000	LZ4500
	D_1/mm	24	27.5	30	35	39
B	型号	LZ16.5	LZ19	LZ22	LZ25	
	D_1/mm	25.5	30	35	40	

ICS 59.120
W 92

中华人民共和国纺织行业标准

FZ/T 92025—2008
代替 FZ/T 92025—1994

DZ 系列纺锭轴承

DZ series spinning spindle bearings

2008-04-23 发布

2008-10-01 实施

中华人民共和国国家发展和改革委员会　　发　布

前　言

本标准代替 FZ/T 92025—1994《DZ 系列纺锭轴承》。

本标准与 FZ/T 92025—1994 相比主要变化如下：

——增加了产品规格；

——增加了相应要求的试验方法；

——增加了抽样方法和判定规则；

——将 FZ/T 92025—1994 中的附录 A"轴承零件的一般技术要求"中的部分内容，修订为标准正文（本版的 4.2、4.3）；

——增加了附录 B"DZ 系列纺锭轴承振动（速度）的测量方法"；

——删除了 FZ/T 92025—1994 中的 4.2、6.2 和 6.3。

本标准的附录 A、附录 B 为资料性附录。

请注意本标准的某些内容有可能涉及专利。本标准的发布机构不承担识别这些专利的责任。

本标准由中国纺织工业协会提出。

本标准由全国纺织机械及附件标准化技术委员会归口。

本标准起草单位：无锡纺织机械研究所、无锡宏大纺织机械专件有限公司、衡阳纺织机械厂。

本标准主要起草人：赵基平、周小飞、李青。

本标准所代替标准的历次版本发布情况为：

——FJ/JQ 50—1985；

——FZ/T 92025—1994。

DZ 系列纺锭轴承

1 范围

本标准规定了 DZ 系列纺锭轴承(以下简称"轴承")的产品分类、要求、试验方法、检验规则、标志及包装、运输和贮存。

本标准适用于棉、毛、麻、绢、化纤纯纺和混纺的粗、细纱机和捻线机锭子所配用的无内圈、单列向心短圆柱滚子轴承。

2 规范性引用文件

下列文件中的条款通过本标准的引用而成为本标准的条款。凡是注日期的引用文件,其随后所有的修改单(不包括勘误的内容)或修订版均不适用于本标准,然而,鼓励根据本标准达成协议的各方研究是否可使用这些文件的最新版本。凡是不注日期的引用文件,其最新版本适用于本标准。

GB/T 2040　铜及铜合金板材

GB/T 2059　铜及铜合金带材

GB/T 6543　瓦楞纸箱

GB/T 18254　高碳铬轴承钢

FZ/T 90001　纺织机械产品包装

JB/T 1255—2001　高碳铬轴承钢滚动轴承零件热处理技术条件

JB/T 7048　滚动轴承零件　工程塑料保持架技术条件

3 分类

3.1 产品代号

3.1.1 代号组成

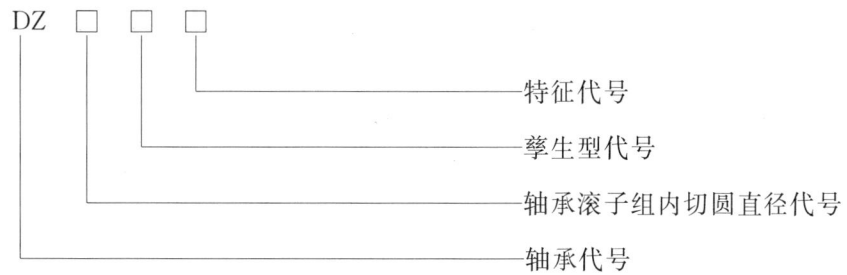

3.1.2 代号含义

3.1.2.1 轴承滚子组内切圆直径代号以数字表示,见表1。

表 1

轴承滚子组内切圆直径/ mm	5.8	6.8	7.8	8.8	10	12	14	16
代　号	0	1	2	3	4	5	6	7

3.1.2.2 孪生型代号以大写字母表示。

3.1.2.3 特征代号以大写字母表示,省略标注内容由企业自定,见表2。

表 2

项　　　　目	铜保持架	增强尼龙保持架
代　　号	BH	N

3.1.3 标注示例

示例1:DZ1BH　表示 DZ 系列纺锭轴承的滚子组内切圆直径为 φ6.8 mm、铜保持架。

示例2:DZ2AN　表示 DZ 系列纺锭轴承的滚子组内切圆直径为 φ7.8 mm、孪生型、增强尼龙保持架。

3.2 结构型式和规格及参数

3.2.1 结构型式见图 1。

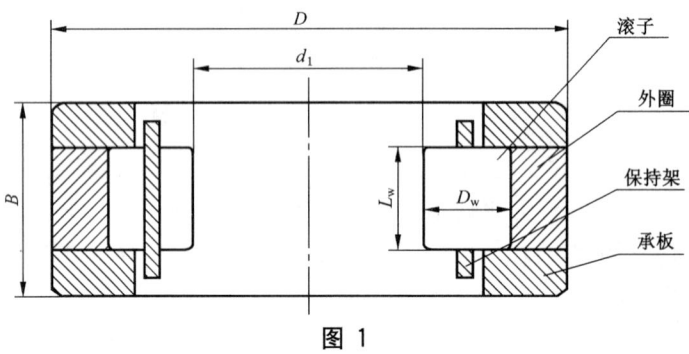

图 1

3.2.2 规格及参数见表 3。

表 3

型　号	规　　　格　　　及　　　参　　　数					
	滚子组内切圆直径 (d_1)/mm	轴承外径 (D)/mm	轴承宽度 (B)/mm	滚子直径×长度 $(D_w × L_w)$/mm	滚子粒数/ Z	额定动载荷 (C_r)/N
DZ0	5.8	14	9	2.5×5	7	2 550
DZ1	6.8	15	9	2.5×5	7	2 620
DZ1A	6.8	14	9	2.5×5	7	2 620
DZ2	7.8	18	9	3×5	7	3 160
DZ2A	7.8	16	9	2.5×5	7	2 665
					8	2 947
DZ3	8.8	20	9.6	3.5×5	7	3 713
DZ3A	8.8	18	9.6	2.5×5	7	3 690
					8	2 974
				3×5	8	3 217
DZ4	10	22	11	3.5×6	7	4 360
DZ5	12	26	13	4.5×8	7	7 070
DZ5A	12	24	13	3.5×8	7	5 554
DZ6	14	30	14	5×8	7	7 975
DZ7	16	35	17	6×10	10	9 515
注:轴承额定动载荷 C_r 的计算方法参见附录 A。						

4 要求

4.1 成套要求

4.1.1 轴承滚子组内切圆直径偏差为 $^{+0.015}_{+0.009}$ mm。

4.1.2 轴承外圆直径公差带 h 5。

4.1.3 轴承宽度偏差为 $^{+0.10}_{-0.04}$ mm。

4.1.4 同套轴承滚子直径差≤0.002 mm。

4.1.5 轴承的残磁强度≤0.4 mT。

4.1.6 在未上防锈油的情况下,轴承残留物质量≤0.40 mg/套。

4.1.7 在未上防锈油的情况下,轴承应旋转灵活、平稳、无阻滞现象。

4.2 零件的材料要求

4.2.1 轴承外圈、滚子用 GCr15 制造,材质要求按 GB/T 18254 的规定。

4.2.2 铜保持架的材质要求按 GB/T 2040 或 GB/T 2059 的规定。

4.2.3 增强尼龙保持架的材质要求不低于 JB/T 7048 的规定。

4.3 零件的硬度要求

4.3.1 轴承外圈、滚子硬度应按 JB/T 1255—2001 的规定为 61 HRC~65 HRC。

4.3.2 轴承同一零件硬度差应按 JB/T 1255—2001 的规定不大于 1 HRC。

5 试验方法

5.1 轴承滚子组内切圆直径偏差(4.1.1)用 1∶5 000 光滑圆锥量规进行测量。

5.2 轴承外径偏差(4.1.2)用轴承检查仪或气动量仪测量。

5.3 轴承宽度偏差(4.1.3)用外径千分尺测量。

5.4 同套轴承滚子直径差(4.1.4)用轴承检查仪测量。

5.5 轴承的残磁强度(4.1.5)用特斯拉计测量。

5.6 轴承残留物质量(4.1.6),将被检轴承放入超声波清洗机清洗 5 min(清洗液为经过过滤的 190# 溶剂油,其液面高出轴承 30 mm)后,将其清洗液在快速定性纸上过滤,称量其残留物质量,取 50 套的平均值。

5.7 轴承旋转灵活性(4.1.7)用手感检查。必要时,采用专用检具模拟轴承工作状态进行检验。

注:如需分析轴承振动时,可参见附录 B。

5.8 轴承零件的材质(4.2.1~4.2.3)按相关标准的规定检验。

5.9 轴承外圈、滚子硬度(4.3.1、4.3.2)用硬度计测量。

6 检验规则

6.1 出厂检验

6.1.1 产品由制造厂质量检查部门按本标准的规定进行检验,检验合格后方能出厂,并附有合格证。

6.1.2 出厂检验项目:4.1。

6.2 型式检验

6.2.1 产品在下列情况之一时,应进行型式检验:

    a) 新产品定型鉴定时;

    b) 正常生产后,如原材料、生产工艺有重大改变,可能影响产品性能时;

    c) 产品停产一年以上,恢复生产时;

    d) 第三方检验机构进行质量检验时。

6.2.2 型式检验项目:第 4 章。

6.3 抽样方法及判定规则

6.3.1 按简单随机抽样法从检验批中抽取作为样本的产品。

6.3.2 检验项目、样本数、合格率见表 4。

表 4

序号	检验项目		样本数	单项合格率	合格率
1	成套要求	轴承滚子组内切圆直径偏差	50 套	—	≥96%
2		轴承外圆直径公差带	50 套	—	
3		轴承宽度偏差	50 套	—	
4		轴承的残磁强度	50 套	—	
5		轴承旋转情况	50 套	—	
6		同套轴承滚子直径差	20 套	95%	
7		轴承残留物质量	50 套	100%	
8	轴承外圈、滚子材质要求		—	100%	—
9	保持架材质要求		—	100%	
10	轴承外圈、滚子硬度要求		5 件(粒)	100%	
11	同一零件硬度均匀性		5 件(粒)	100%	—

6.3.3 成套或单项项目判定规则:

样本经检验,其合格率达到要求,判该批产品的成套或单项项目合格。反之,判其不合格。

6.3.4 成套项目及各单项项目均检验合格后,方可判定该批产品符合标准要求。

7 标志

7.1 产品上应有厂标或商标。

7.2 产品包装箱外表面应有制造厂名、产品型号、特征代号、包装数量、重量及包装日期的标志。

8 包装、运输和贮存

8.1 产品的包装按 GB/T 6543 或 FZ/T 90001 的规定。

8.2 产品在运输过程中,包装箱应按规定的朝向放置,不得倾斜或改变方向。

8.3 产品出厂后,在良好的防雨及通风贮存条件下,包装箱内的零件防潮、防锈有效期为一年。

附 录 A

（资料性附录）

DZ 系列纺锭轴承额定动载荷的计算方法

A.1 符号

——C_r：轴承额定动载荷，单位为牛顿（N）；

——f_c：与轴承零件的几何形状、制造精度和材料有关的系数；

——i：轴承滚子列数；

——L_w：滚子公称长度，单位为毫米（mm）；

——L_{we}：滚子的有效长度（$L_{we} \approx 0.7 L_w$），单位为毫米（mm）；

——α：轴承的公称接触角，单位为度[（°）]；

——Z：每列轴承滚子粒数；

——D_w：滚子公称直径，单位为毫米（mm）；

——D_{we}：用于额定载荷计算中的滚子直径，单位为毫米（mm）；

——D_{pw}：滚子组的节圆直径，单位为毫米（mm）。

A.2 轴承额定动载荷计算公式

$$C_r = f_c (iL_{we}\cos\alpha)^{7/9} Z^{3/4} D_{we}^{29/27} \qquad\qquad\cdots\cdots\cdots\cdots\cdots\cdots (\text{A.1})$$

其中：f_c 系数值列入表 A.1 中，其值系根据 GB/T 6391 中的"向心滚子轴承的 f_c 系数"（见表A.2），通过计算得出。

表 A.1 DZ 系列纺锭轴承的 f_c 系数值

轴承型号	d_1	D	B	$D_w \times L_w$	Z	f_c
DZ0	5.8	14	9	2.5×5	7	83.8
DZ1	6.8	15	9	2.5×5	7	85.8
DZ1A	6.8	14	9	2.5×5	7	85.8
DZ2	7.8	18	9	3×5	7	85.2
DZ2A	7.8	16	9	2.5×5	7	87.4
					8	87.4
DZ3	8.8	20	9.6	3.5×5	7	84.8
DZ3A	8.8	18	9.6	2.5×5	7	88.2
					8	
				3×5	8	86.7
DZ4	10	22	11	3.5×6	7	86.4
DZ5	12	26	13	4.5×8	7	85.7
DZ5A	12	24	13	3.5×8	7	88
DZ6	14	30	14	5×8	7	86.4
DZ7	16	35	17	6×10	10	85.6

表 A.2 向心滚子轴承的 f_c 系数

$\dfrac{D_{we}\cos\alpha}{D_{pw}}$	f_c
0.2	88.7
0.21	88.5
0.22	88.2
0.23	87.9
0.24	87.5
0.25	87.0
0.26	86.4
0.27	85.8
0.28	85.2
0.29	84.5
0.30	83.8

对于 $\dfrac{D_{we}\cos\alpha}{D_{pw}}$ 的中间值，其 f_c 值可由线性内插法求得。

附　录　B

（资料性附录）

DZ 系列纺锭轴承振动（速度）的测量方法

B.1　范围

本附录提出了无内圈、单列向心短圆柱滚子 DZ 系列纺锭轴承（以下简称轴承）的振动（速度）的术语和定义，轴承振动（速度）测试、轴承振动（速度）的评价。本附录仅供纺锭轴承制造厂质量分析时参考。

B.2　术语和定义

B.2.1　轴承振动（速度）

轴承装在专用夹具中并承受一定的径向测量载荷，通过驱动装在轴承滚子组内切圆表面的专用心轴，激励轴承外圈振动，测量专用夹具外表面轴承宽度中间位置的径向振动速度分量均方根值。

B.2.2　轴承振动（速度）值

在规定的驱动转速和测量载荷下，测量专用夹具外表面圆周方向等距离三个点的振动，其低、中、高三个频带振动（速度）值的算术平均值，定义为该轴承对应频带的振动（速度）值，单位为微米每秒（μm/s）。

B.3　轴承振动（速度）测试

B.3.1　测试条件

B.3.1.1　机械装置

B.3.1.1.1　基础振动

按 JB/T 5313—2001 中 6.1.1 公称内径 12 mm～60 mm 档的规定。

B.3.1.1.2　转速

在测试过程中，驱动心轴转速为 1 764 r/min～1 818 r/min。

B.3.1.1.3　心轴

B.3.1.1.3.1　驱动心轴与驱动主轴组合后，心轴与滚子内切圆表面配合处的径向跳动不大于 5 μm，轴肩端面圆跳动不大于 10 μm。

B.3.1.1.3.2　驱动心轴与滚子组内切圆配合处的公差为 $d^{+0.007}_{+0.003}$，表面粗糙度 $Ra0.10\ \mu$m～$Ra0.20\ \mu$m。

B.3.1.1.3.3　心轴硬度为 61 HRC～66 HRC。

B.3.1.1.4　加载系统

B.3.1.1.4.1　施加径向载荷的加载装置，除能传递恒定的载荷、限制夹具旋转和可能的弹性恢复力矩外，还作为轴承与测量机械装置的隔振系统，使轴承基本处于除夹具约束外的自由振动状态。

B.3.1.1.4.2　测试过程中，夹具外径应施加一定的合成径向载荷，该载荷通过夹具传递到轴承外圈，该合成径向载荷按表 B.1 的规定。

表 B.1　径向测量载荷 P

滚子组内切圆直径/mm	测量载荷/N
6.8～10	40
>10	60

B.3.1.1.4.3 载荷垫与夹具接触部位如径向测量载荷装置示意图 B.1 所示。

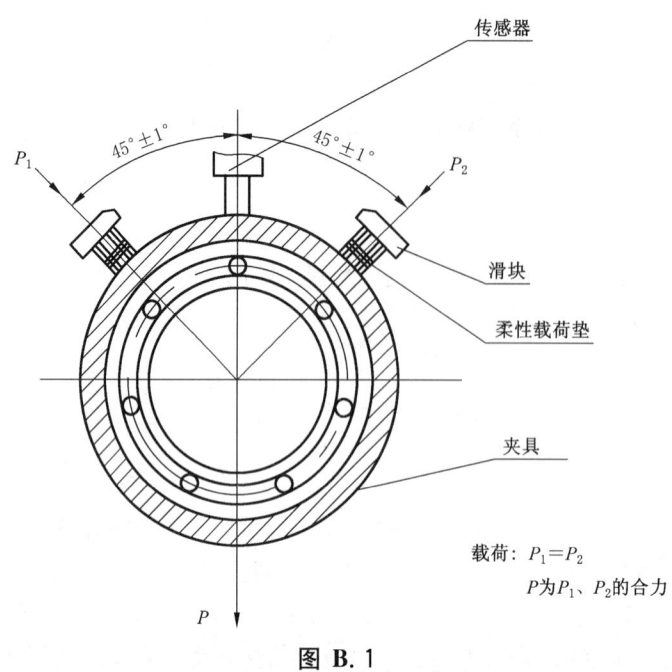

载荷：$P_1 = P_2$

P 为 P_1、P_2 的合力

图 B.1

B.3.1.1.4.4 施加的合成径向载荷垂直向下,其作用线与驱动主轴中心的垂直线的夹角不大于 2°,与驱动主轴中心线的偏离不大于 0.5 mm。

B.3.1.2 传感器

传感器座与传感器的技术要求,应满足 JB/T 5313—2001 中 6.15 和 6.2 的要求。

B.3.1.3 电子测量装置

电子测量装置的技术要求应满足 JB/T 5313—2001 中 6.3 的要求。

B.3.2 测试环境

按 JB/T 5313—2001 中 6.4 要求。

B.3.3 清洗与润滑

轴承及夹具应清洗干净,待清洗剂完全蒸发干后,加入清洗的 N 15 机械油(40℃时运动粘度为 13.5 mm²/s ～16.5 mm²/s),使轴承所有零件工作表面均充分润滑。当对测试结果有疑问时,应以用 NT-120 溶剂汽油进行清洗后的测量数据为准。

B.3.4 测量仪器

为轴承振动测量仪。

B.4 轴承振动(速度)的评价

B.4.1 频带的划分

在 50 Hz～10 000 Hz 频率范围内,轴承振动测量的三个频带划分按表 B.2 的规定。

表 B.2　　　　　　　　　　　　　　　　　　　　　　　　　　　　　单位为赫兹

频　带	低频带(L)	中频带(M)	高频带(H)
频率范围	50～300	大于 300～1 800	大于 1 800～10 000

B.4.2 振动读数规则

每一测点测量时间应不小于 0.5 s,待指针摆动稳定或显示范围基本确定后读数,读取波动范围的中间值。

参　考　文　献

[1]　GB/T 6391　滚动轴承　额定动载荷和额定寿命
[2]　JB/T 5313—2001　滚动轴承　振动(速度)测量方法

ICS 59.120.10
W 93

中华人民共和国纺织行业标准

FZ/T 92036—2007
代替 FZ/T 92036—1995

弹 簧 加 压 摇 架

Spring weighting arms

2007-05-29 发布

2007-11-01 实施

中华人民共和国国家发展和改革委员会　　发 布

前　言

本标准代替 FZ/T 92036—1995《弹簧加压摇架》。

本标准与 FZ/T 92036—1995 相比,主要变化如下:

——增加了第 3 章:产品分类;

——原标准的"A 级、B 级"修订为"A 类、B 类";

——增加了附录 A;

——B 类摇架的要求被列入附录 A;

——提高了摇架主牵伸区的第一上罗拉对其下罗拉的平行度要求;

——提高了摇架主牵伸区的第二上罗拉对第一上罗拉的平行度要求;

——增加了摇架的后上罗拉对主牵伸区的第一上罗拉的平行度要求;

——摇架的加压弹簧工作压力偏差:

- 提高到±0.04p;

- 取消了按适纺纤维类型划分。

——提高了成套细纱摇架加压压力偏差的要求;

——检验规则:

- 按出厂检验和型式检验分别列出;

- 补充抽样方法和判定规则;

- 适度提高部分项目合格率水平。

本标准附录 A 为规范性附录。

请注意本标准的某些内容有可能涉及专利。本标准的发布机构不应承担识别这些专利的责任。

本标准由中国纺织工业协会提出。

本标准由全国纺织机械及附件标准化技术委员会归口。

本标准主要起草单位:无锡纺织机械研究所、常德纺织机械有限公司、常州同和纺织机械制造有限公司、山西经纬合力机械制造公司四厂、金坛市纺织机械专件制造厂。

本标准主要起草人:张春娥、刘昌勇、彭敏、唐国新、丁亚平、王国龙。

本标准所替代的标准的历次版本发布情况为:

——FJ/JQ 37—1984;

——ZBW 91001—1990;

——FZ/T 92036—1995。

弹 簧 加 压 摇 架

1 范围

本标准规定了弹簧加压摇架(以下简称摇架)的产品分类、要求、试验方法、检验规则、标志、包装、运输和贮存。

本标准适用于各类粗、细纱摇架。

2 规范性引用文件

下列文件中的条款通过本标准的引用而成为本标准的条款。凡是注日期的引用文件,其随后所有的修改单(不包括勘误的内容)或修订版均不适用于本标准,然而,鼓励根据本标准达成协议的各方研究是否可使用这些文件的最新版本。凡是不注日期的引用文件,其最新版本适用于本标准。

FZ/T 90001 纺织机械产品包装

3 产品分类

3.1 按用途分:细纱、粗纱。

3.2 按类别分:A 类、B 类。

3.2.1 A 类:YJ 系列(YJ1 除外)。

3.2.2 B类:TF18 和 YJ1 系列。

3.3 代号表示方法

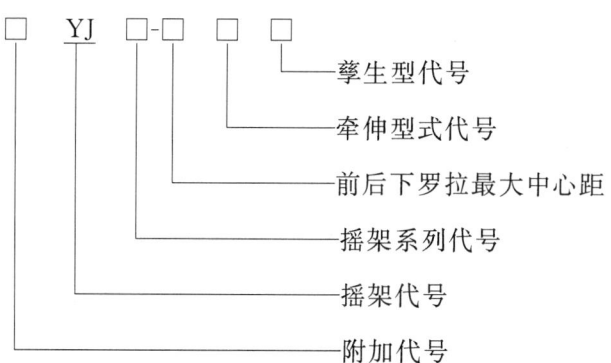

注:不包含 B 类摇架。

3.4 各代号规定

3.4.1 附加代号可以是企业代号、地区名称代码。

3.4.2 摇架系列代号用阿拉伯数字表示,由企业确定。

3.4.3 前后下罗拉最大中心距用数字表示,单位为毫米。

3.4.4 牵伸型式代号,见表1。

表 1

牵伸型式	代 号
三罗拉	—
三罗拉 V 型	V
四罗拉	×4

3.4.5 孪生型代号

用英文大写字母表示(I、O、V除外)。

3.5 代号标注示例

示例1：YJ2-142 表示棉细纱摇架、前后下罗拉最大中心距为142 mm、三罗拉牵伸。

示例2：YJ4-190×4 表示棉粗纱摇架、前后下罗拉最大中心距为190 mm、四罗拉牵伸。

4 要求

4.1 摇架主牵伸区的第一上罗拉轴线对其下罗拉轴线的平行度误差应不大于表2规定值。

表 2

摇架种类	细 纱		粗 纱	
适纺纤维类型	棉 型	毛麻绢型	棉 型	毛麻绢型
平行度公差值	70：0.25	75：0.6	110：0.6	110：0.7

4.2 摇架主牵伸区的第二上罗拉轴线对第一上罗拉轴线的平行度误差应不大于表3规定值。

表 3

摇架种类	细 纱		粗 纱	
适纺纤维类型	棉 型	毛麻绢型	棉 型	毛麻绢型
平行度公差值	70：0.5	75：0.8	110：0.9	110：1.0

4.3 摇架的后上罗拉轴线对主牵伸区的第一上罗拉轴线的平行度误差应不大于表4规定值。

表 4

摇架种类	细 纱		粗 纱	
适纺纤维类型	棉 型	毛麻绢型	棉 型	毛麻绢型
平行度公差值	70：0.6	75：0.9	110：1.0	110：1.1

4.4 摇架的加压弹簧工作压力偏差为±0.04p，p 为加压弹簧工作压力设计名义值。

4.5 在规定工作位置时，成套摇架加压压力偏差应符合表5规定值。

表 5 单位为牛顿

摇架种类	细 纱		粗 纱	
适纺纤维类型	棉 型	毛麻绢型	棉 型	毛麻绢型
压力偏差	$^{+0.12}_{0}F^{a}$	$^{+0.12}_{-0.05}F$	$^{+0.10}_{-0.05}F$	$^{+0.15}_{-0.10}F$
^{a} F 为摇架加压名义值。				

4.6 摇架在规定工作位置时，卸压力应符合表6规定值。

表 6 单位为牛顿

项 目	参 数			
摇架种类	细 纱		粗 纱	
适纺纤维类型	棉 型	毛麻绢型	棉 型	毛麻绢型
卸压力	30～55	15～50	15～50	40～110

4.7 摇架不应有缺件及因制造原因引起的损坏件。

4.8 摇架的外露表面应色泽一致，无锈蚀、防护层露底、伤痕等缺陷。

B类摇架的要求见附录A。

5 试验方法

5.1 第 4.1 条,摇架主牵伸区的第一上罗拉轴线对其下罗拉轴线的平行度误差,在专用测试台上,用专用测量工具在罗拉座倾斜方向上测量(见图 1,图 2)。

5.2 第 4.2、4.3 条,摇架主牵伸区的第二上罗拉轴线对第一上罗拉轴线的平行度误差和后上罗拉轴线对主牵伸区的第一上罗拉轴线的平行度误差,在专用测试台上,用专用测量工具(或游标卡尺)测量(见图 3,图 4)。

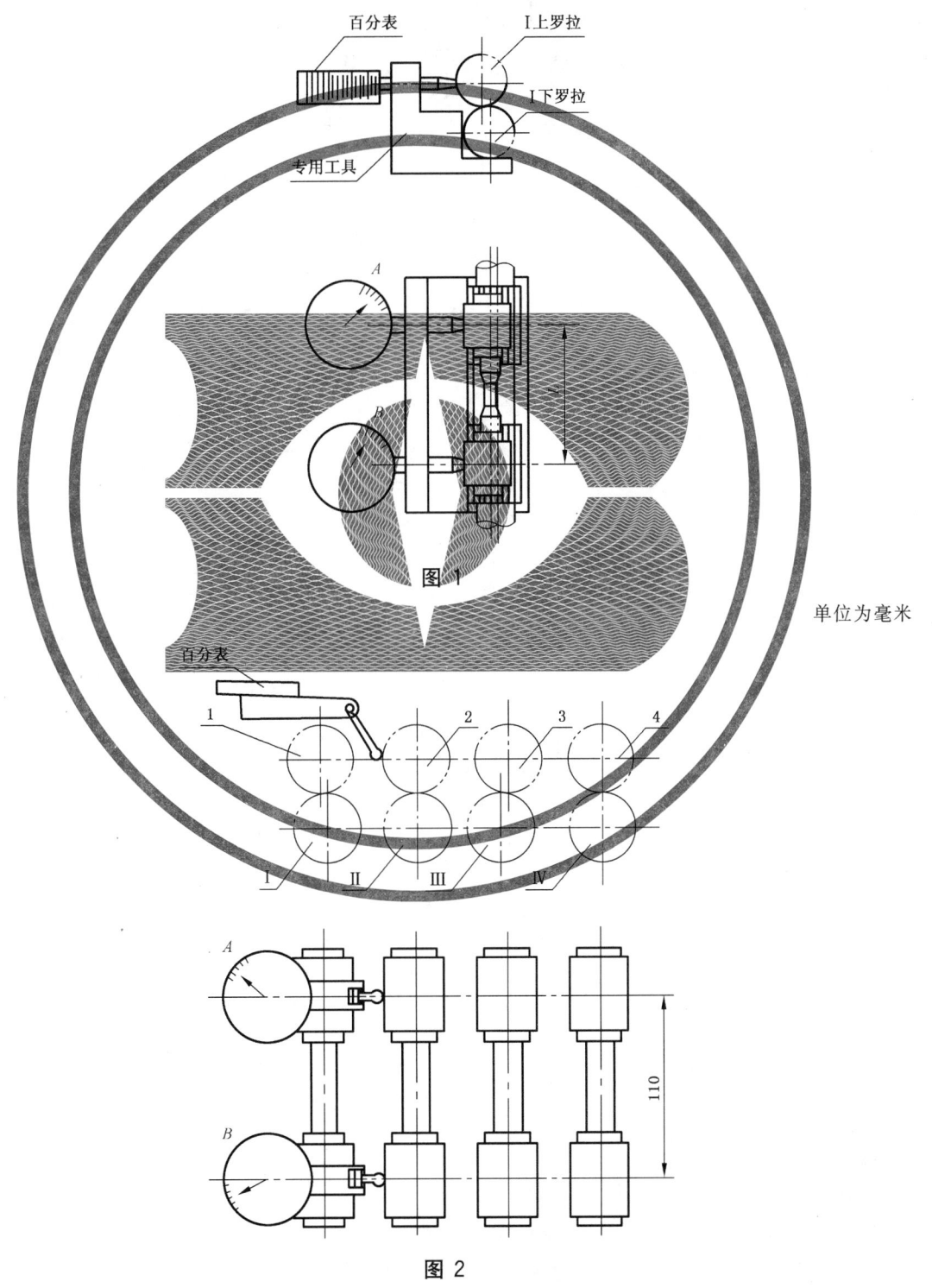

单位为毫米

图 2

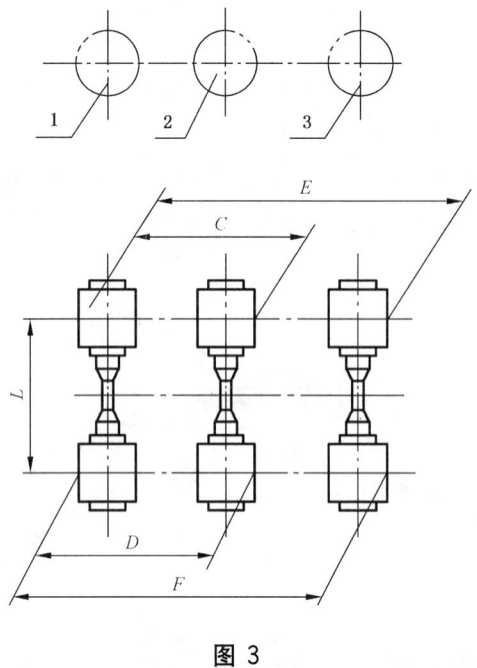

图 3

单位为毫米

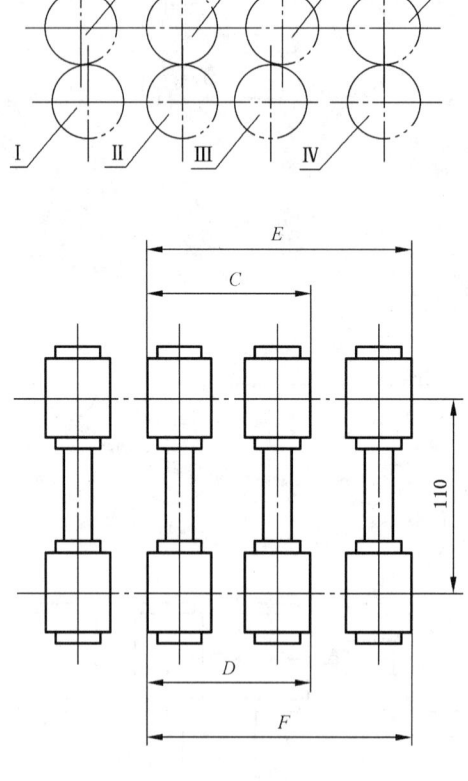

图 4

注：图 1～图 4 中，L 值分别为 70,75,110 mm。

　　A、B 表示左右百分表读数值。

　　C、D 分别表示摇架主牵伸区的第二上罗拉与第一上罗拉的间距测量值。

　　E、F 分别表示摇架的后上罗拉与主牵伸区的第一上罗拉的间距测量值。

5.3 第4.4条,弹簧工作压力偏差,用弹簧拉压试验机测量。

5.4 第4.5条,摇架的前、中、后各加压区的压力偏差,用弹簧拉压试验机或弹簧压力测试仪测量(标准上罗拉直径采用摇架加压上罗拉设计直径)。

5.5 第4.6条,摇架的卸压力,在专用测试台上,将摇架各档压力调至最小值,用标准管形测力计测量,见图5。

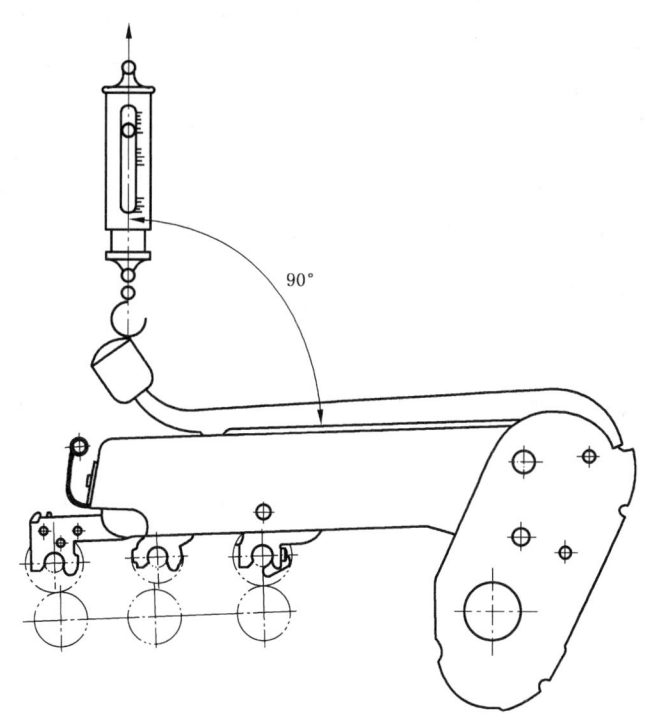

图5

5.6 第4.7、4.8条,摇架缺损件及表面质量用目测检验。

6 检验规则

6.1 出厂检验

6.1.1 产品必须经制造厂质量检验部门按标准的规定进行检验,合格后方能出厂,并附有产品合格证。

6.1.2 检验项目:4.1~4.3、4.5~4.8。

6.2 型式检验

6.2.1 有下列情况之一时,应进行型式检验:

    a) 正常生产中,如产品结构、原材料、生产工艺有较大改变时;

    b) 产品停产一年以上,恢复生产时;

    c) 第三方检验机构要求进行型式检验时。

6.2.2 检验项目:第4章。

6.3 抽样方法和判定规则

6.3.1 按简单随机抽样法从检验批中抽取摇架样本100套(其中50套备用),另外抽取弹簧样本各种50件。

6.3.2 产品按A类、B类要求检验,给出相应的类别判定。

6.3.3 检验项目、样品数及合格率见表7。

表 7

序号	检 验 项 目	样品数	合 格 率	
1	摇架主牵伸区的第一上罗拉轴线对其下罗拉轴线的平行度误差	50 套	成套	≥96%
2	摇架主牵伸区的第二上罗拉轴线对第一上罗拉轴线的平行度误差	50 套		
3	摇架的后上罗拉轴线对第一上罗拉轴线的平行度误差	50 套		
4	摇架在规定工作位置时的卸压力	50 套		
5	摇架的加压弹簧工作压力偏差	各 50 件	≥98%	
6	在规定工作位置时,成套摇架加压压力偏差	50 套	≥98%	
7	摇架不应有缺件及因制造原因引起的损坏件	50 套	100%	
8	摇架的外露表面应色泽一致,无锈蚀、防护层露底、伤痕等缺陷	50 套	≥92%	

6.3.4 成套项目判定规则:样品经检验,其成套合格率达到要求,判该批产品成套项目合格。如果其成套合格率达不到要求,再检验 50 套备用样品,并将两次检验结果累计计算,达到合格率要求,判其合格,反之,判其不合格。

6.3.5 单项项目判定规则:检验项目中各单项检验结果达到单项合格率要求,判该批产品该项目合格,反之,判其不合格。

6.3.6 成套项目及各单项项目均检验合格后,方可判定该批产品符合标准要求。

7 标志

产品上应有钢印商标或厂标。

8 包装、运输及贮存

8.1 产品包装按 FZ/T 90001 的规定。

8.2 产品在运输过程中,包装箱应按规定的朝向安置,不得倾倒或改变方向。

8.3 产品自出厂之日起,在良好的防雨、通风贮存条件下,包装箱内的零件防潮、防锈有效期为一年。

附　录　A

（规范性附录）

TF18 和 YJ1 系列摇架的要求

A.1　摇架主牵伸区的第一上罗拉轴线对其下罗拉轴线的平行度误差应不大于表 A.1 规定值。

表 A.1

摇架种类	细　纱			粗　纱		
适纺纤维类型	棉　型	中长型	毛麻绢型	棉　型	中长型	毛麻绢型
平行度	70：0.5	70：0.7	75：0.8	110：1.0	110：1.1	—

A.2　摇架主牵伸区的第二上罗拉轴线对第一上罗拉轴线的平行度误差应不大于表 A.2 规定值。

表 A.2

摇架种类	细　纱			粗　纱		
适纺纤维类型	棉　型	中长型	毛麻绢型	棉　型	中长型	毛麻绢型
平行度	70：0.8	70：1.2	75：1.4	110：1.2	110：1.2	—

A.3　摇架的加压弹簧工作压力偏差按本标准的 4.4。

A.4　在规定工作位置时，成套摇架加压压力偏差应符合表 A.3 规定值。

表 A.3
单位为牛顿

摇架种类	细　纱			粗　纱		
适纺纤维类型	棉　型	中长型	毛麻绢型	棉　型	中长型	毛麻绢型
压力偏差	$^{+0.10}_{-0.05}F$ [a]	$^{+0.15}_{-0.05}F$	$^{+0.15}_{-0.05}F$	$^{+0.15}_{-0.05}F$	$^{+0.15}_{-0.05}F$	—

[a] F 为摇架加压名义值。

A.5　摇架在规定工作位置时，卸压力应符合表 A.4 规定值。

表 A.4
单位为牛顿

项　目	参　　数					
摇架种类	细　纱			粗　纱		
适纺纤维类型	棉　型	中长型	毛麻绢型	棉　型	中长型	毛麻绢型
卸压力	15～60	20～100	20～100	15～80	20～100	—

A.6　摇架的制造质量按本标准的 4.7。

A.7　摇架的表面质量按本标准的 4.8。

ICS 59.120.10
W 93

中华人民共和国纺织行业标准

FZ/T 92054—2010
代替 FZ/T 92054—1996

倍 捻 锭 子

Two-for-one twisting spindle

2010-12-29 发布　　　　　　　　　　　　2011-04-01 实施

中华人民共和国工业和信息化部　　发 布

前　言

本标准代替 FZ/T 92054—1996《倍捻锭子》。

本标准与 FZ/T 92054—1996 相比主要变化如下：

——扩大了适用范围；

——调整了分类和标记规定；

——提高了锭盘轮直径极限偏差、以锭杆轴线为基准，锭子安装面在距轴线 25 mm 处的端面圆跳动和锭杆顶端振程值、加捻盘直径小于 100 mm 锭子单锭功率的要求；

——增加了加捻盘直径大于 200 mm 锭子的单锭功率、噪声、锭杆顶端振程值的要求；

——调整了不同结构型式倍捻锭子对单锭功率的要求；

——润滑油按照 SH/T 0017—1990(1998 年确认)中 L-FD 类的规定。

本标准的附录 A 为规范性附录。

本标准由中国纺织工业协会提出。

本标准由全国纺织机械与附件标准化技术委员会归口。

本标准起草单位：绍兴县华裕纺机有限公司、浙江日发纺织机械有限公司、浙江泰坦股份有限公司、浙江自力机械有限公司、无锡纺织机械研究所。

本标准主要起草人：钱立锋、周健颖、王尧军、赵红波、李立平。

本标准所代替标准的历次版本发布情况为：

——FZ/T 92054—1996。

倍 捻 锭 子

1 范围

本标准规定了倍捻锭子的分类、标记、要求、试验方法、检验规则及标志、包装、运输、贮存。

本标准适用于棉、毛、麻、绢、丝、化纤等纯纺及混纺加捻用的倍捻锭子。

2 规范性引用文件

下列文件中的条款通过本标准的引用而成为本标准的条款。凡是注日期的引用文件,其随后所有的修改单(不包括勘误的内容)或修订版均不适用于本标准,然而,鼓励根据本标准达成协议的各方研究是否可使用这些文件的最新版本。凡是不注日期的引用文件,其最新版本适用于本标准。

GB/T 1958 产品几何量技术规范(GPS) 形状和位置公差 检测规定

GB/T 7111.1 纺织机械噪声测试规范 第1部分:通用要求

GB/T 9239.1—2006 机械振动 恒态(刚性)转子平衡品质要求 第1部分:规范与平衡允差的检验

FZ/T 90001 纺织机械产品包装

SH/T 0017—1990(1998) 轴承油

3 分类及标记

3.1 分类

按用途:短纤维倍捻锭子(见图1)、化纤长丝倍捻锭子(见图2)、真丝倍捻锭子(见图3),及其他。

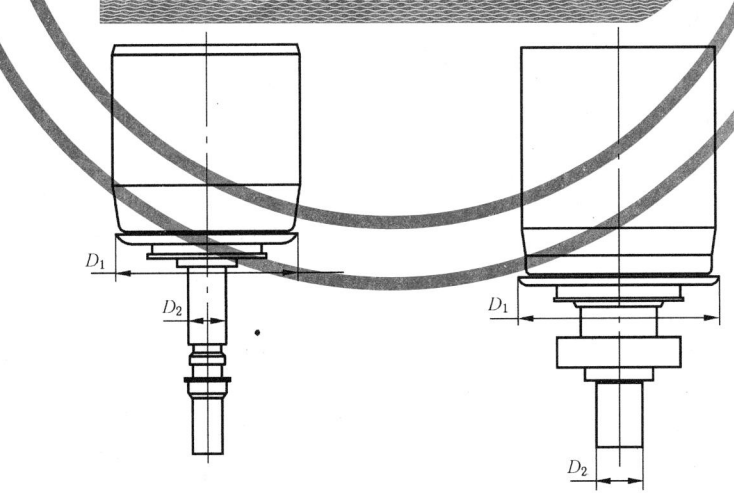

D_1——加捻盘直径;

D_2——锭盘轮直径。

图 1

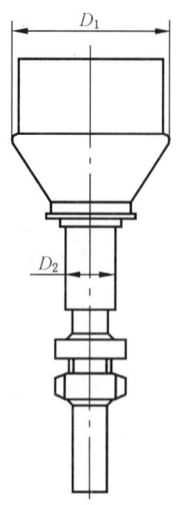

D_1——加捻盘直径；

D_2——锭盘轮直径。

图 2

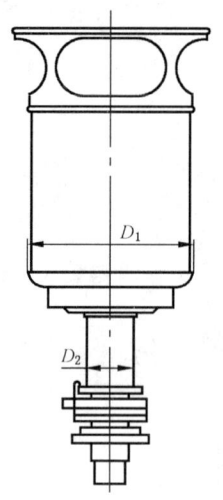

D_1——加捻盘直径；

D_2——锭盘轮直径。

图 3

3.2 标记

3.2.1 标记依次包括下列内容：

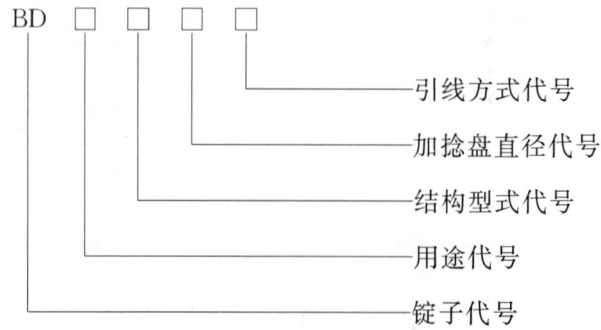

a) 锭子代号用大写字母"BD"表示。

b) 用途代号用数字表示，见表1。

表 1

用　　途	代号	用　　途	代号
短纤维	1	真丝	3
化纤长丝	2	其他	4～9

c) 锭子结构型式代号用数字表示,见表2。

表 2

结构型式	代号	结构型式	代号
上支承为纺锭轴承,下支承为锭底、弹性下支承结构	1	电锭	4
上下支承为滚动轴承结构	2	其他结构型式	5～9
上支承为滚动轴承,下支承为滑动轴承结构	3		

d) 加捻盘直径代号以数字表示,见表3。

表 3

加捻盘直径/mm	<85	≥85～95	≥95～105	≥105～120	≥120～130	≥130～140	≥140～150	≥150～160	≥160～170	≥170
代号	1	2	3	4	5	6	7	8	9	0

e) 引线方式代号用数字表示,见表4。

表 4

引线方式	手动引线	气动引线
代号	1	2

3.2.2 标注示例

示例1:适用化纤长丝倍捻,上支承为纺锭轴承,下支承为锭底、弹性下支承结构,加捻盘直径90 mm,手动引线的倍捻锭子,其标记如下:

BD 2121

示例2:适用短纤维倍捻,上下支承为滚动轴承结构,加捻盘直径166 mm,气动引线的倍捻锭子,其标记如下:

BD 1292

4 要求

4.1 锭子过纱通道光滑、顺畅,无勾丝现象。

4.2 转子结合件应回转灵活,无顿滞现象。

4.3 锭盘轮直径公差带 js8。

4.4 垂直度:以锭杆轴线为基准,锭子安装面在距轴线25 mm处的端面圆跳动公差≤0.10 mm。

4.5 清洁度:油浴润滑方式的倍捻锭子,锭座结合件内腔残留物质量≤10 mg/套。

4.6 转子结合件许用不平衡量,应符合 GB/T 9239.1—2006 中 G2.5 级的要求。

4.7 空锭运转时,单锭功率、噪声(发射声压级)、锭杆顶端振程值(不带储纱罐、张力器锭翼及上端滚动轴承结构),见表5。

表 5

加捻盘直径/mm	转速/(r/min)	悬挂重锤质量/kg	功率/W	噪声/dB(A)	振程值/mm
<100	12 000	0.8	≤15.0	≤70.0	≤0.06
100～150	8 000	1.2	≤30.0	≤72.0	≤0.08
>150～200	7 000	2	≤40.0	≤73.0	≤0.10
>200	5 000	3	≤40.0	≤73.0	≤0.10

5 试验方法

5.1 锭子过纱通道(4.1)用穿线工具(尼龙丝、不锈钢软轴等)检测。

5.2 转子结合件回转灵活性(4.2)用感官检测。

5.3 锭盘轮直径(4.3)用专用量具或外径千分尺检测。

5.4 锭子垂直度(4.4)用专用检具,按GB/T 1958的规定检测。

5.5 锭子清洁度(4.5)按附录A规定的方法检验。

5.6 转子结合件许用不平衡量(4.6),按GB/T 9239.1—2006的规定检验。

5.7 单锭功率(4.7)用单锭扭矩仪在下列条件下检测:

    a) 被测锭子应先运转20 min,测量速度按表5;

    b) 悬挂重锤质量按表5;

    c) 锭带应为无接头型,宽10 mm,厚0.5 mm～1 mm;

    d) 油浴润滑方式的倍捻锭子,油位高度应低于上端轴承中心线30 mm;

    e) 润滑油按SH/T 0017—1990(1998年确认)中L-FD类轴承油的规定,粘度等级为10。

5.8 单锭噪声(发射声压级)(4.7)按GB/T 7111.1的规定,用精密声级计在下列条件下检测:

    a) 被测锭子应先运转20 min,测量速度按表5;

    b) 测试环境的本底噪声应低于被测件噪声值10 dB(A)以上;

    c) 被测锭子四周2 m内无障碍物;

    d) 悬挂重锤质量按表5;

    e) 油浴润滑方式的倍捻锭子,油位高度应离开上端轴承中心30 mm;

    f) 润滑油按SH/T 0017—1990(1998年确认)中L-FD类轴承油的规定,粘度等级为10;

    g) 声级计与被测锭子锭盘轮中心等高,相距1 m。

5.9 空锭振程值(4.7)用光电式测振仪在下列条件下检测:

    a) 测量部位在锭杆顶端15 mm范围内;

    b) 测量速度按表5。

6 检验规则

6.1 型式检验

6.1.1 在下列情况之一时,应进行型式检验:

    a) 新产品鉴定时;

    b) 正式投产后,如结构、材料、工艺有较大改变,可能影响产品性能时;

    c) 正常生产时,应每两年检验一次;

    d) 产品停产一年以上恢复生产时;

    e) 第三方进行质量检验时。

6.1.2 检验项目:见第4章。

6.2 出厂检验

6.2.1 产品经型式检验合格后,方可进行出厂检验。

6.2.2 产品由制造厂质量检验部门检验合格后方可出厂,并应附有产品合格证。

6.2.3 检验项目:见4.1～4.4、4.6、4.7(振程值)。

6.3 抽样方法及判定规则

6.3.1 按简单随机抽样法从检验批中抽取作为样本的产品。

6.3.2 检验项目、样本数、合格率,见表6。

表 6

序号	检 验 项 目	样本数/套	合格率/%
1	清洁度		100
2	垂直度		≥96
3	锭子过纱通道光滑,顺畅,无勾丝		100
4	转子结合件回转灵活性	50	
5	锭盘轮直径		≥96
6	转子结合件许用不平衡量		
7	锭杆顶端振程值		
8	单锭功率	10	≥90
9	单锭噪声	10	

6.3.3 判定规则

样本经检验,各检验项目的合格率均达到要求,方可判定该批产品符合标准要求。反之,判定该批产品不符合标准要求。

7 标志

产品应标有厂名和商标。

8 包装、运输和贮存

8.1 产品的包装,按 FZ/T 90001 的规定。

8.2 产品在运输过程中,包装箱应按规定的朝向安置,不得倾斜或改变方向。

8.3 产品出厂后,在良好的防雨及通风贮存条件下,包装箱内的产品防潮、防锈有效期为一年。

FZ/T 92054—2010

附　录　A
（规范性附录）
锭子清洁度检验方法

A.1　检验准备

A.1.1　试剂

试剂包括：
a)　经定性分析滤纸过滤后的煤油；
b)　120#溶剂油；
c)　分析纯石油醚。

A.1.2　仪器及器具

仪器及器具包括：
a)　φ7 cm 称量瓶 2 只及 φ12.5 cm 中速定性滤纸；
b)　三角烧瓶 500 mL 2 只,玻璃漏斗 φ7.5 cm 2 只,烧杯 φ500 mL 2 只；
c)　感量为 0.000 1 g 的光电天平一台；
d)　烘箱、干燥箱、滴管、100 mL 量杯等。

A.2　检验方法

A.2.1　先用 120# 溶剂油或煤油洗净 50 套样本的外表并揩净。

A.2.2　将过滤后的煤油注入锭座结合件内腔约 60％ 油腔高度,用拇指按住锭座结合件的轴承口,倒置,上下快速摆动 10 次,然后把含有残留物的混合液倒在 500 mL 烧杯中,每套锭座结合件内腔应清洗三次。

A.2.3　混合液用已烘至恒重(m_1)的 φ12.5 cm 中速定性滤纸以倾斜法进行过滤,再用 120# 溶剂油、分析纯石油醚清洗滤纸上的油脂,直到洗净为止。另外,把洗净油脂的滤纸置于原称量瓶中,在 120 ℃烘箱内烘 1 h 后取出,放在干燥箱中冷却至室温,称量,烘 30 min 后再称至恒重(m_2)。

A.3　计算

单锭平均清洁度 G 按式(A.1)计算：

$$G=\frac{m_2-m_1}{50}\times 1\,000 \qquad\qquad (A.1)$$

式中：
G——清洁度,单位为毫克每套(mg/套)；
m_1——滤纸＋称量瓶重量,单位为克(g)；
m_2——滤纸＋称量瓶＋残留物重量,单位为克(g)。

A.4　注意事项

A.4.1　过滤后应自然沥干。

A.4.2　每次烘后冷却至室温的时间应一致,滤纸前、后烘干方法应相同。

226

ICS 59.120.10
W 91

中华人民共和国纺织行业标准

FZ/T 92070—2009
代替 FZ/T 92070—2000

棉精梳机　锡林

Comber for cotton—Circular comb

2010-01-20 发布

2010-06-01 实施

中华人民共和国工业和信息化部　　发 布

前　言

本标准代替 FZ/T 92070—2000《棉精梳锡林》。

本标准与 FZ/T 92070—2000 相比主要变化如下：

——调整基本参数；

——改变产品标记方法；

——提高部分技术指标要求；

——增加附录 A"锡林的安装尺寸"。

请注意本标准的某些内容有可能涉及专利。本标准的发布机构不承担识别这些专利的责任。

本标准的附录 A 为资料性附录。

本标准由中国纺织工业协会提出。

本标准由全国纺织机械及附件标准化技术委员会归口。

本标准起草单位：无锡纺织机械研究所、浙江锦峰纺织机械有限公司、经纬纺织机械股份有限公司榆次分公司、江苏宏源纺机股份有限公司、金轮科创股份有限公司。

本标准主要起草人：赵基平、赵洪进、陈薇芬、沈晓丹、周建平、吴宜贵。

本标准所代替标准的历次版本发布情况为：

——FZ/T 92070—2000。

棉精梳机　锡林

1　范围

本标准规定了棉精梳机锡林的型式、标记、参数、要求、试验方法、检验规则、标志和包装、运输、贮存。

本标准适用于棉精梳机锡林(以下简称锡林)。

2　规范性引用文件

下列文件中的条款通过本标准的引用而成为本标准的条款。凡是注日期的引用文件,其随后所有的修改单(不包括勘误的内容)或修订版均不适用于本标准,然而,鼓励根据本标准达成协议的各方研究是否可使用这些文件的最新版本。凡是不注日期的引用文件,其最新版本适用于本标准。

GB/T 191　包装储运图示标志

GB/T 2828.1—2003　计数抽样检验程序　第1部分:按接收质量限(AQL)检索的逐批检验抽样计划

GB/T 4340.1　金属材料　维氏硬度试验　第1部分:试验方法

FZ/T 90001　纺织机械产品包装

3　型式、标记及参数

3.1　型式

锯齿式整体锡林,见图1。

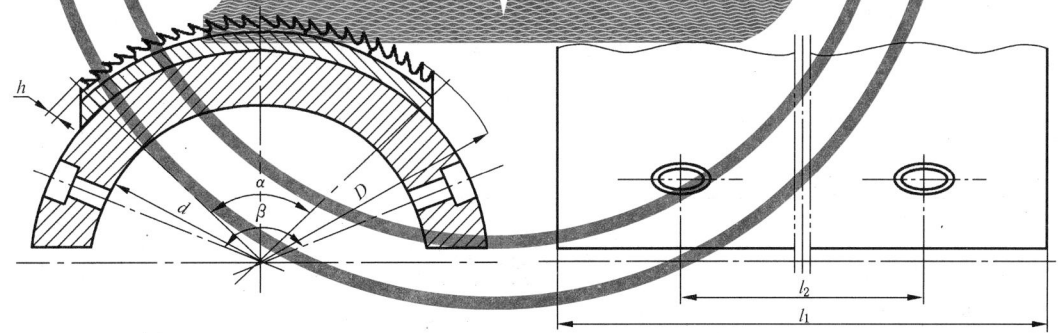

α——齿面圆心角;

β——安装孔角度;

D——锡林外径;

d——锡林内径;

h——齿深;

l_1——锡林长度;

l_2——安装孔孔距。

图 1

3.2 标记

3.2.1 标记依次包括下列内容

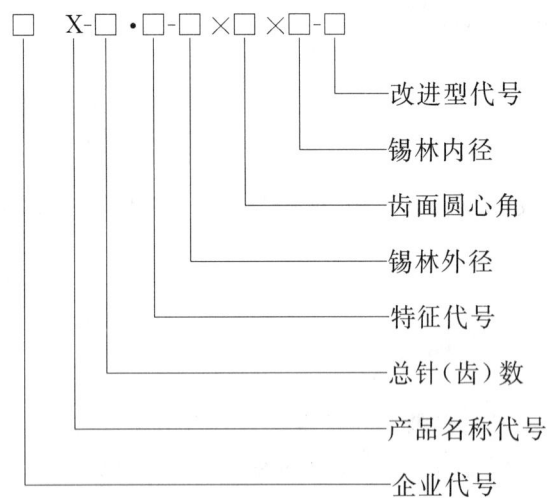

a) 企业代号,由企业自行规定。

b) 产品名称代号:棉精梳机锡林代号为"×"。

c) 总针(齿)数(三位数表示),单位万枚。

d) 特征代号,由企业自行规定,也可表示配套机型。

e) 锡林外径(前三位数表示),单位为毫米。

f) 齿面圆心角,单位为度。

g) 锡林内径,单位为毫米。

h) 改进型代号:用大写字母 A、B、C……表示。

注:在以特征代号表示配套机型时,可省略标注外径和内径。

3.2.2 标记示例

示例:某公司生产、总针数为 34 647 枚、适宜配套机型为 F1268A、外径为 φ127 mm、齿面圆心角为 90°、内径为 φ85 mm、改进 B 型的棉精梳机锡林,其标记如下:

□X-3.46·F1268A-127×90×85-B

3.3 参数

见表 1。

表 1

项 目	参 数				
锡林公称外径 D/mm	125.4	127	150	152	152.4
齿面圆心角 α/(°)	72~111	72~112		74	96
锡林内径 d/mm	74、85	72、73、85	90、95	30	98.43
齿深 h/mm	1.2~3.5				
总针(齿)数/枚(齿)	8 000~53 000				

3.4 常用的锡林安装尺寸

参见附录 A。

4 要求

4.1 锡林半径的极限偏差 $_{-0.18}^{-0.05}$ mm。

4.2 锡林齿尖对锡林轴轴线径向圆跳动≤0.13 mm。

4.3 锡林齿尖轴向连线高度差≤0.08 mm。

4.4 锡林重量≤2.5 kg时,同规格锡林重量允差±0.03 kg。

4.5 齿片工作部位的硬度650 HV~800 HV。

4.6 齿片工作部分表面粗糙度 Ra 0.8 μm。

4.7 锡林表面应光滑,齿尖锋利,无毛刺、棱角、碰痕、锈蚀,不挂纤维。

5 试验方法

5.1 锡林半径的极限偏差(4.1)、齿尖对锡林轴轴线径向圆跳动(4.2)和齿尖轴向连线高度差(4.3),用专用检具检测。

5.2 锡林重量允差(4.4)用台秤检测。

5.3 齿片工作部位的硬度(4.5),按GB/T 4340.1的规定,用维氏硬度计检测。

5.4 齿片工作部分表面粗糙度(4.6),用表面粗糙度样板感官检测。必要时,用表面粗糙度仪检测。

5.5 锡林表面质量(4.7),用感官或棉纤维擦拭检测。

6 检验规则

6.1 型式检验

6.1.1 在下列情况之一时,应进行型式检验:

a) 新产品鉴定时;

b) 正式投产后,如结构、材料、工艺有较大改变,可能影响产品性能时;

c) 正常生产时,应每两年检验一次;

d) 第三方进行质量检验时。

6.1.2 检验项目:第4章。

6.2 出厂检验

6.2.1 产品经型式检验合格后,方可进行出厂检验。

6.2.2 产品由制造厂质量检验部门检验合格后方可出厂,并应附有产品合格证。

6.2.3 检验项目:4.1~4.4、4.7。

6.3 抽样方法和判定规则

6.3.1 按GB/T 2828.1—2003的规定确定抽样方案,采用正常检验一次抽样方案,从正常检验开始,选用一般检验水平Ⅱ,接收质量限AQL为1.5。

6.3.2 样本经过检验,若每项不合格数小于拒收数,则判定该样本符合标准要求;否则,判为不符合标准要求。

7 标志

7.1 包装箱的储运图示标志,应符合GB/T 191的规定。

7.2 锡林应有产品标记,标记内容,应符合3.2的规定。

8 包装、运输、贮存

8.1 产品的包装应符合FZ/T 90001的规定。

8.2 产品包装箱在运输中,应按规定的位置起吊,规定的朝向放置,不得倾倒或改变方向。

8.3 产品出厂后,在良好的防雨及通风贮存条件下,包装箱内的产品防潮、防锈有效期为一年。

附　录　A

（资料性附录）

锡林的安装尺寸

常用的锡林安装尺寸见表 A.1。

表 A.1

锡林代号 外径×齿面圆心角×内径 mm×(°)×mm	L_1/mm	L_2/mm	β	安装孔规格/mm
125×72×80	324	210±0.2	105°±10′	4-ϕ9 沉孔 ϕ15 深 6
125×90×85			120°±10′	
125×111×85			137°±10′	4-ϕ9 沉孔 ϕ15 深 9 (4-ϕ9 沉孔 ϕ15 深 6)
127×81×72	305	265±0.2	135°±10′	4-ϕ9 沉孔 ϕ15 深 9
127×84×72				4-ϕ9 沉孔 ϕ14 深 14
127×85×72				4-ϕ9 沉孔 ϕ14 深 14
127×90×72				4-ϕ9 沉孔 ϕ15 深 9
127×90×85	320	295±0.2	120°±10′	4-ϕ9 沉孔 ϕ15 深 6
127×112×85			135°±10′	4-ϕ9 沉孔 ϕ15 深 9
127×72×73	340	316±0.2	73°±10′	4-ϕ9 沉孔 ϕ15 深 4
150×75×90	300	260±0.20	135°±10′	4-ϕ9 沉孔 ϕ15 深 8.5
150×72×90	320	270±0.2	135°±10′	4-ϕ9 沉孔 ϕ15 深 9
150×75×90				
150×91.5×95	332	294±0.2	140°±10′	4-ϕ9 沉孔 2-ϕ14 深 10
150×74×30	333	314±0.2	50.8°±10′	4-ϕ11 沉孔 ϕ16 深 18
152.4×96×98.43	315	267.5±0.2	140°±10′	4-ϕ10 沉孔 ϕ17 深 10.5

ICS 59.120.10
W 91

中华人民共和国纺织行业标准

FZ/T 92071—2009
代替 FZ/T 92071—2000

棉精梳机　分离辊

Comber for cotton—Detaching roller

2010-01-20 发布

2010-06-01 实施

中华人民共和国工业和信息化部　　发 布

前　言

本标准代替 FZ/T 92071—2000《棉精梳分离辊》。

本标准与 FZ/T 92071—2000 相比主要变化如下：

——增加分类及衬套型分离辊；

——调整了基本参数；

——提高了形位公差要求。

本标准由中国纺织工业协会提出。

本标准由全国纺织机械与附件标准化技术委员会归口。

本标准起草单位：无锡纺织机械研究所、如东纺织橡胶有限公司、安徽省潜山县八一纺织器材厂、经纬纺织机械股份有限公司榆次分公司。

本标准主要起草人：赵基平、吴国轩、肖国华、陈薇芬。

本标准所代替标准的历次版本发布情况为：

——FZ/T 92071—2000。

棉精梳机 分离辊

1 范围

本标准规定了棉精梳机分离辊的分类、标记、参数、要求、试验方法、检验规则、标志、包装、运输和贮存。

本标准适用于棉精梳机分离辊(以下简称分离辊)。

2 规范性引用文件

下列文件中的条款通过本标准的引用而成为本标准的条款。凡是注日期的引用文件,其随后所有的修改单(不包括勘误的内容)或修订版均不适用于本标准,然而,鼓励根据本标准达成协议的各方研究是否可使用这些文件的最新版本。凡是不注日期的引用文件,其最新版本适用于本标准。

GB/T 191 包装储运图示标志.

GB/T 531 橡胶袖珍硬度计压入硬度试验方法

GB/T 2828.1—2003 计数抽样检验程序 第 1 部分:按接受质量限(AQL)检索的逐批检验抽样计划

GB/T 18254 高碳铬轴承钢

FZ/T 90001 纺织机械产品包装

3 分类、标记和参数

3.1 分类

按结构分为包胶型(见图 1)、衬套型(见图 2)。

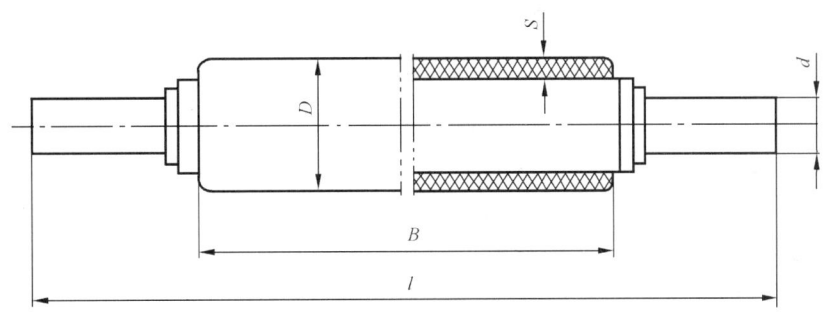

B——橡胶层宽度;

D——分离辊直径;

d——分离辊芯轴轴承档直径;

l——分离辊长度;

S——橡胶层厚度。

图 1 包胶型

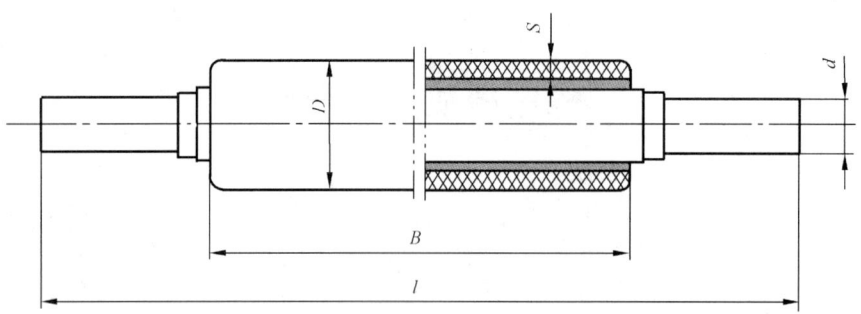

B——橡胶层宽度；

D——分离辊直径；

d——分离辊芯轴轴承档直径；

l——分离辊长度；

S——橡胶层厚度。

图 2　衬套型

3.2　标记

3.2.1　标记依次包括下列内容：

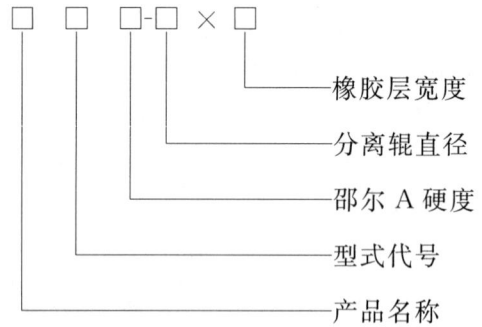

a)　产品名称："棉精梳机分离辊"。

b)　型式代号用大写字母表示,见表1。

表 1

项　目	包　胶　型	衬套型	
		铝管	胶管
型式代号	—	L	J

c)　邵尔 A 硬度,单位为 HA。

d)　分离辊直径,单位为毫米。

e)　橡胶层宽度,单位为毫米。

3.2.2　标记示例

示例1:包胶型,橡胶硬度为73 HA,分离辊直径为25 mm,橡胶层宽度为323 mm 的棉精梳机分离辊,其标记如下:

棉精梳机分离辊 73-25×323

示例2:铝衬套型,橡胶硬度为73 HA,分离辊直径为25 mm,橡胶层宽度为323 mm 的棉精梳机分离辊,其标记如下:

棉精梳机分离辊 L73-25×323

3.3　参数

见表2。

表 2 单位为毫米

项　　目	参　　数
橡胶层宽度 B	320~360
分离辊直径 D	24~27

注：d、l 及芯轴的其他尺寸,由用户提供。

4　要求

4.1　主要部位的尺寸极限偏差及形位公差

4.1.1　橡胶层宽度 B 的极限偏差±0.50 mm。

4.1.2　分离辊直径 D 的极限偏差 $^{+0.04}_{0}$ mm。

4.1.3　橡胶层工作表面对中心轴线径向圆跳动≤0.02 mm。

4.1.4　分离辊芯轴两端轴承档表面对分离辊中心轴线径向圆跳动≤0.01 mm。

4.1.5　橡胶层工作表面两端的直径差异≤0.03 mm。

4.2　分离辊芯轴

4.2.1　分离辊芯轴材料的机械性能不低于 GCr15 轴承钢。

4.2.2　分离辊芯轴轴承档的表面硬度 61 HRC~65 HRC。

4.2.3　分离辊芯轴轴承档直径 d 的公差为 h6。

4.2.4　分离辊芯轴轴承档的表面粗糙度 Ra0.8 μm。

4.2.5　分离辊芯轴轴端应保留中心孔。

4.3　橡胶层

4.3.1　橡胶层主体材料为丁腈橡胶。

4.3.2　橡胶层硬度 60 HA~75 HA。

4.3.3　橡胶层硬度的允许偏差为±3 HA。

4.3.4　同批分离辊橡胶层的硬度差异≤3 HA。

4.3.5　同根分离辊橡胶层的硬度差异≤2 HA。

4.3.6　橡胶层工作表面的表面粗糙度 Ra0.8 μm。

4.4　外观质量

4.4.1　分离辊精磨后的外表面胶质均匀、色泽一致,无气孔、砂眼、杂质和毛刺等缺陷。

4.4.2　分离辊橡胶层两端面应平整,两端应按规定倒角,且大小一致。

4.4.3　橡胶层运转中不得产生脱层和位移。

4.5　在正常生产条件下使用时,分离辊表面应不缠花。

5　试验方法

5.1　主要部位的尺寸极限偏差及形位公差(4.1)和分离辊芯轴轴承档直径 d(4.2.3),用通用量具检测。

5.2　芯轴材料(4.2.1),按 GB/T 18254 的规定检测。

5.3　芯轴轴承档表面硬度(4.2.2),用洛氏硬度计检测。

5.4　分离辊芯轴轴承档的表面粗糙度(4.2.4),用表面粗糙度仪检测。

5.5 橡胶层主体材料(4.3.1),应按相关规定进行检测。

5.6 橡胶层硬度(4.3.2~4.3.5),按 GB/T 531 规定的方法检测。

5.7 橡胶层工作表面的粗糙度(4.3.6),用表面粗糙度仪检测。

5.8 外观质量(4.4)和中心孔(4.2.5),感官检测。

5.9 分离辊表面抗缠绕性能(4.5),在正常生产条件下,感官检测。

6 检验规则

6.1 型式检验

6.1.1 当符合下列情况之一时应进行型式检验:

a) 新产品鉴定时;

b) 如结构、材料、工艺有较大改变,可能影响产品性能时;

c) 出厂检验结果与上次型式检验有较大差异时;

d) 第三方进行质量检验时。

6.1.2 检验项目:第 4 章。

6.2 出厂检验

6.2.1 产品经型式检验合格后,方可进行出厂检验。

6.2.2 产品由制造厂质检部门检验合格,并附有合格证方能出厂。

6.2.3 检验项目:4.1、4.3、4.4.1、4.4.2。

6.2.4 使用厂可按本标准的要求进行复验,若不符合本标准,应由制造厂负责处理。

6.3 抽样方法和判定规则

6.3.1 按 GB/T 2828.1—2003 确定抽样检验方案,采用正常检验一次抽样方案,从正常检验开始,选用一般检验水平Ⅰ,接收质量限(AQL)和不合格分类按表3。

表 3

检验项目	4.1.3~4.1.5、4.2、4.3、4.5	4.1.1、4.1.2	4.4
接收质量限(AQL)	4.0	6.5	10
不合格分类	B	C	C

6.3.2 样本经过检验,若每项不合格数均小于拒收数,则判定该样本符合标准要求;否则,判为不符合标准要求。

7 标志

包装箱的储运图示标志,应符合 GB/T 191 的规定。

238

8 包装、运输、贮存

8.1 产品包装应符合 FZ/T 90001 的规定。

8.2 在运输过程中,包装箱应按规定的位置起吊,规定的朝向放置,不得倾斜或改变方向。

8.3 在运输和贮存过程中,产品应避免阳光直射,雨雪浸淋,禁止与酸、碱、油类及有机溶剂等接触,并至少应距离热源 2 m 以上。

8.4 产品出厂后,在良好的防雨及通风的贮存条件下,包装箱内产品的防潮、防锈有效期为一年。

ICS 59.120.10
W 93

中华人民共和国纺织行业标准

FZ/T 92072—2006

气动加压摇架

Pneumatic pendulum arm

2006-07-10 发布　　　　　　　　　　2007-01-01 实施

中华人民共和国国家发展和改革委员会　　发 布

前　言

本标准由中国纺织工业协会提出。

本标准由全国纺织机械与附件标准化技术委员会归口。

本标准由中纺机电研究所、常德纺织机械有限公司、四川成发航空科技股份有限公司、日照裕华机械有限公司、西飞五龙股份合作公司负责起草。

本标准主要起草人：刘昌勇、赵吉波、朱杰、李岱、陈文龙。

气动加压摇架

1 范围

本标准规定了气动加压摇架的技术要求、试验方法、检验规则及产品的标志、包装、运输和贮存。

本标准适用于各类粗、细纱气动加压摇架。

2 规范性引用文件

下列文件中的条款通过本标准的引用而成为本标准的条款。凡是注日期的引用文件,其随后所有的修改单(不包括勘误的内容)或修订版均不适用于本标准,然而,鼓励根据本标准达成协议的各方研究是否可使用这些文件的最新版本。凡是不注日期的引用文件,其最新版本适用于木标准。

GB/T 191—2000 包装储运图示标志

FZ/T 90001 纺织机械产品包装

3 术语和定义

下列术语和定义适用于本标准。

3.1

间接式

摇架各加压元件通过杠杆分压间接从压缩气囊获得压力源。

3.2

直接式

摇架各加压元件直接与压缩气囊接触从而获得压力源。

4 技术要求

4.1 摇架的第一上罗拉轴线对第一下罗拉轴线的平行度应不大于表1规定值。

表 1
单位为毫米

摇架种类	细 纱		粗 纱	
适纺纤维类型	棉型	中长型(毛麻绢型)	棉型	中长型(毛麻绢型)
平行度	70 : 0.3	70 : 0.6	110 : 0.6	110 : 1.0

4.2 摇架的第一上罗拉轴线对第二上罗拉轴线的平行度应不大于表2规定值。

表 2
单位为毫米

摇架种类	细 纱			粗 纱		
适纺纤维类型	棉型	中长型	毛麻绢型	棉型	中长型	毛麻绢型
平行度	70 : 0.5	70 : 0.8	75 : 1.0	110 : 0.8	110 : 1.1	110 : 1.2

4.3 摇架的第一上罗拉轴线对第三上罗拉轴线的平行度应不大于表3规定值。

表 3
单位为毫米

摇架种类	细 纱		粗 纱	
适纺纤维类型	棉型	中长型(毛麻绢型)	棉型	中长型(毛麻绢型)
平行度	70 : 0.8	70 : 1.0	110 : 1.0	110 : 1.3

FZ/T 92072—2006

4.4 在规定工作位置及工作压强时,成套摇架加压压力偏差应符合表4规定值。

表 4　　　　　　　　　　　　　　　　　　　　　单位为牛顿

摇架种类		细　纱		粗　纱	
适纺纤维类型		棉型	中长型(毛麻绢型)	棉型	中长型(毛麻绢型)
压力偏差	间接式	$^{+0.10}_{-0.05}F$	$^{+0.15}_{-0.05}F$	$^{+0.10}_{-0.05}F$	$^{+0.15}_{-0.05}F$
	直接式	$^{+0.10}_{0}F$		$^{+0.10}_{0}F$	
注:F为摇架加压名义值。					

4.5 摇架在规定工作位置及工作压强时,卸压力应在30 N~80 N之间。

4.6 摇架在规定工作位置及工作压强时,相邻一套摇架加卸压导致的压力降低应符合表5规定值。

表 5　　　　　　　　　　　　　　　　　　　　　单位为牛顿

摇架种类		细　纱		粗　纱	
适纺纤维类型		棉型	中长型(毛麻绢型)	棉型	中长型(毛麻绢型)
压力降低	间接式		$^{0}_{-0.10}F$		
	直接式		$^{0}_{-0.02}F$		
注:F为摇架加压名义值。					

4.7 摇架在规定工作位置及工作压强时,压力动态波动应符合表6规定值。

表 6　　　　　　　　　　　　　　　　　　　　　单位为牛顿

摇架种类		细　纱		粗　纱	
适纺纤维类型		棉型	中长型(毛麻绢型)	棉型	中长型(毛麻绢型)
压力波动	间接式		$\pm0.1F$		
	直接式		$\pm0.05F$		
注:F为摇架加压名义值。					

4.8 摇架在规定工作位置及工作压强时,整体卸压后再加压导致的单套摇架的压力降低应符合表7的规定值。

表 7　　　　　　　　　　　　　　　　　　　　　单位为牛顿

摇架种类		细　纱		粗　纱	
适纺纤维类型		棉型	中长型(毛麻绢型)	棉型	中长型(毛麻绢型)
压力降低	间接式		$^{0}_{-0.25}F$		
	直接式		$^{0}_{-0.02}F$		
注:F为摇架加压名义值。					

4.9 摇架的外露表面不应有伤痕、锈蚀、镀层(涂层)露底、色泽不均匀等缺陷。

4.10 摇架不应有因制造原因出现的缺损件。

5 试验方法

5.1 试验时,工作压强为压强名义值,工作位置为前上罗拉调整到规定压力范围内的位置。

5.2 第4.1条的平行度测量在专用测试台上进行,用专用测量工具在罗拉座倾斜角方向测量(见图1),对于四罗拉结构的摇架,测量主牵伸区输出上下罗拉(见图2)。

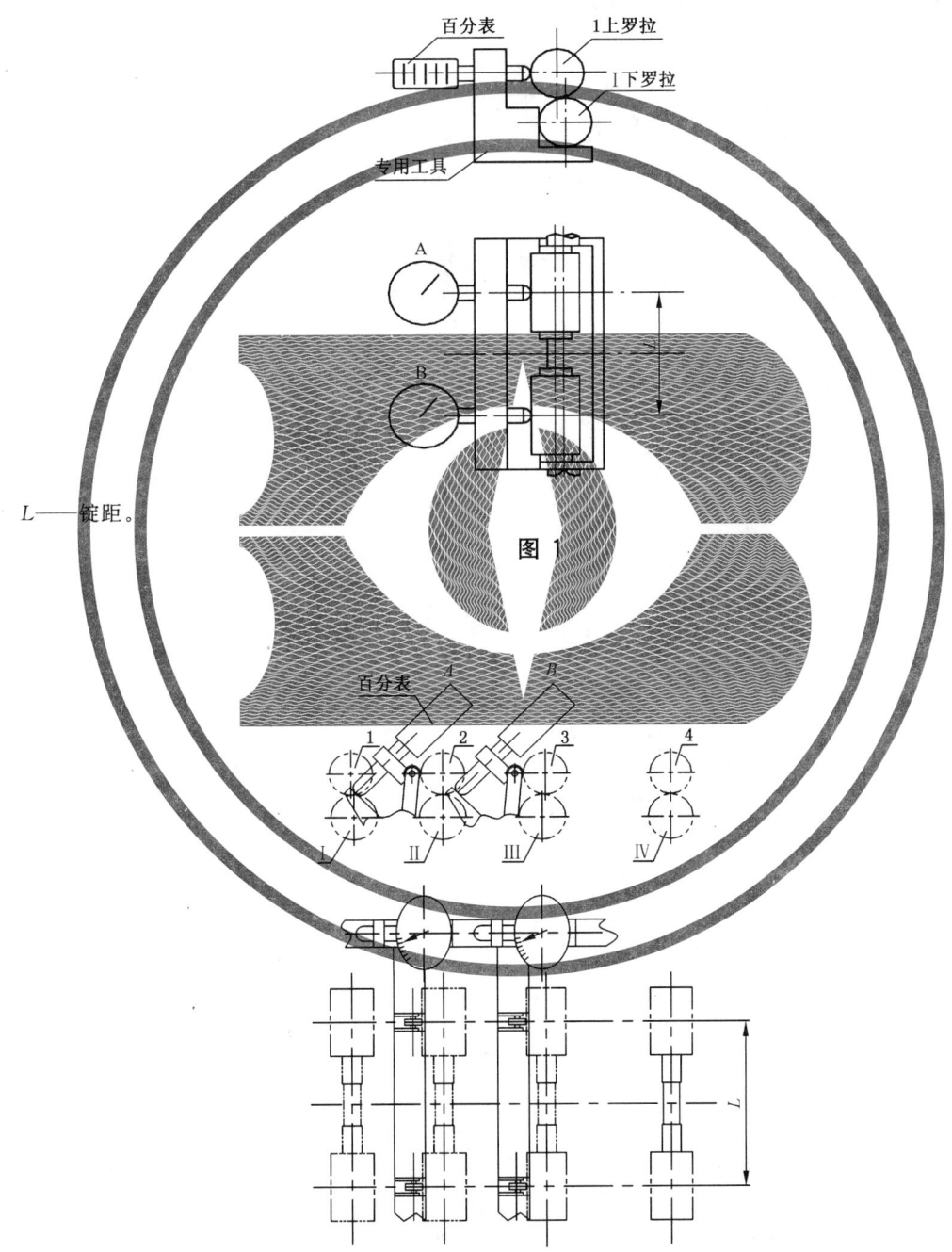

L——锭距。

图 1

图 2

A、*B*——主牵伸区两上罗拉测量的读数;
  L——锭距。

5.3 4.2、4.3的平行度测量在专用测试台上进行。用专用测量工具（或游标卡尺）测量（见图3），对于四罗拉结构的摇架，测量主牵伸区的一对上罗拉（用专用测量工具见图2，用游标卡尺测量见图4）。游标卡尺的分度值:0.02 mm。当对测量结果有异议时,以用专用测量工具所测量的结果为依据。

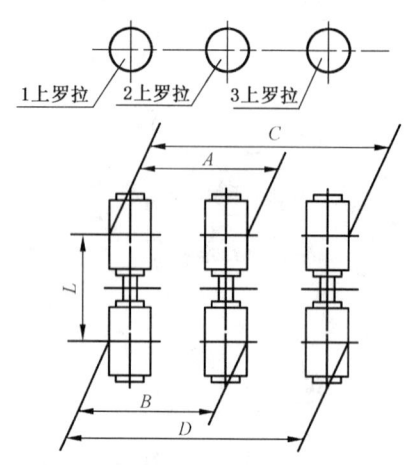

L——锭距。
A、B、C、D——测量的读数。

图 3

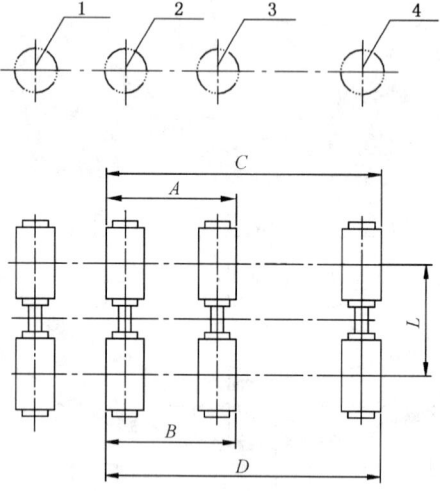

A、B、C、D——测量的读数；
　　　　L——锭距。

图 4

5.4 4.4成套摇架加压压力偏差的测量,应在专用测试台上,在规定的工作压强下采用经国家二级以上计量单位检定合格的专用测压仪进行(测量用上罗拉直径,采用摇架上罗拉设计值)。

5.5 4.5摇架卸压力的测量,在专用测试台或主机上采用标准管形测力计测量(见图5)或采用专用推力测力计测量(见图6)。

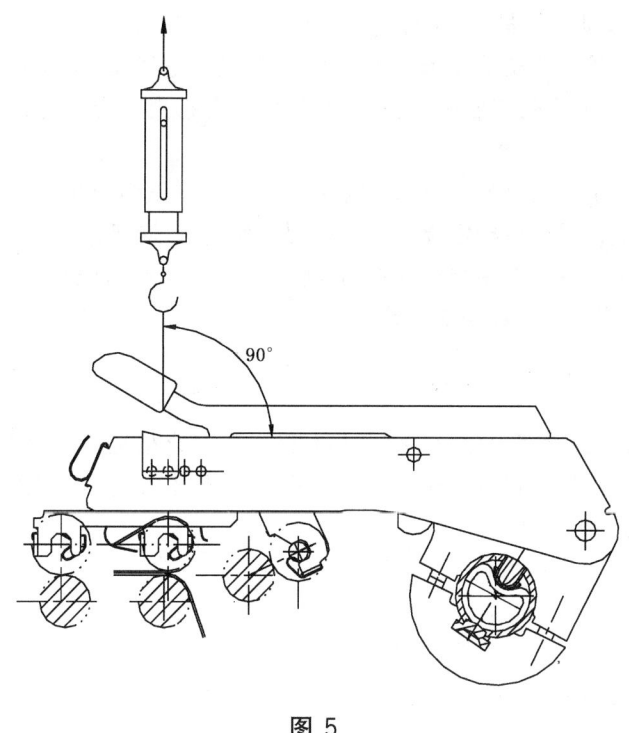

图 5

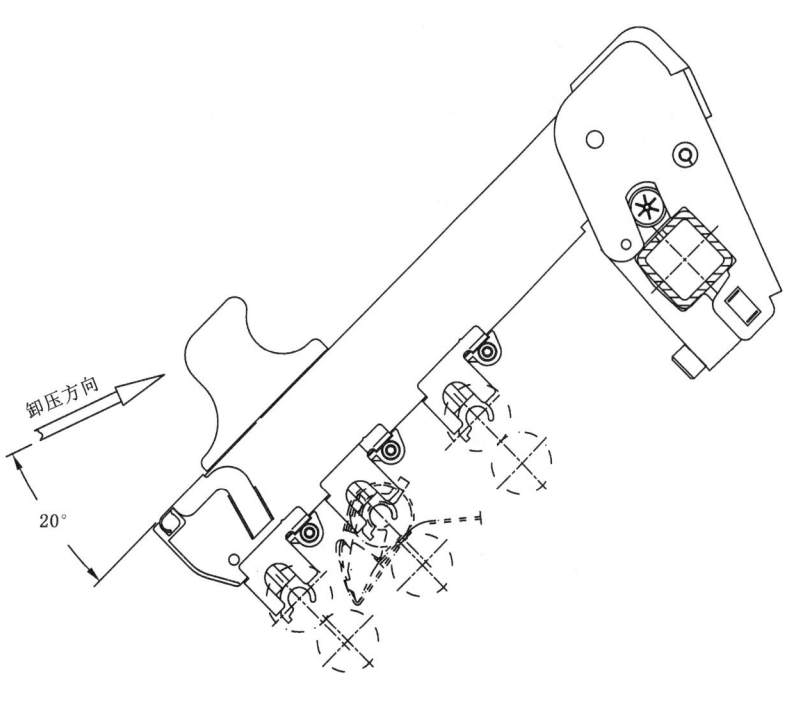

图 6

5.6 4.6 相邻摇架影响压力降的测量,应在规定的工作压强及工作位置时,在专用测试台或主机上采用经国家二级以上计量单位检定合格的专用测压仪进行(测量用上罗拉直径,采用摇架上罗拉设计值),测量任意一套摇架并保持专用测压仪不动,掀起其相邻的一套摇架并加压,读出专用测压仪的数据变化量。

5.7 4.7 摇架压力动态波动的测量,应在规定的工作压强及工作位置时,在专用测试台或主机上采用经国家二级以上计量单位检定合格的专用测压仪进行(测量用上罗拉直径,采用摇架上罗拉设计值),被测罗拉圆跳动小于 0.05 mm 且处于工作状态,测量任意一套摇架并保持专用测压仪不动,读出专用测压仪的数据变化量。

5.8 4.8 摇架整车卸压加压后压力降的测量,应在规定的工作压强及工作位置时,在专用测试台或主机上采用经国家二级以上计量单位检定合格的专用测压仪进行(测量用上罗拉直径,采用摇架上罗拉设计值),测量任意一套摇架并保持专用测压仪不动,将整台车集体卸压(放气)再加压(送气)并保持前后工作压强不变,读出专用测压仪的数据变化量。

6 检验规则

6.1 摇架需经制造厂质量检验部门检验合格并出具产品质量合格证后方能出厂。

6.2 产品出厂一年内,使用厂有权按本标准复查产品,当发现不符合本标准规定的项目时,由制造厂会同使用厂研究进行处理。

7 标志、包装、运输和贮存

7.1 标志

包装贮运图示标志按 GB/T 191 的规定。

7.2 包装

产品的包装按 FZ/T 90001 的规定。

7.3 运输

产品在运输过程中,包装箱应按规定的朝向安置,不得倾倒或改变方向。

7.4 贮存

产品自出厂之日起,在良好的防雨及通风的贮存条件下,包装箱内的零件防潮、防锈有效期为一年。

ICS 59.120.10
W 93

中华人民共和国纺织行业标准

FZ/T 92081—2014

板 簧 加 压 摇 架

Spinning leaf spring pendulum arms

2014-05-06 发布

2014-10-01 实施

中华人民共和国工业和信息化部　　发 布

前　言

本标准按照 GB/T 1.1—2009 给出的规则起草。

本标准由中国纺织工业联合会提出。

本标准由全国纺织机械与附件标准化技术委员会纺纱、染整机械分技术委员会(SAC/TC 215/SC 1)归口。

本标准起草单位:常德纺织机械有限公司、常州市同和纺织机械制造有限公司、国家纺织机械质量监督检验中心、常德市恒天纺织机械有限公司、台州恒生纺机有限公司、合肥鹏通电子科技有限公司。

本标准主要起草人:李瑞芬、俞宏图、唐国新、石正新、王霄、崔群海、张玉红。

板 簧 加 压 摇 架

1 范围

本标准规定了板簧加压摇架(以下简称"摇架")的分类和标记、要求、试验方法、检验规则、标志、包装、运输和贮存。

本标准适用于环锭纺的细纱机、粗纱机的板簧加压摇架。

2 规范性引用文件

下列文件对于本文件的应用是必不可少的。凡是注日期的引用文件,仅注日期的版本适用于本文件。凡是不注日期的引用文件,其最新版本(包括所有的修改单)适用于本文件。

GB/T 191 包装储运图示标志

FZ/T 90001 纺织机械产品包装

3 分类和标记

3.1 分类

按用途分为细纱摇架和粗纱摇架。

3.2 标记

3.2.1 标记内容

标记依次包含以下内容:

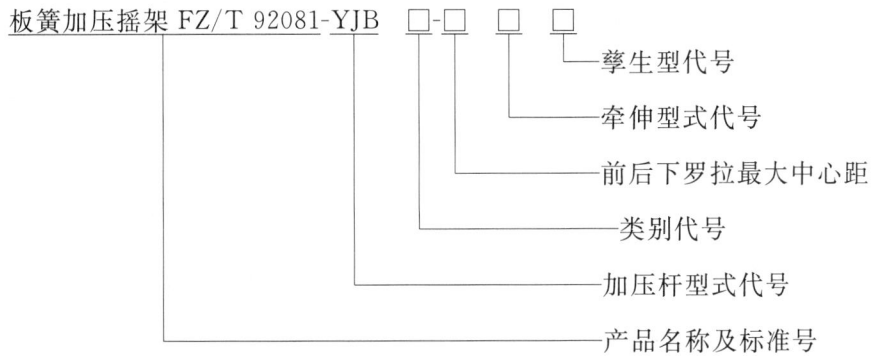

a) 产品名称及标准号,为"板簧加压摇架 FZ/T 92081";

b) 加压杆型式代号,板簧式加压杆用中文大写字母"YJB"表示;

c) 类别代号,用中文大写字母"X"表示细纱摇架、用"C"表示粗纱摇架;

d) 前后下罗拉最大中心距,用阿拉伯数字表示,单位为毫米;

e) 牵伸型式代号,见表1;

FZ/T 92081—2014

表 1

牵伸型式		代号
三罗拉	直线型	—
	曲线型（V）	V
四罗拉直线型		×4

f) 摇架孪生型代号，用英文大写字母表示（I、O、V 除外）。

注：本标记可用于技术文件、货物订单等场合。用于产品代码时，可省略产品名称及标准号。

3.2.2 标记示例

示例1：细纱机用的板簧加压摇架前后最大中心距为 142 mm、三罗拉 V 型牵伸，孪生 A 型，其标记为：

板簧加压摇架 FZ/T 92081-YJBX-142VA

示例2：粗纱机用的板簧加压摇架前后最大中心距为 190 mm、四罗拉直线型牵伸，其标记为：

板簧加压摇架 FZ/T 92081-YJBC-190×4

4 要求

4.1 摇架握持档的平行度

4.1.1 主牵伸区的第一上罗拉轴线对其下罗拉轴线的平行度应符合表2的规定。

表 2 单位为毫米

项 目	公 差		
	细纱摇架		粗纱摇架
	棉型	毛麻绢型	棉型
平行度 t	0.20/70	0.40/75	0.40/110

注：表中 70、75、110 为相关类型摇架的主牵伸区上罗拉或下罗拉的平行度基准长度 L 值，并以摇架握持档的中心线为中点（见图1、图2）。

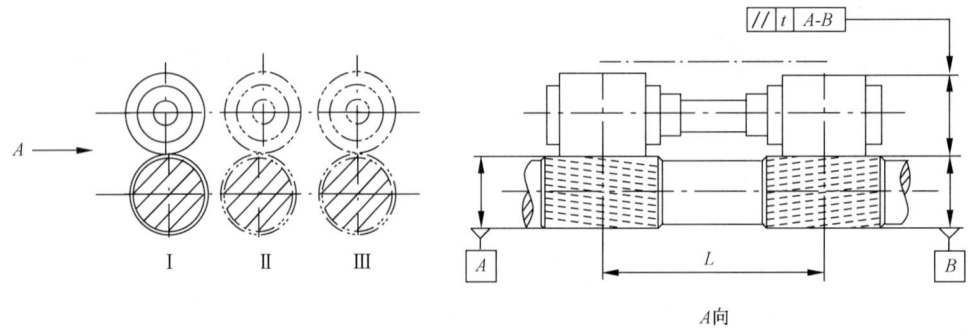

注：I 与 II 罗拉之间为主牵伸区。

图 1

252

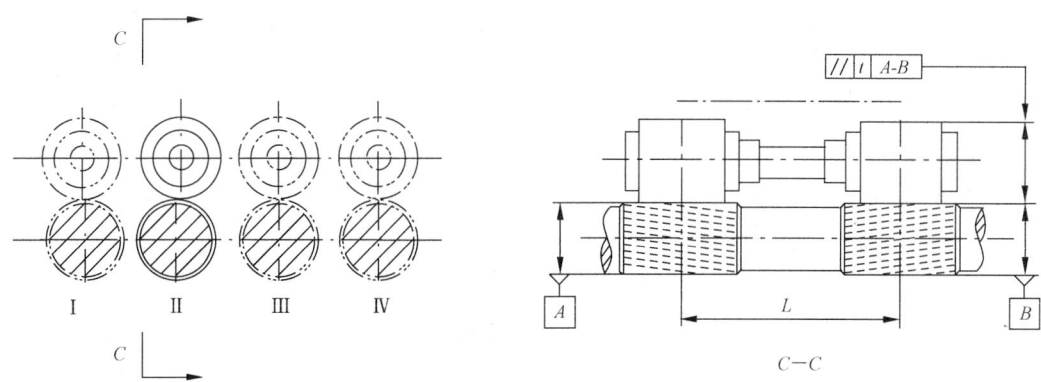

注：Ⅱ与Ⅲ罗拉之间为主牵伸区。

图2

4.1.2 主牵伸区的第二上罗拉轴线对第一上罗拉轴线的平行度应符合表3的规定。

表3
单位为毫米

项　目	公　差		
	细纱摇架		粗纱摇架
	棉型	毛麻绢型	棉型
平行度 t	0.40/70	0.60/75	0.60/110
注：表中70、75、110为相关类型摇架的主牵伸区上罗拉或下罗拉的平行度基准长度 L 值，并以摇架握持档的中心线为中点(见图3)。			

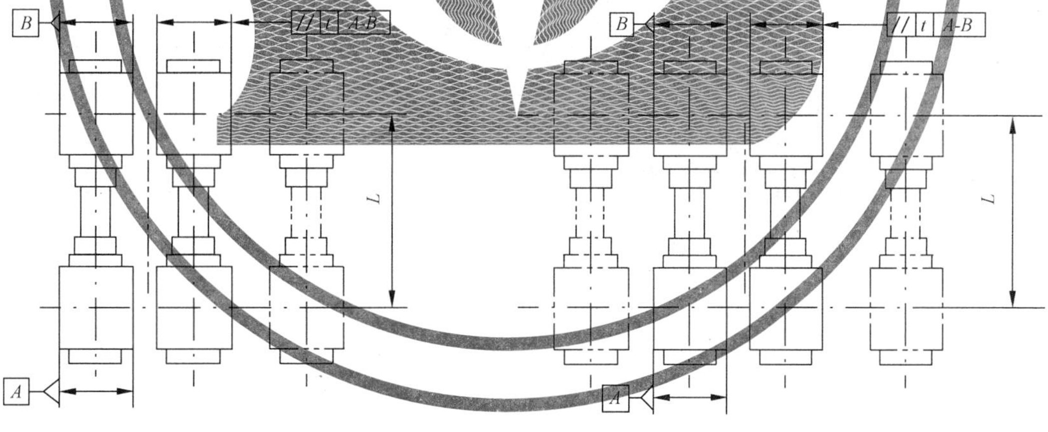

图3

4.1.3 其余各上罗拉轴线对主牵伸区的第一上罗拉轴线的平行度应符合表4的规定。

表4
单位为毫米

项　目	公　差		
	细纱摇架		粗纱摇架
	棉型	毛麻绢型	棉型
平行度 t	0.45/70	0.70 /75	0.70/110
注：表中70、75、110为相关类型摇架的主牵伸区上罗拉或下罗拉的平行度基准长度 L 值，并以摇架握持档的中心线为中点(见图4)。			

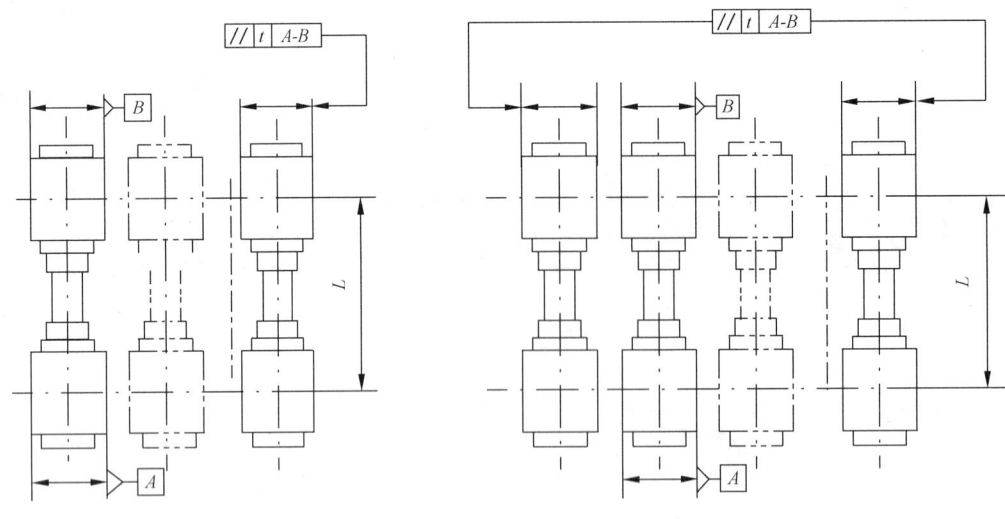

图 4

4.2 成套摇架加压压力

成套摇架加压压力应符合表 5 的规定。

表 5

项 目	极 限 偏 差		
	细纱摇架		粗纱摇架
	棉型	毛麻绢型	棉型
压力	$^{+0.05}_{0}F^a$	$^{+0.08}_{0}F^a$	
^a F 为在规定工作位置时,摇架加压名义值。			

4.3 成套摇架卸压力

成套摇架卸压力应符合表 6 的规定。

表 6   单位为牛顿

项 目	细纱摇架		粗纱摇架
	棉型	毛麻绢型	棉型
卸压力	30～60		

4.4 摇架制造质量

4.4.1 摇架不应有缺件及因制造原因引起的损坏件。

4.4.2 摇架锁紧机构应自锁可靠、稳定。

4.4.3 摇架夹簧握持力不大于 45 N。

4.4.4 摇架各压力档标识应清晰。

4.5 摇架外观质量

摇架的外露表面应光滑,无毛刺、锈蚀、镀层(或涂层)露底、伤痕和色泽明显差异等缺陷。

5 试验方法

5.1 摇架安装在测试台上,按产品说明书的要求配置上罗拉,上罗拉的握持档直径精度等级不低于 h7级,两胶辊的同轴度不大于 φ0.02 mm。按测试台的下罗拉参数调节上罗拉隔距,将摇架的工作压力调至最大值,开机运转时间不少于 30 s 后进行平行度和卸压力的检验。

5.2 摇架主牵伸区的第一上罗拉轴线对其下罗拉轴线的平行度(4.1.1),用平行度量规进行测量,平行度误差为百分表 1 与 2 的示值差。Ⅰ与Ⅱ罗拉之间为主牵伸区的测量见图 5 a),Ⅱ与Ⅲ罗拉之间为主牵伸区的测量见图 5 b)。

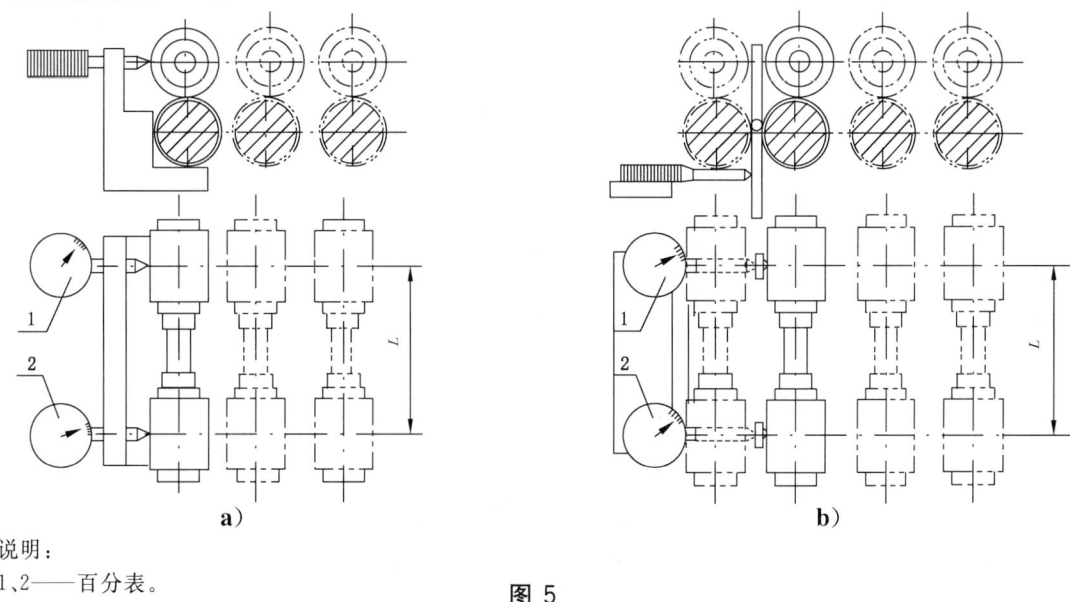

说明:
1、2——百分表。

图 5

5.3 摇架主牵伸区的第二上罗拉轴线对第一上罗拉轴线的平行度(4.1.2),用平行度量规或游标卡尺测量。用平行度量规测量见图 6 a),平行度误差为杠杆百分表 1 与 2 的示值差。用游标卡尺测量时,分别测量如图 6 b)所示的 l_1、l_1' 长度值,l_1、l_1' 的差值,即为平行度误差。

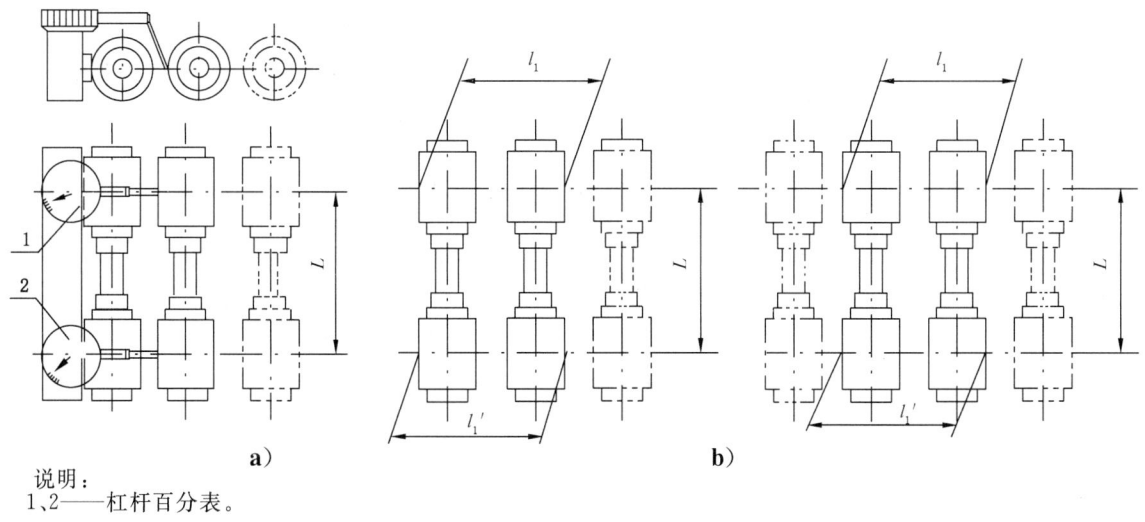

说明:
1、2——杠杆百分表。

图 6

5.4 其余上罗拉轴线对主牵伸区第一上罗拉轴线的平行度(4.1.3),用游标卡尺分别测量图 7 中所示的

l_1、l_1'、l_{n1}、l_{n1}'、l_{ni}、l_{ni}'长度值,其各区对应长度的差值即为平行度误差。Ⅰ与Ⅱ罗拉之间为主牵伸区的测量见图7 a),Ⅱ与Ⅲ罗拉之间为主牵伸区的测量见图7 b)。

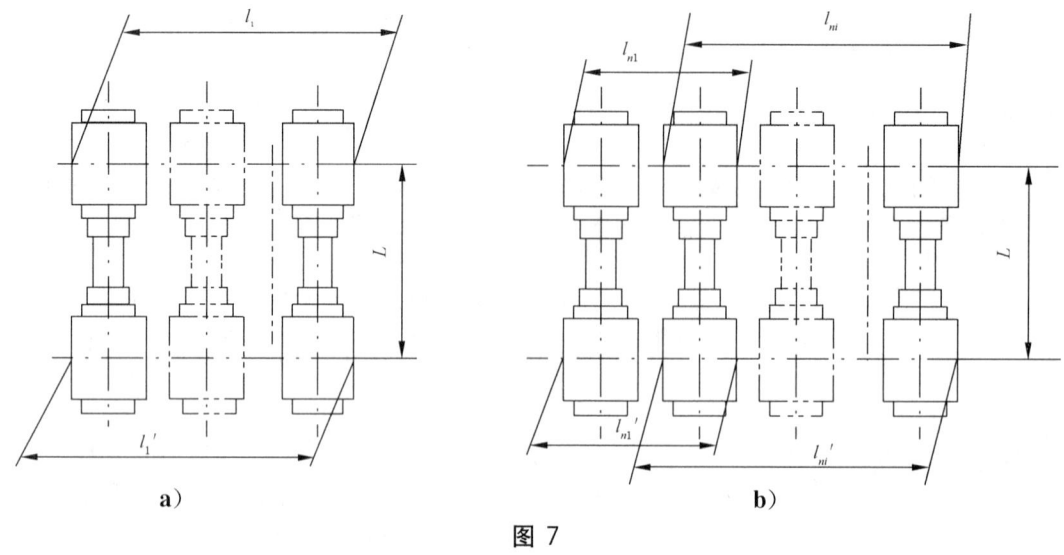

a)

b)

图 7

5.5 成套摇架加压压力(4.2),用弹簧拉压试验机或摇架测力仪测量(上罗拉按摇架设计要求配置)。

5.6 成套摇架卸压力(4.3),将摇架各档压力调至最小值,用测力计测量,见图8。

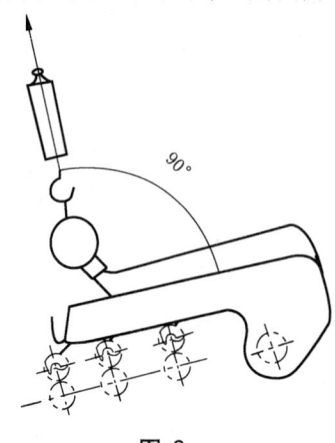

图 8

5.7 摇架锁紧机构(4.4.2),用不大于30 N的力向上拉手柄,不发生意外释压现象。

5.8 摇架夹簧握持力(4.4.3),在上罗拉握持档两侧的轴颈处挂两根拉绳,用测力计或砝码吊重测量见图9 a)。其力(P)的方向与握持座顶面垂直,砝码吊重时握持座顶面呈水平位置,见图9 b)。

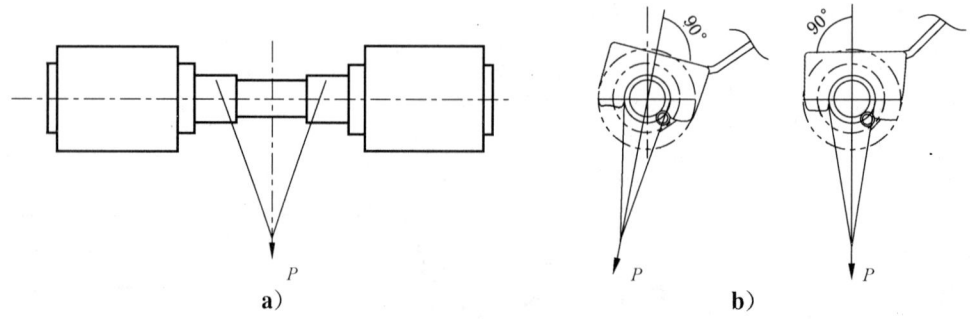

a)

b)

图 9

5.9 其余项目,感官检验。

6 检验规则

6.1 型式检验

6.1.1 在下列情况之一时,应进行型式检验:

    a) 新产品投产鉴定时;

    b) 结构、工艺、材料有较大改变时;

    c) 产品停产两年以上,恢复生产时;

    d) 正常生产定期或积累一定的产量时;

    e) 第三方进行质量检验时。

6.1.2 检验项目:第4章。

6.2 出厂检验

6.2.1 产品经生产企业的质量检验部门检验,并附有质量合格证。

6.2.2 检验项目:第4章。

6.3 抽样方法和判定规则

6.3.1 检验样本采取随机抽样,样品数量50套,检验项目及合格率见表7。

表 7

检验项目	标准章条号	样品数量 套	合格率 %
主牵伸区第一上罗拉轴线对下罗拉轴线的平行度	4.1.1		
主牵伸区第二上罗拉轴线对第一上罗拉轴线的平行度	4.1.2	50 成套	≥96
其他上罗拉轴线对主牵伸区第一上罗拉轴线的平行度	4.1.3		
成套摇架卸压力	4.3		
成套摇架加压压力	4.2	50	≥98
摇架的缺损件	4.4.1	50	100
摇架自锁机构	4.4.2	50	100
摇架夹簧握持力	4.4.3	50 单项	≥98
摇架各压力档标识	4.4.4	50	100
摇架外观质量	4.5	50	≥96

6.3.2 样本经检验,成套和单项合格率均达到本标准的规定,则判定该样本符合标准要求。反之,判定该样本不符合标准要求。

6.4 其他

用户在安装、调整过程中,发现产品有不符合本标准要求时,由生产企业会同用户共同处理。

7 标志

7.1 摇架上标识产品标记和企业标志。

7.2 包装储运图示标志按 GB/T 191 的规定。

8 包装、运输及贮存

8.1 产品包装应符合 FZ/T 90001 的规定,包装箱内附有合格证和说明书。

8.2 产品在运输过程中,包装箱按规定的朝向安置,不得倾倒或改变方向。

8.3 产品自出厂之日起,在良好的防雨、通风贮存条件下,包装箱内的零件防锈、防潮有效期自出厂之日起一年。

ICS 59.120.10
W 93

中华人民共和国纺织行业标准

FZ/T 93001—2012
代替 FZ/T 93001—1991

粗 纺 梳 毛 机

Woolen carding machines

2012-05-24 发布
2012-11-01 实施

中华人民共和国工业和信息化部　　发 布

前　　言

本标准按照 GB/T 1.1—2009 给出的规则起草。

本标准代替 FZ/T 93001—1991《分条式梳毛机》。

本标准与 FZ/T 93001—1991 相比,主要差异如下:

——修改了标准名称,由"分条式梳毛机"改为"粗纺梳毛机";

——修改了适用范围(见第 1 章);

——增加了 GB 5226.1—2008 等引用标准(见第 2 章);

——修改了过桥型式、出条头数、台时产量、主电机功率等参数(见表 1);

——提高了锡林筒体外圆对公共轴线的径向圆跳动公差:当锡林宽度为 1 550 mm 时,由 0.10 mm
提高为 0.06 mm;当锡林宽度为 2 000 mm 时,由 0.15 mm 提高为 0.08 mm(见 4.3.1.1);

——提高了道夫筒体外圆对公共轴线的径向圆跳动公差:当锡林宽度为 1 550 mm 时,由 0.12 mm
提高为 0.06 mm;当锡林宽度为 2 000 mm 时,由 0.125 mm 提高为 0.08 mm(见 4.3.2.1);

——提高了风轮筒体外圆对公共轴线的径向圆跳动公差:当锡林宽度为 1 550 mm 时,由 0.12 mm
提高为 0.06 mm;当锡林宽度为 2 000 mm 时,由 0.125 mm 提高为 0.08 mm(见 4.3.3.1);

——增加了检验规则的内容(见第 6 章);

——其他编辑性修改。

本标准由中国纺织工业联合会提出。

本标准由全国纺织机械与附件标准化技术委员会(SAC/TC 215)归口。

本标准由青岛东佳纺机(集团)有限公司、浙江恒强科技股份有限公司、胶南市明天纺织机械厂、中
国纺织机械器材工业协会负责起草。

本标准主要起草人:单宝坤、李岱、胡军祥、王连胜。

本标准所代替标准的历次版本发布情况为:

——FJ/JQ 150—1988;

——FZ/T 93001—1991。

粗 纺 梳 毛 机

1 范围

本标准规定了粗纺梳毛机的型式及基本参数、要求、试验方法、检验规则及标志、包装、运输和贮存。

本标准适用于羊毛及特种动物纤维、化学纤维的纯纺或混纺,制成一定细度粗纱的粗纺梳毛机。绢纺梳绵机亦可参照使用。

2 规范性引用文件

下列文件对于本文件的应用是必不可少的。凡是注日期的引用文件,仅注日期的版本适用于本文件。凡是不注日期的引用文件,其最新版本(包括所有的修改单)适用于本文件。

GB/T 191 包装储运图示标志

GB 755 旋转电机 定额和性能

GB 5226.1—2008 机械电气安全 机械电气设备 第1部分:通用技术条件

GB/T 7111.1 纺织机械噪声测试规范 第1部分:通用要求

GB/T 7111.2 纺织机械噪声测试规范 第2部分:纺前准备和纺部机械

GB/T 10097 纺织机械与附件 精纺、粗纺梳毛机锡林宽度和钎布宽度

GB/T 19383 纺纱机械 梳毛机用搓条胶板主要尺寸和标记

FZ/T 90001 纺织机械产品包装

FZ/T 90074 纺织机械产品涂装

FZ/T 90089.1 纺织机械铭牌 型式、尺寸及技术要求

FZ/T 90089.2 纺织机械铭牌 内容

FZ/T 93038 梳理机用齿条

3 型式及基本参数

型式及基本参数见表1。

表1

项 目	型式和参数	
机器型式	上行半周式	
过桥型式	二联单过桥、三联单或双过桥、四联单或双过桥	
喂入型式	机械称重式、电子称重式	
锡林宽度 mm	1 550	2 000
适纺线密度 tex(Nm)	41.7~1 000(24~1)	

表 1（续）

项　目	型式和参数			
锡林转速 r/min	80～130			
道夫转速 r/min	1～10			
斩刀速度 次/min	800～2 000			
喂入次数 次/min	1～3.5			
喂入重量 g/次	150～400		200～500	
出条速度 m/min	15～25			
出条头数	80～144		96～192	
搓条皮板层数	4			
台时产量 kg/h	8～50			
主电机额定功率 kW	二联≤10	三联、四联≤15	二联≤18.5	三联、四联≤22
搓条皮板规格	按 GB/T 19383 的规定			
注：锡林宽度按 GB/T 10097 的规定。				

4　要求

4.1　外观

4.1.1　产品的外表面应平整、光滑、接缝平齐，紧固件需经表面处理。

4.1.2　表面经镀覆或化学处理的零件，色泽应一致，保护层不应有脱落或露底现象。

4.1.3　各类电线、管路的外露部分应排列整齐，安置牢固。

4.1.4　产品的涂装应符合 FZ/T 90074 的规定。

4.2　喂入系统

4.2.1　喂入帘子运行正常，无明显跑偏和停顿现象。

4.2.2　喂毛斗机架振幅≤0.2 mm。

4.2.3　喂毛斗的喂入重量不匀率：机械称重式≤3％，电子称重式≤2％。

4.3　梳理系统

4.3.1　锡林结合件

4.3.1.1　筒体外圆对公共轴线的径向圆跳动公差：当宽度为 1 550 mm 时≤0.06 mm；宽度为 2 000 mm

时≤0.08 mm。

4.3.1.2 转速为 280 r/min 时校动平衡,平衡品质等级为 G2.5。

4.3.2 道夫结合件

4.3.2.1 筒体外圆对公共轴线的径向圆跳动公差:当宽度为 1 550 mm 时≤0.06 mm;宽度为 2 000 mm 时≤0.08 mm。

4.3.2.2 校静平衡,平衡品质等级为 G6.3。

4.3.3 风轮结合件

4.3.3.1 筒体外圆对公共轴线的径向圆跳动公差:当宽度为 1 550 mm 时≤0.06 mm;宽度为 2 000 mm 时≤0.08 mm。

4.3.3.2 转速为 600 r/min 时校动平衡,平衡品质等级为 G2.5。

4.3.4 斩刀结合件

4.3.4.1 斩刀口直线度公差:当宽度为 1 550 mm 时≤0.10 mm;宽度为 2 000 mm 时≤0.12 mm。

4.3.4.2 斩刀片平面度公差(离齿尖 10 mm 处):当宽度为 1 550 mm 时≤0.10 mm;宽度为 2 000 mm 时为≤0.12 mm。

4.3.4.3 齿部光滑,无毛刺。

4.3.4.4 校静平衡,平衡品质等级为 G6.3。

4.3.5 锡林机架

振幅≤0.12 mm。

4.3.6 斩刀油箱(机械斩刀)

4.3.6.1 无漏油现象。

4.3.6.2 斩刀速度为设计最高速时,箱体温升≤25 ℃。

4.3.7 辊子隔距

全机辊子隔距左右需均匀,转动无异响。

4.4 搓条成卷系统

4.4.1 搓条装置机架振幅≤0.20 mm。

4.4.2 两大分割辊轴平行度公差≤0.20 mm。

4.4.3 直立轴回转灵活,无松紧感。

4.5 传动系统

4.5.1 全机各传动机构运转平稳,无异常振动和声响。

4.5.2 全机各辊的运行速度需达到设计的正常运行速度,速比稳定。

4.5.3 全机各轴承润滑情况良好,滚动轴承外壳温升≤20 ℃,滑动轴承外壳温升≤25 ℃。

4.5.4 全机其余各帘子运行平稳,不得跑偏。

4.6 安全防护

4.6.1 全机防护罩壳安装位置准确,牢固可靠;安全警示标示醒目。

4.6.2 电气部分保护接地电路的连续性应符合 GB 5226.1—2008 中 18.2.2 的规定。

4.6.3 电气部分的绝缘性能应符合 GB 5226.1—2008 中 18.3 的规定。

4.6.4 电气部分的耐压性能应符合 GB 5226.1—2008 中 18.4 的规定。

4.6.5 电动机的安全性能应符合 GB 755 的有关规定。

4.7 噪声

发射声压级≤84 dB(A)。

4.8 功率消耗

主电机输入功率≤额定功率的 70%。

4.9 毛网质量

毛网应清晰、均匀,无明显云斑。

4.10 配套的齿条

应符合 FZ/T 93038 的有关规定。

5 试验方法

5.1 检测方法

5.1.1 4.1.1~4.1.3、4.2.1、4.3.4.3、4.3.6.1、4.4.3、4.5.1、4.5.4、4.6.1、4.9 用目测、耳听、手感法检测。

5.1.2 4.1.4 按 FZ/T 90074 的有关规定检测。

5.1.3 4.2.2 用测振仪在机架中部离地面 1 m 处检测。

5.1.4 4.2.3 用精度为 1 mg 的电子天平以每斗称重法检测,连续称重 20 次;每次称重在设定重量为 200 g、喂入周期为 25 s~30 s 的条件下按式(1)计算喂入重量不匀率。

$$H = \frac{2(q - q_1)n_1}{qn} \times 100\% \qquad\qquad\cdots\cdots\cdots\cdots\cdots\cdots\cdots\cdots(1)$$

式中:

H ——喂入重量不匀率,%;

q ——试验总次数的平均重量,单位为克(g);

q_1 ——平均重量以下的平均喂入量,单位为克(g);

n_1 ——平均重量以下的试验次数;

n ——试验总次数。

5.1.5 4.3.1.1、4.3.2.1、4.3.3.1、4.4.2 用百分表检测。

5.1.6 4.3.1.2、4.3.3.2 用硬支承动平衡机检测。

5.1.7 4.3.2.2、4.3.4.4 用静平衡支架检测。

5.1.8 4.3.4.1 用刀口尺与塞尺检测。

5.1.9 4.3.4.2 用塞尺检测。

5.1.10 4.3.5、4.4.1 用测振仪在各自机架上部检测。

5.1.11 4.3.6.2、4.5.3 用点温计在斩刀箱体外壳及轴承外壳检测。

5.1.12 4.3.7 用隔距片检测。

5.1.13 4.5.2 用转速表检测。

5.1.14　4.6.2 用接地电阻测试仪检测。

5.1.15　4.6.3 用兆欧表检测。

5.1.16　4.6.4 用耐压试验仪检测。

5.1.17　4.6.5 按 GB 755 的相关规定检测。

5.1.18　4.7 按 GB/T 7111.1、GB/T 7111.2 规定的方法检测。

5.1.19　4.8 用三相功率表检测。

5.1.20　4.10 按 FZ/T 93038 规定的方法检测。

5.2　空车运转试验

5.2.1　试验条件

5.2.1.1　试验速度:锡林转速 110 r/min~120 r/min。

5.2.1.2　运转时间>2 h。

5.2.2　检验项目

　　4.1、4.2.1、4.2.2、4.3~4.8。

5.3　工作负荷试验

5.3.1　试验条件

5.3.1.1　应符合毛纺厂工艺要求的温湿度。

5.3.1.2　适纺线密度为 100 tex(10 Nm)。

5.3.1.3　在使用厂正常运转一周后进行。

5.3.2　检验项目

　　4.2.3、4.9。

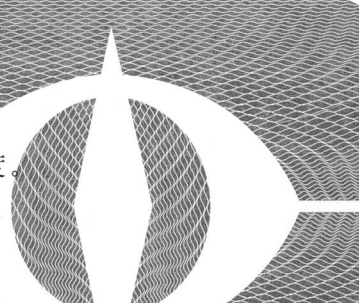

6　检验规则

6.1　组批及抽样方法

6.1.1　组批

　　由相同生产条件下生产的同一规格(型号)的产品组成一批。

6.1.2　抽样方法

6.1.2.1　出厂检验

　　在每批中随机抽取 1 台。

6.1.2.2　型式检验

　　在出厂检验合格的产品中抽取 1 台。

6.2　检验分类

　　检验分出厂检验和型式检验。

6.2.1 出厂检验

6.2.1.1 出厂检验项目为本标准的 4.1、4.2.1、4.2.2、4.3～4.6、4.8。

6.2.1.2 每台产品须经制造厂质量检验部门按本标准检验合格后方可出厂,并附有产品质量合格证。

6.2.2 型式检验

6.2.2.1 型式检验项目为本标准第 4 章规定的全部内容。

6.2.2.2 在下列情况之一时,应进行型式检验:
——新产品或老产品转厂生产的试制定型鉴定;
——正式生产后,产品的结构、材料、工艺有较大改变,可能影响产品性能时;
——出厂检验结果与上次型式检验有较大差异时;
——产品停产一年以上,恢复生产时;
——国家有关部门提出进行型式检验要求时。

6.3 判定规则

6.3.1 出厂检验

检验结果如有两项及两项以上指标不符合本标准要求时,判定整批产品不合格;有一项指标不符合本标准要求时,允许重新取样进行复验,如复验结果仍不符合本标准技术指标的要求,则判定整批产品为不合格。

6.3.2 型式检验

检验结果如有一项及一项以上指标不符合本标准要求时,则判定产品为不合格。

6.4 其他

使用厂在安装调试产品过程中发现不符合本标准时,由制造厂会同使用厂协商处理。

7 标志、包装、运输和贮存

7.1 标志

7.1.1 包装储运图示标志按 GB/T 191 的规定。

7.1.2 产品铭牌按 FZ/T 90089.1 和 FZ/T 90089.2 的规定。

7.2 包装

产品包装按 FZ/T 90001 的规定。

7.3 运输

产品在运输过程中应按规定的起吊位置起吊,包装箱应按规定朝向安置,不得倾倒或改变方向。

7.4 贮存

产品出厂后,在有良好防雨、防腐蚀及通风的贮存条件下,包装箱内的机件防潮、防锈有效期为一年。

ICS 59.120.10
W 93

中华人民共和国纺织行业标准

FZ/T 93013—2012
代替 FZ/T 93013—1992

精梳毛纺环锭细纱机

Wool textile ring spinning frame

2012-05-24 发布 2012-11-01 实施

中华人民共和国工业和信息化部 发 布

前　　言

本标准按照 GB/T 1.1—2009 给出的规则起草。

本标准代替 FZ/T 93013—1992《精梳毛纺环锭细纱机》。

本标准在技术内容上与 FZ/T 93013—1992 相比的主要差异如下：

——第 2 章规范性引用文件，更新标准，引用新发布的噪声测试和机械电气安全标准；

——4.1.1 表 3 原变异系数 CV（%），精梳毛纺"20.2"改为"20.0"，涤毛混纺纱"20.6"改为"20.4"；

——4.5.1 原"整机噪声声压级值≤85 dB(A)"改为"整机噪声发射声压级≤85 dB(A)"，其测试方式也作相应的修改；

——取消原标准 4.7.1.2 渐开线圆柱齿轮副和减速箱蜗轮副的技术要求；

——取消原标准 4.7.4.2 吸入率应符合表 6 的规定；

——5.12.1.5 试验速度：增加锭距 82.5 mm 的要求；

——4.10 增加了对电气设备和安全性能的要求，检验规则根据标准要求作相应的修改；

——增加型式检验及相应的条款。

本标准由中国纺织工业联合会提出。

本标准由全国纺织机械与附件标准化技术委员会（SAC/TC 215）归口。

本标准起草单位：上海二纺机股份有限公司、经纬纺机股份有限公司榆次分公司、上海良纺纺织机械专件有限公司。

本标准主要起草人：吴伟明、王翠红、王骁勇。

本标准所代替标准的历次版本发布情况为：

——FJ/JQ 56—1986；

——FZ/T 93013—1992。

精梳毛纺环锭细纱机

1 范围

本标准规定了精梳毛纺环锭细纱机的规格及参数、技术要求、试验方法、检验规则和标志、包装、运输、贮存。

本标准适用于精梳毛纺系统的环锭细纱机。

2 规范性引用文件

下列文件对于本文件的应用是必不可少的。凡是注日期的引用文件,仅注日期的版本适用于本文件。凡是不注日期的引用文件,其最新版本(包括所有的修改单)适用于本文件。

GB/T 191 包装储运图示标志

GB/T 5459 纺织机械与附件 环锭细纱机和环锭捻线机 锭距

GB/T 7111.1 纺织机械噪声测试规范 第1部分:通用要求

GB/T 7111.2 纺织机械噪声测试规范 第2部分:纺前准备和纺部机械

GB 5226.1—2008 机械电气安全 机械电气设备 第1部分:通用技术条件

FZ/T 90001 纺织机械产品包装

FZ/T 90074 纺织机械产品涂装

FZ/T 90086 纺织机械与附件 下罗拉轴承和有关尺寸

FZ/T 90089.1 纺织机械铭牌 型式、尺寸及技术要求

FZ/T 90089.2 纺织机械铭牌 内容

FZ/T 92013 SL系列下罗拉轴承

FZ/T 92014 滚盘

FZ/T 92015 粉末冶金钢领

FZ/T 92016 精梳毛纺环锭细纱锭子

FZ/T 92017 毛、苎麻、绢纺细纱机牵伸下罗拉

FZ/T 92036 弹簧加压摇架

FZ/T 93009 毛纺用经纱管

SH/T 0017 轴承油

3 规格及参数

规格及参数见表1、表2。

表 1

项 目	规 格 及 参 数	
锭距[a]/mm	75	82.5
基本锭数	396	384
筒管长度[b]/mm	260	280

表 1（续）

项　目	规 格 及 参 数	
钢领直径/mm	51	55、60

　　ᵃ　锭距按 GB/T 5459 的规定。

　　ᵇ　筒管长度按 FZ/T 93009 的规定。

表 2

项　　目		规 格 及 参 数
适纺纤维		羊毛及＜200 mm 的毛型化学纤维
适纺线密度/tex(Nm)		50～12.5(20～80)
牵伸倍数		12～40
罗拉直径/mm	喂入、输出	32、35
	中间	30、35
喂入、输出下罗拉最大中心距/mm		230
锭速/(r/min)		5 000～13 000
喂入粗纱		无捻或弱捻

4　技术要求

4.1　成纱质量

4.1.1　精梳毛纱的质量要求（条干均匀度）应符合表 3 的规定。

表 3

品　　种	精梳毛纺	涤毛混纺纱
线密度/tex(Nm)	20(50)	18.18(55)
条干变异系数 CV/%	20.0	20.4

4.1.2　管纱成形良好,在退绕线速度≤700 m/min 时能正常退绕。

4.2　断头率

　　断头率应符合表 4 的规定。

表 4

评定条件	品种	全毛	混纺
	锭速/(r/min)	≤8 000	≤9 500
	线密度/tex(Nm)	17.8～14.28(56～70)	
指标	断头率/(根/千锭时)	≤120	≤80

4.3 功率消耗

空车运转输入功率应符合表5的规定。

表 5

评定条件	锭距/mm	75	82.5
	锭数	396	384
	锭速/(r/min)	12 000	10 000
指标	功率/kW	<7.5	<6.5

4.4 涂装

涂装应符合 FZ/T 90074 的规定。

4.5 安全环保

4.5.1 整机噪声发射声压级≤85 dB(A)。

4.5.2 运转部分的防护罩壳安全可靠。

4.6 传动系统

4.6.1 各传动轴承温升≤20 ℃。

4.6.2 下罗拉轴承应符合 FZ/T 90086 的规定。

4.7 牵伸系统

4.7.1 在加压状态下,整列输出下罗拉的各工作表面对两相邻下罗拉轴承公共轴线的径向圆跳动公差为 0.1 mm。

4.7.2 各列上罗拉加压极限偏差$^{+0.20}_{-0.05}F$(F 为摇架对罗拉的公称加压值)。

4.7.3 输出上罗拉轴线对下罗拉轴线的平行度为 0.85/75 mm。

4.7.4 下罗拉轴承内环宽度中心平面对罗拉座宽度中心平面的对称度公差 1.0 mm。

4.7.5 在同锭位置上,喂入、输出下罗拉工作宽度中心平面对中间下罗拉工作宽度中心平面的对称度公差 2.0 mm。

4.7.6 下罗拉应符合 FZ/T 92017 的规定。

4.7.7 上罗拉轴承应符合 FZ/T 92013 的规定。

4.7.8 摇架应符合 FZ/T 92036 的规定。

4.8 卷绕系统

4.8.1 在升降全程 1/2 高度时,锭子中心对钢领中心的同轴度公差 Φ1.0 mm。

4.8.2 锭子应符合 FZ/T 92016 的规定。

4.8.3 钢领应符合 FZ/T 92015 的规定。

4.8.4 滚盘应符合 FZ/T 92014 的规定。

4.9 断头吸入装置

4.9.1 吸口真空度:≥686 Pa。

4.9.2 管内表面光滑、不锈蚀、不挂纤维。

4.10 电气设备和安全性能及自动机构

4.10.1 电气设备的连接和布线,应符合 GB 5226.1—2008 中 13.1 的规定。

4.10.2 电气设备的导线标识,应符合 GB 5226.1—2008 中 13.2 的规定。

4.10.3 电气设备保护联结电路的连续性,应符合 GB 5226.1—2008 中 18.2.2 的规定。

4.10.4 电气设备的绝缘性能,应符合 GB 5226.1—2008 中 18.3 的规定,绝缘电阻≥1 MΩ。

4.10.5 电气设备的耐压试验,应符合 GB 5226.1—2008 中 18.4 的规定。

4.10.6 自动机构动作准确、灵敏。

5 试验方法

5.1 4.3 用功率表检测。

5.2 4.5.1 噪声的测试按 GB/T 7111.1 和 GB/T 7111.2 的规定(按发射声压级测定)。

5.3 4.6.1 用点温计检测。

5.4 4.7.2 用摇架压力测试仪检测。

5.5 4.9.1 用 U 型管检测。

5.6 4.10.1 电气设备的连接和布线:检查接线是否牢固;两端子之间的导线和电缆是否有接头和拼接点;电缆和电缆束的附加长度是否满足连接和拆卸的需要。

5.7 4.10.2 电气设备的导线标识:检查导线的每个端部是否有标记;如果用颜色作导线标记时,应符合标准的相关规定。

5.8 4.10.3 电气设备保护联结电路的连续性:按 GB 5226.1—2008 中 18.2.2 的规定测试(测试数据判定按 GB 5226.1—2008 附录 G 的规定)。

5.9 4.10.4 电气设备的绝缘性能:用兆欧表测试。

5.10 4.10.5 电气设备的耐压试验:用耐压试验仪测试。

5.11 其他项目可用目视、手感以及通用量具来检测、评定。

5.12 空车运转试验

5.12.1 试验条件

5.12.1.1 上、下罗拉按摇架的设计最大值加压。

5.12.1.2 锭子油位高度(自锭尖起):
   a) 当上下支承中心距是 120 mm 时,油位高度 70^{+5}_{0} mm。
   b) 当上下支承中心距是 135 mm 时,油位高度 85^{+5}_{0} mm。
   锭子用润滑油按 SH/T 0017 中 L-FD 类轴承油的规定,黏度等级为 7。

5.12.1.3 锭带公称张力用小量程管形测力计串入锭带,沿锭带张紧边运动方向与全机纵向垂直,缓缓拉动弹簧测力计至锭带张力盘刚开始摆动时应为≥7.8 N。

5.12.1.4 试验电源:电源条件、交流电源和直流电源应分别符合 GB 5226.1—2002 中 4.3.1、4.3.2 和 4.3.3(三相交流电源:额定电压:380 V±38 V,频率:50 Hz±1 Hz)。

5.12.1.5 试验速度:
   a) 锭距 75 mm 时,锭速 12 000 r/min,输出下罗拉转速 166 r/min;
   b) 锭距 82.5 mm 时,锭速 10 000 r/min,输出下罗拉转速 138 r/min。

5.12.1.6 运转时间≥4 h。

5.12.2 试验项目
   见 4.3、4.4、4.5、4.6.1、4.7.1～4.7.5、4.8.1、4.9.1、4.9.2、4.10。

5.13 工作负荷试验

5.13.1 试验条件

5.13.1.1 纺纱工艺按制造厂所提供的方案配置。

5.13.1.2 纺纱环境条件:温度 25 ℃±5 ℃;相对湿度 65％±5％。

5.13.1.3 喂入粗纱的质量要求应符合表 6 的规定。

表 6

品　　种	纯毛粗纱		
线密度/tex(Nm)	1 000(1)	303(3.3)	200(5)
条干变异系数 CV/％	3.8	5.0	6.3

5.13.1.4 纱管按 FZ/T 93009 的规定。

5.13.1.5 正常生产连续运转时间≥30 天。

5.13.2 试验项目

见 4.1、4.2。

6 检验规则

6.1 出厂检验

6.1.1 制造厂在每批产品中抽出一台进行全装,并按 5.12 进行空车运转试验。

6.1.2 每台产品需经制造厂质量检查合格后方能出厂,并附有产品质量合格证。

6.2 型式检验

6.2.1 产品在符合下列情况之一时,应进行型式检验:

    a) 新产品生产试制定型鉴定;

    b) 正式生产后,如结构、材料、工艺有较大改变,可能影响产品性能时;

    c) 出厂检验结果与上次型式检验有较大差异时;

    d) 正常生产时,生产量以 300 台为周期,进行一次检验;

    e) 国家质量监督机构提出进行型式检验的要求时。

6.2.2 型式检验项目按第 4 章规定进行。

6.3 其他

产品出厂后一年内,用户厂在进行安装、调试、试验中发现有不符合本标准时,由制造厂负责处理。

7 标志、包装、运输、贮存

7.1 标志

7.1.1 包装储运的图示标志符合 GB/T 191 的规定。

7.1.2 产品质量合格证上应标志执行的产品标准号。

7.1.3 产品铭牌应符合 FZ/T 90089.1 和 FZ/T 90089.2 的规定。

7.2 包装

产品包装应符合 FZ/T 90001 的规定。

7.3　运输

产品在运输过程中,应按规定的起吊位置起吊,包装箱应按规定朝向安置,不得倾倒。

7.4　贮存

产品出厂后,在有良好防雨及通风的储存条件下,包装箱内的零件防潮、防锈有效期自出厂日起一年。

ICS 59.120.10
W 93

中华人民共和国纺织行业标准

FZ/T 93015—2010
代替 FZ/T 93015—2001

转 杯 纺 纱 机

Rotor type open-end spinning machine

2010-12-29 发布

2011-04-01 实施

中华人民共和国工业和信息化部　　发 布

前　言

本标准代替 FZ/T 93015—2001《转杯纺纱机》。

本标准与 FZ/T 93015—2001 相比主要变化如下：

——增加了按接头方式的分类；

——调整了参数的内容；

——增加了喂给罗拉外圆径向圆跳动公差要求；

——删除了转杯轴承、分梳辊轴承、龙带压轮轴承的平均工作时间和龙带使用寿命的要求；

——调整了喂给轴、引纱罗拉、卷绕罗拉和引纱胶辊的外圆径向圆跳动公差；

——调整了分梳辊轴承和压轮轴承温升值；

——调整了噪声和功耗指标；

——增加了电气设备的电快速瞬变脉冲群抗扰度、自动控制和安全性能的要求；

——增加了成纱质量的品等指标应不低于 FZ/T 12001—2006 中规定的一等品、喂入条子纤维平
　　均长度和接头质量的要求。

本标准由中国纺织工业协会提出。

本标准由全国纺织机械与附件标准化技术委员会归口。

本标准起草单位：浙江泰坦股份有限公司、浙江日发纺织机械有限公司、经纬纺织机械股份有限公
司榆次分公司、山西鸿基科技股份有限公司、上海淳瑞机械科技有限公司、国家纺织机械质量监督检验
中心、无锡纺织机械研究所。

本标准主要起草人：魏顺勇、吕永法、冀森彪、粟宝华、闫进祥、张玉红、王薛平。

本标准所代替标准的历次版本发布情况为：

——FJ/JQ 139—1988；

——FZ/T 93015—1992、FZ/T 93015—2001。

转 杯 纺 纱 机

1 范围

本标准规定了转杯纺纱机的分类、要求、试验方法、检验规则和标志、包装、运输、贮存。

本标准适用于纺制棉、化纤等纯纺及混纺的转杯纺纱机。

2 规范性引用文件

下列文件中的条款通过本标准的引用而成为本标准的条款。凡是注日期的引用文件,其随后所有的修改单(不包括勘误的内容)或修订版均不适用于本标准,然而,鼓励根据本标准达成协议的各方研究是否可使用这些文件的最新版本。凡是不注日期的引用文件,其最新版本适用于木标准。

GB/T 191　包装储运图示标志

GB 2894　安全标志及其使用导则

GB 5226.1—2008　机械电气安全　机械电气设备　第1部分:通用技术条件

GB/T 7111.1　纺织机械噪声测试规范　第1部分:通用要求

GB/T 7111.2　纺织机械噪声测试规范　第2部分:纺前准备和纺部机械

GB/T 17626.4—2008　电磁兼容　试验和测量技术　电快速瞬变脉冲群抗扰度试验

FZ/T 12001—2006　气流纺棉本色纱

FZ/T 90001　纺织机械产品包装

FZ/T 90074　纺织机械产品涂装

FZ/T 90089.1　纺织机械铭牌　型式、尺寸及技术要求

FZ/T 90089.2　纺织机械铭牌　内容

FZ/T 93053　转杯纺转杯

FZ/T 93054　转杯纺分梳辊

3 分类和参数

3.1 分类

3.1.1 按转杯型式

抽气式、自排风式。

3.1.2 按接头方式

手工、半自动、自动。

3.2 参数

见表1。

表1

项　目	参　数
纺纱线密度/tex(Ne)	116~14.5(5~40)
转杯设计转速/(r/min)	≥70 000
适纺纤维长度/mm	15~40
喂入品线密度/tex(Ne)	5 000~3 000(0.12~0.27)

表 1（续）

项　目	参　数				
分梳辊设计转速/(r/min)	5 000~10 000				
卷绕设计速度/(m/min)	≥115				
纺纱器间距/mm	200、210、216、230、245				
基本纺纱器数	192、200、240、280、288、320				
筒管尺寸(内径×长度)/mm	筒管形状	平筒	锥筒		
			4°20′	3°30′	2°
	直边	50×170 54×170	59/33×170	62/41.2×170	65/54×170
	卷边	50/42×170 54/42×170	59/28×170	—	65/44×170
筒子成形尺寸/mm	最大直径	300	270		
	宽度	145~155			
筒子纱最大重量/kg		约4.2	约3.3		约3.5

4 要求

4.1 传动系统

4.1.1 机器运转平稳，无异常振动和声响。

4.1.2 龙带窜动量≤3 mm。

4.1.3 运转部分的防护装置安全可靠。

4.2 纺纱系统

4.2.1 纺纱器

4.2.1.1 纺纱器密封良好，引纱管口真空度：

　　a) 抽气式引纱管口真空度≥4.0 kPa；

　　b) 自排风式引纱管口真空度≥2.5 kPa。

4.2.1.2 喂给罗拉外圆径向圆跳动公差0.10 mm。

4.2.1.3 转杯纺纱机转杯应符合 FZ/T 93053 的规定。

4.2.1.4 转杯纺纱机分梳辊应符合 FZ/T 93054 的规定。

4.2.1.5 纺纱时，在规定时间内应无纺纱器故障产生的断头。

4.2.2 喂给、引纱和卷绕机构

4.2.2.1 喂给轴外圆的径向圆跳动公差0.15 mm。

4.2.2.2 引纱罗拉工作面外圆的径向圆跳动公差0.15 mm。

4.2.2.3 卷绕罗拉工作面外圆的径向圆跳动公差0.20 mm。

4.2.2.4 引纱胶辊外圆的径向圆跳动公差0.05 mm。

4.2.2.5 引纱胶辊轴承的径向游隙0.003 mm~0.025 mm。

4.2.2.6 导纱杆移动灵活，导纱动作可靠。

4.2.2.7 筒子纱成形良好，退绕无脱圈和攀头引起的断头现象。

4.2.3 纤维通道表面应光滑，不挂纤维。

4.3 温升

4.3.1 转杯轴承的温升≤25 ℃。

4.3.2 分梳辊轴承和压轮轴承的温升≤20 ℃。

4.4 噪声(发射声压级)

空车运转全机噪声应符合表2的规定。

表 2

型 式		转杯转速/ (r/min)	分梳辊转速/ (r/min)	基本纺纱器 头数	真空度/ kPa	噪声(发射声压级)/ dB(A)	功率消耗/ kW
抽气式	自 动	100 000	6 500	288	6.0	≤95.0	≤75.0
	半自动	70 000		240	4.5	≤87.0	≤46.0
自排风式		40 000		192	2.5	≤85.0	≤28.0
注:纺纱器头数增减时功率消耗应按比例增减。							

4.5 功率消耗

空车运转全机功率消耗应符合表2的规定。

4.6 电气和自动控制系统

4.6.1 电气设备

4.6.1.1 电气设备的电快速瞬变脉冲群抗扰度性能,应符合GB/T 17626.4—2008中第3等级的规定。

4.6.1.2 电气设备的连接和布线,应符合GB 5226.1—2008中13.1的规定。

4.6.1.3 电气设备的导线标识,应符合GB 5226.1—2008中13.2的规定。

4.6.1.4 电气设备保护联接电路连续性,应符合GB 5226.1—2008中18.2.2的规定。

4.6.1.5 电气设备的绝缘性能,应符合GB 5226.1—2008中18.3的规定。

4.6.1.6 电气设备的耐压试验,应符合GB 5226.1—2008中18.4的规定。

4.6.2 自动控制

4.6.2.1 中央控制器工作可靠;人机界面操作便捷、反应及时、显示正确;驱动系统控制可靠有效、动作准确。

4.6.2.2 断头自停机构动作灵敏、可靠。

4.6.2.3 各监测和自动机构动作准确、灵敏、可靠。

4.7 外观

产品的涂装应符合FZ/T 90074的规定。

4.8 成纱质量、断头率及接头质量

4.8.1 在粗梳纯棉半成品(并条条子)符合表3规定时,成纱质量的品等指标应不低于FZ/T 12001—2006中规定的一等品要求。

表 3

条干均匀度CV/%	喂入条子含杂率/%	纤维平均长度/mm
≤4.3	≤0.10	≥22

4.8.2 在正常生产和喂入条子符合表3的条件下,断头率≤50 根/(千头·h)。

4.8.3 接头质量

4.8.3.1 半自动接头:接头外径不大于原纱外径2倍时,平均接头强力应大于原纱强力的65%。

4.8.3.2 自动接头:接头外径不大于原纱外径1.8倍时,平均接头强力应大于原纱强力的70%。

4.8.3.3 接头成功率≥90%。

5 试验方法

5.1 检验方法

5.1.1 龙带窜动量(4.1.2)用钢直尺检测。

5.1.2 引纱管口真空度(4.2.1.1)用压力计检测。

5.1.3 转杯纺纱机转杯(4.2.1.3)按 FZ/T 93053 的规定检测。

5.1.4 转杯纺纱机分梳辊(4.2.1.4)按 FZ/T 93054 的规定检测。

5.1.5 因纺纱器故障产生的断头(4.2.1.5),经 30 min 纺纱试验后目测检验。

5.1.6 喂给罗拉、喂给轴、引纱罗拉、卷绕罗拉、引纱胶辊的外圆径向圆跳动(4.2.1.2、4.2.2.1~4.2.2.4),用千分表检测。

5.1.7 引纱胶辊轴承的径向游隙(4.2.2.5)用千分表检测。

5.1.8 纤维通道表面质量(4.2.3)用棉纤维束擦拭目测通道是否挂纤维。

5.1.9 温升(4.3)用表面温度计在轴承座的外壳处测试。

5.1.10 噪声(4.4)按 GB/T 7111.1 和 GB/T 7111.2 的规定测试。

5.1.11 功率消耗(4.5)用功率表测试。

5.1.12 电气设备的电快速瞬变脉冲群抗扰度性能试验(4.6.1.1),按 GB/T 17626.4—2008 的规定,用电快速瞬变脉冲群发生器进行测试。

> 注:试验条件为:
> a) 供电电源端口及 PE 端口输出干扰的试验电压峰值为 2 kV,重复频率 5 kHz;
> b) 输入、输出信号、数据和控制端口试验电压峰值为 1 kV,重复频率为 5 kHz。

5.1.13 电气设备的连接和布线(4.6.1.2),按 GB 5226.1—2008 中 13.1 的规定,目测接线是否牢固,两端子之间的导线和电缆是否有接头和拼接点,电缆和电缆束的附加长度是否满足连接和拆卸的需要等。

5.1.14 电气设备导线的标识(4.6.1.3),按 GB 5226.1—2008 中 13.2 的规定,检查导线的每个端部是否有标记;如果用颜色作导线标记时,应符合标准的规定。

5.1.15 电气设备的保护联接电路连续性(4.6.1.4),按 GB 5226.1—2008 中 18.2.2 的规定测试(测试数据判定按 GB 5226.1—2008 附录 G 的规定)。

5.1.16 电气设备的绝缘性能和耐压试验(4.6.1.5、4.6.1.6),按 GB 5226.1—2008 中 18.3、18.4 的规定测试。

5.1.17 自动控制性能(4.6.2)通过模拟或纺纱试验,检查机器的各自动控制性能是否正常。

5.1.18 产品涂装(4.7)按 FZ/T 90074 的规定检测。

5.1.19 成纱质量、断头率及接头质量(4.8),在喂入条子符合表 3 规定和纺纱线密度为 36.4 tex 的条件下进行检测。

5.1.20 其余项目,感官检验。

5.2 空车运转试验

5.2.1 试验条件

5.2.1.1 试验电压:(380±38)V;频率:(50±1)Hz。

5.2.1.2 试验速度、引纱管口真空度见表 2。

5.2.1.3 空车连续运转时间:4 h。

5.2.2 检验项目

见 4.1、4.2.1.1、4.2.1.2、4.2.2.1~4.2.2.5、4.2.3、4.3~4.7。

5.3 工作负荷试验

5.3.1 试验条件

5.3.1.1 空车运转试验合格后进行。

5.3.1.2 环境条件:温度(25±5)℃,相对湿度60%～70%。

5.3.1.3 试验用粗梳纯棉半成品(并条条子)符合表3的规定。

5.3.1.4 配置合理的纺纱工艺。

5.3.1.5 正常运转时间≥48 h。

5.3.2 检验项目

见4.2.1.5、4.2.2.6、4.2.2.7、4.6.2.2、4.8。

6 检验规则

6.1 型式检验

6.1.1 产品符合下列情况之一时,应进行型式检验:

 a) 新产品投产鉴定时;

 b) 结构、工艺、材料有较大改变时;

 c) 出厂检验结果与上次型式检验有较大差异时;

 d) 第三方进行质量检验时。

6.1.2 检验项目:见第4章。

6.2 出厂检验

6.2.1 生产企业在每批产品中至少抽出1台进行全装,并需经空车运转试验,试验项目见4.1、4.2.1.1、4.2.1.2、4.2.2.1～4.2.2.5、4.2.3、4.3～4.7。

6.2.2 每台产品均应经生产企业的检验部门检验合格,并附有合格证方能出厂。

6.3 判定规则

全部项目检验合格,判该批产品符合标准要求。

6.4 用户在正常使用条件下发现有不符合本标准时,由生产企业会同用户共同处理。

7 标志

7.1 产品的安全标志,按GB 2894的规定。

7.2 产品铭牌及铭牌内容,按FZ/T 90089.1和FZ/T 90089.2的规定。

7.3 包装储运的图示、标志,按GB/T 191的规定。

8 包装、运输、贮存

8.1 产品包装,按FZ/T 90001的规定。

8.2 产品在运输过程中,按规定的起吊位置起吊,包装箱按规定朝向安置,不得倾倒。

8.3 产品出厂后,在有良好的防雨及通风的贮存条件下,包装箱内的零件防潮防锈有效期自出厂日起为一年。

ICS 59.120.10
W 93

中华人民共和国纺织行业标准

FZ/T 93017—2010
代替 FZ/T 93017—1993

精 纺 梳 毛 机

Worsted carding machines

2010-08-16 发布
2010-12-01 实施

中华人民共和国工业和信息化部　发 布

前　言

本标准代替 FZ/T 93017—1993。

本标准与 FZ/T 93017—1993 相比,主要差异如下:

——锡林宽度基本参数中增加"2 000 mm"幅宽规格,并相应增加了 2 000 mm 幅宽的相应参数(见表 1);

——锡林转速(理论)改为"锡林设计转速≥160"(见表 1);

——道夫转速(理论)改为"出条速度"(见表 1);

——增加"梳理点数量≥9 个"(见表 1);

——斩刀速度改为"≥1 480"(见表 1);

——增加"主电机功率"项目(见表 1);

——除草辊外圆的径向跳动公差由原来的 0.08 mm 提高为 0.06 mm(见 4.3.2.1);

——锡林筒体外圆的径向跳动公差由原来的 0.08 mm 提高为 0.06 mm(见 4.3.3.1);

——道夫筒体外圆的径向跳动公差由原来的 0.10 mm 提高为 0.08 mm(见 4.3.4.1);

——增加"电子式毛斗的喂入重量不匀率≤2.0%"(见 4.10.2);

——其他编辑性修改。

本标准由中国纺织工业协会提出。

本标准由全国纺织机械与附件标准化技术委员会归口。

本标准由青岛东佳纺机(集团)有限公司、中国纺织机械器材工业协会、兰州理工大学、西安工程大学负责起草。

本标准主要起草人:纪合聚、李岱、蒋少军、张得昆、王伟。

本标准所代替标准的历次版本发布情况为:

——FJ/JQ 194—1988;

——FZ/T 93017—1993。

精 纺 梳 毛 机

1 范围

本标准规定了精纺梳毛机的型式与基本参数、要求、试验方法、检验规则及标志、包装、运输和贮存。

本标准适用于将洗净、混合并经初步开松加油的羊毛、化学纤维及混合纤维梳理成一定单位重量毛条的精纺梳毛机。

2 规范性引用文件

下列文件中的条款通过本标准的引用而成为本标准的条款。凡是注日期的引用文件,其随后所有的修改单(不包括勘误的内容)或修订版均不适用于本标准,然而,鼓励根据木标准达成协议的各方研究是否可使用这些文件的最新版本。凡是不注日期的引用文件,其最新版本适用于本标准。

GB/T 191 包装储运图示标志

GB 755 旋转电机 定额和性能

GB 5226.1—2002 机械安全 机械电气设备 第1部分:通用技术条件

GB/T 7111.1 纺织机械噪声测试规范 第1部分:通用要求

GB/T 7111.2 纺织机械噪声测试规范 第2部分:纺前准备和纺部机械

FZ/T 90001 纺织机械产品包装

FZ/T 90074 纺织机械产品涂装

FZ/T 90089.1 纺织机械铭牌 型式、尺寸及技术要求

FZ/T 90089.2 纺织机械铭牌 内容

FZ/T 93038 梳理机用齿条

3 型式与基本参数

型式与基本参数见表1。

表 1

项 目	基本参数	
型式	上行半周式	
锡林宽度/mm	1 550	2 000
喂入型式	称重式(机械、电子)、容积式	
喂入次数/(次/min)	2.5~3.5	
总牵伸倍数	47~117	47~125
锡林设计转速/(r/min)	≥160	
梳理点/个	≥9	
除草点/个	3~4(其中莫雷尔除草点1~2)	
斩刀设计速度/(次/min)	机械斩刀≥1 480、电磁斩刀≥2 000	
成条型式	圈条器	
出条速度/(m/min)	37~90	37~116
出条重量/(g/m)	15~20	15~25
主电机功率/kW	5.5、7.5	7.5

4 要求

4.1 外观质量

4.1.1 产品的外表面应平整、光滑、接缝平齐,紧固件需经表面处理。

4.1.2 表面经镀覆或化学处理的零件,色泽应一致,保护层不应有脱落或露底现象。

4.1.3 各类电线、管路的外露部分应排列整齐,安置牢固。

4.1.4 产品的涂装应符合 FZ/T 90074 的规定。

4.2 喂入系统

4.2.1 喂毛帘子运转正常,无跑偏和明显的停顿现象。

4.2.2 称毛斗开启灵活。

4.2.3 应带有吸铁防轧装置。

4.2.4 喂毛机架振幅≤0.25 mm。

4.3 梳理系统

4.3.1 除草刀结合件

4.3.1.1 除草刀外圆的径向跳动公差≤0.08 mm。

4.3.1.2 刀口直线度公差≤0.10 mm。

4.3.2 除草辊结合件

4.3.2.1 除草辊外圆的径向跳动公差≤0.06 mm。

4.3.2.2 校动平衡,平衡品质等级为 G2.5。

4.3.3 锡林结合件

4.3.3.1 锡林筒体外圆的径向跳动公差≤0.06 mm。

4.3.3.2 校动平衡,平衡品质等级为 G2.5。

4.3.3.3 锡林筒体外圆的表面粗糙度 $Ra3.2\ \mu m$。

4.3.4 道夫结合件

4.3.4.1 道夫筒体外圆的径向跳动公差≤0.08 mm。

4.3.4.2 校静平衡,平衡品质等级为 G6.3。

4.3.4.3 道夫筒体外圆的表面粗糙度 $Ra3.2\ \mu m$。

4.3.5 斩刀结合件

4.3.5.1 斩刀刀口直线度公差≤0.10 mm。

4.3.5.2 斩刀片平面度公差(离齿尖 10 mm 范围内)≤0.10 mm。

4.3.5.3 齿部光滑无挂毛现象。

4.3.5.4 校静平衡,平衡品质等级为 G6.3。

4.3.5.5 电磁斩刀扭杆中间段直径处的径向跳动公差≤0.50 mm。

4.3.5.6 电磁斩刀扭杆表面不应有裂纹、伤痕、锈蚀和氧化等缺陷。

4.3.6 锡林机架

振幅≤0.10 mm。

4.3.7 斩刀油箱(机械斩刀)

无漏油现象,箱体温升≤25 ℃。

4.4 圈条系统

齿轮啮合良好,无异常声响,底盘回转平稳,顶盘振幅≤0.25 mm。

4.5 传动系统

4.5.1 全机各传动机构运转平稳,无异常振动。

4.5.2 各轴承处润滑良好,滚动轴承温升≤20 ℃,滑动轴承温升≤25 ℃。

4.6 安全防护

4.6.1 整机安全保护装置应齐全、可靠。

4.6.2 电气部分保护接地电路的连续性应符合 GB 5226.1—2002 中 19.2 的规定。

4.6.3 电气部分的绝缘性能应符合 GB 5226.1—2002 中 19.3 的规定。

4.6.4 电气部分的耐压性能应符合 GB 5226.1—2002 中 19.4 的规定。

4.6.5 电动机的安全性能应符合 GB 755 的有关规定。

4.7 噪声

空载运转时,声功率级≤93 dB(A),发射声压级≤82 dB(A)。

4.8 功率消耗

空车运转时,主电机功率消耗不大于其额定功率的 70%。

4.9 配套的齿条

应符合 FZ/T 93038 的有关规定。

4.10 梳毛质量

4.10.1 毛网清晰、均匀,无明显云斑。

4.10.2 喂毛斗的喂入重量不匀率:机械式≤2.5%,电子式≤2.0%。

4.10.3 毛条重量差异为±1 g/m。

5 试验方法

5.1 4.1.1~4.1.3、4.2.1~4.2.3、4.3.5.6、4.5.1、4.6.1、4.10.1 用耳听、目测、手感法检测。

5.2 4.1.4 按 FZ/T 90074 的有关规定检测。

5.3 4.2.4 用测振仪(或千分表)在机架中部离地面 1 m 处检测。

5.4 4.3.1.1、4.3.2.1、4.3.3.1、4.3.4.1、4.3.5.5 用百分表检测。

5.5 4.3.1.2、4.3.5.1 用刀口尺与塞尺检测。

5.6 4.3.2.2、4.3.3.2 用动平衡机检测。

5.7 4.3.3.3、4.3.4.3 用粗糙度样块或粗糙度仪检测。

5.8 4.3.4.2、4.3.5.4 用静平衡支架检测。

5.9 4.3.5.2 用塞尺检测。

5.10 4.3.5.3 用毛纱抹擦方法检测。

5.11 4.3.6 用振动仪(或千分表)在锡林轴承座处检测。

5.12 4.3.7 在斩刀油箱内加 30 号汽轮机油,用点温计在轴承端盖表面处检测。

5.13 4.4 用耳听、目测、手感法以及测振仪(或千分表)检测。

5.14 4.5.2 用点温计在轴承外壳检测。

5.15 4.6.2 用接地电阻测试仪检测。

5.16 4.6.3 用兆欧表检测。

5.17 4.6.4 用耐压试验仪检测。

5.18 4.6.5 按 GB 755 的相关规定检测。

5.19 4.7 按 GB/T 7111.1、GB/T 7111.2 规定的方法检测。

5.20 4.8 用三相功率表检测。

5.21 4.9 按 FZ/T 93038 的相关规定检测。

5.22 4.10.2 以每斗称重法检测,连续称量 20 次,每次称重量在设定 300 g 的条件下按式(1)计算喂入重量不匀率:

$$H = \frac{2(q - q_1)n_1}{qn} \times 100\% \quad \cdots\cdots\cdots\cdots\cdots\cdots (1)$$

式中:

H——喂入重量不匀率;

q——试验总次数的平均重量,单位为克(g);

q_1——平均重量以下的平均喂入量,单位为克(g);

n_1——平均重量以下的试验次数;

n——试验总次数。

5.23 4.10.3用精度为1 mg的电子天平检测。

5.24 空车运转试验

5.24.1 试验条件

5.24.1.1 锡林转速为160 r/min。

5.24.1.2 斩刀速度为1 730次/min。

5.24.1.3 连续运转2 h。

5.24.2 检验项目

4.1、4.2、4.3.6、4.3.7、4.4~4.8。

5.25 工作负荷试验

5.25.1 试验条件

5.25.1.1 羊毛品质支数为60支~66支。

5.25.1.2 应符合毛纺工艺要求的温湿度。

5.25.1.3 在使用厂正常运转一周后进行。

5.25.2 检验项目

4.10。

6 检验规则

6.1 组批及抽样方法

6.1.1 组批

由相同生产条件下生产的同一规格(型号)的产品组成一批。

6.1.2 抽样方法

6.1.2.1 出厂检验

在每批中随机抽取1台。

6.1.2.2 型式检验

在出厂检验合格的产品中随机抽取1台。

6.2 检验分类

检验分出厂检验和型式检验。

6.2.1 出厂检验

6.2.1.1 出厂检验项目为本标准的4.1~4.6。

6.2.1.2 产品须经制造厂质检部门进行出厂检验合格后方可出厂,并附有制造厂质检部门开具的产品合格证。

6.2.2 型式检验

6.2.2.1 型式检验项目为本标准第4章规定的全部内容。

6.2.2.2 在下列情况之一时,要进行型式检验:

——新产品或老产品转厂生产的试制定型鉴定;

——正式生产后,产品的结构、材料、工艺有较大改变,可能影响产品性能时;

——出厂检验结果与上次型式检验有较大差异时;

——产品停产一年以上,恢复生产时;

——国家有关部门提出进行型式检验要求时。

6.3 判定规则

6.3.1 出厂检验

检验结果如有两项及两项以上指标不符合本标准要求时,判定整批产品不合格;有一项指标不符合本标准要求时,允许重新取样进行复验,复验结果仍不符合本标准技术指标的要求,则判定整批产品为不合格。

6.3.2 型式检验

检验结果如有一项及一项以上指标不符合本标准要求时,则判定产品为不合格。

6.4 其他

使用厂在安装调试产品过程中发现不符合本标准时,由制造厂负责会同使用厂进行协商处理。

7 标志、包装、运输和贮存

7.1 标志

7.1.1 包装储运图示标志按 GB/T 191 的规定。

7.1.2 产品铭牌按 FZ/T 90089.1 和 FZ/T 90089.2 的规定。

7.2 包装

产品包装按 FZ/T 90001 的规定。

7.3 运输

产品在运输过程中应按规定的起吊位置起吊,包装箱应按规定朝向安置,不得倾倒或改变方向。

7.4 贮存

产品出厂后在有良好防雨、防腐蚀及通风的贮存条件下,包装箱内的机件防潮、防锈有效期为一年。

ICS 59.120.10
W 93

中华人民共和国纺织行业标准

FZ/T 93027—2014
代替 FZ/T 93027—2004

棉纺环锭细纱机

Ring spinning machines for cotton spinning

2014-10-14 发布

2015-04-01 实施

中华人民共和国工业和信息化部　　发　布

前　言

本标准按照 GB/T 1.1—2009 给出的规则起草。

本标准代替 FZ/T 93027—2004《棉纺环锭细纱机》。由于没有国际标准和国家标准可参考,本标准中提出的规格及参数、要求,是根据国内各生产企业提供的实际产品情况综合考虑,同时参考进口同类棉纺环锭细纱机相关技术资料而制定的。其修订的主要内容是:

——提高了棉纺环锭细纱机的锭速,规定了长机锭数的上限参数[见表 1 中脚注 b)];

——扩大了适纺线密度和牵伸倍数范围,增加了上、下罗拉直径和粗纱架型式的规格,调整了适纺纤维长度(见表 2);

——增加了集聚纺纱装置的要求和检测方法(见 4.1.2、4.3、4.5.2、4.11、5.1.18、5.2.1.7、5.3.1.7);

——成纱质量采用 2013 乌斯特 25%水平统计值(见表 3);

——提高了纯棉断头率要求(见表 4);

——增加了短机铝套管锭子的功率消耗要求,修改了表中功率值包含的范围(见表 5);

——提高了上罗拉工作表面径向圆跳动要求(见 4.7.1);

——提高了锭子中心对钢领中心的同轴度要求(见 4.8.1);

——增加了电磁兼容的要求和检测方法(见 4.10.1、4.10.2、5.1.11、5.1.12);

——增加了通信接口要求(见 4.10.9);

——删除了"长机"两字,拓宽了集体落纱要求范围,并提高了集体落纱要求(见 4.12,2004 年版的 4.11);

——修改了锭子的油位高度(见 5.2.1.3,2004 年版的 5.7.1.2);

——修改了空车运转的试验速度(见 5.2.1.6,2004 年版的 5.7.1.5);

——增加了判定原则(见 6.3.1)。

本标准由中国纺织工业联合会提出。

本标准由全国纺织机械与附件标准化技术委员会纺纱、染整机械分技术委员会(SAC/TC 215/SC 1)归口。

本标准起草单位:经纬纺织机械股份有限公司榆次分公司、国家纺织机械质量监督检验中心、上海二纺机机械有限公司、东飞马佐里纺机有限公司、中国人民解放军第四八零六工厂、山东同大机械有限公司、山西鸿基科技股份有限公司、山西贝斯特机械制造有限公司、常州市同和纺织机械制造有限公司、湖北天门纺织机械股份有限公司。

本标准主要起草人:田克勤、彭宝瑛、赵刚、朱鹏、邹船根、刘建义、耿玉琴、高志毅、崔桂生、焦伦进。

本标准所代替标准的历次版本发布情况为:

——FJn192—1980;

——FJ/JQ11—1983;

——FZ/T 93027—1993、FZ/T 93027—2004。

棉纺环锭细纱机

1 范围

本标准规定了棉纺环锭细纱机的规格及参数、要求、试验方法、检验规则和标志、包装、运输、贮存。
本标准适用于纺棉及棉型化纤、中长化纤的棉纺环锭细纱机。

2 规范性引用文件

下列文件对于本文件的应用是必不可少的。凡是注日期的引用文件,仅注日期的版本适用于本文
件。凡是不注日期的引用文件,其最新版本(包括所有的修改单)适用于本文件。

GB/T 191 包装储运图示标志
GB 2894 安全标志及其使用导则
GB 5226.1—2008 机械电气安全 机械电气设备 第1部分:通用技术条件
GB/T 7111.1 纺织机械噪声测试规范 第1部分:通用要求
GB/T 7111.2 纺织机械噪声测试规范 第2部分:纺前准备和纺部机械
GB/T 17626.2—2006 电磁兼容 试验和测量技术 静电放电抗扰度试验
GB/T 17626.4—2008 电磁兼容 试验和测量技术 电快速瞬变脉冲群抗扰度试验
GB/T 17780.2—2012 纺织机械 安全要求 第2部分:纺纱准备和纺纱机械
FZ/T 90001 纺织机械产品包装
FZ/T 90074 纺织机械产品涂装
FZ/T 90089.1 纺织机械铭牌 型式、尺寸及技术要求
FZ/T 90089.2 纺织机械铭牌 内容
FZ/T 90108—2010 棉纺设备网络管理通信接口和规范
FZ/T 90110—2013 纺织机械通用项目质量检验规范
FZ/T 92013 SL系列上罗拉轴承
FZ/T 92014 滚盘
FZ/T 92018 平面钢领
FZ/T 92019 棉纺环锭细纱机牵伸下罗拉
FZ/T 92020 锭带张力盘
FZ/T 92021 吊锭
FZ/T 92023 棉纺环锭细纱锭子
FZ/T 92024 LZ系列下罗拉轴承
FZ/T 92036 弹簧加压摇架
FZ/T 92072 气动加压摇架
FZ/T 92081 板簧加压摇架
FZ/T 93008 环锭细纱机用塑料经纱管
FZ/T 93010 换梭式梭子用塑料纬纱管
FZ/T 93073 集聚纺纱装置
SH/T 0017 轴承油

3 规格及参数

规格及参数见表1和表2。

表 1

项目		规格及参数			
锭距/mm		70		75	
		短机[a]	长机[b]	短机	长机
锭速/(r/min)		≤25 000		≤22 000	
基本锭数		420	1 008	420	1 008
钢领直径/mm		35、38、40、42、45、(48)	35、38、40、42、45、(48)	38、40、42、45、48、(51)	
筒管长度/mm	光杆锭子	180、190、205、230		205、230	
	铝套管锭子	200、210、220、230、240			
括号里的尺寸不推荐使用。					
[a] 本标准中短机锭数为不大于516锭。					
[b] 本标准中长机锭数为516锭～1 200锭。					

表 2

项目		规格及参数				
喂入输出下罗拉最大中心距/mm		143		150		190
		短机	长机	短机	长机	短机
适纺纤维及长度/mm		棉及棉型化纤,中长化纤 ≤60		棉及棉型化纤,中长化纤 ≤65		中长化纤 51～80
适纺线密度/tex(Ne)		2.92～96.2(200～6)				15～36(40～16)
牵伸型式		三罗拉,双皮圈,双区牵伸				
下罗拉直径/mm	喂入/输出	25、27	27	25、27	27	27、30
	中间	25、27	27、30	25、27	27、30	27、30
上罗拉直径/mm	喂入/输出	28、30				35
	中间	25				
牵伸倍数		10～80				12～40
捻向	单张力盘	Z、S				
	双张力盘	Z 或 S				
粗纱架型式		吊锭单层4列、6列、8列				

4 要求

4.1 成纱质量

4.1.1 单纱条干变异系数、细节、粗节、棉结应符合表3的规定。

表 3

项目	品种						
	普梳棉	精梳棉					涤/棉精梳棉
线密度/tex(Ne)	28(21)		14.8(40)		5.9(100)		13(45)
	针织	机织	针织	机织	针织	机织	
条干变异系数 CV/%	≤13.2	≤13.8	≤12.2	≤12.8	≤14.1	≤15.2	≤12.6
细节(−50%)/(个/km)	≤3	≤4	≤1	≤3	≤17	≤31	≤4
粗节(+50%)/(个/km)	≤61	≤70	≤24	≤39	≤88	≤69	≤31
棉节(+200%)/(个/km)	≤88	≤90	≤42	≤51	≤107	≤127	≤61
注:表中数据选自2013乌斯特25%水平统计值。							

4.1.2 配有集聚纺装置时,其成纱质量应符合 FZ/T 93073 中相关的规定。

4.1.3 管纱成形良好,退绕线速度在 1 500 m/min 时,应能正常退绕。

4.2 断头率

断头率应符合表4的规定。

表 4

项目	品种	
	纯棉	化纤
断头率/[根/(千锭·h)]	≤40	≤20

4.3 功率消耗

空车运转输入功率应符合表5的规定。

表 5

项目	规格及参数							
锭距/mm	70				75			
	短机		长机		短机		长机	
锭子型式	光杆锭子	铝套管锭子	光杆锭子	铝套管锭子	光杆锭子	铝套管锭子	光杆锭子	铝套管锭子
锭数	420		1 008		420		1 008	

表 5（续）

项目		规格及参数							
功率/kW	单张力盘	≤6.2	≤6.7	≤13.5	≤16.0	≤7.5	≤8.5	≤16.9	≤19.4
	双张力盘	≤6.7	≤7.2	≤14.7	≤17.5	≤8.0	≤9.5	≤18.4	—
配集聚纺纱装置时，每锭功率增加值应不大于 3.0 W。 锭数增减时功率应按比例增减。 注：功率值不包括吸棉风机的功率、集聚纺负压风机的功率。									

4.4 外观质量

产品涂装应符合 FZ/T 90074 的规定。

4.5 安全环保

4.5.1 整机噪声发射声压级：短机不大于 84 dB(A)，长机不大于 85 dB(A)。

4.5.2 配集聚纺纱装置时，整机噪声发射声压级：短机不大于 86 dB(A)，长机不大于 88 dB(A)。

4.5.3 全机的安全防护措施和警示标志应符合 GB/T 17780.2—2012 中 5.8.2 的规定。

4.6 传动系统

4.6.1 全机各传动机构的运转应平稳，无异常振动和声响。

4.6.2 各传动轴承温升不大于 20 ℃。

4.6.3 下罗拉轴承应符合 FZ/T 92024 的规定。

4.7 牵伸系统

4.7.1 在加压状态下，整列输出下罗拉的各个工作表面对相邻下罗拉轴承公共轴线的径向圆跳动公差为 0.04 mm。

4.7.2 各列上罗拉加压极限偏差，棉型为 $^{+0.20}_{0}F$，中长型为 $^{+0.20}_{-0.05}F$。对于棉型、中长型通用的加压装置，执行棉型指标的规定。配集聚纺纱装置时各列上罗拉加压极限偏差应符合 FZ/T 93073 的规定。

注：F 为摇架对罗拉的公称加压值，单位为牛顿(N)。

4.7.3 输出上罗拉对下罗拉轴线的平行度为 0.40/70。配集聚纺纱装置时输出上罗拉对下罗拉轴线的平行度应符合 FZ/T 93073 的规定。

4.7.4 下罗拉轴承内环宽度中心平面对罗拉座宽度中心平面的对称度公差为 1.0 mm。

4.7.5 在同锭位置上，喂入、输出下罗拉工作宽度中心平面对中间下罗拉工作宽度中心平面的对称度公差为 1.0 mm。

4.7.6 棉纺细纱机牵伸下罗拉应符合 FZ/T 92019 的规定。

4.7.7 SL 系列上罗拉轴承应符合 FZ/T 92013 的规定。

4.7.8 弹簧加压摇架应符合 FZ/T 92036 的规定。

4.7.9 气动加压摇架应符合 FZ/T 92072 的规定。

4.7.10 板簧加压摇架应符合 FZ/T 92081 的规定。

4.7.11 吊锭应符合 FZ/T 92021 的规定。

4.8 卷绕系统

4.8.1 在升降全程范围内，锭子中心对钢领中心的同轴度公差为 φ0.5 mm。

4.8.2 棉纺环锭细纱锭子应符合 FZ/T 92023 的规定。

4.8.3 平面钢领应符合 FZ/T 92018 的规定。

4.8.4 锭带张力盘应符合 FZ/T 92020 的规定。

4.8.5 滚盘应符合 FZ/T 92014 的规定。

4.9 断头吸入装置

4.9.1 吸口真空度应符合下列规定:
   a) 笛管型式吸口真空度应不小于 600 Pa。
   b) 支管型式吸口真空度应不小于 700 Pa。

4.9.2 管口和管内表面应光滑、不挂纤维。

4.10 电气、自动控制

4.10.1 电气设备的电快速瞬变脉冲群抗扰度性能,应符合 GB/T 17626.4—2008 中第 3 等级的规定。

4.10.2 电气设备的静电放电抗扰度性能,应符合 GB/T 17626.2—2006 中第 4 等级的规定,试验时设备不应有非正常动作。

4.10.3 电气设备的连接和布线,应符合 GB 5226.1—2008 中 13.1 的规定。

4.10.4 电气设备的导线标识,应符合 GB 5226.1—2008 中 13.2 的规定。

4.10.5 电气设备保护联结电路的连续性,应符合 GB 5226.1—2008 中 18.2.2 的规定。

4.10.6 电气设备的绝缘性能,应符合 GB 5226.1—2008 中 18.3 的规定。

4.10.7 电气设备的耐压试验,应符合 GB 5226.1—2008 中 18.4 的规定。

4.10.8 人机界面应操作便捷、反应及时、显示正确;驱动系统控制应可靠、动作准确。

4.10.9 通信接口,应符合 FZ/T 90108—2010 中 7.1.3 的规定。

4.11 集聚纺纱装置

集聚纺纱装置应符合 FZ/T 93073 中相关的规定。

4.12 集体落纱装置

4.12.1 集体落纱装置应动作准确、安全、可靠。

4.12.2 集体落纱的拔管成功率、插管成功率分别大于 99.8%。

4.12.3 落纱时间不大于 4 min。

4.12.4 留头率不小于 96%。

5 试验方法

5.1 检验方法

5.1.1 成纱质量(4.1.1、4.1.2)应符合 FZ/T 90110—2013 中 4.1.2.3 的规定。

5.1.2 断头率(4.2)用巡回断头检测装置或目测。

5.1.3 功率消耗(4.3),在电控柜总电源进线端用功率表检测。

5.1.4 整机噪声(4.5.1、4.5.2),按 GB/T 7111.1 和 GB/T 7111.2 的规定检测。

5.1.5 全机的安全防护措施和警示标志(4.5.3)按 GB/T 17780.2—2012 中第 6 章的规定检测。

5.1.6 各传动轴承温升(4.6.2),用表面温度计检测。

5.1.7 上罗拉加压(4.7.2),用摇架压力测试仪检测。

5.1.8 输出上罗拉对下罗拉轴线的平行度(4.7.3),用平行度量规检测。

5.1.9 锭子中心对钢领中心的同轴度公差(4.8.1),用同轴度量规检测。

5.1.10 吸口真空度(4.9.1),用 U 型压力计或微电脑数字压力计检测。

5.1.11 电气设备的电快速瞬变脉冲群抗扰度性能试验(4.10.1),用电快速瞬变脉冲群发生器进行测试,受试设备的功能、动作要符合规定的要求。试验时,在受试设备供电电源端口及 PE 端口输出干扰的试验电压峰值为 2 kV,重复频率为 5 kHz 或者 100 kHz;输入、输出信号、数据和控制端口试验电压峰值为 1 kV,重复频率为 5 kHz 或者 100 kHz,试验时间不少于 1 min,正负极性均需测试。

5.1.12 电气设备的静电放电抗扰度性能试验(4.10.2),用静电放电发生器测试。采用接触放电 8 kV、空气放电 15 kV。

5.1.13 电气设备的连接和布线(4.10.3),检查接线是否牢固,两端子之间的导线和电缆是否有接头和拼接点,电缆和电缆束的附加长度是否满足连接和拆卸的需要。

5.1.14 电气设备导线的标识(4.10.4),检查导线的每个端部是否有标记;如果用颜色作导线标记时,应符合标准的相关规定。

5.1.15 电气设备的保护联结电路连续性(4.10.5),按 GB 5226.1—2008 中 18.2.2 的规定测试。

5.1.16 电气设备的绝缘性能(4.10.6),用兆欧表测试。

5.1.17 电气设备的耐压试验(4.10.7),用耐压测试仪测试。

5.1.18 集聚纺纱装置相关条款的检测,按 FZ/T 93073 中规定的方法检测。

5.1.19 专件、器材的检测按相关标准规定的方法检测。

5.1.20 其余项目,用目测、手感以及通用量具进行检测。

5.2 空车运转试验

5.2.1 试验条件

5.2.1.1 装机之前先按相关标准抽检专件、器材。

5.2.1.2 上罗拉按弹簧加压摇架的设计最大值加压。

5.2.1.3 锭子用油物理指标按 SH/T 0017 中 L—FD 类轴承油的规定选用,黏度等级 7 级。锭子油位高度自锭尖起:

    a) 上下支承中心距为 100 mm 时,油位高度为 60^{+5}_{0} mm;

    b) 上下支承中心距为 120 mm 时,油位高度为 70^{+5}_{0} mm;

    c) 其他形式按说明书的规定。

5.2.1.4 锭带公称张力用管形测力计串入锭带,沿锭带张力紧边运动方向与全机纵向垂直,缓缓拉动测力计至锭带张力盘刚刚开始摆动时应为:

    a) 单张力盘不小于 4.9 N;

    b) 双张力盘不小于 5.0 N。

5.2.1.5 试验电源:三相交流电压(380 ±38)V,频率:(50±1)Hz。

5.2.1.6 试验速度见表 6。

表 6

型式	参数		
	锭距 mm	锭速 r/min	输出下罗拉转速 r/min
单张力盘	70	16 000	260
	75	14 000	200

表 6（续）

型式	参数		
	锭距 mm	锭速 r/min	输出下罗拉转速 r/min
双张力盘	70	16 000	260
	75	14 000	200

5.2.1.7 负压式集聚纺纱装置槽口真空度：

a) 单槽不小于 2 000 Pa；

b) 双槽不小于 1 500 Pa。

5.2.1.8 整机运转时间不小于 4 h。

5.2.2 试验项目

检验 4.3、4.4、4.5、4.6.1、4.6.2、4.7.1～4.7.5、4.8.1、4.9.2、4.10、4.11。

5.3 工作负荷试验

5.3.1 试验条件

5.3.1.1 空车运转试验合格后进行。

5.3.1.2 纺纱工艺按制造厂所提供的方案配置。

5.3.1.3 纺纱环境条件：温度 28 ℃±5 ℃，相对湿度 55%±5%。

5.3.1.4 喂入粗纱的质量变异系数应达到 2013 乌斯特 25% 水平统计值。

5.3.1.5 纱管按照 FZ/T 93008、FZ/T 93010 的规定。

5.3.1.6 正常生产连续运转时间不少于 30 d。

5.3.1.7 配集聚纺纱装置时，试验环境条件和喂入粗纱要求按 FZ/T 93073 中相关的规定。

5.3.2 试验项目

检验 4.1、4.2、4.12。

6 检验规则

6.1 型式试验

6.1.1 产品在下列情况之一时，进行型式试验：

a) 新产品鉴定时；

b) 产品的结构、材料、工艺有较大改变，可能影响产品性能时；

c) 出厂检验结果与上次型式检验有较大差异时；

d) 产品停产两年以上恢复生产时；

e) 第三方进行质量检验时。

6.1.2 检验项目：第 4 章。

6.2 出厂检验

6.2.1 制造厂在每批产品中抽出一台进行全装，批量大于 200 台时全装 2 台。

6.2.2 检验条件和项目按 5.2 进行。

6.2.3 每台产品需经制造厂质量检查部门检验合格后方能出厂,并附有产品质量合格证。

6.3 判定原则

6.3.1 单项检验符合标准要求,判单项合格;若同一项目需检验若干处,其合格率要求不小于 90%,对不合格处允许一次调整,经运行检测合格后,则判该项目合格。

6.3.2 全部项目检验合格,判该产品符合标准要求。

6.4 其他

产品出厂一年内,用户厂在进行安装、调试中发现有不符合本标准时,由生产企业负责会同用户共同处理。

7 标志

7.1 包装箱上的储运图示标志,按 GB/T 191 的规定。

7.2 产品铭牌及铭牌内容,按 FZ/T 90089.1 和 FZ/T 90089.2 的规定。

7.3 产品安全标志,按 GB 2894 的规定。

8 包装、运输和贮存

8.1 产品的包装按 FZ/T 90001 的规定。

8.2 产品在运输过程中,须按规定的位置起吊,包装箱应按规定的朝向放置,不得倾倒或改变方向。

8.3 产品出厂后,在良好防雨及通风条件下贮存,包装箱内零件防锈、防潮有效期自出厂之日起一年。

ICS 59.120.10
W 93

中华人民共和国纺织行业标准

FZ/T 93033—2014
代替 FZ/T 93033—2004

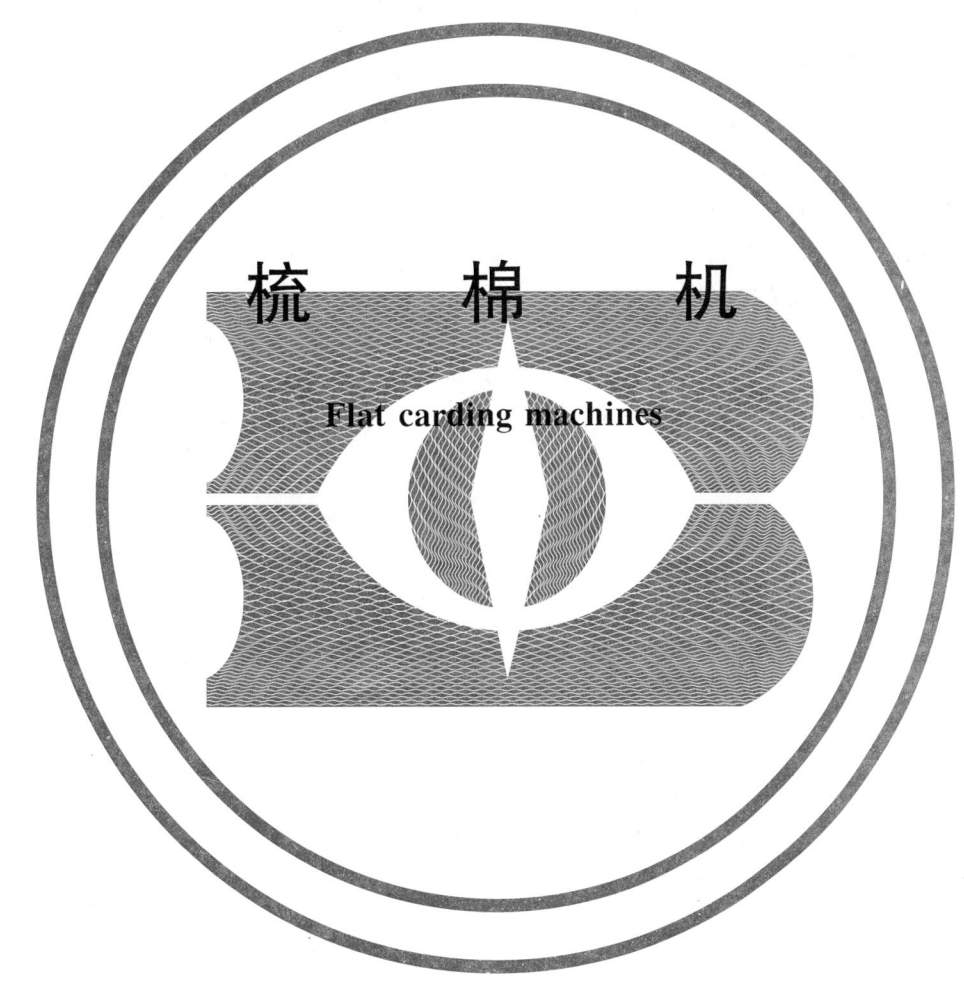

梳 棉 机

Flat carding machines

2014-05-06 发布

2014-10-01 实施

中华人民共和国工业和信息化部　　发　布

前　言

本标准按照 GB/T 1.1—2009 给出的规则起草。

本标准代替 FZ/T 93033—2004《梳棉机》。

本标准与 FZ/T 93033—2004 相比主要技术变化如下:

——修改了标准名称的英文译名(见封面,2004 年版的封面);

——修改了参数(见表 1,2004 年版的表 1);

——增加了喂入装置的要求(见 4.1);

——修改了锡林、道夫轴承座振幅的要求(见 4.2.1,2004 年版的 4.1.1);

——增加了锡林筒体、锡林许用不平衡量、道夫筒体、预分梳板的要求(见 4.2.2、4.2.3、4.2.4、4.2.9);

——修改了底盘回转平稳,顶盘振幅要求(见 4.3,2004 年版的 4.2);

——增加了全机应按 GB/T 17780.1、GB/T 17780.2 的规定采取安全防护措施和警示,以避免产品在使用过程中对人体健康造成的伤害的要求(见 4.6.3);

——增加了电快速瞬变脉冲群抗扰度性能、静电放电抗扰度性能、连接和布线、导线标识的要求(见 4.7.1、4.7.2、4.7.3、4.7.4);

——修改了全机噪声(声功率级)的要求,增加了发射声压级的要求(见 4.8,2004 年版的 4.7);

——修改了功率消耗的要求(见 4.8,2004 年版的 4.8);

——修改了重量不匀率计量单位及参数(见表 4,2004 年版的表 3);

——增加了生条重量不匀率计算方法(见 5.1.21);

——修改了工作负荷试验条件(见 5.3.1,2004 年版的 5.2.1)。

本标准由中国纺织工业联合会提出。

本标准由全国纺织机械与附件标准化技术委员会纺纱、染整机械分技术委员会(SAC/TC 215/SC 1)归口。

本标准起草单位:国家纺织机械质量监督检验中心、青岛宏大纺织机械有限责任公司、郑州宏大新型纺机有限责任公司、克罗斯罗尔机械(上海)有限公司、青岛东佳纺机(集团)有限公司、卓郎(金坛)纺织机械有限公司、青岛即墨第一纺织机械厂、青岛东昌纺机制造有限公司。

本标准主要起草人:李立平、赵云波、郭东亮、沈家宏、纪合聚、杨巧云、孙振华、邵长新。

本标准于 1995 年首次发布,2004 年第一次修订,本次为第二次修订。

梳　棉　机

1　范围

本标准规定了梳棉机的分类及参数、要求、试验方法、检验规则、标志、包装、运输和贮存。

本标准适用于梳理棉纤维和棉型毛、麻、化纤、中长纤维的梳棉机。

2　规范性引用文件

下列文件对于本文件的应用是必不可少的。凡是注日期的引用文件,仅注日期的版本适用于本文件。凡是不注日期的引用文件,其最新版本(包括所有的修改单)适用于本文件。

GB/T 191　包装储运图示标志

GB 2894　安全标志及其使用导则

GB 5226.1—2008　机械电气安全　机械电气设备　第1部分:通用技术条件

GB/T 7111.1　纺织机械噪声测试规范　第1部分:通用要求

GB/T 7111.2　纺织机械噪声测试规范　第2部分:纺前准备和纺部机械

GB/T 9239.1—2006　机械振动　恒态(刚性)转子平衡品质要求　第1部分:规范与平衡允差的检验

GB/T 17626.2—2006　电磁兼容　试验和测量技术　静电放电抗扰度试验

GB/T 17626.4—2008　电磁兼容　试验和测量技术　电快速瞬变脉冲群抗扰度试验

GB/T 17780.1　纺织机械　安全要求　第1部分:通用要求

GB/T 17780.2　纺织机械　安全要求　第2部分:纺纱准备和纺纱机械

GBZ/T 192.1—2007　工作场所空气中粉尘测定　第1部分:总粉尘浓度

FZ/T 90001　纺织机械产品包装

FZ/T 90074　纺织机械产品涂装

FZ/T 90089.1　纺织机械铭牌　型式、尺寸及技术要求

FZ/T 90089.2　纺织机械铭牌　内容

FZ/T 92029　梳棉机　盖板骨架

FZ/T 93019　梳棉机用弹性盖板针布

FZ/T 93038　梳理机用齿条

FZ/T 93089　喂棉箱

FZ/T 93090　预分梳板

FZ/T 99014—1995　纺织机械电气设备技术条件

3　分类及参数

3.1　分类

3.1.1　按最大输出速度分为:普通型、高速型。

3.1.2　按给棉型式分为:棉卷喂入、棉箱喂入。

3.2 参数

参数见表1。

表 1

项　目		参　数
适纺纤维长度/mm		22～65
工作宽度/mm		1 000～1 500
棉卷最大工作直径×宽度/mm		550×980
棉箱工作宽度/mm		920～1 500
棉条定量/(g/m)		3～12
最大输出速度/(m/min)	普通型	<140
	高速型	≥140
条筒规格/mm	直径	600、900、1 000
	筒高	900、1 100、1 200

4 要求

4.1 喂入装置

4.1.1 喂入装置速度可调。

4.1.2 采用棉箱喂入时,喂棉箱应符合 FZ/T 93089 的要求。

4.2 梳理系统

4.2.1 锡林、道夫轴承座振幅:普通型不大于 0.07 mm,高速型不大于 0.035 mm。

4.2.2 锡林筒体外圆对轴线的径向圆跳动公差不大于 0.025 mm。

4.2.3 锡林的许用不平衡量,应符合 GB/T 9239.1—2006 中平衡品质 G1.6 级的要求。

4.2.4 道夫筒体外圆对轴线的径向圆跳动公差不大于 0.020 mm。

4.2.5 盖板应符合 FZ/T 92029 的规定。

4.2.6 盖板不应有明显起伏现象,跑偏量不大于 1.0 mm。

4.2.7 盖板托脚最高点水平方向振幅:普通型不大于 0.12 mm,高速型不大于 0.10 mm。

4.2.8 锡林启动时间应符合表 2 的规定。

表 2

项　目	参　数	
锡林转速/(r/min)	330～360	>360
锡林启动时间/s	≤120	≤240

4.2.9 预分梳板应符合 FZ/T 93090 的要求。

4.3 圈条器系统

传动系统情况良好,无异常声响,底盘回转平稳,顶盘振幅不大于 0.15 mm。

4.4 传动系统

4.4.1 全机各传动机构运转平稳,无异常振动。

4.4.2 各轴承温升不大于 20 ℃。

4.5 吸尘系统

管路密封良好,吸尘管路内表面纤维通道光滑无毛刺,不得勾挂纤维。

4.6 安全

4.6.1 全机防护罩安装位置准确,牢固可靠。

4.6.2 电动机的安装应符合 FZ/T 99014—1995 中 10.5 的要求。

4.6.3 全机应按 GB/T 17780.1、GB/T 17780.2 的规定采取安全防护措施和警示,以避免产品在使用过程中对人体健康造成的伤害。

4.7 电气设备及自控机构

4.7.1 电气设备的电快速瞬变脉冲群抗扰度性能,应符合 GB/T 17626.4—2008 中第 3 等级的规定。

4.7.2 电气设备的静电放电抗扰度性能,应符合 GB/T 17626.2—2006 中第 4 等级的规定,试验时设备不应有非正常动作。

4.7.3 电气设备的连接和布线,应符合 GB 5226.1—2008 中 13.1 的规定。

4.7.4 电气设备的导线标识,应符合 GB 5226.1—2008 中 13.2 的规定。

4.7.5 电气设备保护联结电路的连续性,应符合 GB 5226.1—2008 中 18.2.2 的规定。

4.7.6 电气设备的绝缘性能,应符合 GB 5226.1—2008 中 18.3 的规定。

4.7.7 电气设备的耐压试验,应符合 GB 5226.1—2008 中 18.4 的规定。

4.7.8 自停、自检、自控机构,安全装置的控制动作灵敏、可靠,信号显示准确。

4.8 功率消耗

空车运转时,主电机功率消耗应不大于其额定功率的 60 %。

4.9 纺织器材

锡林、道夫用齿条应符合 FZ/T 93038 的规定。盖板用针布应符合 FZ/T 93019 的规定。

4.10 噪声

空车运转时全机噪声应符合表 3 的规定。

表 3

项 目	参 数	
	普通型	高速型
全机噪声发射声压级/dB(A)	≤ 82.0	≤ 80.0
全机噪声声功率级/dB(A)	≤ 97.0	≤ 95.0

4.11 产品涂装

产品涂装应符合 FZ/T 90074 的规定。

4.12 生条质量

生条重量不匀率应符合表4规定。

表 4

项 目		参 数					
		棉箱喂入 (5 m 片段) (带自调匀整)		棉卷喂入 (5 m 片段) (带自调匀整)		棉箱、棉卷喂入 (5 m 片段) (不带自调匀整)	
品 种		棉纤维,棉型 毛、麻纤维	化纤、中长 纤维	棉纤维,棉型 毛、麻纤维	化纤、中长 纤维	棉纤维,棉型 毛、麻纤维	化纤、中长 纤维
重量不匀率 CV 值/%	内不匀	≤1.5	≤2.0	≤3.0	≤4.0	≤4.0	≤5.0
	外不匀	≤2.5	≤3.0	≤3.5	≤4.5	≤4.5	≤5.5

4.13 工作区域的含尘量

普通型不大于 2.5 mg/m³;高速型不大于 1.5 mg/m³。

5 试验方法

5.1 检验方法

5.1.1 4.1.2 按 FZ/T 93089 的规定检测。

5.1.2 4.2.1、4.2.7、4.3 用测振仪或专用机架百分表检测。

5.1.3 4.2.2、4.2.4 用千分表检测。

5.1.4 4.2.3 按 GB/T 9239.1—2006 的规定检测。

5.1.5 4.2.5 按 FZ/T 92029 的规定检测。

5.1.6 4.2.6 盖板跑偏量以曲轨侧面为基准,用深度游标卡尺检测。

5.1.7 4.2.8 用秒表和转速表检测。

5.1.8 4.2.9 按 FZ/T 93090 的规定检测。

5.1.9 4.4.2 用点温计检测。

5.1.10 4.5 用棉花或化纤擦拭目测检测。

5.1.11 4.7.1 电气设备的电快速瞬变脉冲群抗扰度性能,用电快速瞬变脉冲群发生器进行测试,受试设备的功能动作符合规定的要求。

注:试验条件为供电电源端口及 PE 端口输出干扰试验电压峰值为 2 kV,重复频率为 5 kHz 或者 100 kHz;输入、输出信号、数据和控制端口的试验电压峰值为 1 kV,重复频率为 5 kHz 或者 100 kHz。

5.1.12 4.7.2 用静电放电发生器进行测试。

注:应采用接触放电 8 kV、空气放电 15 kV 进行试验。

5.1.13 4.7.3 检查接线是否牢固;两端子之间的导线和电缆是否有接头和拼接点;电缆和电缆束的附加长度是否满足连接和拆卸的需要。

5.1.14 4.7.4 检查导线的每个端部是否有标记;如果用颜色作导线标记时,应符合 GB 5226.1—2008 的相关规定。

5.1.15 4.7.5 按 GB 5226.1—2008 中 18.2.2 的规定测试,测试数据判定按 GB 5226.1—2008 附录 G 的规定。

5.1.16 4.7.6 用兆欧表测试。

5.1.17 4.7.7 用耐压试验仪测试。

5.1.18 4.8 用功率表检测。

5.1.19 4.9 按 FZ/T 93038 和 FZ/T 93019 的规定检测。

5.1.20 4.10 在安全罩壳紧闭,普通型输出速度 120 m/min,高速型输出速度 160 m/min 时,按 GB/T 7111.1、GB/T 7111.2 的规定检测。

5.1.21 4.12 生条重量不匀率采用取样称量法测定,取样规定如下:

——内不匀:间断取样不低于 30 个样本(5 m 片段);

——外不匀:每台车,间断取样不低于 5 个样本(5 m 片段),不少于 5 台车,总数不少于 30 个样本。

试样分别用天平称量。重量不匀率 CV 按式(1)计算:

$$CV = \frac{1}{\overline{m}} \sqrt{\frac{\sum_{i=1}^{n}(m_i - \overline{m})^2}{n-1}} \times 100\% \qquad \cdots\cdots\cdots\cdots (1)$$

式中:

m_i——每个试样的质量,单位为克(g);

$\overline{m}$——试样质量的算术平均值,单位为克(g);

n——试样总数。

5.1.22 4.13 在正常吸尘系统和合理的空调条件下,按 GBZ/T 192.1—2007 的规定检测。

5.1.23 其余项目,感官检测。

5.2 空车运转试验

5.2.1 试验条件:

a) 试验输出速度及锡林转速应符合表 5 规定。

表 5

项 目	参 数	
	普通型	高产型
试验输出速度/(m/min)	120	160
锡林转速/(r/min)	330×(1±5%)	400×(1±5%)
注:锡林直径为 1 290 mm。		

b) 试验时间:2 h。

5.2.2 检验项目:4.1.1、4.2.1、4.2.6、4.2.7、4.2.8、4.3～4.8、4.10、4.11。

5.3 工作负荷试验

5.3.1 试验条件:

a) 根据试纺品种,合理选择,调整各部分隔距、速度、牵伸倍数等工艺参数,并选择适宜的梳理机用齿条。

b) 工作环境:符合纺织厂工艺要求的温湿度。

c) 采用棉卷喂入时,棉卷重量不匀率应符合表 6 规定。

表 6

项 目	参 数	
	棉纤维,棉型毛、麻纤维	化纤、中长纤维
纵向重量不匀率/%	≤1.0	≤1.3
横向重量不匀率/%	≤2.0	≤3.0

d) 采用棉箱喂入时,应符合 FZ/T 93089 中对纤维层重量不匀率的要求。

e) 试验时间:连续生产运转 72 h。

5.3.2 检验项目:4.5、4.12、4.13。

6 检验规则

6.1 型式检验

6.1.1 产品在下列情况之一时,应进行型式检验:

a) 新产品鉴定时;

b) 生产过程中,如结构、材料、工艺有较大改变,可能影响产品性能时;

c) 出厂检验结果与上次型式检验有较大差异时;

d) 产品长期停产两年后,再恢复生产时;

e) 第三方进行质量检验时。

6.1.2 检验项目:第 4 章。

6.2 出厂检验

6.2.1 每批产品至少抽出一台全装,同时进行空车运转试验,并经生产企业质检部门检验合格,附有产品合格证方能出厂。

6.2.1 检验项目:4.1~4.11。

6.3 判定规则

全部项目检验合格,判该产品符合标准要求。

6.4 其他

在安装调试过程中,发现有项目不符合本标准时,生产企业应会同用户共同处理。

7 标志

7.1 包装箱上的储运图示标记,按 GB/T 191 的规定。

7.2 产品铭牌,按 FZ/T 90089.1 和 FZ/T 90089.2 的规定。

7.3 产品安全标志,按 GB 2894 的规定。

8 包装、运输和贮存

8.1 产品的包装,按 FZ/T 90001 的规定。

8.2 产品在运输过程中,包装箱应按规定的朝向安置,不得倾斜或改变方向。

8.3 产品出厂后,在良好的防雨及通风贮存条件下,包装箱内的产品防潮、防锈有效期为一年。

ICS 59.120.10
W 93

中华人民共和国纺织行业标准

FZ/T 93035—2011
代替 FZ/T 93035—1995

棉 纺 托 锭 粗 纱 机

Cotton flyer roving frame

2011-05-18 发布

2011-08-01 实施

中华人民共和国工业和信息化部 　 发 布

前　言

本标准按照 GB/T 1.1—2009 给出的规则起草。

本标准代替 FZ/T 93035—1995《棉纺托锭粗纱机》。

本标准与 FZ/T 93035—1995 相比,主要变化如下:

——提高了成品质量要求;

——增加了电气设备安全性能要求和试验方法。

本标准由中国纺织工业协会提出。

本标准由全国纺织机械及附件标准化技术委员会(SAC/TC 215)归口。

本标准起草单位:天津宏大纺织机械有限公司、无锡纺织机械研究所、滁州华威科技有限公司。

本标准主要起草人:左英英、潮欣婉、赵基平、孔繁苓、刘杰。

本标准所代替标准的历次版本发布情况为:

——FJ/JQ 45—1984;

——FZ/T 93035—1995。

棉 纺 托 锭 粗 纱 机

1 范围

本标准规定了棉纺托锭粗纱机的参数、要求、试验方法、检验规则、标志、包装、运输和贮存。
本标准适用于棉及纤维长度在 65 mm 以下的化纤纯纺、混纺的棉纺托锭粗纱机。

2 规范性引用文件

下列文件对于本文件的应用是必不可少的。凡是注日期的引用文件,仅注日期的版本适用于本文件。凡是不注日期的引用文件,其最新版本(包括所有的修改单)适用于本文件。

GB/T 191　包装储运图示标志

GB 2894　安全标志及其使用导则

GB 5226.1—2008　机械安全　机械电气设备　第1部分:通用技术条件

GB/T 7111.1　纺织机械噪声测试规范　第1部分:通用要求

GB/T 7111.2　纺织机械噪声测试规范　第2部分:纺前准备和纺部机械

FZ/T 90001　纺织机械产品包装

FZ/T 90074　纺织机械产品涂装

FZ/T 90086　纺织机械及附件　下罗拉轴承和有关尺寸

FZ/T 90089.1　纺织机械铭牌　型式、尺寸及技术要求

FZ/T 90089.2　纺织机械铭牌　内容

FZ/T 92013　SL系列上罗拉轴承

FZ/T 92024　LZ系列下罗拉轴承

FZ/T 92036　弹簧加压摇架

FZ/T 92073　托锭粗纱锭子

FZ/T 92074　托锭粗纱锭翼

FZ/T 93064　棉粗纱机牵伸下罗拉

3 参数

参数见表1。

表 1

项　目	参　数			
输出、喂入下罗拉最大中心距/mm	150		190	
适纺纤维长度/mm	棉	化纤	棉	化纤
	22～38	51以下	22～38	65以下
适纺线密度/tex	285～1 000			

表 1（续）

项　目	参　数		
下罗拉直径/mm	28,25,28		
上罗拉直径/mm	31,25,31		
牵伸倍数	5~12		
捻度范围/(捻/m)	18~70		
锭翼工艺转速/(r/min)	800		
牵伸型式	三罗拉双短皮圈、三罗拉长短皮圈		
锭距/mm	180	194	216
粗纱成型尺寸/mm	φ130×320	φ135×320	φ142×320 φ135×320
筒管尺寸/mm	φ44×360		

4　要求

4.1　主要专件

4.1.1　下罗拉应符合 FZ/T 93064 的规定。

4.1.2　上罗拉轴承应符合 FZ/T 92013 的规定。

4.1.3　下罗拉轴承应符合 FZ/T 92024 的规定。

4.1.4　下罗拉轴承座应符合 FZ/T 90086 的规定。

4.1.5　弹簧摇架应符合 FZ/T 92036 的规定。

4.1.6　粗纱托锭锭翼应符合 FZ/T 92074 的规定。

4.1.7　粗纱托锭锭子应符合 FZ/T 92073 的规定。

4.2　传动系统

4.2.1　机器运转平稳,无异常振动和声响。

4.2.2　各齿轮轴承、主轴轴承和锥轮轴承温升≤20 ℃。

4.2.3　车头内传动部件安装正确,润滑良好。

4.2.4　传动齿轮副啮合适当、转动轻快均匀,在齿宽方向差异≤1 mm。

4.2.5　车头内传动齿轮副接触斑点按高度方向≥30%、长度方向≥40%。

4.3　牵伸系统

4.3.1　在加压状态下,整列输出下罗拉的各工作表面对两相邻下罗拉轴承公共轴线的径向圆跳动公差0.08 mm。

4.3.2　各列上罗拉加压值极限偏差按表 2 的规定。

表 2

项　　目	参　　数	
喂入、输出下罗拉最大中心距/mm	150	190
加压值极限偏差/N	$^{+0.15}_{-0.05}F^a$	$^{+0.20}_{-0.05}F$
^{a} F 为罗拉的名义加压值。		

4.3.3　罗拉轴承内环端面不超过外环端面。

4.3.4　在同锭位置上,喂入、输出下罗拉工作宽度中心平面对中间下罗拉工作宽度中心平面的对称度公差 1.5 mm(允许用 0.1 mm、0.2 mm 的全形垫片垫后达到)。

4.3.5　牵伸传动齿轮副接触斑点按高度方向≥40%(斜齿轮 30%)、长度方向≥50%。

4.3.6　纱条通道表面光滑,不挂纤维。

4.4　卷绕系统

4.4.1　上龙筋升降平稳,无顿挫抖动现象。

4.4.2　锥轮皮带张力松紧适当,移动灵活,皮带复位装置动作可靠。

4.4.3　成形装置及换向机构定位准确,动作灵活可靠。

4.4.4　万向联轴节传动运转平稳,润滑良好。

4.4.5　全机两排锭子平直,锭翼插装锭子上高低差异≤4 mm。

4.4.6　锭翼在上龙筋升降动程中部位置,锭翼顶端径向圆跳动公差为 0.25 mm。

4.5　电气及自动机构

4.5.1　光电、电控装置稳定可靠,自动机构动作准确、灵敏。

4.5.2　电气设备的连接和布线,应符合 GB 5226.1—2008 中 13.1 的规定。

4.5.3　电气设备的导线标识,应符合 GB 5226.1—2008 中 13.2 的规定。

4.5.4　电气设备保护联接电路连续性,应符合 GB 5226.1—2008 中 18.2.2 的规定。

4.5.5　电气设备的绝缘性能,应符合 GB 5226.1—2008 中 18.3 的规定。

4.5.6　电气设备的耐压试验,应符合 GB 5226.1—2008 中 18.4 的规定。

4.6　噪声

锭翼转速 900 r/min 时,全机噪声发射声压级≤85 dB(A)。

4.7　功率消耗

空车运转时,主电机的输入功率应符合表 3 的规定。不同锭数的功率消耗值的计算见附录 A。

表 3

项　　目	规　格　与　参　数		
锭距/mm	180	194	216
锭数	120		
锭翼转速/(r/min)	900		
输入功率/kW	≤2.85	≤3.00	≤3.60

4.8 安全及外观质量

4.8.1 涂装应符合 FZ/T 90074 的规定。

4.8.2 产品外露件的表面平整光滑,紧固件须经表面处理。

4.8.3 机械传动安全可靠。罩壳封闭良好。

4.9 粗纱质量

4.9.1 粗纱条干均匀度变异系数 $CV(\%)$,应符合表 4 的规定。

表 4

项 目	条干均匀度变异系数 $CV/\%$					
适纺线密度/tex	714	625	555	500	455	417
普梳纯棉粗纱	≤5.7	≤5.7	≤5.7	≤5.8	≤5.8	≤5.9
精梳纯棉粗纱	≤3.9	≤3.9	≤4.0	≤4.0	≤4.0	≤4.0

4.9.2 假捻器假捻效果好,耐磨性能好。

4.9.3 粗纱成形良好,无脱圈、冒纱等不良现象。

4.10 断头率

锭翼转速 800 r/min 时:纯棉断头率≤4 根/(百锭·时);涤棉断头率≤2 根/(百锭·时)。

5 试验方法

5.1 检验方法

5.1.1 各轴承温升(4.2.2),用表面温度计测量(测量部位为各轴承座外壳处)。

5.1.2 纱条通道表面质量(4.3.6),用棉纤维束在通道部分擦拭检验。

5.1.3 电气设备的连接和布线(4.5.2),按 GB 5226.1—2008 中 13.1 的规定,目测接线是否牢固;两端子之间的导线和电缆是否有接头和拼接点;电缆和电缆束的附加长度是否满足连接和拆卸的需要等。

5.1.4 电气设备导线的标识(4.5.3),按 GB 5226.1—2008 中 13.2 的规定,检查导线的每个端部是否有标记;如果用颜色作导线标记时,应符合标准的规定。

5.1.5 电气设备的保护联接电路连续性(4.5.4),按 GB 5226.1—2008 中 18.2.2 的规定测试(测试数据判定按 GB 5226.1—2008 附录 G 的规定)。

5.1.6 电气设备的绝缘性能和耐压试验(4.5.5、4.6.6),按 GB 5226.1—2008 中 18.3、18.4 的规定测试。

5.1.7 全机噪声(4.6),按 GB/T 7111.1、GB/T 7111.2 的规定,用精密声级计测试。

5.1.8 功率消耗(4.7),用三相功率表测试。

5.1.9 其余项目用通用量具、通用仪器或感官检测。

5.2 空车运转试验

5.2.1 试验条件

5.2.1.1 上、下罗拉按摇架的最大设计值加压。

5.2.1.2 传动齿轮箱或差速箱、蜗轮箱、换向齿轮箱等的油号、油量,符合设计文件的规定。

5.2.1.3 试验电源:三相交流电压(380±38)V;频率(50±1)Hz。

5.2.1.4 锭翼转速:900 r/min。

5.2.1.5 空车运转时间:4 h。

5.2.2 检验项目

见4.2～4.8。

5.3 工作负荷试验

5.3.1 试验条件

5.3.1.1 空车运转试验合格后进行。

5.3.1.2 环境条件:温度(25±5)℃、相对湿度55%～65%。

5.3.1.3 纺纱工艺及参数(牵伸倍数、捻系数)由生产企业和用户商定。

5.3.1.4 喂入棉条的条干均匀度变异系数 CV(%),应符合表5的规定。

表5

项 目	条干均匀度变异系数 CV/%											
适纺线密度/ktex	5.90	5.52	5.23	4.92	4.75	4.54	4.25	4.00	3.75	3.50	3.25	3.00
精梳纯棉熟条	—			1.80	1.83	1.85	1.90	1.95	2.03	2.10	2.16	2.23
普梳纯棉熟条	2.57	2.63	2.67	2.73	2.76	2.80	—	—	—	—	—	—

5.3.1.5 正常生产连续运转一个月。

5.3.2 检验项目

见4.9、4.10。

6 检验规则

6.1 出厂检验

6.1.1 在每月或每批生产的产品中应抽取1台进行全装,并按5.2进行空车运转试验。

6.1.2 每台产品需经生产企业检验部门检验合格后方可出厂,并附有产品质量合格证。

6.1.3 检验项目:见5.2.2。

6.2 型式检验

6.2.1 产品在符合下列情况之一时,应进行型式检验:

    a) 新产品投产鉴定时;

    b) 结构、材料、工艺有较大改变,影响产品性能时;

    c) 出厂检验结果与上次型式检验有较大差异时;

    d) 第三方进行质量检验时。

6.2.2 型式检验项目:见第4章。

6.3 判定规则

6.3.1 若同一项目需检验若干处,其检验结果有85%以上符合标准要求,则判该项目合格。

6.3.2 全部项目检验合格,判该批产品符合标准要求。

6.4 其他

产品出厂后一年内,用户在进行安装、调试中发现有不符合本标准时,由生产企业会同用户共同处理。

7 标志、包装、运输、贮存

7.1 标志

7.1.1 产品的安全标志,按 GB 2894 的规定。

7.1.2 包装储运的图示标志,按 GB/T 191 的规定。

7.1.3 产品铭牌,按 FZ/T 90089.1、FZ/T 90089.2 的规定。

7.2 包装

产品的包装应符合 FZ/T 90001 的规定。

7.3 运输

产品在运输过程中,应按规定的起吊位置起吊,包装箱应按规定的朝向安置,不得倾倒。

7.4 贮存

产品出厂后,在良好的防雨及通风的贮存条件下,包装箱内的零件防潮、防锈有效期为一年。

附 录 A
（规范性附录）
不同锭数空车运转主电机输入功率的计算方法

A.1 几种锭距的单锭折算功率

几种锭距的单锭折算功率见表 A.1。

表 A.1

项目	规格与参数		
锭距/mm	180	194	216
单锭折算功率/kW	0.012	0.014	0.016

A.2 不同锭数空车运转时，主电机输入功率计算示例

示例 1：锭距 180 mm，锭数 132 时，主电机输入功率计算。

查表 3：锭距 180 mm，锭数 120 时，输入功率值为 2.85 kW。

查表 A1：锭距 180 mm，单锭折算功率值为 0.012 kW。

锭距 180 mm，锭数 132 时：

$$输入功率 = 2.85 + (132 - 120) \times 0.012 = 2.99 (kW)$$

示例 2：锭距 216 mm，锭数 108 时，主电机输入功率计算。

查表 3：锭距 216 mm，锭数 120 时，输入功率值为 3.6(kW)。

查表 A1：锭距 216 mm，单锭折算功率值为 0.016 kW。

锭距 216 mm，锭数 108 时：

$$输入功率 = 3.6 - (120 - 108) \times 0.016 = 3.41 \ kW$$

ICS 59.120
W 93

中华人民共和国纺织行业标准

FZ/T 93042—2011
代替 FZ/T 93042—1996

自 动 缫 丝 机

Automatic silk reeling machine

2011-05-18 发布

2011-08-01 实施

中华人民共和国工业和信息化部　　发 布

前　言

本标准按照 GB/T 1.1—2009 给出的规则起草。

本标准代替 FZ/T 93042—1996《自动缫丝机》。

本标准与 FZ/T 93042—1996 相比,主要变化如下:

——在产品型式中增加了小箢调速、给茧与探索配合、探索周期控制和新茧补充茧量控制方式(见表 1);

——增加了电控设备要求(见 4.7);

——删除了主要参数小箢轴慢速(见 1996 年版的表 1)和一些检验时难以具体检测的量值要求;

——修改了噪声声压级(见 1996 年版的 4.4)和轴承温升的控制值(见 1996 年版的 4.7.3)、试验条件、检验项目和判定规则;

——其他编辑性修改。

本标准由中国纺织工业协会提出。

本标准由全国纺织机械与附件标准化技术委员会(SAC/TC 215)归口。

本标准起草单位:杭州纺织机械有限公司、浙江理工大学、浙江方正轻纺机械检测中心有限公司、湖州浙丝二厂有限公司。

本标准主要起草人:叶文、赵彩珠、江文斌、丁章芳、何华锋、胡弘波、胡旭东、孙锦华。

本标准所代替标准的历次版本发布情况为:

——FZ/T 93042—1996。

自 动 缫 丝 机

1 范围

本标准规定了自动缫丝机的型式与主要参数、要求、试验方法、检验规则和标志、包装、运输、贮存。
本标准适用于缫制生丝的自动缫丝机。

2 规范性引用文件

下列文件对于本文件的应用是必不可少的。凡是注日期的引用文件,仅注日期的版本适用于本文
件。凡是不注日期的引用文件,其最新版本(包括所有的修改单)适用于本文件。

GB/T 191 包装储运图示标志

GB 5226.1—2008 机械电气安全 机械电气设备 第1部分:通用技术条件

GB/T 7111.1 纺织机械噪声测试规范 第1部分:通用要求

GB/T 7111.2 纺织机械噪声测试规范 第2部分:纺前准备和纺织机械

FZ/T 90001 纺织机械产品包装

FZ/T 90074 纺织机械产品涂装

FZ/T 90089.1 纺织机械铭牌 型式、尺寸及技术要求

FZ/T 90089.2 纺织机械铭牌 内容

FZ/T 99015 纺织通用电控设备技术规范

3 型式与主要参数

3.1 型式

型式见表1。

表 1 型式

序 号	项 目	型 式
1	纤度控制方式	定纤式
2	索绪方式	单循环自动索绪
3	理绪方式	自动理绪
4	纤度感知方式	隔距式细限纤度感知
5	给茧与添绪方式	移动给茧固定添绪、固定给茧固定添绪
6	加茧方式	自动探量加茧
7	落绪茧处理方式	捕集后自动分离
8	小箕调速方式	无级变速
9	给茧与探索配合方式	同步
10	探索周期控制方式	有级调节、无级调节
11	新茧补充茧量控制方式	自动控制

3.2 主要参数

主要参数见表2。

表 2 主要参数

序号	项　目	单　位	规 格 参 数
1	台数	台/组	20(基本型)
2	绪数	绪/组	400(基本型)
3	生丝纤度	den(dtex)	16～49(17.8～54.4)
4	绪间距	mm	100
5	丝片宽度	mm	45～65
6	小箃周长	mm	650、640
7	小箃最高设计转速	r/min	300
8	接绪翼转速	r/min	1 050
9	探索周期	s	2.00～3.25

4 要求

4.1 功率消耗

空车运转时,整机功率消耗≤5.0 kW。

4.2 噪声

空车运转时,整机噪声发射声压级≤82 dB(A)。

4.3 传动系统

4.3.1 机器运转平稳,无异常振动和冲击声。

4.3.2 传动系统润滑良好,传动箱体无渗漏油现象。

4.3.3 各处轴承温升≤15 ℃。

4.4 索理绪机系统

4.4.1 新茧补充、自动探量和自动加茧控制装置动作灵敏、可靠。

4.4.2 索绪机构、理绪机构工作正常,温度调节控制良好。

4.4.3 无绪茧、有绪茧移送斗运动良好,移送到位。

4.5 缫丝系统

4.5.1 小箃转速差小于其设置值的3%。

4.5.2 给茧机工作正常。

4.5.3 感知器灵敏可靠,动作正常。

4.5.4 感知器的隔距垫片厚度允差为±1 μm。

4.5.5 丝故障切断防止装置功能良好,在发生吊糙或异常张力时制动正常。

4.6 缫丝槽与管道部件

4.6.1 缫丝槽各接缝处、缫丝槽与转向部联接处均应无渗漏水现象。

4.6.2 正常工作压力时,各管道接口处应无渗漏水、汽现象。

4.7 电控设备

电控设备按 FZ/T 99015 规定。

4.8 安全保护

4.8.1 电气部分保护连接电路连续性应符合 GB 5226.1—2008 中 18.2.2 的规定。

4.8.2 电气部分的绝缘性能应符合 GB 5226.1—2008 中 18.3 的规定。

4.8.3 电气部分的耐压试验应符合 GB 5226.1—2008 中 18.4 的规定。

4.9 外观

4.9.1 表面经镀覆处理或化学处理的零件,表面应光滑,色泽一致,保护层不应有脱落现象。

4.9.2 产品涂装按 FZ/T 90074 的规定。

5 试验方法

5.1 空车运转试验

5.1.1 试验条件

试验条件如下:
a) 环境要求:常温、常湿;
b) 电源电压:(380±38)V,频率(50±1)Hz;
c) 试验篓速:240 r/min;
d) 试验时间:连续运转 4 h。

5.1.2 检验项目

检验项目如下:
a) 开车前检验 4.6～4.8;
b) 运转中检验 4.1、4.2、4.3.1、4.3.2、4.5.1、4.5.2、4.6;
c) 运转 4 h 后检验 4.3.3、4.6。

5.2 工作负荷试验

5.2.1 试验条件

试验条件如下:
a) 空车运转试验合格后方可进行;
b) 电源电压、频率同 5.1.1 中的 b);
c) 原料茧解舒丝长≥600 m;
d) 生丝纤度规格为 20/22 den;
e) 试验车速 165 r/min,也可按实际工艺要求而定。

5.2.2 检验项目

检验 4.4、4.5.3、4.5.5。

5.3 检测方法

5.3.1 温升

用精度为 0.5 ℃的点温计在轴承座处测量。

5.3.2 功耗

用精度不低于 1 级的三相功率表检测。

5.3.3 噪声

按 GB/T 7111.1、GB/T 7111.2 规定进行。

5.3.4 箠速差的检测

每组中任选 20 只小箠,用测速仪检测。

5.3.5 给茧机

每组中任选 1 绪,定点检测所通过的给茧机完成捞茧动作。

5.3.6 感知器

每组中任选 20 只感知器,用杠杆微米千分尺检测其隔距垫片厚度允差。

5.3.7 安全保护

按 GB 5226.1—2008 的规定检测。

5.3.8 其他项目

其他项目用目测、手感或听觉来评定。

6 检验规则

6.1 出厂检验

在每组产品出厂前,感知器、给茧机、索理绪机部件均需组装,并按第 4.4.1、4.4.3、4.5.2、4.5.4 及 4.5.5 要求履行出厂前检验,经检验合格后方可出具质量合格证。

6.2 交付检验

6.2.1 产品在用户厂安装完成后,须按本标准要求进行空车试运转,并按每批产品的 20%(不足 5 组抽 1 组)的数量进行整机质量检验。经检验合格后方可交付使用。

6.2.2 检验项目为第 4.1～4.4、4.5.1、4.5.3、4.6～4.9 要求。

6.3 型式检验

6.3.1 型式检验的条件

当有下列情况之一时,应进行型式检验:

a) 新产品试制定型时;

b) 正式生产后,若结构、材料、工艺有较大改变,可能影响产品性能时;

c) 停产两年后恢复生产时;

d) 出厂检验结果与上一次型式检验有较大差异时;

e) 国家质量监督检验部门及产品认证机构提出型式检验要求时。

6.3.2 检验项目

按第4章要求的全部内容。

6.3.3 检验数量

型式检验的样机从出厂检验合格的产品中抽取1组作为样机,经安装调试后进行检测。

6.3.4 判定规则

若电气安全保护有一项不合格即判定该产品型式检验不合格。若其他项有1项不合格,允许在已抽取的样机中加倍复测不合格项,仍不合格时,则判定该产品型式检验不合格。

7 标志、包装、运输、贮存

7.1 标志

7.1.1 包装储运的图示标志应符合GB/T 191的规定。

7.1.2 产品铭牌按FZ/T 90089.1和FZ/T 90089.2的规定。

7.2 包装

产品包装按FZ/T 90001规定。

7.3 运输

产品在运输过程中,应按规定的位置起吊,包装箱应按规定朝向放置,不得倾倒或改变方向,并且按国家铁路、公路和水路货物运输的有关规定执行。

7.4 贮存

产品经包装后,应贮存在相对湿度不大于60%、通风、无腐蚀性气体的室内或有遮篷的场所。产品贮存时间超出装箱日期一年时,需重新作出厂检验,合格后方可投入使用。

ICS 59.120.10
W 93

中华人民共和国纺织行业标准

FZ/T 93043—2012
代替 FZ/T 93043—1997

棉 纺 并 条 机

Cotton spinning drawing frame

2012-12-28 发布

2013-06-01 实施

中华人民共和国工业和信息化部　　发 布

前　言

本标准按照 GB/T 1.1—2009 给出的规则起草。

本标准代替 FZ/T 93043—1997《棉纺并条机》。

本标准与 FZ/T 93043—1997 相比主要变化如下：

——增加了分类(见 3.1)；

——调整了参数(见 3.2 表 1)；

——增加了自调匀整装置要求(见 4.2)；

——调整了轴承温升(见 4.3.2)；

——调整了上罗拉胶层外圆的径向圆跳动(见 4.4.1)；

——调整了同眼下罗拉各沟槽部分端面的平齐误差(见 4.4.5)；

——增加了紧压罗拉压紧棉条部分外圆的径向圆跳动(见 4.4.7)；

——增加了清洁装置要求(见 4.6)；

——增加了电磁兼容、自动控制和安全(见 4.7.1、4.7.2、4.7.8、4.7.10)；

——调整了全机噪声(见 4.8)；

——增加了功率消耗(见 4.9)；

——调整了末并条干均匀度变异系数及重量不匀率(见 4.11.2)。

本标准由中国纺织工业联合会提出。

本标准由全国纺织机械与附件标准化技术委员会纺纱、染整机械分技术委员会(SAC/TC 215/SC 1)归口。

本标准起草单位：国家纺织机械质量监督检验中心、沈阳宏大纺织机械有限责任公司、陕西宝成航空精密制造股份有限公司、天门纺织机械有限公司、青岛云龙纺织机械有限公司、河北太行机械工业有限公司、上海一纺机械有限公司、海安纺织机械有限公司。

本标准主要起草人：王跃、张秀丽、王斌、徐鸿、袁显政、邸会欣、陈慧、夏卫东、李庆岭。

本标准所代替标准的历次版本发布情况为：

——FJ/JQ 41—1984；

——FJ/JQ 115—1987；

——FZ/T 93043—1997。

棉 纺 并 条 机

1 范围

本标准规定了棉纺并条机的分类与参数、要求、试验方法、检验规则、标志及包装、运输和贮存。

本标准适用于棉、棉型化纤及中长纤维纯纺、混纺的并条机。

2 规范性引用文件

下列文件对于本文件的应用是必不可少的。凡是注日期的引用文件,仅注日期的版本适用于本文件。凡是不注日期的引用文件,其最新版本(包括所有的修改单)适用于本文件。

GB/T 191 包装储运图示标志

GB 2894 安全标志及其使用导则

GB 5226.1—2008 机械电气安全 机械电气设备 第1部分:通用技术条件

GB/T 7111.1 纺织机械噪声测试规范 第1部分:通用要求

GB/T 7111.2 纺织机械噪声测试规范 第2部分:纺前准备和纺部机械

GB/T 17626.2—2006 电磁兼容 试验和测量技术 静电放电抗扰度试验

GB/T 17626.4—2008 电磁兼容 试验和测量技术 电快速瞬变脉冲群抗扰度试验

GB/T 17780.2 纺织机械 安全要求 第2部分:纺纱准备和纺纱机械

FZ/T 90001 纺织机械产品包装

FZ/T 90074 纺织机械产品涂装

FZ/T 90089.1 纺织机械铭牌 型式、尺寸及技术要求

FZ/T 90089.2 纺织机械铭牌 内容

FZ/T 92024 LZ系列下罗拉轴承

FZ/T 93058 前纺设备自调匀整装置

3 分类与参数

3.1 分类

按输出棉条的控制方式分为:无自调匀整装置并条机、有自调匀整装置并条机。

3.2 参数

参数见表1。

表 1

项 目	参 数
适纺纤维长度/mm	22~80
设计输出速度/(m/min)	300~1 100
牵伸倍数	3.5~15

表 1（续）

项 目	参 数
并合条子数/根	4～8
出条眼数/眼	1、2

4 要求

4.1 罗拉轴承

采用 LZ 系列下罗拉轴承的应按 FZ/T 92024 的有关规定,采用其他轴承的应按相应国家标准的规定。

4.2 自调匀整装置

自调匀整装置应符合 FZ/T 93058 的有关规定。

4.3 传动系统

4.3.1 机器运转平稳,无异常振动和声响。

4.3.2 罗拉轴承温升见表 2。

表 2

测试速度 m/min	罗拉轴承温升 ℃
≤350	≤20
>350～500	≤30

4.3.3 润滑系统工作良好,无渗漏油现象。

4.4 牵伸系统

4.4.1 上罗拉胶层外圆对轴线的径向圆跳动公差 0.02 mm。

4.4.2 同一上罗拉两端加压压力差≤$0.06p_1$ [1]。

4.4.3 上罗拉加压压力偏差 0～$0.15p_1$。

4.4.4 下罗拉沟槽部分外圆对轴线的径向圆跳动公差 0.03 mm。

4.4.5 同眼下罗拉各沟槽部分端面的平齐误差≤1.0 mm。

4.4.6 下罗拉沟槽部分表面的水平度 0.2 mm/1 000 mm。

4.4.7 紧压罗拉压紧棉条部分的外圆对轴线的径向圆跳动公差 0.03 mm。

4.4.8 罗拉表面光滑,不挂纤维。

4.5 圈条系统

圈条盘斜管内壁、底平面、喇叭口及集束器内孔表面光滑,不挂纤维。

---

[1] p_1 为设计压力。

4.6 清洁装置

清洁装置动作灵活,作用良好。

4.7 电气、自动控制及安全

4.7.1 电气设备的电快速瞬变脉冲群抗扰度性能,应符合 GB/T 17626.4—2008 中第 3 等级的规定。

4.7.2 电气设备的静电放电抗扰度性能,应符合 GB/T 17626.2—2006 中第 4 等级的规定,试验时设备不应有非正常动作。

4.7.3 电气设备的连接和布线,应符合 GB 5226.1—2008 中 13.1 的规定。

4.7.4 电气设备的导线标识,应符合 GB 5226.1—2008 中 13.2 的规定。

4.7.5 电气设备保护联结电路的连续性,应符合 GB 5226.1—2008 中 18.2.2 的规定。

4.7.6 电气设备的绝缘性能,应符合 GB 5226.1—2008 中 18.3 的规定。

4.7.7 电气设备的耐压试验,应符合 GB 5226.1—2008 中 18.4 的规定。

4.7.8 中央控制器工作可靠,人机界面操作便捷、反应及时、显示正确;驱动系统控制可靠有效、动作准确。

4.7.9 自停、监测和自动控制机构动作准确、灵敏、可靠。

4.7.10 全机的安全防护措施和警示标志应符合 GB/T 17780.2 的规定。

4.8 噪声

全机噪声(发射声压级)≤84.0 dB(A)。

4.9 功率消耗

主电机空载功率消耗应不大于其额定功率的 70%。

4.10 外观质量

产品涂装应符合 FZ/T 90074 的有关规定。

4.11 熟条质量

4.11.1 圈条成形良好,层次分明清晰,棉条不发毛。

4.11.2 末并条干均匀度变异系数及重量不匀率见表 3。

表 3

喂入棉条	喂入水平	末并水平		
	条干 CV 值 %	条干 CV 值 %	重量不匀率 %	
			无自调匀整装置(5 m)	有自调匀整装置(1 m)
普梳	≤3.5	≤3.2	≤1.0	≤0.6
精梳	≤3.8	≤2.8	≤0.9	≤0.6

5 试验方法

5.1 检验方法

5.1.1 罗拉轴承(4.1),按相应标准的规定检测。

5.1.2 自调匀整装置(4.2),按 FZ/T 93058 的规定检测。

5.1.3 罗拉轴承温升(4.3.2),用表面温度计在轴承座表面测量。

5.1.4 上罗拉胶层外圆的径向圆跳动(4.4.1),将上罗拉两端轴颈放置在 V 形架上,用百分表检测。

5.1.5 上罗拉加压压力(4.4.2、4.4.3),用摇架测压仪测量。

5.1.6 下罗拉沟槽部分外圆的径向圆跳动(4.4.4),用百分表检测。

5.1.7 同眼下罗拉各沟槽部分端面的平齐误差(4.4.5),用钢直尺检测。

5.1.8 下罗拉沟槽部分表面的水平度(4.4.6),用水平仪在沟槽部分外圆表面检测。

5.1.9 紧压罗拉压紧棉条部分外圆的径向圆跳动(4.4.7),用百分表检测。

5.1.10 罗拉表面(4.4.8)及圈条盘等表面(4.5)用棉条擦拭,不得挂纤维。

5.1.11 电气设备的电快速瞬变脉冲群抗扰度性能试验(4.7.1),用电快速瞬变脉冲群发生器进行测试,受试设备的功能、动作要符合规定的要求。试验时,在受试设备供电电源端口及 PE 端口输出干扰的试验电压峰值为 2 kV,重复频率为 5 kHz 或者 100 kHz;输入、输出信号,数据和控制端口试验电压峰值为 1 kV,重复频率为 5 kHz 或者 100 kHz,试验时间不少于 1 min,正负极性均需测试。

5.1.12 电气设备的静电放电抗扰度性能试验(4.7.2),用静电放电发生器进行测试。采用接触放电 8 kV、空气放电 15 kV。

5.1.13 电气设备的连接和布线(4.7.3),检查接线是否牢固;两端子之间的导线和电缆是否有接头和拼接点;电缆和电缆束的附加长度是否满足连接和拆卸的需要。

5.1.14 电气设备导线的标识(4.7.4),检查导线的每个端部是否有标记;如果用颜色作导线标记时,应符合标准的相关规定。

5.1.15 电气设备的保护联结电路连续性(4.7.5),按 GB 5226.1—2008 中 18.2.2 的规定测试(测试数据判定按 GB 5226.1—2008 附录 G 的规定)。

5.1.16 电气设备的绝缘性能(4.7.6),用兆欧表测试。

5.1.17 电气设备的耐压试验(4.7.7),用耐压测试仪测试。

5.1.18 全机的安全防护措施和警示标志(4.7.10),按 GB/T 17780.2 的规定检测。

5.1.19 全机噪声(发射声压级)(4.8),按 GB/T 7111.1、GB/T 7111.2 的规定检测。

5.1.20 主电机空载功率消耗(4.9),用三相功率表检测。

5.1.21 外观质量(4.10),按 FZ/T 90074 的规定测试。

5.1.22 其余项目,感官检测。

5.2 空车运转试验

5.2.1 试验条件:装导条架、上罗拉加压、启动风机。

5.2.2 试验速度:不低于设计速度的 80%。

5.2.3 试验时间:4 h。

5.2.4 检验项目:见 4.3～4.5、4.7.3～4.7.10、4.8～4.10。

5.3 工作负荷试验

5.3.1 试验条件

5.3.1.1 根据试纺品种,选择合理工艺参数。

5.3.1.2 环境温度 22 ℃～30 ℃,相对湿度 55%～65%。

5.3.1.3 喂入棉条按表 3 要求。

5.3.2 试验时间

正常生产一个月后。

5.3.3 检验项目

见 4.11。

6 检验规则

6.1 型式试验

6.1.1 产品在下列情况之一时,进行型式试验:

  a) 新产品鉴定时;

  b) 产品的结构、材料、工艺有较大改变,可能影响产品性能时;

  c) 产品停产两年以上恢复生产时;

  d) 第三方进行质量检验时。

6.1.2 检验项目:见第 4 章。

6.2 出厂检验

6.2.1 每批产品出厂前抽取 2% 全装,并不少于 1 台,进行空车运转试验。

6.2.2 每台产品出厂前应由制造厂的检验部门按本标准检验合格,并附有产品合格证方能出厂。

6.2.3 检验项目:见 4.3~4.6、4.7.3~4.7.6、4.7.8~4.7.10、4.8~4.10。

6.3 抽样规则及判定原则

6.3.1 抽样规则:按每批产品的 2% 进行抽检,不足 50 台抽检 1 台。

6.3.2 判定原则:每项检验合格,判定该产品符合标准要求。

6.4 其他

用户在安装调试过程中,发现有项目不符合本标准时,制造厂应会同用户共同处理。

7 标志

7.1 包装箱上的储运图示标志,按 GB/T 191 的规定。

7.2 产品铭牌及铭牌内容,按 FZ/T 90089.1 和 FZ/T 90089.2 的规定。

7.3 产品安全标志,按 GB 2894 的规定。

8 包装、运输和贮存

8.1 产品的包装,按 FZ/T 90001 的规定。

8.2 产品在运输过程中,应按规定的位置起吊,包装箱应按规定的朝向放置,不得倾倒或改变方向。

8.3 产品出厂后,在良好防雨及通风条件下贮存,包装箱内零件防锈、防潮有效期自出厂之日起为一年。

ICS 59.120.10
W 93

中华人民共和国纺织行业标准

FZ/T 93045—2009
代替 FZ/T 93045—1997

条 并 卷 机

Lap formers

2010-01-20 发布

2010-06-01 实施

中华人民共和国工业和信息化部　　发 布

前　言

本标准代替 FZ/T 93045—1997《条并卷机》。

本标准与 FZ/T 93045—1997 相比主要变化如下：

——调整了基本参数；

——删除了成卷罗拉输出速度小于 80 m/min 条并卷机的相关参数和要求；

——增加电气安全性能要求；

——增加气动控制要求；

——增加棉卷粘卷宽度要求；

——提高落卷成功率要求；

——增加气动系统压缩空气的要求；

——增加工作负荷试验喂入棉的要求。

请注意本标准的某些内容有可能涉及专利。本标准的发布机构不承担识别这些专利的责任。

本标准由中国纺织工业协会提出。

本标准由全国纺织机械与附件标准化技术委员会归口。

本标准起草单位：无锡纺织机械研究所、经纬纺织机械股份有限公司榆次分公司、上海一纺机械有限公司、东飞马佐里纺机有限公司、江苏宏源纺机股份有限公司、山西鸿基科技股份有限公司、江苏凯宫机械股份有限公司、河北太行机械工业有限公司。

本标准主要起草人：赵基平、谭鸿宾、陈慧、向群、庄玮、刁怀念、刘锦海、耿玉琴。

本标准所代替标准的历次版本发布情况为：

——FZ/T 93045—1997。

条 并 卷 机

1 范围

本标准规定了条并卷机的基本参数、要求、试验方法、检验规则、标志及包装、运输、贮存。

本标准适用于棉精梳工序的条并卷机。

2 规范性引用文件

下列文件中的条款通过本标准的引用而成为本标准的条款。凡是注日期的引用文件,其随后所有的修改单(不包括勘误的内容)或修订版均不适用于本标准,然而,鼓励根据本标准达成协议的各方研究是否可使用这些文件的最新版本。凡是不注日期的引用文件,其最新版本适用于本标准。

GB/T 191　包装储运图示标志

GB 2894　安全标志及其使用导则

GB 5226.1—2002　机械安全　机械电气设备　第1部分:通用技术条件

GB/T 7111.1　纺织机械噪声测试规范　第1部分:通用要求

GB/T 7111.2　纺织机械噪声测试规范　第2部分:纺前准备和纺部机械

FZ/T 90001　纺织机械产品包装

FZ/T 90074　纺织机械产品涂装

FZ/T 90089.1　纺织机械铭牌　型式、尺寸及技术要求

FZ/T 90089.2　纺织机械铭牌　内容

JB/T 5967—2007　气动元件及系统用空气介质质量等级

3 基本参数

见表1。

表 1

项 目	参 数
棉条并合数/根	24～32
棉条定量/ktex	2.5～6
棉卷定量/ktex	35～80
棉卷直径/mm	320,400,450,500,600,650
棉卷宽度/mm	230,270,300
成卷速度/(m/min)	80～180
总牵伸倍数	＞1～3.3
牵伸头数	2

4 要求

4.1 机械传动系统

4.1.1 机器运转平稳,无异常振动和声响。

4.1.2 全机传动轴承温升≤20 ℃。

4.2 自动控制系统

4.2.1 电气设备和安全性能

4.2.1.1 电气接线正确可靠,线路排列整齐,接线对号清楚。

4.2.1.2 各监测和自停机构动作准确灵敏。

4.2.1.3 电气设备和线路良好,电气设备保护接地电路的连续性应符合 GB 5226.1—2002 中的 19.2 的规定。

4.2.1.4 电气设备的绝缘性能,应符合 GB 5226.1—2002 中的 19.3 的规定。

4.2.1.5 电气设备的耐压试验,应符合 GB 5226.1—2002 中的 19.4 的规定。

4.2.1.6 电气设备应适合在 GB 5226.1—2002 中 4.4 规定的实际环境和运行条件中使用。

4.2.2 气动控制

4.2.2.1 气路畅通,不漏气。

4.2.2.2 气动元件动作准确、可靠。

4.3 功率消耗

空车运转主电机输入功率≤4.0 kW。

4.4 噪声

全机噪声(发射声压级)≤ 81.0 dB(A)。

4.5 外观及表面质量

4.5.1 过棉通道的表面应光滑,不挂纤维。

4.5.2 防护罩壳封闭良好。

4.5.3 产品涂装按 FZ/T 90074 的规定。

4.6 成卷质量

4.6.1 棉卷重量不匀率≤1%。

4.6.2 棉卷两侧光滑平齐,无不良成形。

4.6.3 棉卷无明显粘卷,粘条宽度应不超过 20 mm。

4.7 落卷成功率

落卷成功率≥98%。

5 试验方法

5.1 检验方法

5.1.1 轴承温升(4.1.2)用表面温度计在轴承外壳处测试。

5.1.2 电气设备安全性能(4.2.1.3~4.2.1.6)按 GB 5226.1—2002 中第 19 章的规定测试。

5.1.3 功率消耗(4.3)用功率表测试。

5.1.4 噪声(4.4)按 GB/T 7111.1 和 GB/T 7111.2 的规定测试。

5.1.5 棉卷重量不匀率(4.6.1)以每米称重计算。

5.1.6 棉卷粘卷(4.6.3)目测及用直尺测量。

5.1.7 落卷成功率(4.7)按工艺要求,以连续测定 100 只棉卷计算。

5.1.8 过棉通道表面质量(4.5.1)用棉条在通道表面擦拭后,感官检测。

5.1.9 其余项目,感官检测。

5.2 空车运转试验

5.2.1 试验条件

5.2.1.1 压缩空气的工作压力,应符合规定。

5.2.1.2 成卷罗拉输出速度:120 m/min。

5.2.1.3 空车运转时间:2 h。

5.2.2　检验项目

见 4.1～4.5。

5.3　工作负荷试验

5.3.1　试验条件

5.3.1.1　通入气动系统的压缩空气(压力≥0.6 MPa),应配置适宜的净化系统进行净化稳压处理,其质量应符合 JB/T 5967—2007 中质量等级为 435 的要求。

　　注:质量等级 435 的要求为空气介质中最大粒子尺寸 15 μm、最大浓度 8 mg/m³、水蒸气的最高压力露点－20 ℃、
　　　　最大油含量为 25 mg/m³。

5.3.1.2　集中吸风时,风量、风压应满足规定的要求。

5.3.1.3　工作环境:温度 22 ℃～30 ℃,相对湿度 55%～65%。

5.3.1.4　喂入棉条质量:

　　a)　重量不匀率≤1%(5 m 片段);

　　b)　棉条条干均匀度变异系数 CV≤3.5%。

5.3.1.5　试验时间,正常生产连续运转时间 15 d。

5.3.2　检验项目

见 4.6、4.7。

6　检验规则

6.1　型式检验

6.1.1　产品在下列情况之一时进行型式检验:

　　a)　新产品鉴定时;

　　b)　生产过程中,如结构、材料、工艺有较大改变,可能影响产品性能时;

　　c)　出厂检验结果与上次型式检验有较大差异时;

　　d)　第三方进行质量检验时。

6.1.2　检验项目:见第 4 章。

6.2　出厂检验

6.2.1　制造厂总装产品,均需经空车运转试验,空车运转试验项目见 4.1～4.5。

6.2.2　每台产品均应经制造厂的检验部门按本标准检验合格,并附有合格证方能出厂。

6.3　判定原则

按每批产品至少抽查一台进行总装检验;全部项目检验合格,判该批产品符合标准要求。

6.4　用户在安装调试过程中,发现有项目不符合本标准时,制造厂应会同用户共同处理。

7　标志

7.1　包装箱上的储运图示标志,应符合 GB/T 191 的规定。

7.2　产品铭牌及铭牌内容,应符合 FZ/T 90089.1 和 FZ/T 90089.2 的规定。

7.3　产品的安全标志,应符合 GB 2894 的规定。

8　包装、运输、贮存

8.1　产品的包装应符合 FZ/T 90001 的规定。

8.2　在运输过程中,包装箱应按规定的位置起吊、规定的朝向安置,不得倾倒或改变方向。

8.3　产品出厂后,在良好防雨及通风的贮存条件下,包装箱内的零件防潮、防锈有效期为一年。

ICS 59.120.10
W 93

中华人民共和国纺织行业标准

FZ/T 93046—2009
代替 FZ/T 93046—1997

棉 精 梳 机

Comber for cotton

2010-01-20 发布

2010-06-01 实施

中华人民共和国工业和信息化部　　发 布

前　言

本标准代替 FZ/T 93046—1997《棉精梳机》。

本标准与 FZ/T 93046—1997 相比主要变化如下：

——增加主要专件和部件要求；

——调整了基本参数和产品分类；

——增加电气安全性能要求；

——增加气动控制要求；

——按产品分类对噪声、功率消耗提出要求；

——提高工艺质量要求；

——增加气动系统压缩空气的要求；

——将普通型棉精梳机的要求作为附录 A 纳入标准。

请注意本标准的某些内容有可能涉及专利。本标准的发布机构不承担识别这些专利的责任。

本标准的附录 A 为规范性附录。

本标准由中国纺织工业协会提出。

本标准由全国纺织机械与附件标准化技术委员会归口。

本标准起草单位：无锡纺织机械研究所、经纬纺织机械股份有限公司榆次分公司、上海一纺机械有限公司、东飞马佐里纺机有限公司、江苏宏源纺机股份有限公司、山西鸿基科技股份有限公司、江苏凯宫机械股份有限公司、河北太行机械工业有限公司。

本标准主要起草人：赵基平、陈薇芬、陈慧、滕明、沈晓丹、刁怀念、刘锦海、赵世武。

本标准所代替标准的历次版本发布情况为：

——FJ/JQ 38—1984；

——FJ/JQ 66—1986；

——FZ/T 93046—1997。

棉 精 梳 机

1 范围

本标准规定了棉精梳机的分类与基本参数、要求、试验方法、检验规则、标志及包装、运输、贮存。

本标准适用于棉精梳工序的精梳机。

2 规范性引用文件

下列文件中的条款通过本标准的引用而成为本标准的条款。凡是注日期的引用文件,其随后所有的修改单(不包括勘误的内容)或修订版均不适用于本标准,然而,鼓励根据本标准达成协议的各方研究是否可使用这些文件的最新版本。凡是不注日期的引用文件,其最新版本适用于本标准。

GB/T 191 包装储运图示标志

GB 2894 安全标志及其使用导则

GB 5226.1—2002 机械安全 机械电气设备 第1部分:通用技术条件

GB/T 6003.1—1997 金属丝编织网试验筛

GB/T 7111.1 纺织机械噪声测试规范 第1部分:通用要求

GB/T 7111.2 纺织机械噪声测试规范 第2部分:纺前准备和纺部机械

FZ/T 90001 纺织机械产品包装

FZ/T 90074 纺织机械产品涂装

FZ/T 90089.1 纺织机械铭牌 型式、尺寸及技术要求

FZ/T 90089.2 纺织机械铭牌 内容

FZ/T 92070 棉精梳机 锡林

FZ/T 92071 棉精梳机 分离辊

FZ/T 92077 棉精梳机 顶梳

FZ/T 93051 前纺和细纱机械 上罗拉包覆物 胶管

JB/T 5967—2007 气动元件及系统用空气介质质量等级

JB/T 7929—1999 齿轮传动装置清洁度

3 分类与基本参数

3.1 分类

按设计速度(钳次/min)分类:普通型、中速型、高速型。

3.2 基本参数

见表1。

表 1

项 目		普通型	中速型	高速型
设计速度^a n/(钳次/min)		$n<300$	$300\leqslant n<400$	$n\geqslant400$
眼数/个		6,8	8	
喂入棉卷	宽度/mm	230,270,300		
	直径/mm	320,400,450,550,600,650		
	定量/ktex	35~80		

表 1（续）

项 目		普通型	中速型	高速型
条筒尺寸	直径/mm	350,400,500,600		
	高度/mm	900,1 100,1 200		
牵伸倍数		6～16	8～16	8～25
精条定量/ktex		2.5～5		3～6
落棉率/%		10～25		
a 最高工艺速度不得低于设计速度的 80%。				

4 要求

4.1 主要专件和部件

4.1.1 棉精梳机锡林应符合 FZ/T 92070 的规定。

4.1.2 棉精梳机顶梳应符合 FZ/T 92077 的规定。

4.1.3 棉精梳机分离辊应符合 FZ/T 92071 的规定。

4.1.4 棉精梳机牵伸胶辊应符合 FZ/T 93051 的规定。

4.1.5 钳板组装后,上、下钳板钳唇咬合良好。

4.2 机械传动系统

4.2.1 各传动机件安装正确,运转平稳,无异常振动和声响。

4.2.2 各传动系统润滑良好,无渗漏油现象。

4.2.3 车头油浴箱内的清洁度不大于 1 g。

4.2.4 各轴承温升不大于 20 ℃(车头除外)。

4.3 自动控制系统

4.3.1 电气设备和安全性能

4.3.1.1 电气接线正确可靠,线路排列整齐,接线对号清楚。

4.3.1.2 各监测和自停机构动作准确灵敏。

4.3.1.3 电气设备和线路良好,电气设备保护接地电路的连续性,应符合 GB 5226.1—2002 中 19.2 的规定。

4.3.1.4 电气设备的绝缘性能,应符合 GB 5226.1—2002 中 19.3 的规定。

4.3.1.5 电气设备的耐压试验,应符合 GB 5226.1—2002 中 19.4 的规定。

4.3.1.6 电气设备应适合在 GB 5226.1—2002 中 4.4 规定的实际环境和运行条件中使用。

4.3.2 气动控制

4.3.2.1 气路畅通,不漏气。

4.3.2.2 气动元件动作准确、可靠。

4.4 噪声

空车运转全机噪声(发射声压级)应符合表 2 的规定。

表 2

类 别	中速型	高速型
测试速度/(钳次/min)	300	350
噪声/dB(A)	80.0	84.0

4.5 功率消耗

空车运转主电机输入功率应符合表 3 的规定。

表 3

类　　别	中速型	高速型
测试速度/(钳次/min)	300	350
主电机输入功率/kW	2.5	3.0

4.6　外观及表面质量

4.6.1　过棉及吸落棉通道表面光滑,不挂纤维。

4.6.2　防护罩壳封闭良好。

4.6.3　产品涂装应符合 FZ/T 90074 的规定。

4.7　工艺质量

4.7.1　圈条成形良好,无粘连现象。

4.7.2　精条的条干均匀度变异系数 CV≤3.8%。

4.7.3　落棉含短绒率(短绒长度≤16 mm)≥65%。

4.7.4　精梳条重量内不匀率≤1%。

4.8　普通型棉精梳机的要求

见附录 A。

5　试验方法

5.1　检验方法

5.1.1　钳板咬合(4.1.5)的试验是在棉精梳机上,用宽 25 mm,长 150 mm,厚 0.05 mm 的纸片,同时插入上、下钳板钳唇的左、中、右三处,在上、下钳板初始咬合状态下加 0.5 分度的压力,以纸片不能抽出为合格。

5.1.2　车头油浴箱内清洁度(4.2.3)的测试方法,按 JB/T 7929—1999 第 3 章的规定。测试清洁度用的过滤网,按 GB/T 6003.1—1997 选用网孔基本尺寸为 100 μm、金属丝直径为 71 μm 的滤网。

5.1.3　轴承温升(4.2.4)用表面温度计,在轴承座的外壳处测试。

5.1.4　电气设备安全性能(4.3.1.3～ 4.3.1.6),按 GB 5226.1 中第 19 章的规定测试。

5.1.5　噪声(4.4)按 GB/T 7111.1 和 GB/T 7111.2 的规定测试。

5.1.6　功率消耗(4.5)用功率表测试。

5.1.7　过棉及吸落棉通道表面质量(4.6.1),用棉花擦拭,目测通道是否挂纤维。

5.1.8　其余项目用感官检测。

5.2　空车运转试验

5.2.1　试验条件

5.2.1.1　试验速度:设计速度的 80%。

5.2.1.2　连续运转时间:2 h。

5.2.1.3　钳板、锡林、顶梳、分离辊不安装。

5.2.2　检验项目

见 4.2、4.3～4.6、4.8(4.4 与 4.5 的测试速度分别按表 2、表 3 的规定)。

5.3　工作负荷试验

5.3.1　试验条件

5.3.1.1　各运转部件的配合、各加压值、隔距等工艺参数,均应按合理的精梳工艺方案配置,并加注规定的润滑油。

5.3.1.2　通入气动系统的压缩空气(压力≥0.6 MPa),应配置适宜的净化系统进行净化稳压处理,其质量应符合 JB/T 5967—2007 中质量等级为 435 的要求。

注：质量等级 435 的要求为空气介质中最大粒子尺寸 15 μm、最大浓度 8 mg/m³、水蒸气的最高压力露点－20 ℃、最大油含量为 25 mg/m³。

5.3.1.3 集中吸风时,风量、风压应满足规定的要求。

5.3.1.4 工作环境:温度 22 ℃～30 ℃,相对湿度 55%～65%。

5.3.1.5 喂入半制品质量:

    a) 细绒配棉等级≤2.5,各唛头主体长度差异＜2 mm;

    b) 生条短绒(短绒长度≤16 mm)含量≤16%;

    c) 小卷重量不匀率≤1%。

5.3.1.6 试验时间:正常生产连续运转 15 d 后进行。

5.3.2 检验项目

    见 4.6.1、4.7、4.8。

6 检验规则

6.1 型式试验

6.1.1 产品在下列情况之一时进行型式检验:

    a) 生产过程中,如结构、材料、工艺有较大改变,可能影响产品性能时;

    b) 出厂检验结果与上次型式检验有较大差异时;

    c) 第三方进行质量检验时。

6.1.2 检验项目:见第 4 章。

6.2 出厂检验

6.2.1 制造厂总装的产品均需经空车运转试验,空车运转试验项目见 4.1.5、5.2。

6.2.2 每台产品均应经制造厂的检验部门按本标准检验合格,并附有合格证方能出厂。

6.3 判定原则

    按每批产品至少抽查一台进行总装检验;全部项目检验合格,判该批产品符合标准要求。

6.4 用户在安装调试过程中,发现有项目不符合本标准时,制造厂应会同用户共同处理。

7 标志

7.1 包装箱上的储运图示标志,应符合 GB/T 191 的规定。

7.2 产品铭牌及铭牌内容,应符合 FZ/T 90089.1 和 FZ/T 90089.2 的规定。

7.3 产品的安全标志,应符合 GB 2894 的规定。

8 包装、运输、贮存

8.1 产品包装应符合 FZ/T 90001 的规定。

8.2 在运输过程中,包装箱应按规定的位置起吊、规定的朝向安置,不得倾倒或改变方向。

8.3 产品出厂后,在有良好防雨及通风的贮存条件下,包装箱内的零件防潮、防锈有效期为一年。

附 录 A
（规范性附录）
普通型棉精梳机的要求

A.1 主要专件和部件按本标准的 4.1。

A.2 机械传动系统按本标准的 4.2。

A.3 自动控制系统按本标准的 4.3。

A.4 噪声

空车运转全机噪声（发射声压级）应符合表 A.1 的规定。

表 A.1

类 别	普 通 型
测试速度/(钳次/min)	160
噪声/dB(A)	84.0

A.5 功率消耗

空车运转主电机输入功率应符合表 A.2 的规定。

表 A.2

设计速度类别	普通型
测试速度/(钳次/min)	160
主电机输入功率/kW	2.0

A.6 外观及表面质量按本标准的 4.6。

A.7 工艺质量

A.7.1 圈条成形良好，无粘连现象。

A.7.2 精条的条干均匀度变异系数 CV≤4.5%。

A.7.3 落棉含短绒率（短绒长度≤16 mm)≥45%。

A.7.4 精梳条重量内不匀率≤1%。

ICS 59.120.10
W 93

中华人民共和国纺织行业标准

FZ/T 93052—2010
代替 FZ/T 93052—1999

棉 纺 滤 尘 设 备

Cotton spinning filter equipment

2010-08-16 发布
2010-12-01 实施

中华人民共和国工业和信息化部　发 布

前　　言

本标准代替 FZ/T 93052—1999《棉纺滤尘设备》。

本标准与 FZ/T 93052—1999 相比,主要差异如下:

——修改了标准的应用范围(见第1章)和规范性引用文件(见第2章);

——提高了滤后空气含尘浓度、滤尘阻力、滤尘效率等主要技术参数(见第4章);

——增加了安全要求多项条款(见第4章);

——增加和修改了自控和电气要求(见第4章);

——增加和修改了对应的试验方法(见第5章);

——修改了附录A。

本标准的附录A、附录B为规范性附录。

本标准由中国纺织工业协会提出。

本标准由全国纺织机械与附件标准化技术委员会归口。

本标准由江阴精亚集团有限公司、常熟市鼓风机有限公司、江阴纺织机械制造有限公司、中国纺织机械器材工业协会负责起草。

本标准主要起草人:顾允宽、李岱、徐江、张建林、仲瑞龙。

本标准所代替标准的历次版本发布情况为:

——FJ/JQ 68—1988;

——FJ/JQ 201—1988;

——FZ/T 93052—1999。

棉 纺 滤 尘 设 备

1 范围

本标准规定了棉纺滤尘设备(以下简称滤尘设备)的术语和定义、要求、试验方法、检验规则及标志、包装、运输和贮存。

本标准适用于棉纺行业滤尘系统中采用一级或多级过滤方式,进行纤维、尘杂与空气分离的滤尘设备或机组。纺织行业及其他适用的同类滤尘设备亦可参考本标准执行。

2 规范性引用文件

下列文件中的条款通过本标准的引用而成为本标准的条款。凡是注日期的引用文件,其随后所有的修改单(不包括勘误的内容)或修订版均不适用于本标准,然而,鼓励根据本标准达成协议的各方研究是否可使用这些文件的最新版本。凡是不注日期的引用文件,其最新版本适用于本标准。

GB/T 191 包装储运图示标志

GB 755 旋转电机 定额和性能

GB 5226.1—2002 机械安全 机械电气设备 第1部分:通用技术条件

GB/T 5748 作业场所空气中粉尘测定方法

GB/T 7111.1 纺织机械噪声测试规范 第1部分:通用要求

GB/T 7111.2 纺织机械噪声测试规范 第2部分:纺前准备和纺部机械

FZ/T 90001 纺织机械产品包装

FZ/T 90074 纺织机械产品涂装

FZ/T 90089.1 纺织机械铭牌 型式、尺寸及技术要求

FZ/T 90089.2 纺织机械铭牌 内容

JB/T 8690 工业通风机噪音限值

3 术语和定义

下列术语和定义适用于本标准。

3.1

气体的标准状态 the standard state of gas

温度为20 ℃,大气压力为101.325 kPa时的气体状态。

3.2

空气含尘浓度 dust concentration in air

单位体积空气中所含粉尘的质量,即每立方米空气中所含粉尘的质量,其单位是 mg/m³。

3.3

滤尘阻力 filtering resistance

含尘气流通过滤尘设备时所产生的能量(压力)损失,其单位用 Pa 来表示。

3.4

等速采样 isokinetic sampling

进入采样嘴的含尘气流速度与采样处的含尘气流速度相等。

3.5

静压平衡法等速采样 static pressure balance method iso-speed sampling

用一种特殊的采样装置,采样时能同时反映出采样管内外静压变化情况,只要调节采样流量保持采

样管内外静压平衡,就能达到等速采样要求。

3.6

多点移动采样法　multiple moving point sampling

用同一个采样装置在已定的各采样点上移动采样,各点的采样时间相等。

4　要求

4.1　外观

4.1.1　产品表面应平整光滑、接缝平齐、色泽均匀,紧固件需经表面处理。

4.1.2　产品箱体内外密封良好,无明显泄漏现象,气流通道内光滑无毛刺。

4.1.3　产品的涂装应符合 FZ/T 90074 的规定。

4.2　空气含尘浓度

经产品过滤后的空气含尘浓度≤0.85 mg/m³(在气体标准状态下)。

4.3　滤尘阻力

滤尘设备总阻力≤400 Pa。

4.4　产品箱体内部承受的真空度≤−2 300 Pa。

4.5　产品应配置各级滤尘阻力和进风箱对周围环境压力的显示装置,显示数据要求清晰明了。

4.6　整机空车运行时,噪声(声压级)≤75 dB(A),噪声(声功率级)≤87 dB(A)。

4.7　随机安装的风机噪声应符合 JB/T 8690 的规定。

4.8　整机空载运转 2 h 后,各轴承(风机电机轴承除外)表面温升≤20 ℃。

4.9　整机空载运转 2 h 后,减速器无明显渗漏油现象,表面温升≤40 ℃。

4.10　各传动机构运转平稳,无异常振动和响声。

4.11　安全

4.11.1　滤尘设备采用的滤料应具有阻燃性能。

4.11.2　各运转部件有明显的指示标志,对密封门、压紧器螺杆检修窗等可能存在涉及人身安全隐患的部位应有明显的警告标志。

4.11.3　配套主风机和各运转部件的安全防护罩壳或装置应齐全、牢固可靠。工作区域内对滤尘设备周边可能存在涉及人身安全的锐角等应有防护措施。

4.11.4　机内应安装带有安全电压的照明防爆灯和预留火星探测装置安装孔。

4.11.5　机内和滤料接触运行的吸嘴运动部件应有接地措施。

4.12　电气部分

4.12.1　配套的自动控制装置应动作灵敏、可靠,信号显示准确。

4.12.2　电控箱体应密封良好,操作面板上应有紧急停止按钮。

4.12.3　电控箱内应配置火星探测、与清梳联开车联动控制的电气接线端子,并有指示标志。

4.12.4　电气部分保护接地电路的连续性应符合 GB 5226.1—2002 中 19.2 的规定。

4.12.5　电气部分的绝缘性应符合 GB 5226.1—2002 中 19.3 的规定。

4.12.6　电气部分的耐压性能应符合 GB 5226.1—2002 中 19.4 的规定。

4.12.7　电动机的安全性能应符合 GB 755 的有关规定。

5　试验方法

5.1　4.1.1、4.5、4.11.2～4.11.5、4.12.1～4.12.3 用目测和光照法检测。

5.2　4.1.2 用目测和纤维擦拭及手感法检测。

5.3　4.1.3 按照 FZ/T 90074 的有关规定检测。

5.4　4.2 按附录 A 进行检测。

5.5　4.3 按附录 B 进行检测。

5.6　4.4 用≥5 000 Pa 的 U 形压力计或电子压力计检测;方法:滤尘机组和主风机连接安装,空车运转,通过手动插板调节进风箱顶上的进风面积,达到规定压力。目测、耳听和手感检查箱体变形和振动无异常现象,设备保持正常运行和无异响。

5.7　4.6 按照 GB/T 7111.1 和 GB/T 7111.2 的有关规定检测。

5.8　4.7 按照 JB/T 8690 的有关规定检测。

5.9　4.8 用精度不低于 0.5 ℃的温度计检测。

5.10　4.9 用目测法和精度不低于 0.5 ℃的温度计检测。

5.11　4.10 用目测、耳听和手感法检测。

5.12　4.11.1 的检测:点燃酒精灯或无烟火源,接触滤料表面后目测无明燃现象。

5.13　4.12.4 用接地电阻测试仪检测。

5.14　4.12.5 用兆欧表检测。

5.15　4.12.6 用耐压试验仪检测。

5.16　4.12.7 的检测按照 GB 755 的有关规定。

6　检验规则

6.1　出厂检验

6.1.1　出厂检验项目:4.1、4.4～4.6、4.8～4.10、4.11.2、4.11.3、4.12.1～4.12.6。

6.1.2　每台产品须经制造厂质检部门进行出厂检验合格后方可出厂,并附有该厂质检部门开具的产品合格证。

6.2　型式检验

6.2.1　在下列情况之一时,要进行型式检验:
   a)　新产品或老产品转厂生产的试制定型鉴定;
   b)　正式生产后,产品的结构、材料、工艺有较大改变,可能影响产品性能时;
   c)　出厂检验结果与上次型式检验有较大差异时;
   d)　产品停产一年以上,恢复生产时;
   e)　国家有关部门提出进行型式试验要求时。

6.2.2　型式检验项目为本标准第 4 章规定的全部内容。

6.3　判定规则

检验结果如有两项或两项以上指标不符合本标准要求时,判定整批产品不合格;有一项指标不符合本标准要求时,允许重新取样进行复验,复验结果仍不符合本标准技术指标的要求,则判定整批产品为不合格。

6.4　其他

使用厂在安装调试产品过程中发现不符合本标准时,由制造厂负责会同使用方协商处理。

7　标志、包装、运输和贮存

7.1　标志

7.1.1　产品铭牌按 FZ/T 90089.1 和 FZ/T 90089.2 的规定。

7.1.2　包装储运图示标志应符合 GB/T 191 的规定。

7.2　包装

产品的包装应按 FZ/T 90001 的规定。

7.3 运输

产品在运输过程中,应按规定的起吊位置起吊,包装箱应按规定的朝向安置,不得倾斜或改变方向。

7.4 贮存

产品出厂后,在有良好防雨、防腐蚀及通风贮存的条件下,包装箱内的机件防潮、防锈有效期为一年。

附 录 A
（规范性附录）
滤后空气含尘浓度测定

A.1 试验条件和试验仪器

A.1.1 试验条件

A.1.1.1 车间工艺设备处于正常运转状态,并符合设备的密封要求。

A.1.1.2 滤尘设备上的滤料应在正常使用 300 h 以后进行试验。

A.1.2 试验仪器

A.1.2.1 静压平衡粉尘测定仪系统装置(见图 A.1),或普通转子粉尘采样仪,或更先进的粉尘测定仪
(如动平衡自动跟踪等速粉尘测定仪)。

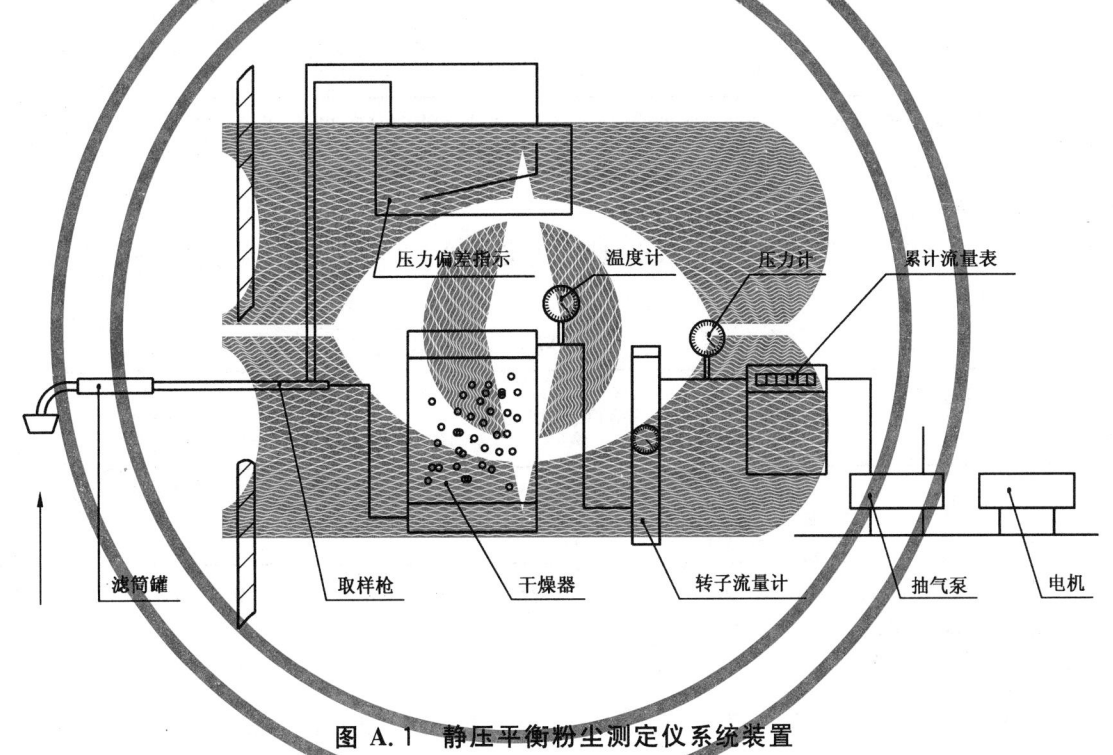

图 A.1 静压平衡粉尘测定仪系统装置

A.1.2.2 感量不低于 0.1 mg 的分析天平。

A.2 试验方法

常温下在含尘管道内用滤筒(膜)测重法进行。把取样装置插到选定的测定位置的采样点上,用多
点移动法进行等速采样。本标准以静压平衡等速采样为基本方法。根据滤筒(膜)捕集的粉尘量和采气
量,求出出口空气含尘浓度,并可根据需要以滤尘设备进口及出口的空气含尘浓度求得滤尘设备的滤尘
效率。

A.3 测定位置、采样点数及采样孔的确定

A.3.1 测定位置

为取得有代表性的尘样,针对不同排风形式和结构的滤尘设备,测定点位置应选在距滤尘设备排风
口截面 100 mm～600 mm 处或距滤料 60 mm～120 mm 处,且排风气流相对较为稳定处。对滤尘排风

和主风机有后方箱直接连接形式的组合式滤尘设备,测定点位置可放置在后方箱内采样测试。

A.3.2 采样点数

应采用多点采样的方法,并根据管道面积的大小和形状来确定采样点数。

A.3.2.1 圆形管道

在测定断面上设置互相垂直的两个采样孔。按等面积环法划分一定数量的同心等面积圆环。采样点应布置在互相垂直并穿过中心的两条取样线上各圆环面积的重心。不同管径的分环数和采样点数见表 A.1。

表 A.1

管道直径 d/ m	环　数	采样点数
≤0.5	2	8
>0.5~1.0	3	12
>1.0~1.5	4	16
>1.5	5	20

如测定位置不能满足 A.3.1 要求时,则管径≤1 m 的应增加 1 环(四个采样点),管径>1 m 的应增加 2 环(八个采样点)。

A.3.2.2 矩形管道

在测定断面上划分若干等面积小矩形,小矩形的中心即为采样点。采样点的多少按断面积的大小而定,见表 A.2。

表 A.2

管道断面积 S/ m²	等面积小矩形数	采样点数
≤1	2×2	4
>1~4	3×3	9

测定点位置放置在后方箱内时,采样点位置参照表 A.2 执行;如测定位置不能满足 A.3.1 要求时,则划分的小矩形面积应<0.04 m²,采样点不少于 9 个。

A.3.3 采样孔

取样装置放入管道或从管道内取出时,应以不使取样装置意外进入或失去灰尘为原则确定采样孔的大小。

A.4 采样前准备、采样步骤和计算

A.4.1 采样前准备

A.4.1.1 根据生产工艺特点,要求滤尘器按考核条件稳定运行。

A.4.1.2 根据测试目的,制定测试大纲,配备人员,确定岗位,分工,每个测试断面至少应有两名熟练的操作人员。

A.4.1.3 按 A.3.1 确定测点位置,按 A.3.3 要求在管道上开设好测孔,并按 A.3.2.1 和 A.3.2.2 原则确定采样点数。

A.4.1.4 对仪器整个系统进行气密性检查,不允许任何部位漏气。

A.4.1.5 将滤筒编号后放入烘箱烘干 2 h,烘干温度一般为 105 ℃,再在分析天平上称出滤筒的初重并做好记录。

A.4.2 采样步骤

A.4.2.1 将仪器各部分按要求连接,并将经过编号、烘干、称重的滤筒装入滤筒罐内,拧上 $\phi8$ 采样嘴,进行漏气检查。

A.4.2.2 检查合格后,进行测试,如等速采样时达到的流量大于 60 L/min,则改用 $\phi10$ 采样嘴。反之,如流量小于 30 L/min,则改用 $\phi6$ 采样嘴。

A.4.2.3 测试完毕,更换滤筒,按试验的操作顺序进行正式测试。

A.4.2.4 记录累计流量表的初读数,把采样枪插入管道相应的测点位置上,先把采样嘴背向气流,采样开始马上将采样枪转动 $180°$,使采样嘴对准气流方向,采样嘴和气流之间的偏差角应小于 $9°\pm5°$。立即开动抽气泵,迅速调节采气量,使压力偏差指示器指示在压力平衡位置,并随时进行跟踪,采样时视尘粒浓度而定,但每次每点采样时间不能少于 1 min。整个断面上,各点的采样时间应保持相同,每点采样期间均应记录流量计前气体压力 P_r,流量计前空气温度 t_r 和转子流量计读数,一点采样完毕后,迅速移至下一点。

A.4.2.5 采样时,应根据不同的滤筒材料确定最大允许负压。

A.4.2.6 采样完毕,先将采样嘴朝上或成水平,把采样流量调低,把采样管从管道内小心取出,并立即切断电源,用镊子将滤筒取出并轻轻敲打管嘴,用毛刷将附着在内管嘴内的尘粒刷到滤筒中,最后小心地把滤筒放在特制的滤筒盒中,记下累计流量表的终读数。

A.4.2.7 一次采样完毕,将采样后的滤筒按 A.4.1.5 重新烘干称量,得到滤筒的终重。

A.4.2.8 上述测试应在滤尘器进、出口同时进行,并在相同工况下至少重复进行三次有效测试,取平均值。

A.4.3 计算方法

A.4.3.1 采样体积的计算

采样体积按式(A.1)和式(A.2)计算:

$$V_s = 0.002\,9\,V_m \times \frac{B_a + P_r}{273 + t_r} \qquad\qquad (\text{A.1})$$

$$V_m = V_2 - V_1 \qquad\qquad (\text{A.2})$$

式中:

V_s——采样体积(干燥气体标准状态下),单位为升(L);

V_m——累计流量表的累计读数(干燥气体标准状态下),单位为升(L);

V_1——累计流量表的初读数(干燥气体标准状态下),单位为升(L);

V_2——累计流量表的终读数(干燥气体标准状态下),单位为升(L);

B_a——当地大气压,单位为帕(Pa);

P_r——流量计前气体平均压力,单位为帕(Pa);

t_r——流量计前气体平均温度,单位为摄氏度(℃)。

A.4.3.2 气体含尘浓度的计算

气体含尘浓度按式(A.3)和式(A.4)计算:

$$c = \frac{m}{V_s} \times 10^3 \qquad\qquad (\text{A.3})$$

$$m = m_2 - m_1 \qquad\qquad (\text{A.4})$$

式中:

c——气体含尘浓度(干燥气体标准状态下),单位为毫克每立方米(mg/m³);

m——所采得的尘粒重量,单位为毫克(mg);

m_1——滤筒初重,单位为毫克(mg);

m_2——采样后的滤筒终重,单位为毫克(mg)。

A.5 其他

对于敞开式滤尘器(即过滤后空气排出口排放空间较大的非管道的滤尘器)和排风口测试条件受到现场条件限制的滤尘器的出口含尘浓度的测定和计算方法,可参照 GB/T 5748 和 A.3.1 的规定进行。

附　录　B

（规范性附录）

滤尘阻力的测定

B.1　测定位置和测定点

在设备的进口侧和排风侧气流相对稳定处各选一个具有代表性的测定点进行测定。

B.2　试验方法与计算

B.2.1　当滤尘设备进口管道与出口管道直径（或截面积）相同时，可用 U 型压力计及胶管分别连通两个测定点。U 型压力计所显示的水柱高差（静压差）即为滤尘阻力值[见式(B.1)]。

$$P = P_{s1} - P_{s2} \qquad\qquad\qquad\cdots\cdots\cdots\cdots\cdots\cdots\cdots (B.1)$$

式中：

P——滤尘阻力，单位为帕(Pa)；

P_{s1}、P_{s2}——设备进、出管道测定断面处气流的平均静压，单位为帕(Pa)。

B.2.2　当滤尘设备进口管道与出口管道直径（或截面积）不同时，应用皮托管和压力计分别测出两个测定断面处的平均全压，其全压差值即为滤尘阻力值[见式(B.2)]。

$$P = P_{t1} - P_{t2} \qquad\qquad\qquad\cdots\cdots\cdots\cdots\cdots\cdots\cdots (B.2)$$

式中：

P_{t1}、P_{t2}——设备进、出管道测定断面处气流的平均全压，单位为帕(Pa)。

ICS 59.120.10
W 93

中华人民共和国纺织行业标准

FZ/T 93053—2010
代替 FZ/T 93053—1999

转杯纺纱机　转杯

Rotor type open-end spinning machine—Rotor

2010-12-29 发布　　　　　　　　　　　　　　　　2011-04-01 实施

中华人民共和国工业和信息化部　　发　布

前　言

本标准代替 FZ/T 93053—1999。

本标准与 FZ/T 93053—1999 相比,主要变化如下:

——修改了标准名称,由"转杯纺转杯"改为"转杯纺纱机　转杯";

——增加了产品示意图;

——以工作转速 60 000 r/min 为界,分别规定了杯头外圆径向圆跳动、杯头端面圆跳动和转杯平衡品质等级的指标;

——按表面处理的工艺规定了维氏硬度指标;

——增加了转杯轴承或杯杆与杯头结合的牢固度要求;

——增加了转杯轴承的要求;

——删除了监督抽样检验的规定;

——增加了型式试验、抽样方法、判定规则以及 A、B 级分级的规定。

本标准由中国纺织工业协会提出。

本标准由全国纺织机械与附件标准化技术委员会归口。

本标准起草单位:山西晋中人和纺机轴承有限公司、无锡市宏飞工贸有限公司、浙江中宝实业控股股份有限公司、衡阳纺织机械有限公司、江阴市正远气纺设备有限公司、丹阳市新兴纺机专件厂、无锡纺织机械研究所。

本标准主要起草人:侯俊卿、吉云飞、马超炯、黄喜芝、陈振刚、陈志波、张玉红。

本标准所代替标准的历次发布情况为:

——FZ/T 93053—1999。

转杯纺纱机　转杯

1　范围

本标准规定了转杯纺纱机转杯的分类、要求、试验方法、检验规则及标志、包装、运输、贮存。

本标准适用于转杯纺纱机转杯(以下简称"转杯")。

2　规范性引用文件

下列文件中的条款通过本标准的引用而成为本标准的条款。凡是注日期的引用文件,其随后所有的修改单(不包括勘误的内容)或修订版均不适用于本标准,然而,鼓励根据本标准达成协议的各方研究是否可使用这些文件的最新版本。凡是不注日期的引用文件,其最新版本适用于本标准。

GB/T 191　包装储运图示标志

GB/T 1958　产品几何技术规范(GPS)　形状和位置公差　检测规定

GB/T 2828.1—2003　计数抽样检验程序　第1部分:按接收质量限(AQL)检索的逐批检验抽样计划

GB/T 4340.1　金属材料　维氏硬度试验　第1部分:试验方法

GB/T 6543　运输包装用单瓦楞纸箱和双瓦楞纸箱

GB/T 8597　滚动轴承　防锈包装

GB/T 9239.1—2006　机械振动　恒态(刚性)转子平衡品质要求　第1部分:规范与平衡允差的检验

FZ/T 93069　转杯纺纱机　转杯轴承

3　分类

3.1　抽气式转杯

直接式,见图1;间接式,见图2。

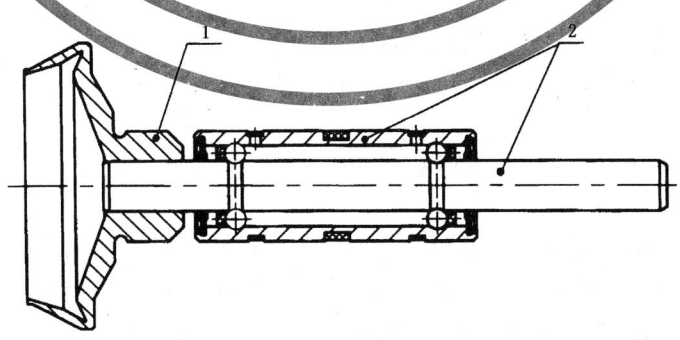

1——杯头;

2——转杯轴承。

图 1

FZ/T 93053—2010

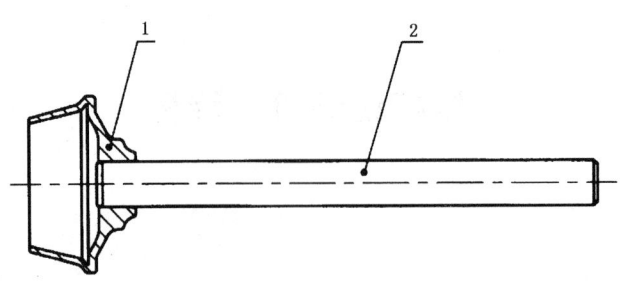

1——杯头；
2——杯杆。

图 2

3.2 自排风式转杯

见图3。

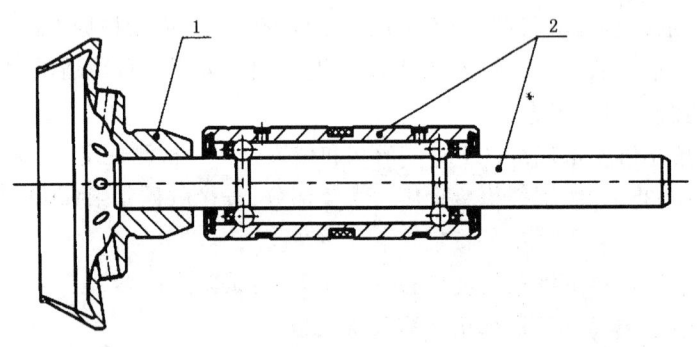

1——杯头；
2——转杯轴承。

图 3

4 要求

4.1 形位公差

4.1.1 杯头外圆对轴承公共轴线的径向圆跳动：

 a) 转杯工作转速≤60 000 r/min 时,径向圆跳动公差 0.03 mm；

 b) 转杯工作转速＞60 000 r/min 时,径向圆跳动公差 0.02 mm。

4.1.2 杯头端面对轴承公共轴线的端面圆跳动：

 a) 转杯工作转速≤60 000 r/min 时,端面圆跳动公差 0.04 mm；

 b) 转杯工作转速＞60 000 r/min 时,端面圆跳动公差 0.03 mm。

4.2 表面粗糙度

杯头凝聚槽、滑移面表面粗糙度 Ra 0.8 μm。

4.3 表面硬度

杯头凝聚槽、滑移面镀镍磷表面维氏硬度≥650 HV（或杯头外表面维氏硬度≥715 HV）。

杯头凝聚槽、滑移面硬质阳极氧化表面维氏硬度≥350 HV（或杯头外表面维氏硬度≥385 HV）。

4.4 转杯轴承或杯杆与杯头结合应牢固，无松动现象。

4.5 转杯表面应光滑、无锐边,不挂纤维。

4.6 平衡品质等级

转杯工作转速≤60 000 r/min 时,平衡品质等级应符合 GB/T 9239.1—2006 中 G1.6 级的规定。

转杯工作转速＞60 000 r/min 时,平衡品质等级应符合 GB/T 9239.1—2006 中 G1 级的规定。

4.7 转杯纺纱机转杯轴承应符合 FZ/T 93069 的规定。

5 试验方法

5.1 形位公差(4.1)按 GB/T 1958 的规定,用千分表检测。

5.2 表面粗糙度(4.2)用表面粗糙度样板比对检测或用表面粗糙度仪检测。

5.3 表面硬度(4.3)按 GB/T 4340.1 的规定,用维氏硬度计检测。

5.4 结合牢固度(4.4)将杯头孔口朝下放置,用 5 kg 砝码置于芯轴或杯杆端部,目测杯头有无松动。

5.5 表面质量(4.5)用棉条擦拭转杯表面和排气孔内壁及孔口,目测是否挂纤维。

5.6 平衡品质等级(4.6)按 GB/T 9239.1—2006 的规定,用动平衡机检测。

5.7 转杯纺纱机转杯轴承(4.7)按 FZ/T 93069 的规定检测。

6 检验规则

6.1 型式检验

6.1.1 在下列情况之一时,应进行型式检验:

    a) 新产品投产鉴定时;

    b) 结构、工艺、材料有较大改变时;

    c) 产品长期停产,恢复生产时;

    d) 第三方进行质量检验时。

6.1.2 检验项目:见第 4 章。

6.2 出厂检验

6.2.1 产品由生产企业的质量检验部门检验合格后方可出厂,并应附有产品合格证。

6.2.2 检验项目:见 4.1～4.6。

6.3 抽样方法和判定规则

6.3.1 按 GB/T 2828.1—2003 的规定,采用正常检验一次抽样方案,从正常检验开始,选用一般检验水平Ⅱ,接收质量限 AQL 为 A 级 1.0,B 级 1.5。

6.3.2 样本经过检验,若不合格品数小于 A 级或 B 级拒收数,则判定该样本符合标准的 A 级或 B 级要求;反之,判为该样本不符合标准 A 级或 B 级要求。

7 标志

7.1 包装箱的储运图示、标志按 GB/T 191 的规定。

7.2 转杯表面应标识产品标记。

8 包装、运输、贮存

8.1 产品的防锈包装按 GB/T 8597 的规定,运输包装按 GB/T 6543 的规定,并有防震措施。

8.2 瓦楞纸箱在储运过程中应避免雨雪、暴晒、受潮和污染,不得采用有损纸箱的运输、装卸及工具。

8.3 产品出厂后,在良好的防潮及通风贮存条件下,包装箱内产品的防潮防锈有效期自出厂起为一年。

ICS 59.120.10
W 93

中华人民共和国纺织行业标准

FZ/T 93054—2010
代替 FZ/T 93054—1999

转杯纺纱机　分梳辊

Rotor type open-end spinning machine—Opening roller

2010-12-29 发布　　　　　　　　　　　　2011-04-01 实施

中华人民共和国工业和信息化部　　发布

前　　言

本标准代替 FZ/T 93054—1999。

本标准与 FZ/T 93054—1999 相比,主要变化如下:

——标准名称"转杯纺分梳辊"改为"转杯纺纱机　分梳辊";

——删除了齿片式的分类,增加了按梳理元件和辊体结构分类及产品示意图;

——对辊体内外两端面的端面圆跳动公差分别作出规定;

——调整了平衡品质等级的指标;

——增加了齿顶(针尖)到轴承公共轴线距离的变动量、植针式辊体针尖、分体式辊体齿圈、植针式分梳辊植针的要求;

——增加了分梳辊轴承的要求;

——删除了监督抽样检验的规定;

——增加了型式试验、抽样方法、判定规则以及 A、B 级分级的规定。

本标准由中国纺织工业协会提出。

本标准由全国纺织机械与附件标准化技术委员会归口。

本标准起草单位:山西晋中人和纺机轴承有限公司、无锡市宏飞工贸有限公司、浙江中宝实业控股股份有限公司、金轮科创股份有限公司、衡阳纺织机械有限公司、丹阳市新兴纺机专件厂、江阴市正远气纺设备有限公司、无锡纺织机械研究所。

本标准主要起草人:侯俊卿、吉云飞、马超炯、薛庆、黄喜芝、陈志波、陈振刚、张玉红。

本标准所代替标准的历次版本发布情况为:

——FZ/T 93054—1999。

转杯纺纱机　分梳辊

1　范围

本标准规定了转杯纺纱机分梳辊的分类、要求、试验方法、检验规则及标志、包装、运输、贮存。

本标准适用于转杯纺纱机分梳辊(以下简称"分梳辊")。

2　规范性引用文件

下列文件中的条款通过本标准的引用而成为本标准的条款。凡是注日期的引用文件,其随后所有的修改单(不包括勘误的内容)或修订版均不适用于本标准,然而,鼓励根据本标准达成协议的各方研究是否可使用这些文件的最新版本。凡是不注日期的引用文件,其最新版本适用于本标准。

GB/T 191　包装储运图示标志

GB/T 1958　产品几何技术规范(GPS)　形状和位置公差　检测规定

GB/T 2828.1—2003　计数抽样检验程序　第1部分:按接收质量限(AQL)检索的逐批检验抽样计划

GB/T 6543　运输包装用单瓦楞纸箱和双瓦楞纸箱

GB/T 8597　滚动轴承　防锈包装

GB/T 9239.1—2006　机械振动　恒态(刚性)转子平衡品质要求　第1部分:规范与平衡允差的检验

FZ/T 93038　梳理机用齿条

FZ/T 93049　纺织用针

FZ/T 93070　转杯纺纱机　分梳辊轴承

3　分类

3.1　按梳理元件

齿条缠绕式,见图1A$_1$;整体齿圈式,见图1A$_2$;植针式,见图1A$_3$。

3.2　按辊体结构

整体式;分体式。

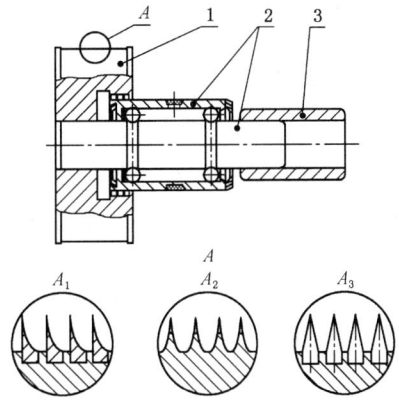

1——辊体;

2——分梳辊轴承;

3——传动轮。

图 1

4 要求

4.1 形位公差

4.1.1 辊体外圆对轴承公共轴线的径向圆跳动公差0.03 mm。

4.1.2 辊体端面对轴承公共轴线的端面圆跳动：

    a) 内端面的端面圆跳动公差0.02 mm；

    b) 外端面的端面圆跳动公差0.04 mm。

4.1.3 齿顶(针尖)到轴承公共轴线的距离变动量≤0.08 mm。

4.1.4 传动轮外圆对轴承公共轴线的径向圆跳动公差0.05 mm。

4.2 表面粗糙度

辊体外圆及端面表面粗糙度$Ra1.6~\mu m$。

4.3 外观质量

4.3.1 辊体齿部应排列整齐,应无侧弯、锈迹、倒钩及残齿、断齿等现象。

4.3.2 辊体针部应排列整齐,无漏针、锈迹、断针、侧弯等现象。

4.3.3 辊体齿顶(针尖)应低于辊体外圆。

4.3.4 齿条与螺旋槽之间应无缝隙、毛刺;齿条始末端与辊体接合应牢固,表面平整。

4.3.5 分梳辊表面应光滑,不挂纤维。

4.4 分体式分梳辊齿圈应不松动。

4.5 分梳辊轴承与辊体、传动轮结合应牢固。

4.6 分梳辊平衡品质等级应符合GB/T 9239.1—2006中G2.5级的规定。

4.7 缠绕式齿条及整体齿圈式的齿部应符合FZ/T 93038的规定。

4.8 植针式分梳辊植针应符合FZ/T 93049的规定。

4.9 转杯纺纱机分梳辊轴承应符合FZ/T 93070的规定。

5 试验方法

5.1 形位公差(4.1.1、4.1.2、4.1.4)按GB/T 1958的规定,用千分表检测。

5.2 齿顶(针尖)到轴承公共轴线距离变动量(4.1.3),以轴承的公共轴线为基准,将千分表的平表头置于单齿的齿顶(针尖)上(除头尾圈外),测多个齿顶(针尖),取其最大示值差。

5.3 辊体外圆及端面表面粗糙度(4.2)用表面粗糙度样板比对检测或用表面粗糙度仪检测。

5.4 辊体齿尖低于辊体外圆的要求(4.3.3)用刀口尺检测。

5.5 齿条与螺旋槽表面质量(4.3.4)用棉条擦拭,轻吹后目测是否挂纤维。

5.6 结合牢固度(4.5),将辊体端面朝下放置,用5 kg砝码(或50 N的作用力)置于传动轮端面,目测辊体和传动轮有无松动。

5.7 平衡品质等级(4.6)按GB/T 9239.1的规定,用动平衡机检测。

5.8 缠绕式齿条及整体齿圈式的齿部(4.7)按FZ/T 93038的规定检测。

5.9 植针式分梳辊植针(4.8)按FZ/T 93049的规定检测。

5.10 转杯纺纱机分梳辊轴承(4.9)按FZ/T 93070的规定检测。

5.11 其余项目(4.3.1、4.3.2、4.3.5、4.4)感官检测。

6 检验规则

6.1 型式检验

6.1.1 在下列情况之一时,应进行型式检验：

    a) 新产品投产鉴定时；

b) 结构、工艺、材料有较大改变时；

c) 产品长期停产，恢复生产时；

d) 第三方进行质量检验时。

6.1.2 检验项目：见第 4 章。

6.2 出厂检验

6.2.1 产品由生产企业的质量检验部门检验合格后方可出厂，并应附有产品合格证。

6.2.2 检验项目：见 4.1～4.6。

6.3 抽样方法和判定规则

6.3.1 按 GB/T 2828.1—2003 的规定，采用正常检验一次抽样方案，从正常检验开始，选用一般检验水平Ⅱ，接收质量限 AQL 为 A 级 1.0，B 级 1.5。

6.3.2 样本经过检验，若不合格品数小于 A 级或 B 级拒收数，则判定该样本符合标准的 A 级或 B 级要求；反之，判为该样本不符合标准 A 级或 B 级的要求。

7 标志

7.1 包装箱的储运图示、标志按 GB/T 191 的规定。

7.2 分梳辊表面应有产品标记，必要时标识旋向。

8 包装、运输、贮存

8.1 产品的防锈包装按 GB/T 8597 的规定，运输包装按 GB/T 6543 的规定，并有防震措施。

8.2 瓦楞纸箱在储运过程中应避免雨雪、暴晒、受潮和污染，不得采用有损瓦楞纸箱质量的运输、装卸及工具。

8.3 产品出厂后，在良好的防潮及通风贮存条件下，包装箱内产品的防潮防锈有效期自出厂起为一年。

ICS 59.120.10
W 93

中华人民共和国纺织行业标准

FZ/T 93064—2006

棉粗纱机牵伸下罗拉

Drafting bottom rollers for cotton roving frame

2006-07-10 发布　　　　　　　　　　　　2007-01-01 实施

中华人民共和国国家发展和改革委员会　　发　布

前　言

本标准采用了 ISO 5233:1999《牵伸装置下沟槽罗拉》中规定的部分尺寸规格,并补充了适合我国现行棉粗纱机使用的牵伸下罗拉的尺寸规格。

本标准的要求根据使用要求和国内实际生产现状以及参考国外同类产品的性能提出,抽样方法和评定规则按行业实际情况确定。

请注意本标准的某些内容有可能涉及专利。本标准的发布机构不承担识别这些专利的责任。

本标准由中国纺织工业协会提出。

本标准由全国纺织机械与附件标准化技术委员会归口。

本标准起草单位:无锡纺织机械研究所、常州市同和纺织机械制造有限公司、河北太行机械工业有限公司、天津宏大纺织机械有限公司。

本标准主要起草人:赵蓉贞、赵基平、崔桂生、王过江、马丽娜。

棉粗纱机牵伸下罗拉

1 范围

本标准规定了棉粗纱机牵伸下罗拉的分类、要求、试验方法、检验规则、标志、包装、运输和贮存。

本标准适用于棉粗纱机牵伸装置中具有沟槽或滚花形状的下罗拉。

2 规范性引用文件

下列文件中的条款通过本标准的引用而成为本标准的条款。凡是注日期的引用文件,其随后所有的修改单(不包括勘误的内容)或修订版均不适用于本标准,然而,鼓励根据本标准达成协议的各方研究是否可使用这些文件的最新版本。凡是不注日期的引用文件,其最新版本适用于本标准。

GB/T 699　优质碳素结构钢技术条件

FZ/T 90001　纺织机械产品包装

3 分类

3.1 沟槽罗拉

3.1.1 结构型式见图 1。

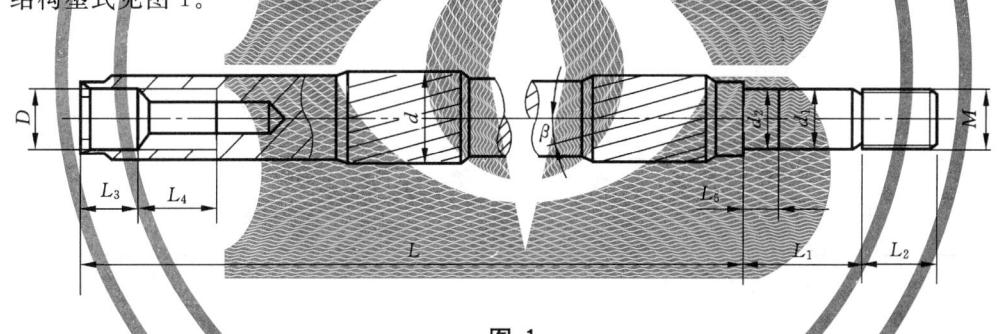

图 1

3.1.2 沟槽罗拉的法向形状及齿顶宽 b 见图 2,沟槽数 Z,螺旋角 β 按表 1 的规定。

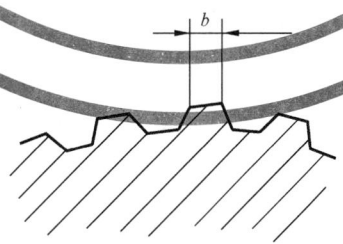

图 2

表 1

工作面直径 d/mm	沟槽数 Z	螺旋角 β
28	53　54　56　58	
28.5	54　57　58	4°　5°　6°
32	60　64　66	

3.2 滚花罗拉

3.2.1 结构形式见图3。

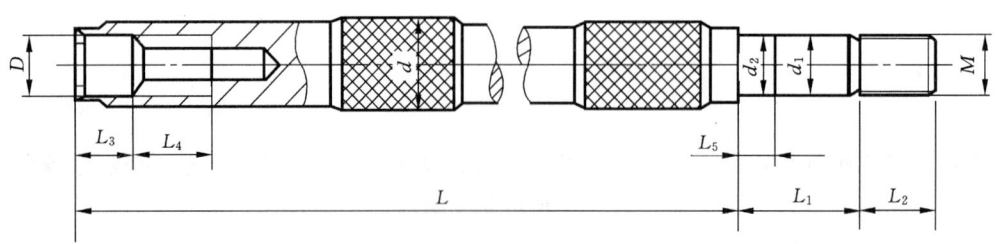

图 3

3.2.2 滚花罗拉的滚花形状和尺寸见图4。

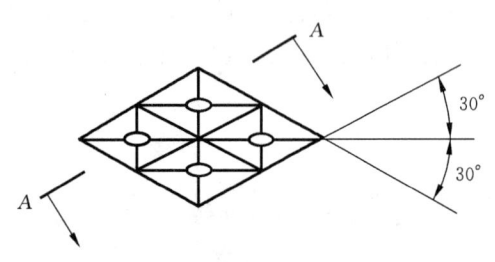

图 4

3.3 基本参数

见表2。

表 2

单位为毫米

工作面直径 d		导柱直径 d_1	轴承颈直径 d_2	导孔直径 D	螺纹 M	L_1	L_2	L_3	L_4	L_5
沟槽罗拉	滚花罗拉									
—	25	16.5	16.5	16.5	M16×1.5	34	23	20	22	—
28	28	19	19	19	M18×1.5	37	25	22	24	—
28.5	28.5	19	19	19	M18×1.5	37	25	22	24	—
28.5	28.5	18	19	18	M16×2	44	33	30	30	19
32	—	19	19	19	M18×1.5	37	25	22	24	—
注：当 $d_2 = d_1$ 时，$L_5 = L_1$。										

4 要求

4.1 材料为优质碳素结构钢(中碳钢),机械性能应不低于 GB/T 699 的相应规定。

4.2 工作面硬度≥78 HRA。

4.3 表面粗糙度按表3的规定。

表 3

单位为微米

部 位 名 称	表面粗糙度 R_a
沟槽罗拉工作面	
滚花罗拉工作面	0.8
导柱表面	

表 3（续）

部 位 名 称	表面粗糙度 R_a
导孔表面	
镶接端面	1.6
非工作轴颈表面	

4.4 罗拉表面(除接头和镶接端面外)需经镀硬铬或其他表面处理,表面光滑,无碰痕,无锋利的棱边,不挂纤维。

4.5 罗拉主要部位的尺寸极限偏差按表4的规定。

表 4

部 位 名 称			极 限 偏 差
沟槽罗拉工作面直径 d			h9
滚花罗拉工作面直径 d			h10
导柱直径 d_1			j5
导孔直径 D		16.5	$+0.020$ $+0.007$
		18	$+0.023$ $+0.007$
		19	
罗拉长度 L			$+0.070$ -0.030

4.6 罗拉的形位公差

4.6.1 形位公差按表5的规定。

表 5

项 目	公差 t	
	沟槽罗拉	滚花罗拉
导柱端面圆跳动 t_1	0.005	0.005
导孔端面圆跳动 t_2		
导柱外圆圆跳动 t_3	0.020	0.020
导孔内圆圆跳动 t_4		0.030
工作面外圆圆跳动 t_5	0.030	0.040

4.6.2 形位公差测量基准见图5。

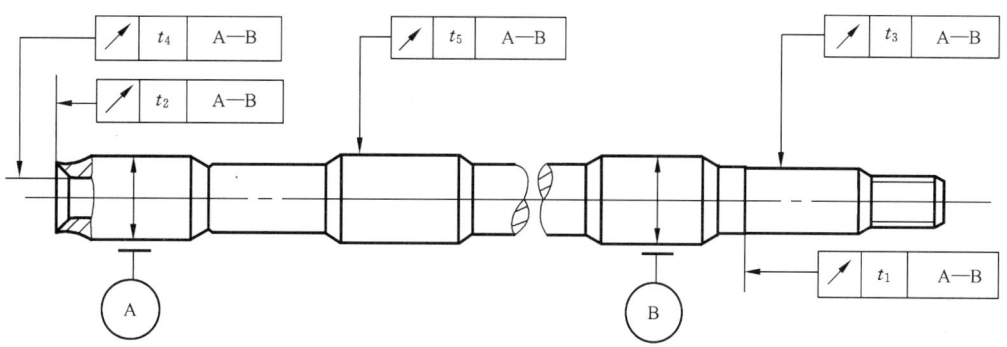

图 5

4.7 沟槽罗拉齿顶宽公差±0.03 mm。

4.8 罗拉各工作面的中心平面对导柱端面的位置度≤1 mm。

4.9 任意两节沟槽罗拉镶接并紧(并紧力矩为 78 N·m),不经校直,与轴承相邻的两个工作面对轴线的圆跳动公差应符合图 6 的规定。

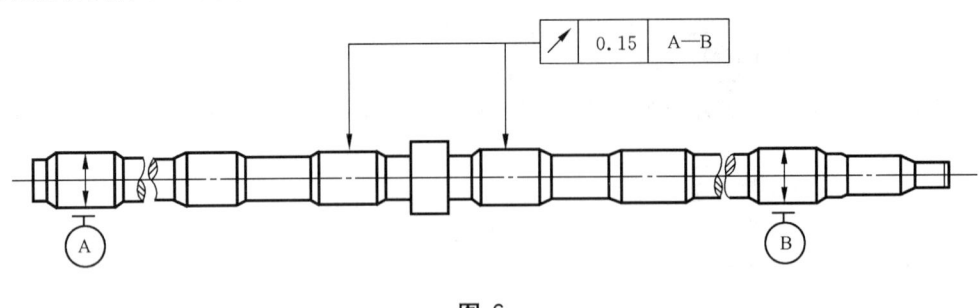

图 6

5 试验方法

5.1 材料检验应符合 GB/T 699 的规定。

5.2 工作面硬度检验时,以非工作轴颈表面硬度≥76 HRA 代替。有必要时,用洛氏硬度计以 600 N 的负荷检测工作面表面硬度。

5.3 表面粗糙度用粗糙度样板目测对照检验,有必要时用粗糙度仪检验。

5.4 外观质量用目测检查,对表面不挂纤维的要求,可用棉纤维在表面作轴向擦拭的方法检验。

5.5 工作面直径用卡规检验。有必要时,用外径千分尺测量。导柱、导孔直径极限偏差用气动量仪检验。罗拉长度用样棒作比较测量。

5.6 形位公差的检验方法见图 7。

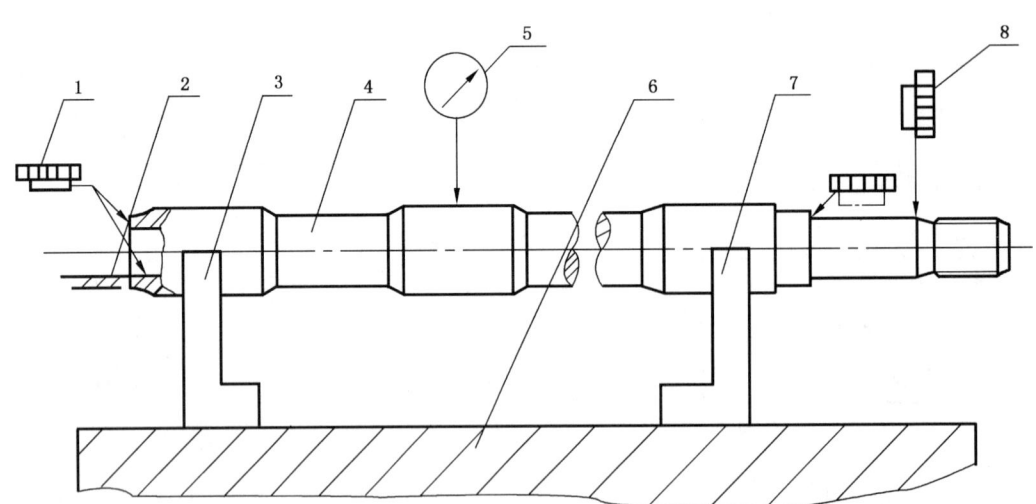

1——千分表;

2——支点;

3——V 型块;

4——罗拉;

5——千分表;

6——平板;

7——V 型块;

8——千分表。

图 7

5.7 沟槽罗拉的齿顶宽用万能工具显微镜检验。

5.8 各工作面的中心平面对导柱端面的位置度用专用量具检验。有必要时,用万能工具显微镜检验。

5.9 第4.9条,轴承相邻的两个工作面对轴线的圆跳动,用专用量具检测。有必要时,用相应等级的仪器检测。

6 检验规则

6.1 出厂检验

6.1.1 产品由制造厂质量检查部门按本标准规定检验合格后方能出厂,并附有合格证。

6.1.2 出厂检验项目:4.3~4.6。

6.2 型式检验

6.2.1 产品在下列情况之一时,应进行型式检验:

  a) 新产品试制定型鉴定;

  b) 正式生产后如结构、材料、工艺有较大改变,可能影响产品性能时;

  c) 正常生产时,应定期进行检验;

  d) 出厂检验结果与上次型式检验有较大差异时;

  e) 第三方检验机构提出型式检验要求时。

6.2.2 检验项目:第4章。

6.3 抽样方法及评定规则

6.3.1 按简单随机抽样法从检验批中抽取作为样本的产品。每批抽取样品30件,最多不大于50件。

6.3.2 抽样检验时,总项次合格率不小于97%,单项合格率按表6进行评定,合格后可判定该批产品符合标准要求。

表 6

序 号	检 验 项 目		单项合格率
1	材料		100%
2	工作面硬度		100%
3	表面粗糙度	沟槽罗拉工作面	95%
		滚花罗拉工作面	95%
		导柱表面	90%
		导孔表面	90%
		镶接端面	90%
		非工作轴颈表面	90%
4	罗拉表面质量		90%
5	罗拉主要部位的尺寸极限偏差	工作面直径	90%
		导柱、导孔直径	95%
		罗拉长度	90%
6	罗拉形位公差	导柱、导孔端面圆跳动	95%
		导柱外圆、导孔内圆、工作面外圆跳动	90%
7	沟槽罗拉齿顶宽		90%
8	位置度		90%
9	任意两节沟槽罗拉镶接并紧(并紧力矩78 N·m)不经校直,与轴承相邻的两个工作面对轴线的圆跳动公差		95%

6.4 其他

使用厂在安装、调整过程中,发现有不符合本标准时,由制造厂负责进行处理。

7 标志

每节罗拉的非工作轴颈面上应标志厂标或商标。

8 包装、运输和贮存

8.1 包装按 FZ/T 90001 的规定。

8.2 产品在运输过程中,应按规定的起吊位置起吊,包装箱应按规定的朝向安置,不得倾倒或者改变方向。

8.3 产品出厂后,在良好的防雨及通风贮存条件下,包装箱内的罗拉防潮、防锈有效期为一年。

ICS 59.120.10
W 93

中华人民共和国纺织行业标准

FZ/T 93066—2007

梳棉机用齿条盖板针布

Top wire clothings for carding machines

2007-05-29 发布

2007-11-01 实施

中华人民共和国国家发展和改革委员会　　发　布

前　言

　　本标准根据我国梳棉机用齿条盖板针布的制造设备、技术水平和棉纺厂的使用要求,按照产品的基本特性进行分级。标准中规定的优等品技术性能指标与国外先进技术指标相当,合格品按使用的基本需要确定。

　　本标准的附录 A 为规范性附录。

　　本标准由中国纺织工业协会提出。

　　本标准由全国纺织机械与附件标准化技术委员会归口。

　　本标准由陕西纺织器材研究所负责起草。

　　本标准主要参加起草单位:青岛纺机针布有限公司、常州钢箔有限公司、金轮针布(江苏)有限公司、浙江锦峰纺织机械有限公司。

　　本标准主要起草人:赵玉生、付晓艳、陈幼泉、施越浩、陆忠、陈少清。

　　本标准首次发布。

梳棉机用齿条盖板针布

1 范围

本标准规定了梳棉机用齿条盖板针布(以下简称"齿条盖板针布")的术语和定义、分类与标记、要求、试验方法、检验规则、包装、标志、运输和储存。

本标准适用于固定在梳棉机锡林前、后和刺辊上、下的齿条盖板针布。

2 规范性引用文件

下列文件中的条款通过本标准的引用而成为本标准的条款。凡是注日期的引用文件,其随后所有的修改单(不包括勘误的内容)或修订版均不适用于本标准,然而,鼓励根据本标准达成协议的各方研究是否可使用这些文件的最新版本。凡是不注日期的引用文件,其最新版本适用于本标准。

GB/T 191 包装储运图示标志

GB/T 2828.1 计数抽样检验程序 第1部分:按接收质量限(AQL)检索的逐批检验抽样计划

GB/T 2829 周期检验计数抽样程序及表(适用于对过程稳定性的检验)

GB/T 4340.1 金属维氏硬度试验 第1部分:试验方法

GB/T 4340.2 金属维氏硬度试验 第2部分:硬度计的检验

GB/T 4892 硬质直方体运输包装尺寸系列

GB/T 6543 瓦楞纸箱

GB/T 12339 防护用内包装材料

FZ/T 90081 梳理机用齿条术语和定义

3 术语和定义

FZ/T 90081确立的术语和定义适用于本标准。

4 分类与标记

4.1 根据针布固定在盖板骨架上的方式,分为边夹式齿条盖板针布(代号为B,见图1)、吊装式齿条盖板针布(代号为D,见图2)和压条式齿条盖板针布(代号为Y,见图3)。

根据有无座板,吊装式齿条盖板针布分为座板吊装式齿条盖板针布(代号为Z)和无座板吊装式齿条盖板针布(代号为W)。

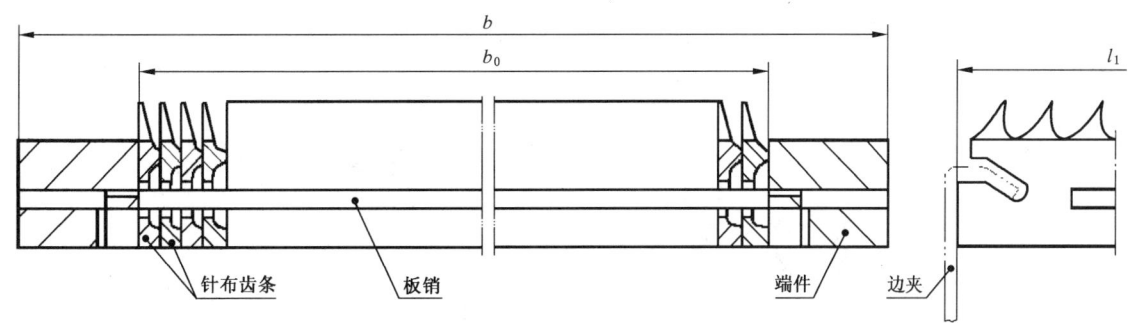

图 1 边夹式齿条盖板针布的结构型式

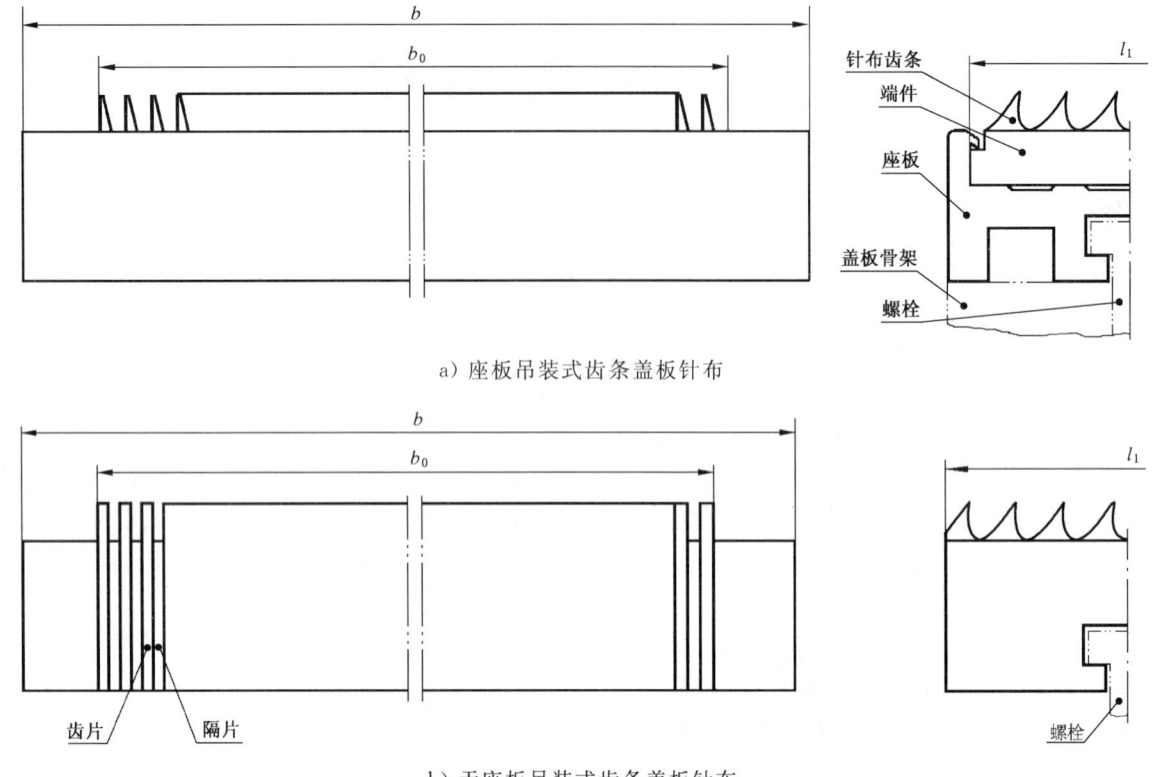

a) 座板吊装式齿条盖板针布

b) 无座板吊装式齿条盖板针布

图 2 吊装式齿条盖板针布的结构型式

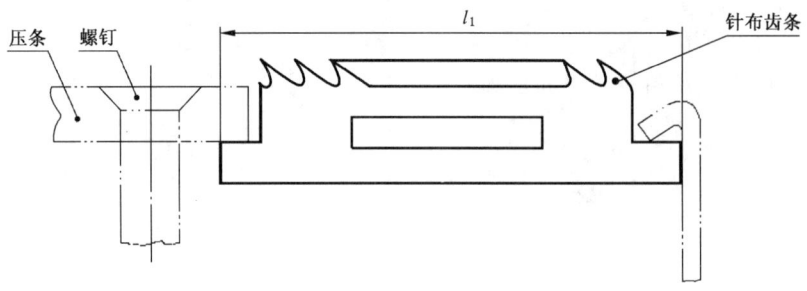

图 3 压条式齿条盖板针布的结构型式

4.2 根据在梳棉机上的安装位置(见图4),分为前固定齿条盖板针布(代号为 Q)、后固定齿条盖板针布(代号为 H)和刺辊上齿条盖板针布(代号为 S)、刺辊下齿条盖板针布(代号为 X)。

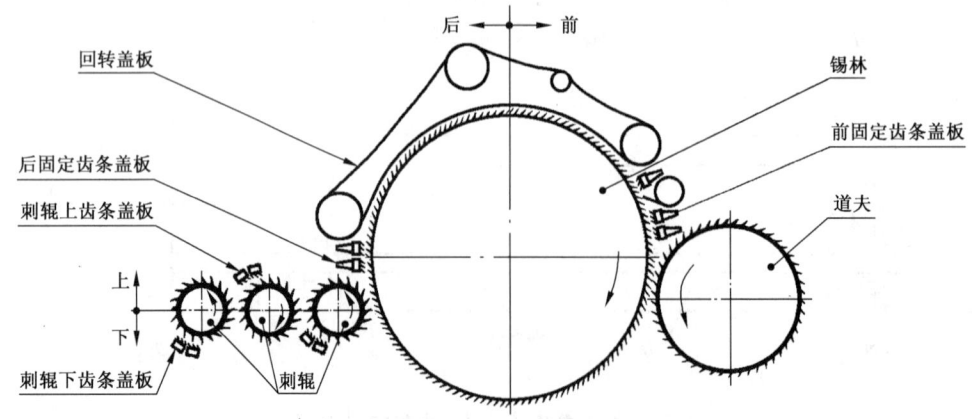

图 4 梳理部件在梳棉机上的安装位置

4.3 根据针布齿条的齿部硬度和针布有效齿顶面的平面度,齿条盖板针布分为优等品和合格品。

4.4 齿条盖板针布的标记方法:由产品名称、标准号、安装位置代号、固定在盖板骨架上的方式代号和针布齿密顺序组成。

标记示例1:齿密为240齿/(25.4 mm)^2、前固定用边夹式齿条盖板针布,其标记为:

齿条盖板针布　FZ/T 93066-QB-240

标记示例2:齿密为320齿/(25.4 mm)^2、后固定用座板吊装式齿条盖板针布,其标记为:

齿条盖板针布　FZ/T 93066-HZD-320

标记示例3:齿密为62齿/(25.4 mm)^2、刺辊下用压条式齿条盖板针布,其标记为:

齿条盖板针布　FZ/T 93066-XY-62

5 要求

5.1 齿条盖板针布基本尺寸的极限偏差应符合表1规定。

表 1　齿条盖板针布基本尺寸的极限偏差
单位为毫米

基本尺寸	极限偏差
总宽 b	±0.5
针布宽 b_0	±1.0
针布长 l_1	±0.05

5.2 齿条盖板针布固定在盖板骨架上后,有效齿顶面的平面度应符合表2规定。

表 2　齿条盖板针布有效齿顶面的平面度公差
单位为毫米

分　类	分　等	平面度
边夹式,吊装式	优等品	0.04
	合格品	0.06
压条式	优等品	0.05
	合格品	0.10

5.3 针布齿条的齿部硬度应符合图5、表3规定。

单位为毫米

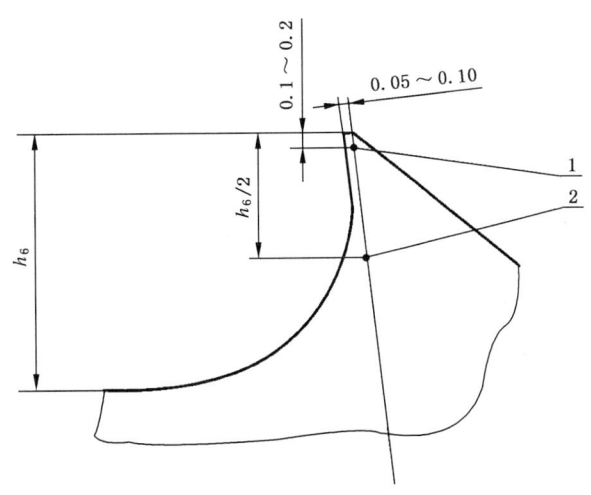

图 5　针布齿条齿部硬度的测点位置

表 3　针布齿条的齿部硬度

测　点		1	2
小负荷维氏硬度 HV0.2	优等品	≥780	≥500
	合格品	≥700	≥450

5.4　齿条盖板针布齿密偏差应为其理论值的±5%。

5.5　针布齿条齿形应完整,不应有漏冲齿、断齿、弯齿,齿部无毛刺和扭曲。

5.6　针布齿条表面应无锈斑、起皮。

5.7　齿条盖板针布应能紧密、牢固地固定在盖板骨架上。

6　试验方法

6.1　齿条盖板针布的基本尺寸应用普通计量器具测量。

6.2　齿条盖板针布固定在盖板骨架上后,有效齿顶面的平面度误差宜用多点电子测量仪按仪器使用说明进行测量;也可采用图 6 或图 7 所示平面度测量仪进行测量,或用普通计量器具测量。

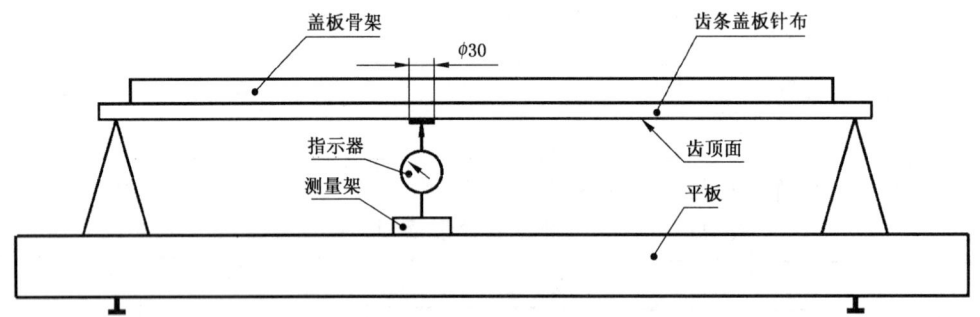

图 6　齿条盖板针布平面度测量仪结构示意

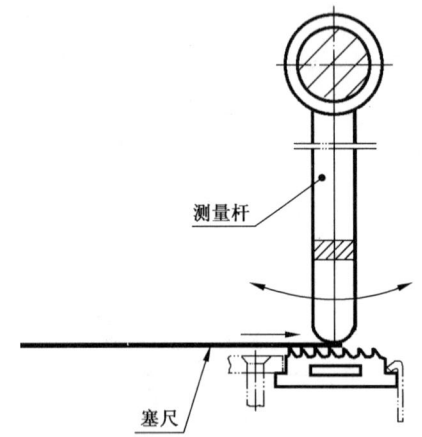

图 7　压条式齿条盖板针布平面度测量仪结构示意

6.3　测量针布齿条齿部硬度应按附录 A 规定进行。

6.4　齿密误差采用拓印测量计算。

6.5　针布齿条齿形及外观质量、齿条盖板针布的组装质量应目测。

7　检验规则

7.1　总则

7.1.1　齿条盖板针布应通过以下类别的检验:

　　——型式检验;

——出厂检验。

7.1.2 型式检验和出厂检验应由制造厂质量检验部门负责进行,订货方也可按本标准的出厂检验规定在 30 d 内对购进的齿条盖板针布进行验收;根据订货方要求,制造厂应提供出厂检验所在周期的型式检验报告。

7.1.3 凡在型式检验或出厂检验中,被检验的样本单位若有不符合本标准有关规定时,即为不合格;有 1 个或 1 个以上不合格,即为不合格品。

7.2 检验

7.2.1 型式检验

7.2.1.1 连续生产的齿条盖板针布(以根为样本单位)和针布齿条(以片为样本单位)均应根据生产过程稳定的大约持续时间、试验时间和试验费用进行型式检验;在改变设计、改进主要制造工艺、更换材料或中断生产后再恢复生产时,也应进行型式检验。

7.2.1.2 型式检验按 GB/T 2829 中判别水平 I 的一次抽样方案,型式检验方案由表 4 给出。

表 4　齿条盖板针布的型式检验方案

序号	检验项目名称	要求的章条号	试验方法的章条号	样本单位	不合格质量水平	不合格分类
1	平面度	5.2	6.2	根	30	B
2	测点 1 硬度	5.3	6.3	片	30	
3	针布宽	5.1	6.1	根	65	C
4	总宽	5.1	6.1	根	40	
5	针布长	5.1	6.1	根	65	
6	测点 2 硬度	5.3	6.3	片	40	
7	齿密	5.4	6.4	根	65	
8	齿形	5.5	6.5	片	40	
9	外观质量	5.6	6.5	片	65	
10	夹固质量	5.7	6.5	根	40	

7.2.2 出厂检验

7.2.2.1 每批齿条盖板针布都应以根为样本单位进行出厂检验,经型式检验合格后方可进行出厂检验。

7.2.2.2 出厂检验采用 GB/T 2828.1 中一般检查水平 I 的一次抽样方案,从正常检验开始,出厂检验方案由表 5 给出。

表 5　齿条盖板针布的出厂检验方案

序号	检验项目名称	要求的章条号	试验方法的章条号	接收质量限	不合格分类
1	平面度	5.2	6.2	2.5	B
2	针布宽	5.1	6.1	6.5	C
3	总宽	5.1	6.1	4.0	
4	针布长	5.1	6.1	6.5	
5	外观质量	5.6	6.5	6.5	
6	夹固质量	5.7	6.5	4.0	

8 包装、标志、运输和储存

8.1 包装

8.1.1 产品

8.1.1.1 齿条盖板针布应经检验合格并附有合格证,方可进行包装。

8.1.1.2 齿条盖板针布应按订货方要求进行包装;也可按类别以多件包装交货。

8.1.2 包装技术与方法

8.1.2.1 内包装

齿条盖板针布或齿条盖板内包装宜使用 GB/T 12339 规定的防锈材料。

8.1.2.2 外包装和运输包装

齿条盖板针布或齿条盖板的外包装宜采用 GB/T 6543 规定的 1 类或 2 类双瓦楞纸箱,运输包装件基本尺寸应尽量符合 GB/T 4892 规定。

8.1.2.3 防震包装

齿条盖板针布或齿条盖板与外包装箱之间应衬垫防震性缓冲材料。

8.2 标志

8.2.1 产品标志

每根齿条盖板针布或齿条盖板均应有商标和产品编号。

8.2.2 包装标志

8.2.2.1 运输包装上应有包装标志(运输包装收发货标志和包装储运图示标志),其内容应遵照以下规定。

8.2.2.1.1 运输包装收发货标志

    a) 制造厂名及商标;

    b) 产品标记;

    c) 质量等级标志;

    d) 生产批号或生产日期;

    e) 出厂日期;

    f) 数量(套或根);

    g) 毛重;

    h) 体积(长×宽×高＝ m³)。

8.2.2.1.2 包装储运图示标志

"怕雨"、"小心轻放"和"向上"标志应遵照 GB/T 191 中有关规定。

8.2.2.2 运输包装收发货标志和包装储运图示标志应分别位于运输包装箱的侧面和端面。

8.2.2.3 标志应用油漆、油墨等印色材料涂打或印刷,标志应清晰、耐久。

8.3 运输

齿条盖板针布或齿条盖板在运输中应加盖遮篷,搬运时应轻装、轻卸。

8.4 储存

8.4.1 制造厂应对齿条盖板针布或齿条盖板进行充分的防锈处理,并保证自出厂之日起 1 a 内不因防锈处理不当而引起锈蚀。

8.4.2 齿条盖板针布或齿条盖板应包装完整地存放在通风干燥并无腐蚀性介质的环境中。

附 录 A

（规范性附录）

齿条盖板针布齿条小负荷维氏硬度试验方法

A.1 试验仪器

维氏硬度计应符合 GB/T 4340.2 中有关规定。

A.2 试样及其制备

A.2.1 测定齿条盖板针布齿条硬度的试样,应以冲断后的片状成品针布齿条为样本单位,在本型式检验周期内随机抽取。

A.2.2 每片针布齿条应从适宜的齿隙间切断为短样段,以便制取嵌样;制取嵌样时,短样段的两端切面应在砂轮上磨平齐,以保证针布齿条侧面与镶嵌面吻合一致;嵌样在抛磨时,应注意控制磨削升温,以免影响测试结果。

A.2.3 每片针布齿条的嵌样均应有单独且清晰的编号。

A.3 试验条件

温度:(23±5)℃。

A.4 试验程序

A.4.1 硬度测试位置按 5.3。

A.4.2 按 GB/T 4340.1 规定试验方法,在每片针布齿条上随机测 3 个齿的硬度,1、2 测点可选在同一个齿部,也可以不选在同一个齿部。

A.5 试验结果评定

A.5.1 取 3 个齿测值的算术平均值为该片针布齿条规定测点的硬度值。

A.5.2 1、2 测点硬度均合格时,该片针布齿条硬度即为合格;否则,为不合格。

ICS 59.120.10
W 93

中华人民共和国纺织行业标准

FZ/T 93067—2010

环锭细纱机用锭带

Tape for the ring spinning frame

2010-08-16 发布

2010-12-01 实施

中华人民共和国工业和信息化部 发布

前　　言

本标准的附录 A 和附录 B 为规范性附录。

本标准由中国纺织工业协会提出。

本标准由全国纺织机械与附件标准化技术委员会归口。

本标准起草单位:济南天齐特种平带有限公司、陕西纺织器材研究所。

本标准主要起草人:秋黎凤、邹爱华、焦东英、赵玉生。

环锭细纱机用锭带

1 范围

本标准规定了环锭细纱机用锭带的分类和标记、要求、试验方法、检验规则、包装、标志和储存。

本标准适用于棉、毛、麻、化纤及混纺环锭细纱机由滚盘传动锭子用锭带,也适用于其他纺织机械传动用锭带。

本标准不适用于纯织物锭带。

2 规范性引用文件

下列文件中的条款通过本标准的引用而成为本标准的条款。凡是注日期的引用文件,其随后所有的修改单(不包括勘误的内容)或修订版均不适用于本标准,然而,鼓励根据本标准达成协议的各方研究是否可使用这些文件的最新版本。凡是不注日期的引用文件,其最新版本适用于本标准。

GB/T 191　包装储运图示标志

GB/T 532　硫化橡胶或热塑性橡胶与织物粘合强度的测定

GB/T 2828.1　计数抽样检验程序　第 1 部分:按接收质量限(AQL)检索的逐批检验抽样计划

GB/T 2829　周期检验计数抽样程序及表(适用于对过程稳定性的检验)

GB/T 2941—2006　橡胶物理试验方法试样制备和调节通用程序

HG/T 2729—1995　硫化橡胶与薄片摩擦系数的测定　滑动法

3 分类和标记

3.1 分类

3.1.1　锭带由骨架层和弹性体层组成,骨架层又分为织物骨架层和高分子片材增强骨架层;锭带结构材料及其代号见图 1、表 1。

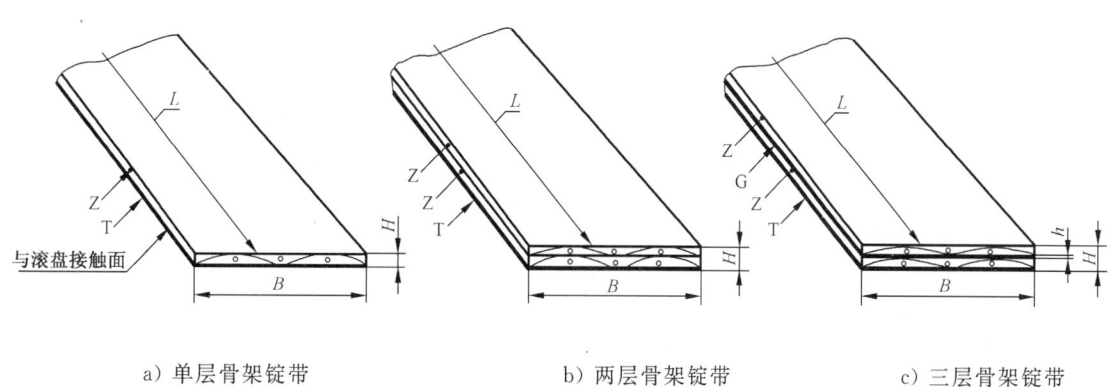

a) 单层骨架锭带　　　　　b) 两层骨架锭带　　　　　c) 三层骨架锭带

B——锭带宽度;

H——锭带厚度;

h——增强骨架层厚度;

L——环形锭带内周长或卷状锭带长度。

图 1　锭带的结构型式及基本尺寸

FZ/T 93067—2010

表 1　锭带结构材料及其代号

结构材料		代　号
骨架层	织物	Z
	高分子片材	G
弹性体层		T

3.1.2　根据骨架层层数,分为单层骨架锭带、两层骨架锭带、三层骨架锭带;锭带的结构型式分类及代号、基本尺寸见图1、表2。

表 2　锭带的结构型式分类及代号

结构型式	分类	单层骨架	两层骨架	三层骨架
	代号	D	L	S
结构材料代号		ZT	ZZT	ZGZT

更多骨架层数应按图1所示依次编制其结构材料代号。

3.2　标记

锭带的标记方法:由产品名称、标准代号和顺序号、结构型式代号、结构材料代号、内周长(环形锭带)或长度(非环形锭带)、宽度、厚度组成。

示例:符合本标准,内周长或长度为2 650 mm,宽度为10 mm,厚度为0.7 mm的单层骨架锭带,其标记为:

锭带　FZ/T 93067-D-ZT-2 650×10×0.7

4　要求

4.1　环形锭带内周长或非环形锭带长度及其极限偏差由表3给出。

表 3　锭带内周长或长度及其极限偏差　　　单位为毫米

内周长或长度 L	极限偏差
<1 000	±5
1 000～2 000	±10
2 001～3 000	±15
3 001～4 000	±20

4.2　锭带宽度及其极限偏差由表4给出。

表 4　锭带宽度及其极限偏差　　　单位为毫米

宽度 B	极限偏差
5～20	±0.8
21～30	±1.0

4.3　锭带厚度及其极限偏差、接头厚度对其实际厚度的极限偏差由表5给出。

表 5　锭带厚度及其极限偏差　　　单位为毫米

锭带结构型式	锭带厚度 H		接头厚度极限偏差
	尺寸	极限偏差	
单层骨架	0.6 0.7	±0.1	0 −0.1
两层骨架	0.8		+0.1 0
三层骨架	1.0		

396

4.4 锭带的物理性能应符合表 6 规定。

表 6 锭带的物理性能

性 能		单位	单层骨架锭带	两层骨架锭带	三层骨架锭带
1%定伸应力	≥	N/mm	4.5	2	4
拉伸强度	≥	N/mm	40	40	80
拉断伸长率	≤	%	20	25	27
粘合强度	≥	N/mm	2.0	2.0	2.0
静态抗静电	≤	MΩ	300	300	300
摩擦因数(弹性体层对钢板)	≥	—	0.5	0.6	0.6

4.5 锭带应无脱层、气泡、缺胶;两侧边裁切整齐;接头处平整光洁。

5 试验方法

5.1 测定锭带基本尺寸应遵照以下规定:

    a) 长度用普通计量器具测定。

    b) 宽度按 GB/T 2941—2006 中 7.2 方法 B:用最小分度值不大于 0.05 mm 的游标卡尺测定;测量时,在锭带上随机测量 3 处,测点间距不小于 100 mm。

    c) 厚度按 GB/T 2941—2006 中 7.1 方法 A:

       1) 用厚度计在锭带的两边随机各测量 3 点,测点间距不小于 100 mm;

       2) 接头厚度用最小分度值不大于 0.01 mm 的厚度计在接头搭接处及接头中间各测量 1 点。

5.2 测定锭带物理性能应遵照以下规定:

    a) 1%定伸应力、拉伸强度、拉断伸长率试验按附录 A 进行;

    b) 粘合强度试验按 GB/T 532 进行;

    c) 静态抗静电性能试验按附录 B 进行;

    d) 摩擦因数试验按 HG/T 2729—1995 中方法 A,并按非惯性型拉力试验机的使用说明进行。

5.3 锭带外观质量目测。

6 检验规则

6.1 总则

6.1.1 锭带应通过以下类别的检验:

    a) 型式检验。

    b) 出厂检验。

6.1.2 型式检验和出厂检验应由制造厂质量检验部门负责进行,订货方也可按本标准中的出厂检验规定在一个月内对购进的锭带进行验收;根据订货方要求,制造厂应提供出厂检验所在周期的型式检验报告。

6.1.3 在型式检验或出厂检验中,被检验的样本单位若有不符合本标准表 7、表 8 对检验项目的有关规定时,即为不合格;有一个或一个以上不合格,即为不合格品。

表 7 锭带的型式检验方案

序号	检验项目名称	要求的章条号	试验方法的章条号	不合格质量水平	不合格分类
1	内周长或长度	4.1	5.1a)	40	
2	宽度	4.2	5.1b)	40	
3	厚度	4.3	5.1c)	40	B
4	接头厚度	4.3	5.1c)	40	

表 7（续）

序号	检验项目名称	要求的章条号	试验方法的章条号	不合格质量水平	不合格分类
5	1%定伸应力	4.4	5.2a)	40	
6	拉伸强度	4.4	5.2a)	40	
7	拉断伸长率	4.4	5.2a)	40	
8	粘合强度	4.4	5.2b)	40	B
9	静态抗静电	4.4	5.2c)	40	
10	摩擦因数	4.4	5.2d)	40	
11	外观质量	4.5	5.3	65	C

表 8 锭带的出厂检验方案

序号	检验项目	要求的章条号	试验方法的章条号	接收质量限	不合格分类
1	内周长或长度	4.1	5.1a)	4.0	
2	宽度	4.2	5.1b)	4.0	
3	厚度	4.3	5.1c)	4.0	B
4	接头厚度	4.3	5.1c)	4.0	
5	外观质量	4.5	5.3	6.5	C

6.2 检验

6.2.1 型式检验

6.2.1.1 连续生产的锭带应根据生产过程稳定的持续时间以条或卷为样本单位进行型式检验,在改变设计、改进主要制造工艺、更换材料或中断生产后再恢复生产时,也应进行型式检验。

6.2.1.2 型式检验应按 GB/T 2829 中判别水平Ⅱ的一次抽样方案,型式检验方案由表 7 给出。

6.2.2 出厂检验

6.2.2.1 经型式检验合格后,方可进行出厂检验。

6.2.2.2 每批锭带都应以条为样本单位进行出厂检验,出厂检验应按 GB/T 2828.1 中的一次抽样方案,从正常检验开始,出厂检验方案由表 8 给出。

7 包装、标志、储存

7.1 包装

7.1.1 锭带应经检验合格并附有合格证,方可进行包装。

7.1.2 锭带应以条交货,其内包装应采用塑料薄膜或聚乙烯-铝箔复合薄膜真空包装袋。

7.1.3 锭带外包装应采用双瓦楞纸箱,多件包装。

7.2 标志

7.2.1 产品标志

每条锭带上应有产品标志,其上标明:

a) 制造厂名或商标;

b) 产品标记;

c) 生产批号或生产日期。

7.2.2 包装标志

7.2.2.1 运输包装收发货标志

运输包装收发货标志应标明:

a) 制造厂名和商标；

b) 产品标记；

c) 数量；

d) 毛重；

e) 生产批号或生产日期；

f) 体积(长×宽×高＝　　　m³)。

7.2.2.2　包装储运图示标志

"怕晒"、"怕雨"标志应符合 GB/T 191 规定。

7.3　储存

7.3.1　内包装采用塑料薄膜袋的锭带应存放在无腐蚀性介质的下列环境条件下：

a) 温度:(25±2)℃；

b) 相对湿度:(65±5)％。

真空包装的锭带应存放在 10 ℃~30 ℃的环境中。

7.3.2　在正常储存条件下的 1 年内,锭带质量应符合本标准。

FZ/T 93067—2010

附 录 A
（规范性附录）
环锭细纱机用锭带试验方法 拉伸性能

A.1 范围

本附录规定了环锭细纱机用锭带拉伸性能的测定方法。测定项目包括：
a) 定伸应力；
b) 拉伸强度；
c) 拉断伸长率。
本附录适用于锭带及其材料、半制品。

A.2 试验设备

拉力试验机。

A.3 试验条件

A.3.1 试验标准环境

A.3.1.1 温度：(23 ± 2)℃。
A.3.1.2 相对湿度：(50 ± 5)%。

A.3.2 试样环境调节

试样在试验标准环境下放置时间应不少于16 h。

A.4 试样

A.4.1 取样

在未裁切的每卷锭带的头端和尾端、距带边不小于50 mm的宽度方向，平行各裁切3个试样；试样的长度方向为锭带织物的经线方向。

A.4.2 试样形状与尺寸

试样应用专用裁刀裁切成哑铃状，裁切面应整齐；试样形状与尺寸见图A.1。

单位为毫米

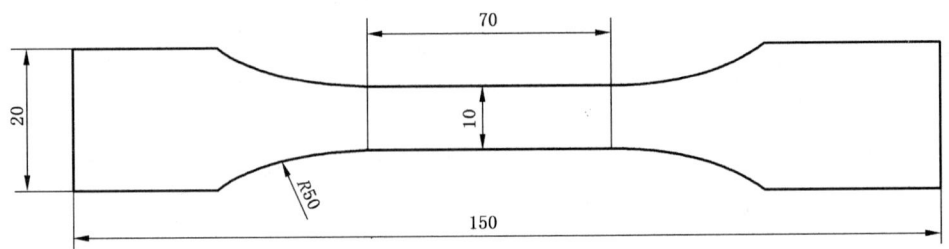

图 A.1 哑铃状试样尺寸

A.5 试验程序

A.5.1 将试样两端匀称地夹在夹持器内。
A.5.2 启动试验机，使夹持器以(50 ± 5)mm/min移动速度拉伸试样。
A.5.3 记录定伸应力、拉伸强度和拉断伸长率试验数据。

A.6 试验结果

应报告试验数据的中位数。

A.7 试验报告

试验报告应包括下列内容：

a) 本标准号；

b) 试验温度和相对湿度；

c) 产品标记；

d) 试验结果；

e) 试验结果的判定；

f) 试验日期；

g) 试验人及负责人签名；

h) 其他必要的说明。

附　录　B

（规范性附录）

环锭细纱机用锭带试验方法　静态抗静电性能

B.1　范围

本附录规定了环锭细纱机用锭带静态抗静电性能的试验方法。

本附录适用于锭带及其材料、半制品。

B.2　试验原理

用欧姆计测定锭带的表面电阻值，表示锭带在静态下的抗静电性能。

B.3　试验装置

B.3.1　欧姆计。

B.3.2　电极（环状、圆柱体各一个）。

B.3.3　绝缘板。

B.4　试验条件

B.4.1　试验标准环境

B.4.1.1　温度:(23 ± 2)℃。

B.4.1.2　相对湿度:$(50\pm5)\%$。

B.4.2　试样环境调节

试样在试验标准环境下放置时间不少于 16 h。

B.5　试样

B.5.1　取样

在未裁切的每卷锭带的头端和尾端、距带边不小于 50 mm 处,各裁切 1 个试样。

B.5.2　试样形状与尺寸

试样为正方形,边长为 300 mm。

B.6　试验程序

B.6.1　把试样放在绝缘板上,其测试面向上。锭带的弹性体面为测试面。

B.6.2　把涂好混合溶液的两个电极放在测试面上。混合溶液的配比为:

　　a)　聚乙二醇,100 份;

　　b)　水,200 份;

　　c)　皂液,1 份。

B.6.3　将两个电极连接到欧姆计上。

B.7　试验结果

报告的试验结果,为从欧姆计上读取的表面电阻值。

B.8　试验报告

试验报告应包括下列内容:

a) 本标准号；

b) 试验温度和相对湿度；

c) 产品标记；

d) 试验结果；

e) 试验结果的判定；

f) 试验日期；

g) 试验人及负责人签名；

h) 其他必要的说明。

———————————

ICS 59.120.10
W 93

中华人民共和国纺织行业标准

FZ/T 93068—2010

集聚纺纱用网格圈

Lattice apron compact spinning process

2010-08-16 发布 　　　　　　　　2010-12-01 实施

中华人民共和国工业和信息化部　　发布

前　言

本标准由中国纺织工业协会提出。

本标准由全国纺织机械与附件标准化技术委员会归口。

本标准起草单位：无锡集聚纺织器械有限公司、江阴市华方新技术科研有限公司、宁波德昌精密纺织机械有限公司、盐城市海马纺织机械有限公司、陕西纺织器材研究所。

本标准主要起草人：秋黎凤、赵玉生、钱炳文、钱华芳、吴奕宏、高勇、方扬、钱雷鸣、陆宗源、陆立秋。

集聚纺纱用网格圈

1 范围

本标准规定了集聚纺纱用网格圈的术语和定义、分类、要求、试验方法、检验规则、包装、标志、储存。
本标准适用于棉、毛、麻、化纤及混纺集聚纺纱用网格圈。

2 规范性引用文件

下列文件中的条款通过本标准的引用而成为本标准的条款。凡是注日期的引用文件,其随后所有的修改单(不包括勘误的内容)或修订版均不适用于本标准,然而,鼓励根据本标准达成协议的各方研究是否可使用这些文件的最新版本。凡是不注日期的引用文件,其最新版本适用于本标准。

GB/T 191 包装储运图示标志

GB/T 2828.1 计数抽样检验程序 第1部分:按接收质量限(AQL)检索的逐批检验抽样计划

GB/T 2829 周期检验计数抽样程序及表(适用于对过程稳定性的检验)

GB/T 12703—1991 纺织品静电测试方法

3 术语和定义

下列术语和定义适用于本标准。

3.1

网格圈 lattice apron

集聚纺纱装置上承载由前罗拉输出的已完成牵伸过程的须条,并通过负压气流与集束槽将须条集束的环形网状织物(见图1)。

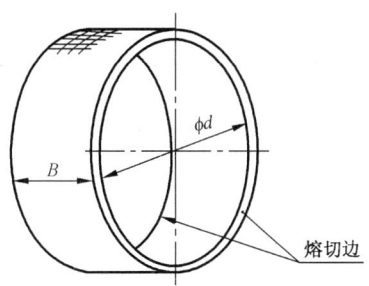

d——内径;

B——宽度。

图 1 网格圈

3.2

空隙率 interstice rate

K

网格圈单位面积未被经、纬丝覆盖的空隙百分数。

注:空隙率用百分号表示。

3.3

熔切边 melt edge

使经、纬丝相互熔合形成的边。

4 分类和标记

4.1 分类

4.1.1 根据组织结构,分为平纹网格圈、斜纹网格圈、复合组织网格圈。

4.1.2 根据表面极间等效电阻,分为普通网格圈和抗静电网格圈。

4.1.3 网格圈分类特征及其代号见表1。

表 1 网格圈分类特征及其代号

网格圈分类特征	组织结构			表面极间等效电阻等级	
	平纹	斜纹	复合组织	普通	抗静电
代号	P	X	F	P	K

4.2 标记

网格圈的标记方法:由产品名称、标准代号和顺序号、组织结构代号、表面极间等效电阻等级代号、内径、宽度和空隙率组成。

示例:符合本标准的平纹组织结构、普通表面极间等效电阻、内径为 36 mm、宽度为 25 mm、空隙率为 27% 的网格圈,其标记为:

网格圈 FZ/T 93068-PP-36×25-27

5 要求

5.1 网格圈基本尺寸及其极限偏差应符合表2规定。

表 2 网格圈的基本尺寸及其极限偏差

单位为毫米

名称	代号	基本尺寸	极限偏差
内径	d	35.0,36.0,(36.3),36.5,37.5,38.2,39.0,39.5,41.1,42.0,43.3	±0.15
宽度	B	15,18,20,24,25,30	±0.30
注:括号内尺寸不推荐用于新产品。			

5.2 抗静电网格圈表面极间等效电阻应不大于 1 GΩ。

5.3 网格圈表面应光洁、平整,熔切边应融合牢固、顺直,无外露丝、破边、荷叶边。

5.4 同批网格圈色泽应均匀一致。

6 试验方法

6.1 网格圈内径应用圆锥量规检验,宽度应用普通计量器具测定。

6.2 测定网格圈表面极间等效电阻应按 GB/T 12703—1991 中"7.3 极间等效电阻(F法)"规定。

6.3 网格圈外观质量和色泽目测。

7 检验规则

7.1 总则

7.1.1 网格圈应通过以下类别的检验:

 a) 型式检验。

 b) 出厂检验。

7.1.2 型式检验和出厂检验应由制造厂质量检验部门负责进行,订货方也可按本标准中的出厂检验规定在一个月内对购进的网格圈进行验收;根据订货方要求,制造厂应提供出厂检验所在周期的型式检验报告。

7.1.3 在型式检验或出厂检验中,被检验的样本单位若有不符合本标准表3、表4对检验项目的有关规定时,即为不合格;有一个或一个以上不合格,即为不合格品。

表 3 网格圈的型式检验方案

序号	检验项目名称	要求的章条号	试验方法的章条号	不合格质量水平	不合格分类
1	表面极间等效电阻	5.2	6.2	20	B
2	内径 d	5.1	6.1	40	
3	宽度 B	5.1	6.1	40	C
4	外观质量	5.3	6.3	40	
5	色泽	5.4	6.3	40	

表 4 网格圈的出厂检验方案

序号	检验项目	要求的章条号	试验方法的章条号	接收质量限	不合格分类
1	内径 d	5.1	6.1	4.0	
2	宽度 B	5.1	6.1	4.0	C
3	外观质量	5.3	6.3	4.0	
4	色泽	5.4	6.3	6.5	

7.2 检验

7.2.1 型式检验

7.2.1.1 连续生产的网格圈应根据生产过程稳定的持续时间以个为样本单位进行型式检验;在改变设计、改进主要制造工艺、更换材料或中断生产后再恢复生产时,也应进行型式检验。

7.2.1.2 型式检验应按 GB/T 2829 中判别水平Ⅱ的一次抽样方案,型式检验方案由表3给出。

7.2.2 出厂检验

7.2.2.1 经型式检验合格后,方可进行出厂检验。

7.2.2.2 每批网格圈都应以个为样本单位进行出厂检验,出厂检验应按 GB/T 2828.1 中的一次抽样方案,从正常检验开始,出厂检验方案由表4给出。

8 包装、标志、储存

8.1 包装

8.1.1 网格圈应经检验合格并附有合格证,方可进行包装。

8.1.2 网格圈应以个交货,内包装采用塑料薄膜袋。

8.1.3 网格圈外包装应采用双瓦楞纸箱,并采用多件包装方法。

8.2 标志

8.2.1 产品标志

每个网格圈上应有商标、内径和生产日期,内包装袋上标明:

a) 制造厂名或商标;

b) 产品标记;

c) 生产批号或生产日期。

8.2.2 包装标志

8.2.2.1 运输包装收发货标志

运输包装收发货标志应标明:

a) 制造厂名和商标;

b) 产品标记;

c) 数量；

d) 毛重；

e) 生产批号或生产日期；

f) 体积(长×宽×高＝　　　 m^3)。

8.2.2.2　包装储运图示标志

"怕晒"、"怕雨"标志应符合 GB/T 191 规定。

8.3　储存

8.3.1　网格圈应包装完好地存放在通风、干燥、无腐蚀性介质的环境中,并远离热源、避免阳光照射。

8.3.2　在正常储存条件下的 1 年内,网格圈质量应符合本标准。

ICS 59.120.10
W 93

中华人民共和国纺织行业标准

FZ/T 93069—2010

转杯纺纱机　　转杯轴承

Rotor type open-end spinning machine—
Bearing of rotor

2010-12-29 发布

2011-04-01 实施

中华人民共和国工业和信息化部　　发 布

前　言

本标准由中国纺织工业协会提出。

本标准由全国纺织机械与附件标准化技术委员会归口。

本标准起草单位:无锡市宏飞工贸有限公司、山西晋中人和纺机轴承有限公司、衡阳纺织机械有限公司、人本集团有限公司、常熟长城轴承有限公司、无锡纺织机械研究所。

本标准主要起草人:吉云飞、侯俊卿、黄喜芝、丁小玄、蔡旭东、张玉红。

转杯纺纱机 转杯轴承

1 范围

本标准规定了转杯纺纱机转杯轴承(直接式)的参数和标记、要求、试验方法、检验规则及标志、包装、运输、贮存。

本标准适用于转杯纺纱机转杯轴承(以下简称"转杯轴承")。

2 规范性引用文件

下列文件中的条款通过本标准的引用而成为本标准的条款。凡是注日期的引用文件,其随后所有的修改单(不包括勘误的内容)或修订版均不适用于本标准,然而,鼓励根据本标准达成协议的各方研究是否可使用这些文件的最新版本。凡是不注日期的引用文件,其最新版本适用于本标准。

GB/T 191 包装储运图示标志

GB/T 308—2002 滚动轴承 钢球

GB/T 1958 产品几何量技术规范(GPS) 形状和位置公差 检测规定

GB/T 2828.1—2003 计数抽样检验程序 第1部分:按接收质量限(AQL)检索的逐批检验抽样计划

GB/T 6543 运输包装用单瓦楞纸箱和双瓦楞纸箱

GB/T 8597 滚动轴承 防锈包装

GB/T 18254 高碳铬轴承钢

JB/T 1255 高碳铬轴承钢滚动轴承零件 热处理技术条件

JB/T 4037 滚动轴承 酚醛层压布管保持架技术条件

JB/T 5314 滚动轴承 振动(加速度)测量方法

JB/T 6641 滚动轴承 残磁及其评定方法

JB/T 7048 滚动轴承零件 工程塑料保持架技术条件

JB/T 8921—1999 滚动轴承及其商品零件检验规则

3 参数和标记

3.1 参数

见表1、图1。

表 1

项 目	参 数
设计转速/(r/min)	$\leqslant 15 \times 10^4$
外圈直径 D/mm	22、34
芯轴直径 d/mm	8.9、10、12、12.2
芯轴长度 l/mm	108、110、112
外圈宽度 l_1/mm	56、61、74
外圈端面到芯轴端面距离 l_2/mm	13、18、19

注:表中为常用参数。

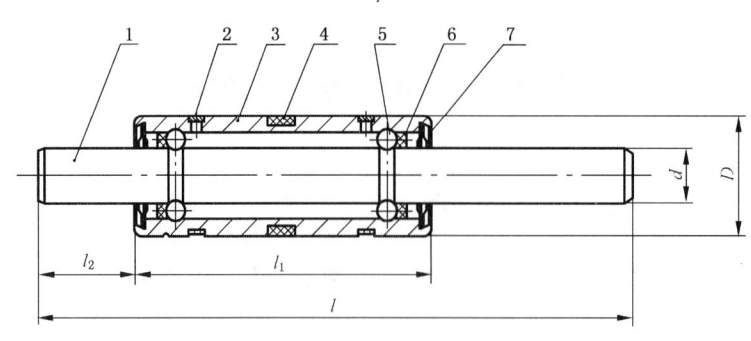

1——芯轴；   5——滚动体；

2——加油环；   6——保持架；

3——外圈；   7——密封件。

4——固定环；

图 1

3.2 标记

3.2.1 标记包含以下内容：

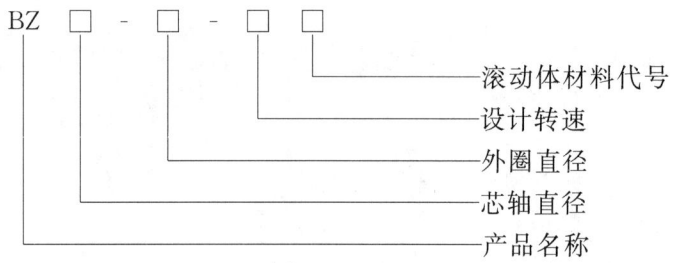

a) 产品名称："转杯轴承"用大写字母"BZ"表示，可省略标注。

b) 芯轴直径：用尺寸数字表示，单位为毫米。

c) 外圈直径：用尺寸数字表示，单位为毫米。

d) 设计转速：用 $n \times 10^4$ r/min 表示，n 为 1～2 位数字。

e) 滚动体材料代号：陶瓷球用"T"表示，钢球不标注。

3.2.2 标记示例

示例：芯轴直径为 $\phi 8.9$ mm、外圈外径为 $\phi 22$ mm、设计转速为 7×10^4 r/min 和滚动体为陶瓷的转杯轴承，其标记如下：

BZ8.9-22-7T

4 要求

4.1 零件

4.1.1 外圈和芯轴

4.1.1.1 外圈、芯轴材料的性能指标应不低于 GB/T 18254 中 GCr15 的规定。

4.1.1.2 外圈、芯轴的热处理应符合 JB/T 1255 的规定。

4.1.2 滚动体

4.1.2.1 钢球应符合 GB/T 308—2002 的规定，球等级为 G5 级。

4.1.2.2 陶瓷球的球等级应符合 GB/T 308—2002 中 G5 级的规定。

4.1.3 保持架

4.1.3.1 工程塑料保持架应符合 JB/T 7048 的规定。

4.1.3.2 酚醛层压布管保持架应符合 JB/T 4037 的规定。

4.2 成套

4.2.1 转杯轴承的振动加速度级≤45 dB。

4.2.2 转杯轴承的残磁强度(带磁性零件的轴承除外)≤0.4 mT。

4.2.3 转杯轴承的温升≤25 ℃。

4.2.4 转杯轴承的径向游隙≤0.015 mm。

4.2.5 芯轴对外圈轴线的径向圆跳动公差 0.005 mm。

4.2.6 外圈直径 D、芯轴直径 d 尺寸应符合图纸要求。

4.2.7 转杯轴承应旋转灵活、平稳、无阻滞现象。

4.2.8 转杯轴承内应加注润滑脂(油),并可补充。

4.2.9 转杯轴承应密封良好,无持续漏脂现象。

4.2.10 加油环和固定环的外圆表面应低于外圈的外圆表面。

4.2.11 转杯轴承表面应无锈蚀、磕碰等缺陷。

4.2.12 在正常工作条件下,转杯轴承平均使用寿命应不低于 9 000 h。

5 试验方法

5.1 外圈、芯轴材料的性能(4.1.1.1)按 GB/T 18254 的规定检测。

5.2 外圈、芯轴的热处理性能(4.1.1.2)按 JB/T 1255 的规定检测。

5.3 滚动体(4.1.2)按 GB/T 308—2002 的规定检测。

5.4 工程塑料保持架(4.1.3.1)按 JB/T 7048 的规定检测。

5.5 酚醛层压布管保持架(4.1.3.2)按 JB/T 4037 的规定检测。

5.6 振动加速度级(4.2.1)按 JB/T 5314 的规定检测。

5.7 残磁强度(4.2.2)用特斯拉计,按 JB/T 6641 的规定检测。

5.8 轴承温升(4.2.3)用红外线测温仪,在下列条件下检测:

    a) 装上适配的杯头后,在主机或试验台上进行测试;

    b) 龙带张力为 20 N;

    c) 测试转速:转杯轴承设计速度的 80%;

    d) 运转时间:2 h。

5.9 径向游隙(4.2.4)用千分表,按以下方法检测:

将转杯轴承芯轴固定在径向游隙测量仪上(见图 2),千分表表头置于轴承的外圈 A 处(对准滚道),在表头两侧上、下交替施加载荷 P 为 25 N,读取千分表的示值差。外圈每转 120°测量一次,共测量三次,取其算术平均值,即为 A 处的径向游隙值。用同样的方法测量 B 处的径向游隙值,取其中较大值。

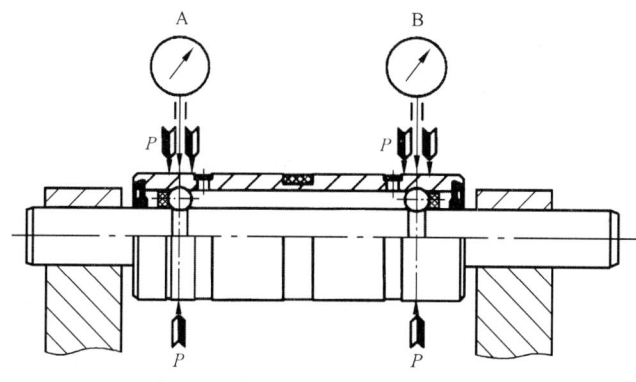

图 2

5.10 芯轴的径向圆跳动(4.2.5),按 GB/T 1958 的规定,以外圈轴线为基准,用千分表检测。

5.11 外圈直径 D、芯轴直径 d 的尺寸(4.2.6),用外径检查仪检测。

5.12 转杯轴承密封性(4.2.9),将转杯装在主机或试验台上,在工作转速下运转 10 min,取下后将转杯轴承表面擦拭干净,再运转 10 min,目测其表面有无漏脂现象。

5.13 转杯轴承的平均使用寿命(4.2.12),在正常工作条件下计算连续使用的时间。

5.14 其余项目(4.2.7、4.2.8、4.2.10、4.2.11),感官检测。

6 检验规则

6.1 型式检验

6.1.1 在下列情况之一时,应进行型式检验:

    a) 新产品投产鉴定时;

    b) 结构、工艺、材料有较大改变时;

    c) 产品长期停产,恢复生产时;

    d) 第三方进行质量检验时。

6.1.2 检验项目:见第 4 章。

6.2 出厂检验

6.2.1 产品由生产企业的检验部门检验合格后方可出厂,并应附有产品合格证。

6.2.2 检验项目:见 4.2.1～4.2.11。

6.3 抽样方法和判定规则

6.3.1 零件

6.3.1.1 按 JB/T 8921—1999 的规定,外圈、芯轴及钢球的材料和热处理(硬度、钢球的压碎载荷)为关键项目,检验项目、抽检数量和接收质量限 AQL,见表 2。

表 2

序号	检验项目	批量	样本数量	AQL
1	外圈、芯轴及钢球的硬度	8～150	3	0
		151～3 500	5	0
		>3 500	8	0
2	材料	—	1	
3	钢球的压碎载荷	—	3	0

6.3.1.2 按 JB/T 8921—1999 的规定,钢球(或陶瓷球)的检验项目、抽检数量和接收质量限 AQL,见表 3。

表 3

序号	检验项目	批量	样本数量	AQL
1	球直径变动量			0.65
2	球形误差	按特殊检验水平 S-4 抽取		0.65
3	外观质量			0.65
4	表面粗糙度	8～500	3	0
		501～35 000	5	
		>35 000	8	

6.3.2 成套

按 GB/T 2828.1—2003 的规定,采用正常检验一次抽样方案,从正常检验开始,选用一般检验水平

Ⅱ,主要项目的接收质量限 AQL 为Ⅰ级 1.0、Ⅱ级 1.5,次要项目的接收质量限 AQL 为Ⅰ级 2.5、Ⅱ级 4.0,检验项目见表 4 和表 5。

表 4

序　号	主 要 项 目
1	振动加速度级
2	温升
3	径向游隙
4	芯轴对外圈轴线的径向圆跳动
5	外圈直径 D
6	芯轴直径 d
7	平均使用寿命

表 5

序　号	次 要 项 目
1	残磁强度
2	旋转灵活性
3	润滑
4	密封性
5	加油环和固定环的安装情况
6	外观质量

6.3.3 判定

样本经过检验,零件的不合格数均小于拒收数,成套的不合格数均小于Ⅰ级或Ⅱ级的拒收数,则判定该样本符合标准Ⅰ级或Ⅱ级要求;反之,判为该样本不符合标准Ⅰ级或Ⅱ级要求。

7 标志

7.1 包装箱的储运图示、标志按 GB/T 191 的规定。

7.2 转杯轴承表面应标识产品标记和生产日期。

8 包装、运输、贮存

8.1 产品的防锈包装按 GB/T 8597 的规定,运输包装按 GB/T 6543 的规定,并有防震措施。

8.2 瓦楞纸箱在储运过程中应避免雨雪、暴晒、受潮和污染,不得采用有损纸箱质量的运输、装卸及工具。

8.3 产品出厂后,在良好的防潮及通风贮存条件下,包装箱内产品的防潮防锈有效期自出厂起为一年。

ICS 59.120.10
W 93

中华人民共和国纺织行业标准

FZ/T 93070—2010

转杯纺纱机 分梳辊轴承

Rotor type open-end spinning machine—Bearing of opening roller

2010-12-29 发布

2011-04-01 实施

中华人民共和国工业和信息化部 发 布

前　言

本标准由中国纺织工业协会提出。

本标准由全国纺织机械与附件标准化技术委员会归口。

本标准起草单位:无锡市宏飞工贸有限公司、山西晋中人和纺机轴承有限公司、衡阳纺织机械有限公司、常熟长城轴承有限公司、人本集团有限公司、无锡纺织机械研究所。

本标准主要起草人:吉云飞、侯俊卿、黄喜芝、蔡旭东、丁小玄、张玉红。

转杯纺纱机　分梳辊轴承

1　范围

本标准规定了转杯纺纱机分梳辊轴承的参数和标记、要求、试验方法、检验规则及标志、包装、运输、贮存。

本标准适用于转杯纺纱机分梳辊轴承(以下简称"分梳辊轴承")。

2　规范性引用文件

下列文件中的条款通过本标准的引用而成为本标准的条款。凡是注日期的引用文件,其随后所有的修改单(不包括勘误的内容)或修订版均不适用于本标准,然而,鼓励根据本标准达成协议的各方研究是否可使用这些文件的最新版本。凡是不注日期的引用文件,其最新版本适用于本标准。

GB/T 191　包装储运图示标志

GB/T 308—2002　滚动轴承　钢球

GB/T 1958　产品几何技术规范(GPS)　形状和位置公差　检测规定

GB/T 2828.1—2003　计数抽样检验程序　第1部分:按接收质量限(AQL)检索的逐批检验抽样计划

GB/T 6543　运输包装用单瓦楞纸箱和双瓦楞纸箱

GB/T 8597　滚动轴承　防锈包装

GB/T 18254　高碳铬轴承钢

JB/T 1255　高碳铬轴承钢滚动轴承零件　热处理技术条件

JB/T 5314　滚动轴承　振动(加速度)测量方法

JB/T 6641　滚动轴承　残磁及其评定方法

JB/T 7048　滚动轴承零件　工程塑料保持架技术条件

JB/T 8921—1999　滚动轴承及其商品零件检验规则

3　参数和标记

3.1　参数

见表1、图1。

表1　　　　　　　　　　　　　　　　　　　　　　　　　单位为毫米

项　目	参　数
外圈直径 D	30
定位圈外径 D_1	32.4、33、33.5、34
芯轴直径 d	14、14.12、16
芯轴长度 l	73、74.4、75、76、86.5、89、90、92、94、100、111
外圈宽度 l_1	39、40、43、57.7
外圈端面到芯轴端面距离 l_2	14、16.5、16.8、17、18.4、18.8、20、25、27、30.5、30.8
注:表中为常用参数。	

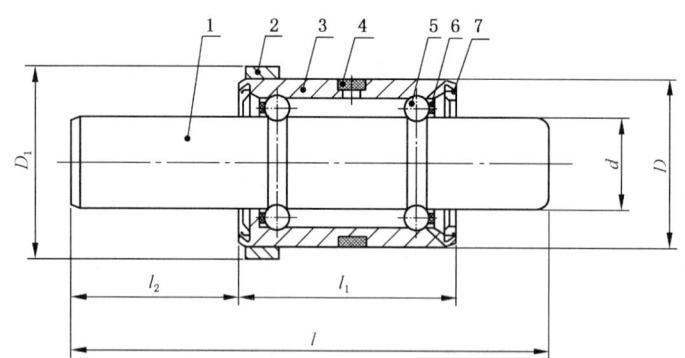

1——芯轴；

2——定位圈；

3——外圈；

4——固定环；

5——钢球；

6——保持架；

7——密封件。

注：如客户要求，生产企业可提供不带定位圈的分梳辊轴承。

图 1

3.2 标记

3.2.1 标记包含以下内容：

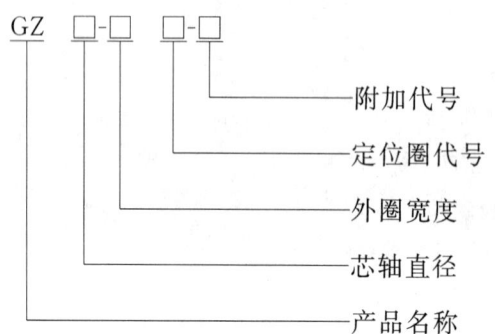

a) 产品名称："分梳辊轴承"用大写字母"GZ"表示，可省略标注。

b) 芯轴直径：用尺寸数字表示，单位为毫米。

c) 外圈宽度：用尺寸的整数位表示，单位为毫米。

d) 定位圈代号：用大写字母"Q"表示，无定位圈不标注。

e) 附加代号：由企业自行规定。

3.2.2 标记示例

示例：芯轴直径为 ϕ14.12 mm、外圈宽度为 39 mm、带定位圈、附加代号为 SF 的分梳辊轴承，其标记如下：

GZ14.12-39Q-SF

4 要求

4.1 零件

4.1.1 外圈和芯轴

4.1.1.1 外圈和芯轴材料的性能指标应不低于 GB/T 18254 中 GCr15 的规定。

4.1.1.2 外圈和芯轴的热处理应符合 JB/T 1255 的规定。

4.1.2 钢球应符合 GB/T 308—2002 的规定，球等级为 G10 级。

4.1.3 工程塑料保持架应符合 JB/T 7048 的规定。

4.2 成套

4.2.1 分梳辊轴承的振动加速度级≤48 dB。

4.2.2 分梳辊轴承的残磁强度≤0.4 mT。

4.2.3 分梳辊轴承的径向游隙≤0.015 mm。

4.2.4 芯轴对外圈轴线的径向圆跳动公差 0.005 mm。

4.2.5 外圈直径 D 和芯轴直径 d 尺寸应符合图纸要求。

4.2.6 分梳辊轴承应密封良好,无持续漏脂现象。

4.2.7 分梳辊轴承应旋转灵活、平稳,无阻滞现象。

4.2.8 固定环的外圆表面应低于外圈的外圆表面。

4.2.9 定位圈应定位准确,无松动现象。

4.2.10 分梳辊轴承表面应无锈蚀、磕碰等缺陷。

4.2.11 在正常工作条件下,分梳辊轴承平均使用寿命应不低于 15 000 h。

5 试验方法

5.1 外圈和芯轴材料的性能(4.1.1.1)按 GB/T 18254 的规定检测。

5.2 外圈和芯轴的热处理(4.1.1.2)按 JB/T 1255 的规定检测。

5.3 钢球(4.1.2)按 GB/T 308—2002 的规定检测。

5.4 工程塑料保持架(4.1.3)按 JB/T 7048 的规定检测。

5.5 振动加速度级(4.2.1)按 JB/T 5314 的规定检测。

5.6 残磁强度(4.2.2)按 JB/T 6641 的规定,用特斯拉计检测。

5.7 径向游隙(4.2.3)用千分表,按以下方法检测:

将分梳辊轴承芯轴固定在径向游隙测量仪上(见图2),千分表表头置于轴承的外圈 A 处(对准滚道),在表头两侧上、下交替施加载荷 P 为 25 N,读取千分表的示值差。外圈每转 120°测量一次,共测量三次,取其算术平均值,即为 A 处的径向游隙值。用同样的方法测量 B 处的径向游隙值,取其中较大值。

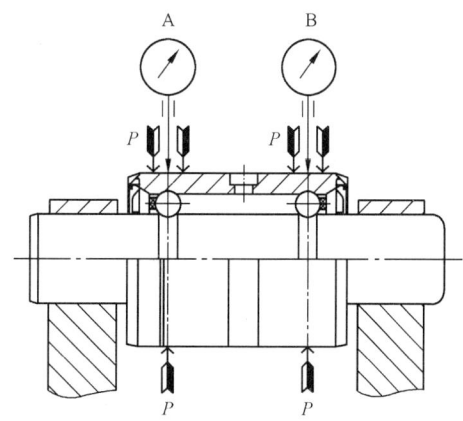

图 2

5.8 芯轴的径向圆跳动(4.2.4)按 GB/T 1958 的规定,以外圈轴线为基准,用千分表检测。

5.9 外圈直径 D 和芯轴直径 d 尺寸(4.2.5),用外径检查仪检测。

5.10 分梳辊轴承密封性(4.2.6),将分梳辊装在主机或试验台上,在工作转速下运转 10 min,取下后将分梳辊轴承表面擦拭干净,再运转 10 min,目测其表面有无漏脂现象。

5.11 分梳辊轴承平均使用寿命(4.2.11)按正常工作条件下计算连续使用的时间。

5.12 其余项目(4.2.7～4.2.10)感官检测。

6 检验规则

6.1 型式检验

6.1.1 在下列情况之一时,应进行型式检验:

    a) 新产品投产鉴定时;

    b) 结构、工艺、材料有较大改变时;

    c) 产品长期停产,恢复生产时;

    d) 第三方进行质量检验时。

6.1.2 检验项目:见第 4 章。

6.2 出厂检验

6.2.1 产品由生产企业的检验部门检验合格后方可出厂,并应附有产品合格证。

6.2.2 检验项目:见 4.2.1～4.2.10。

6.3 抽样方法和判定规则

6.3.1 零件

6.3.1.1 按 JB/T 8921—1999 的规定,外圈、芯轴及钢球材料和热处理(硬度、钢球的压碎载荷)为关键项目,检验项目、抽检数量和接收质量限 AQL,见表 2。

表 2

序号	检验项目	批量	样本数量	AQL
1	外圈、芯轴及钢球的硬度	8～150	3	0
		151～3 500	5	0
		>3 500	8	0
2	材料	—	1	0
3	钢球的压碎载荷	—	3	0

6.3.1.2 按 JB/T 8921—1999 的规定,钢球的检验项目、抽检数量和接收质量限 AQL,见表 3。

表 3

序号	检验项目	批量	样本数量	AQL
1	球直径变动量			0.65
2	球形误差	按特殊检验水平 S-4 抽取		0.65
3	外观质量			0.65
4	表面粗糙度	8～500	3	0
		501～35 000	5	
		>35 000	8	

6.3.2 成套

按 GB/T 2828.1—2003 的规定,采用正常检验一次抽样方案,从正常检验开始,选用一般检验水平Ⅱ,主要项目的接收质量限 AQL 为Ⅰ级 1.0、Ⅱ级 1.5,次要项目的接收质量限 AQL 为Ⅰ级 2.5、Ⅱ级 4.0,检验项目见表 4。

表 4

序号	主要项目	序号	次要项目
1	振动加速度级	1	残磁强度
2	径向游隙	2	旋转灵活性
3	芯轴对外圈轴线的径向圆跳动	3	密封性
4	外圈直径	4	固定环和定位圈的安装情况
5	芯轴直径	5	外观质量
6	平均使用寿命		

6.3.3 判定

样本经过检验,零件的不合格数均小于拒收数,成套的不合格数均小于Ⅰ级或Ⅱ级的拒收数,则判定该样本符合标准Ⅰ级或Ⅱ级要求;反之,判为该样本不符合标准Ⅰ级或Ⅱ级要求。

7 标志

7.1 包装箱的储运图示、标志按 GB/T 191 的规定。

7.2 分梳辊轴承表面应标识产品标记和生产日期。

8 包装、运输、贮存

8.1 产品的防锈包装按 GB/T 8597 的规定,运输包装按 GB/T 6543 的规定,并有防震措施。

8.2 瓦楞纸箱在储运过程中应避免雨雪、暴晒、受潮和污染,不得采用有损瓦楞纸箱质量的运输、装卸及工具。

8.3 产品出厂后,在良好的防潮及通风贮存条件下,包装箱内产品的防潮防锈有效期自出厂起为一年。

ICS 59.120.10
W 93

中华人民共和国纺织行业标准

FZ/T 93071—2010

一步法数控复合捻线机

One-step computer-control digit compound yarn-making machines

2010-12-29 发布

2011-04-01 实施

中华人民共和国工业和信息化部　　发 布

前　言

本标准由中国纺织工业协会提出。

本标准由全国纺织机械与附件标准化技术委员会归口。

本标准由杭州长翼纺织机械有限公司、宁波市鄞州星源纺织机械有限公司、中航工业宜宾三江机械有限责任公司、中国纺织机械器材工业协会、宁波大贯制线有限公司、浙江省质量技术监督检测研究院负责起草。

本标准主要起草人：傅岳琴、李岱、徐海平、刘冀鸿、徐银科、陈冠培、朱伟民。

一步法数控复合捻线机

1 范围

本标准规定了一步法数控复合捻线机的术语和定义、基本参数及主要特性、要求、试验方法、检验规则及标志、包装、运输和贮存。

本标准适用于以粘胶丝、化纤长丝、短纤等为原料,初捻、复捻两道工序在一台机器上一次完成制线的一步法数控复合捻线机。一步法复合捻线机亦可参照执行。

2 规范性引用文件

下列文件中的条款通过本标准的引用而成为本标准的条款。凡是注日期的引用文件,其随后所有的修改单(不包括勘误的内容)或修订版均不适用于本标准,然而,鼓励根据本标准达成协议的各方研究是否可使用这些文件的最新版本。凡是不注日期的引用文件,其最新版本适用于本标准。

GB/T 191　包装储运图示标志

GB 755　旋转电机　定额和性能

GB 5226.1—2002　机械安全　机械电气设备　第 1 部分:通用技术条件(IEC 60204-1:2000,IDT)

GB/T 7111.1　纺织机械噪声测试规范　第 1 部分:通用要求

GB/T 7111.4　纺织机械噪声测试规范　第 4 部分:纱线加工,绳索加工机械

FZ/T 90001　纺织机械产品包装

FZ/T 90074　纺织机械产品涂装

FZ/T 90089.1　纺织机械铭牌　型式、尺寸及技术要求

FZ/T 90089.2　纺织机械铭牌　内容

FZ/T 92015　粉末冶金钢领

FZ/T 92022　锦纶帘子线初复捻机锭子

FZ/T 92023　棉纺环锭细纱锭子

FZ/T 96001　纺织用普通瓷件技术条件

3 术语和定义

下列术语和定义适用于本标准。

3.1

一步法捻线　one-step twisting thread

初捻和复捻两道工序在一台机器上一次完成的捻线工艺。

3.2

锭速不匀率　spindle speed irregularity

整机初捻或复捻锭子间回转速度的不一致性。

4 基本参数及主要特性

4.1 基本参数

基本参数见表 1。

表 1

项　目		参　数
合并根数/根		2～4
锭子转速/(r/min)	初捻	≥3 000(若用倍捻锭子≥1 500)
	复捻	≥2 000
钢领内径/mm		≥Φ98
钢领升降动程/mm		50～330
钢领升降速度/(mm/s)		3～50
捻度范围/(T/m)	初捻	50～1 350
	复捻	80～1 560
卷装容量/g		600～2 000

4.2　结构特征

结构特征见表2。

表 2

项　目	结构特征
整体结构型式	双面、双层、环锭
锭子型式	连接式弹性锭胆、多层油膜阻尼吸振锭子
钢领型式	锥面或竖边钢领
锭子传动型式	龙带或锭带传动
罗拉卷取型式	大罗拉绞盘式或橡胶压轮自重加压式

4.3　主要数控特性

4.3.1　初、复捻捻向:S/Z、Z/S、S/S、Z/Z共4种,可数控换向设定。

4.3.2　初捻捻度、复捻捻度可数控设定(具体视机型而定)。

4.3.3　初、复捻锭速可分阶段动态变换(适用于有集体换筒功能的机型):数控调节,动态自动切换。

4.3.4　慢速启动升速时间:可变频数控调节。

4.3.5　成形参数均可在一定范围内任意设定。

4.3.6　具有故障显示功能。

4.3.7　数控导丝升降点动,可实现任意位置停动。

5　要求

5.1　外观

5.1.1　产品的外表面应平整、光滑、接缝平齐、缝隙均匀一致,紧固件需经表面处理。

5.1.2　表面经镀覆或化学处理的零件,色泽应一致,保护层不应有脱落或露底现象。

5.1.3　产品的涂装应符合 FZ/T 90074 的规定。

5.2　纱线质量

5.2.1　纱线不能有明显的油污线。

5.2.2　纱线捻度 CV 值≤3。

5.2.3　纱线强度 CV 值≤3。

5.2.4　纱线伸长 CV 值≤6。

5.3 噪声

空载运行时,整机噪声声功率级≤100 dB(A),发射声压级≤90 dB(A)。

5.4 机架振幅

机架振幅≤0.08 mm。

5.5 传动系统

5.5.1 机器运转平稳,无异常振动和冲击声。

5.5.2 各润滑系统润滑良好,无漏油现象。

5.5.3 初、复捻锭速不匀率≤0.5%。

5.5.4 空车运转4 h后,各轴承温升≤25 ℃;锭脚温升≤35 ℃。

5.6 主要零部件

5.6.1 空锭顶端振幅:初捻空锭顶端振幅≤0.06 mm;复捻空锭顶端振幅≤0.08 mm。

5.6.2 送丝辊筒外圆径向圆跳动偏差≤0.30 mm。

5.6.3 过丝零件表面应光滑、耐磨。

5.6.4 锭子应符合FZ/T 92022、FZ/T 92023的规定。

5.6.5 钢领应符合FZ/T 92015的规定。

5.6.6 瓷件应符合FZ/T 96001的规定。

5.7 安装

5.7.1 钢领板升降平稳,无明显爬行和抖动。

5.7.2 龙带、锭带运转平稳,无明显跳动。

5.7.3 锭子对钢领中心同轴度≤0.5 mm。

5.8 电气安全

5.8.1 电气接线正确、可靠,有明显的接地标志。

5.8.2 电气部分保护接地电路的连续性应符合GB 5226.1—2002中19.2的规定。

5.8.3 电气部分的绝缘应符合GB 5226.1—2002中19.3的规定。

5.8.4 电气部分的耐压试验应符合GB 5226.1—2002中19.4的规定。

5.8.5 电动机的安全性能应符合GB 755的有关规定。

6 试验方法

6.1 检测方法

6.1.1 5.1.1、5.1.2、5.2.1、5.5.1、5.5.2、5.6.3、5.7.1、5.7.2、5.8.1用目测、耳听及手感法检测。

6.1.2 5.1.3的检测按FZ/T 90074的有关规定。

6.1.3 5.2.2用纱线捻度仪检测。

6.1.4 5.2.3、5.2.4用单纱强力机检测。

6.1.5 5.3的检测按GB/T 7111.1、GB/T 7111.4的有关规定。

6.1.6 5.4用振动检测仪检测,分别在车头、车尾墙板的最高处纵、横两方向各测两点,取其最大值。

6.1.7 5.5.3用测速仪检测锭速;初、复捻锭速不匀率按式(1)、式(2)分别计算并取其大值:

$$H = \frac{2n_{下}(\bar{x} - \bar{x}_{下})}{n\bar{x}} \times 100\% \qquad \cdots\cdots(1)$$

$$H = \frac{2n_{上}(\bar{x}_{上} - \bar{x})}{n\bar{x}} \times 100\% \qquad \cdots\cdots(2)$$

式中:

H——锭速不匀率,%;

$n_{下}$——平均锭速以下的各锭速值个数;

$\overline{x}_{\text{下}}$——平均锭速以下的各锭速值的平均数;

$n_{\text{上}}$——平均锭速以上的各锭速值个数;

$\overline{x}_{\text{上}}$——平均锭速以上的各锭速值的平均数;

$\overline{x}$——各锭速值的平均数;

n——各锭速值的个数。

6.1.8　5.5.4用精度不低于0.5 ℃的温度计在轴承外壳和锭脚下方检测。

6.1.9　5.6.1用锭子振幅仪检测。

6.1.10　5.6.2用百分表检测。

6.1.11　5.6.4的检测按FZ/T 92022、FZ/T 92023的规定。

6.1.12　5.6.5的检测按FZ/T 92015的规定。

6.1.13　5.6.6的检测按FZ/T 96001的规定。

6.1.14　5.7.3用同轴度规或其他专用工具在钢领升降的上、中、下三点定点检测,全机两侧随机抽查各不少于10锭。

6.1.15　5.8.2用接地电阻测试仪检测。

6.1.16　5.8.3用兆欧表检测。

6.1.17　5.8.4用耐压试验仪检测。

6.1.18　5.8.5的检测按GB 755的规定。

6.2　停机检验项目

5.1、5.6.3、5.7.3、5.8。

6.3　空车运转试验

6.3.1　试验条件

试验条件应满足:

a)　环境温度:10 ℃~35 ℃、环境相对湿度55%~85%;

b)　电源电压为(380±38)V;频率为(50±1)Hz;

c)　锭速:初捻6 000 r/min(若用倍捻锭子则3 000 r/min),复捻5 000 r/min;

d)　时间:产品经跑合后,连续运转4 h。

6.3.2　检验项目

5.3、5.4、5.5、5.6.1、5.6.2、5.7.1、5.7.2。

6.4　工作负荷试验

6.4.1　试验条件

试验条件应满足:

a)　同6.3.1a)、6.3.1b);

b)　空车运转试验合格后进行;

c)　在头、中、尾各做4锭(初捻8锭);

d)　原料:120 den粘胶长丝;

e)　锭速:初捻5 500 r/min(若用倍捻锭子则2 750 r/min),复捻5 040 r/min;

f)　捻度:初捻600 T/m,复捻550 T/m;

g)　试验时间:4 h。

6.4.2　检验项目

5.2、5.5.3。

7　检验规则

7.1　组批及抽样方法

7.1.1　组批

由相同生产条件下生产的同一规格(型号)的产品组成一批。

7.1.2 抽样方法

7.1.2.1 出厂检验

在每批中随机按 2% 的比例抽样,如抽样不足 1 台时则抽取 1 台。

7.1.2.2 型式检验

在出厂检验合格的产品中随机抽取 1 台。

7.2 检验分类

检验分出厂检验和型式检验。

7.2.1 出厂检验

7.2.1.1 出厂检验项目为本标准的 5.1、5.2、5.4、5.5、5.6.1、5.6.2、5.6.3、5.7、5.8。

7.2.1.2 产品须经制造厂质检部门进行出厂检验合格后方可出厂,并附有制造厂质检部门开具的产品合格证。

7.2.1.3 每批产品出厂时应附有零配件手册。

7.2.2 型式检验

7.2.2.1 型式检验项目为本标准第 5 章规定的全部内容。

7.2.2.2 在下列情况之一时,要进行型式检验:
——新产品或老产品转厂生产的试制定型鉴定;
——正式生产后,产品的结构、材料、工艺有较大改变,可能影响产品性能时;
——出厂检验结果与上次型式检验有较大差异时;
——产品停产一年以上,恢复生产时;
——国家有关部门提出进行型式检验要求时。

7.3 判定规则

7.3.1 出厂检验

检验结果如有两项及两项以上指标不符合本标准要求时,判定整批产品不合格;有一项指标不符合本标准要求时,允许重新取样进行复验,复验结果仍不符合本标准技术指标的要求,则判定整批产品为不合格。

7.3.2 型式检验

检验结果如有一项及一项以上指标不符合本标准要求时,则判定产品为不合格。

7.4 其他

使用厂在安装调试产品过程中发现不符合本标准时,由制造厂负责会同使用厂进行协商处理。

8 标志、包装、运输和贮存

8.1 标志

8.1.1 产品铭牌按 FZ/T 90089.1 和 FZ/T 90089.2 的规定。

8.1.2 包装储运的图示标志应符合 GB/T 191 的规定。

8.2 包装

产品的包装应按 FZ/T 90001 的规定。

8.3 运输

产品在运输过程中,应按规定的起吊位置起吊,包装箱应按规定的朝向安置,不得倾斜或改变方向。

8.4 贮存

产品出厂后,在有良好防雨、通风及防腐蚀的贮存条件下,包装箱内的机件防潮、防锈自出厂日起有效期为一年。

ICS 59.120.10
W 93

中华人民共和国纺织行业标准

FZ/T 93072—2011

棉 花 异 纤 分 检 机

Machine of detecting and removing foreign material in cotton

2011-12-20 发布

2012-07-01 实施

中华人民共和国工业和信息化部　　发 布

前　　言

本标准按照 GB/T 1.1—2009 给出的规则起草。

本标准由中国纺织工业协会提出。

本标准由全国纺织机械与附件标准化技术委员会(SAC/TC 215)归口。

本标准起草单位:北京经纬纺机新技术有限公司、经纬纺织机械股份有限公司、中国恒天重工有限公司、洛阳方智测控有限公司、陕西长岭纺织机电科技有限公司、大连贵友科技有限公司、洛阳银燕科技有限公司。

本标准主要起草人:吴承红、金宏健、徐永刚、刘继东、邓华燕、杨开彬、田晓静、汪超琦。

棉花异纤分检机

1 范围

本标准规定了棉花异纤分检机的适用型式、要求、试验方法、检验规则及标志、包装、运输、贮存。

本标准适用于棉流速度在 16 m/s 以下、产量在 600 kg/h 以下的清梳联或成卷工艺流程中自动去除异纤的设备。

2 规范性引用文件

下列文件对于本文件的应用是必不可少的。凡是注日期的引用文件,仅注日期的版本适用于本文件。凡是不注日期的引用文件,其最新版本(包括所有的修改单)适用于本文件。

GB 150 钢制压力容器

GB 4793.1 测量、控制和实验室用电气设备的安全要求 第 1 部分:通用要求

GB/T 17626.5—2008 电磁兼容 试验和测量技术 浪涌(冲击)抗扰度试验

GB/T 17626.11—2008 电磁兼容 试验和测量技术 电压暂降、短时中断和电压变化的抗扰度试验

FZ/T 90001 纺织机械产品包装

FZ/T 90089.1 纺织机械铭牌 型式、尺寸及技术要求

FZ/T 90089.2 纺织机械铭牌 内容

3 适用型式

3.1 采用光学图像传感器。

3.2 采用图像处理系统确定异纤的位置。

3.3 采用高速电磁阀利用高压气流喷除异纤。

3.4 具备在线自动分检功能。

4 要求

4.1 外观要求

4.1.1 机器箱体外表面应平整,无锈蚀、凹痕、裂纹、变形;表面涂覆应均匀、光滑,不应有起泡、龟裂、脱落、划伤、掉漆及色斑等明显缺陷;文字和标志应清晰,各种标志齐全;金属零件不应有锈蚀和机械损伤,紧固件无松动、脱落。

4.1.2 门的开闭应灵活,关闭后密封良好,门锁能可靠锁紧;开关、按键、旋钮操作应灵活可靠。

4.2 安全性

4.2.1 电气安全性

4.2.1.1 电源进线端与机箱金属壳之间绝缘电阻应不小于 2 MΩ。

FZ/T 93072—2011

4.2.1.2 电源进线端与机壳之间施加频率为 $50 \times (1 \pm 0.05)$ Hz,电压 1 500 V(正弦波有效值)1 min,应无击穿或飞弧现象。

4.2.1.3 可触及金属壳体与该设备引出的安全接地端之间的导通电阻(接地电阻)阻值小于 0.1 Ω。

4.2.1.4 电源电压的波动适应性:电源进线端的电压在标称值的 ±10% 之间波动时,机器应能正常工作。

4.2.2 储气罐安全性

应符合 GB 150 要求。

4.3 基本功能要求

4.3.1 控制系统应能可靠运行,具有系统管理、系统设置、运行工况、报警、帮助等功能,上述功能应清晰显示。

4.3.2 能自动检测、清除异纤。

4.3.3 系统参数可通过界面设置。

4.3.4 具有故障自我诊断及信息显示功能。

4.4 电磁兼容性

4.4.1 电压暂降、短时中断的抗扰度性能应符合 GB/T 17626.11—2008 中第 1 类试验等级的规定。

4.4.2 浪涌(冲击)抗扰度性能应符合 GB/T 17626.5—2008 中第 1 试验等级的规定。

4.5 分检性能要求

当检测区符合实时棉流速度在 8 m/s～12 m/s 及产量不高于 400 kg/h 条件下,在线检出能力应达到:

   a) 对深色试样的平均检出率大于 75%;

   b) 对浅色试样的平均检出率大于 65%;

   c) 对荧光白色试样的平均检出率大于 75%(只适用具备白色检测功能的型号产品)。

5 试验方法

5.1 试验条件、仪器仪表及材料

   a) 环境温度:15 ℃～35 ℃。

   b) 相对湿度:25%～75%。

   c) 大气压力:86 kPa～106 kPa。

   d) 周围无明显电磁场干扰。

   e) 试验和测试使用的器材和仪器经检定合格后方能使用。

   f) 电气性能测试在通电预热 30 min 后进行测试。

   g) 试样颜色分三类:

     1) 深色:红色、绿色、蓝色、黑色。

     2) 浅色:浅红、浅绿、浅蓝。

     3) 白色:荧光白色。

     注:试样颜色参考美国彩通配方指南色谱,具体如下:

       红色 032 C、绿色 360 C、蓝色 801 C、浅红 203 C、浅绿 7486 C、浅蓝 2975 C。

   h) 试样尺寸:40 mm×2 mm。

i) 试样数量:每种颜色试样各 50 个。

j) 试样材料:各色 A4 复印纸(70 g)。

5.2 外观检验

用目测法检查 4.1。

5.3 安全检验

5.3.1 电气安全检验

5.3.1.1 基本绝缘:用 500 V 兆欧表测量。

5.3.1.2 耐电压:按 GB 4793.1 中规定,将电压试验装置输出电流设置为 20 mA,在不通电工作的条件下测试。

5.3.1.3 用接地电阻测试仪对可触及金属壳体与该设备引出的安全接地端之间的导通电阻进行测量。

5.3.1.4 电源电压的波动适应性:在电源进线端加上可调电压电源(波动在标称电压值±10%之间),对整机进行测试。

5.3.2 储气罐安全

查验储气罐的产品合格证及生产单位提供的压力容器生产资质证明。

5.4 基本功能检查

5.4.1 开机进入主界面,依次选择各功能菜单。

5.4.2 设备进入分检工作状态,在检测区前端投入试样,应听到电磁阀动作的喷气声。

5.4.3 点击工作运行参数界面,应能完成参数输入及设置。

5.4.4 通过人为设置故障现象如电源、气压等,查看报警界面,应能够得到明确故障指示。

5.5 电磁兼容性检验

5.5.1 电压暂降、短时中断的抗扰度试验条件为:
   a) 使用电压跌落模拟器。
   b) 电压跌落瞬变脉宽 100 ms。
   c) 电压跌落幅度为 100%至 0。
   d) 电压跌落周期设为 1。
   e) 重复次数设为 3。
   f) 电压跌落间隔时间设为 10 s。

5.5.2 浪涌(冲击)抗扰度试验条件为:
   a) 使用脉冲噪声模拟器。
   b) 脉冲宽度选择 1 μs。
   c) 脉冲幅度调到 500 V。
   d) 慢慢地调节脉冲注入相位,使其在 0°～360°范围内变动。
   e) 慢慢地调节脉冲重复频率,使其在 28 Hz～100 Hz 范围内变动。
   f) 改变脉冲的极性,重复 d)和 e)试验。
   g) 本试验测试时间为 15 min。

5.6 机器检出率的测试方法

5.6.1 在设备检测区的前方中央位置按颜色逐个投入试样,并从排杂箱挑拣所排出的试样。

5.6.2 检出率按式(1)计算:

$$D = \frac{M_1}{M_0} \times 100\%$$ ·····························(1)

式中:

D ——检出率,%;

M_1——从排杂箱内排出试样的数量;

M_0——投入的试样数量。

平均检出率为该类颜色所含几种颜色的检出率平均值。

6 检验规则

6.1 出厂检验

由制造方的检验部门按 4.1~4.3 检验,合格后方可出厂,并附有产品合格证。

6.2 型式试验

6.2.1 有下列情况之一时,一般应进行型式试验:

    a) 产品定型鉴定;

    b) 在结构、材料、工艺有重大改变可能影响产品性能时;

    c) 国家质量监督机构提出进行型式试验要求;

    d) 产品停止生产超过一年时。

6.2.2 检验项目按 4.1~4.5 进行。

7 标志、包装、运输、贮存

7.1 标志

产品铭牌应符合 FZ/T 90089.1、FZ/T 90089.2 的规定。

7.2 包装

产品包装应符合 FZ/T 90001 的规定。

7.3 运输

产品在运输过程中,应按规定的起吊位置起吊,包装箱应按规定的朝向安置,不得倾倒或改变方向。

7.4 贮存

产品出厂后,在防雨、防潮、通风良好的贮存条件下,包装箱内的零件防锈有限期为一年。

ICS 59.120.10
W 93

中华人民共和国纺织行业标准

FZ/T 93073—2011

集 聚 纺 纱 装 置

Compact spinning device

2011-12-20 发布　　　　　　　　　　　　2012-07-01 实施

中华人民共和国工业和信息化部　　发 布

前　言

本标准按照 GB/T 1.1—2009 给出的规则起草。

本标准由中国纺织工业协会提出。

本标准由全国纺织机械与附件标准化技术委员会纺纱、染整机械分技术委员会(SAC/TC 215/SC 1)归口。

本标准起草单位:无锡纺织机械研究所、常州市同和纺织机械制造有限公司、宁波德昌精密纺织机械有限公司、无锡集聚纺织器械有限公司、绍兴华裕纺机有限公司、东飞马佐里纺机有限公司、江阴精亚集团有限公司、常德纺织机械有限公司、无锡明珠纺织专件有限公司。

本标准主要起草人:李瑞芬、方扬、崔桂生、孙建中、华卫国、刘光容、朱鹏、俞宏图、刘政、张玉红。

集 聚 纺 纱 装 置

1 范围

本标准规定了集聚纺纱(紧密纺纱)装置的术语和定义、分类和标记、要求、试验方法、检验规则、标志及包装、运输、贮存。

本标准适用于棉纺环锭细纱机用集聚纺纱装置。

2 规范性引用文件

下列文件对于本文件的应用是必不可少的。凡是注日期的引用文件,仅注日期的版本适用于本文件。凡是不注日期的引用文件,其最新版本(包括所有的修改单)适用于本文件。

GB/T 191 包装储运图示标志

GB/T 2828.1—2003 计数抽样检验程序 第1部分:按接收质量限(AQL)检索的逐批检验抽样计划

GB 2894 安全标志及其使用导则

GB 5226.1—2008 机械电气安全 机械电气设备 第1部分:通用技术条件

FZ/T 12018—2009 精梳棉本色紧密纺纱线

FZ/T 90001 纺织机械产品包装

FZ/T 90074 纺织机械产品涂装

FZ/T 92013 SL系列上罗拉轴承

FZ/T 93008 环锭细纱机用塑料经纱管

FZ/T 93027 棉纺环锭细纱机

FZ/T 93068 集聚纺纱用网格圈

JB/T 8689—1998 通风机振动检测及其限值

JB/T 10563 一般用途离心通风机技术条件

3 术语和定义

下列术语和定义适用于本文件。

3.1

集聚纺纱 compact spinning

纤维须条在牵伸后、加捻前增加集聚过程,使纤维向须条中心收拢,以减少成纱毛羽,提高成纱强力的纺纱工艺。

3.2

集聚纺纱装置 compact spinning device

实施集聚纺纱工艺的装置。

3.3

负压式集聚纺纱装置 pneumatic compacting device

采用负压气流实现集聚须条作用的纺纱装置。

3.4

机械式集聚纺纱装置 **mechanical compacting device**

采用机械部件实现集聚须条作用的纺纱装置。

3.5

异形管 **profile tube**

用于支承集聚纺纱用网格圈和集聚须条,与负压系统相连。通过其工作段表面特殊形状的槽口,使多个锭位形成负压气流的带有特殊截面形状的管件。

3.6

集聚上罗拉 **delivery top roller**

输出已集聚须条的上罗拉。

3.7

三罗拉集聚纺纱装置 **3-line rollers compact spinning device**

在棉纺环锭细纱机三罗拉牵伸装置的输出端,增加集聚上罗拉、集聚纺纱用网格圈、异形管及负压系统的纺纱装置。

3.8

四罗拉集聚纺纱装置 **4-line rollers compact spinning device**

在棉纺环锭细纱机三罗拉牵伸装置的输出端,增加一对集聚罗拉、集聚纺纱用网格圈、异形管及负压系统的纺纱装置。

3.9

网孔罗拉集聚纺纱装置 **compact spinning system with perforated drum**

在棉纺环锭细纱机三罗拉牵伸装置中,采用带有网孔的前罗拉,并增加集聚上罗拉及负压系统的纺纱装置。

4 分类和标记

4.1 分类

4.1.1 负压式集聚纺纱装置

4.1.1.1 三罗拉集聚纺纱装置。

4.1.1.2 四罗拉集聚纺纱装置。

4.1.1.3 网孔罗拉集聚纺纱装置。

4.1.1.4 其他负压式集聚纺纱装置。

4.1.2 机械式集聚纺纱装置

4.1.2.1 磁性集聚纺纱装置。

4.1.2.2 其他机械式集聚纺纱装置。

4.2 标记

4.2.1 标记内容

标记依次包括以下内容:

a) 企业代号,企业自定;

b) 产品名称代号,用大写字母"J"表示;

c) 结构型式代号,见表1;

表 1

结 构 型 式	代 号
三罗拉集聚纺纱装置	3
四罗拉集聚纺纱装置	4
网孔罗拉集聚纺纱装置	W
其他负压式集聚纺纱装置	F
磁性集聚纺纱装置	C
其他机械式集聚纺纱装置	J

d) 特征代号,企业自定或省略。

4.2.2 标记示例

示例1:某企业生产的四罗拉,特征代号为S的集聚纺纱装置,其标记为,□J4S。

5 要求

5.1 成纱质量

5.1.1 棉纺环锭细纱机的精梳棉本色集聚纺纱线,其线密度为13.1 tex(45^s)时,纱线的品质应不低于FZ/T 12018—2009规定的一等品指标值。

5.1.2 在已使用过的棉纺环锭细纱机上配置集聚纺纱装置,纺制5.1.1规定的品种纱线时,其毛羽指数 H 或3 mm毛羽指数(根/10 m)、断裂强力(cN)、条干均匀度变异系数 CV(%)应符合表2的规定。

表 2

项 目	品 质 指 标
毛羽指数 H	降低20%
3 mm毛羽指数/(根/10 m)	降低50%
断裂强力/cN	提高7%
条干均匀度变异系数 CV/%	改善0.1
注:毛羽指数 H 与3 mm毛羽指数两个指标取其中一项。	

5.2 负压式集聚纺纱装置

5.2.1 三罗拉、四罗拉集聚纺纱装置部分

5.2.1.1 异形管内、外壁及槽口表面应光滑,不挂纤维。

5.2.1.2 在正常工作条件下,异形管的有效使用时间不低于三年。

5.2.1.3 传动副啮合良好、传动灵活,安全可靠。

5.2.1.4 在正常工作条件下(纺 18 tex 以上纱线),中间齿轮的有效使用时间不低于半年。

5.2.1.5 集聚纺纱用网格圈应符合 FZ/T 93068 的规定。

5.2.2 网孔罗拉集聚纺纱装置部分

5.2.2.1 网孔罗拉表面应光滑,不挂纤维。

5.2.2.2 在加压状态下,网孔罗拉工作面外圆对轴线的径向圆跳动公差 0.05 mm。

5.2.3 负压部分

5.2.3.1 槽口真空度(单槽)不匀率 $P \leqslant 15\%$。

5.2.3.2 负压管路应表面光滑、不挂纤维;密封良好、无漏气现象。

5.2.3.3 风机与机架的连接应牢固,风机振动速度均方根值(有效值)$\leqslant 4.6$ mm/s。

5.2.4 集聚部分

5.2.4.1 前上罗拉加压极限偏差为 $^{+0.10}_{-0.05}F$(F 为摇架对罗拉的公称加压值)。

5.2.4.2 集聚上罗拉对前上罗拉轴线的平行度公差 0.25/70。

5.2.4.3 三罗拉、四罗拉集聚纺纱装置的集聚上罗拉加压值为 40 N~60 N;网孔罗拉集聚纺纱装置的集聚上罗拉加压值为 50 N~70 N。

5.2.4.4 集聚上罗拉轴承的径向游隙、轴向游隙应符合 FZ/T 92013 的规定。

5.3 磁性集聚纺纱装置

5.3.1 过纱通道表面粗糙度 $Ra0.2 \mu m$。

5.3.2 磁性体的磁感应强度 $\geqslant 0.13$ T。

5.4 装配质量

5.4.1 各部件应运转正常,无碰撞、卡滞现象。

5.4.2 各紧固件应紧固可靠,无松动现象。

5.5 安全

5.5.1 电气设备保护联接电路连续性,应符合 GB 5226.1—2008 中 18.2.2 的规定。

5.5.2 电气设备的绝缘性能,应符合 GB 5226.1—2008 中 18.3 的规定。

5.5.3 电气设备的耐压试验,应符合 GB 5226.1—2008 中 18.4 的规定。

5.5.4 运转部分的防护装置应安全可靠。

5.6 外观

5.6.1 涂装应符合 FZ/T 90074 的规定。

5.6.2 外露件表面应平整、光滑,紧固件应经表面处理。

6 试验方法

6.1 异形管(5.2.1.1)和网孔罗拉(5.2.2.1)表面质量,用棉纤维擦拭,感官检测。

6.2 异形管(5.2.1.2)和中间齿轮(5.2.1.4)的有效使用时间,从使用之日起计算。

6.3 集聚纺纱用网格圈(5.2.1.5)按FZ/T 93068的规定检测。

6.4 网孔罗拉工作面的外圆径向圆跳动(5.2.2.2),用千分表检测。

6.5 槽口真空度(单槽)不匀率 P(5.2.3.1),用压力计测量全机前、中、后多个锭位集聚纺纱用网格圈槽口处的真空度,按式(1)计算:

$$P=\frac{P_{max}-P_{min}}{\overline{P}}\times100\% \qquad \cdots\cdots\cdots\cdots\cdots\cdots\cdots(1)$$

式中:

P ——槽口真空度不匀率,%;

P_{max} ——槽口真空度最大值,单位为帕(Pa);

P_{min} ——槽口真空度最小值,单位为帕(Pa);

$\overline{P}$ ——槽口真空度平均值,单位为帕(Pa)。

6.6 负压管路表面质量和密封性(5.2.3.2),用棉纤维擦拭风道、连接管路的内表面,检查有否挂花;用棉纤维放在风道、连接管路的连接部位,观察其泄漏情况。

6.7 风机振动(5.2.3.3),用振动测量仪器进行检测,测量位置见图1。若所用的振动测量仪器不具备有效值检波功能,可测量振动速度(峰值)或振动位移(峰-峰值),限值可参照附录A的规定。

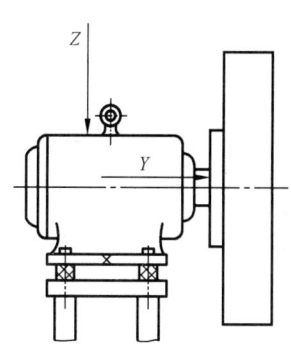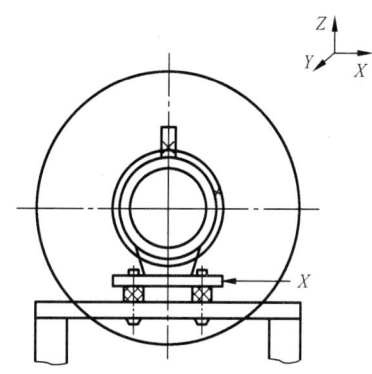

×——测量位置。

图 1

6.8 前上罗拉(5.2.4.1)和集聚上罗拉(5.2.4.3)的加压值,用集聚纺纱摇架测压仪检测。

6.9 集聚上罗拉对上罗拉(前)轴线的平行度(5.2.4.2),用游标卡尺检测。

6.10 集聚上罗拉轴承的径向游隙和轴向游隙(5.2.4.4),按FZ/T 92013的规定检测。

6.11 过纱通道表面粗糙度(5.3.1),用粗糙度仪检测。

6.12 磁性体的磁感应强度(5.3.2),用特斯拉计检测。

6.13 电气设备的保护联接电路连续性(5.5.1),按GB 5226.1—2008中18.2.2的规定测试(测试数据判定按GB 5226.1—2008附录G的规定)。

6.14 电气设备的绝缘性能(5.5.2),按GB 5226.1—2008中18.3的规定测试。

6.15 电气设备的耐压试验(5.5.3),按GB 5226.1—2008中18.4的规定测试。

6.16 其余项目,感官检测。

6.17 空车运转试验

6.17.1 负压式集聚纺纱装置试验条件

6.17.1.1 集聚纺纱装置需安装在棉纺环锭细纱机上相应部位,并经调整。

6.17.1.2 风机按 JB/T 10563 检验合格。

6.17.1.3 电源:电压(380±38)V,频率(50±1)Hz。

6.17.1.4 风机试验速度:额定功率下的转速。

6.17.1.5 集聚纺纱装置运转时间不少于 20 min。

6.17.2 检验项目

见 5.2.1.1、5.2.1.3、5.2.2、5.2.3、5.2.4.1～5.2.4.3、5.4～5.6。

6.18 工作负荷试验

6.18.1 试验条件

6.18.1.1 棉纺环锭细纱机按 FZ/T 93027 检验合格。

6.18.1.2 试验环境条件按表 3 的规定。

表 3

结构型式	试验环境条件		
	温度 ℃	相对湿度 %	空气含尘浓度 mg/m³
三罗拉集聚纺纱装置	30±3	55±5	≤1.0
四罗拉集聚纺纱装置			
网孔罗拉集聚纺纱装置	30±2	40±5	
注:其他集聚纺纱装置试验环境条件按 FZ/T 93027 标准的规定。			

6.18.1.3 喂入品要求:纺制 5.1.1 规定的纱线时,配棉平均等级不大于 2.5 级、配棉最低等级不大于 3.0 级。粗纱质量变异系数达到乌斯特公报 2007 统计值 25% 的水平,短绒率(长度 16 mm)不大于 8%。

6.18.1.4 纱管按 FZ/T 93008 的规定。

6.18.1.5 正常生产连续运转时间不少于 30 天。

6.18.2 检验项目

见 5.1。

7 检验规则

7.1 型式检验

7.1.1 在下列情况之一时,应进行型式检验:

    a) 新产品投产鉴定时;

    b) 结构、工艺、材料有较大改变时;

    c) 产品停产两年以上恢复生产时;

    d) 第三方进行质量检验时。

7.1.2 检验项目:见第 5 章。

7.2 出厂检验

7.2.1 负压式集聚纺纱装置须经空车运转试验,机械式集聚纺纱装置可不进行空车运转试验。

7.2.2 检验项目

7.2.2.1 负压式集聚纺纱装置,见5.2.4.4、6.17.2。

7.2.2.2 机械式集聚纺纱装置,见5.3。

7.3 抽样方法

7.3.1 负压式集聚纺纱装置,由生产企业在每批产品中抽出一台的数量安装在主机上,进行空车运转试验。

7.3.2 集聚上罗拉轴承按FZ/T 92013的规定。

7.3.3 磁性体按GB/T 2828.1—2003的规定,采用正常检验一次抽样方案,从正常检验开始,选用一般检验水平Ⅱ,接收质量限AQL为1.5。

7.4 判定规则

集聚纺纱装置的全部项目检验合格,判该批产品符合标准要求。

7.5 其他

在正常使用条件下发现有不符合本标准要求时,由生产企业会同用户共同处理。

8 标志

8.1 产品的安全标志按GB 2894的规定。

8.2 包装箱的储运图示标志按GB/T 191的规定。

9 包装、运输和贮存

9.1 产品包装按FZ/T 90001的规定。

9.2 产品在运输过程中,包装箱应按规定的朝向放置,不得倾斜或改变方向。

9.3 产品出厂后,在良好的防雨及通风贮存条件下,包装箱内的零件防潮、防锈有效期为1年。

附　录　A
（资料性附录）
振动速度与振动位移限值

若现有的测振仪器不具备有效值检波功能,经用户同意后可测量振动速度(峰值)或振动位移(峰-峰值),它们的限值见表 A.1。

表 A.1

支承类别	振动速度(峰值)V mm/s	振动位移(峰-峰值)X μm	近似对应的振动速度有效值 V_{rms} mm/s^2
刚性支承	≤6.5	≤$1.24 \times 10^5 / n^a$	≤4.6
a n 为通风机工作转速(r/min)。			

注：本附录摘自 JB/T 8689—1998 的附录 A。

ICS 59.120
W 91

中华人民共和国纺织行业标准

FZ/T 93076—2011

环锭细纱机用导纱钩支承板

Supporting plate of guiding wire for ring spinning frame

2011-12-20 发布
2012-07-01 实施

中华人民共和国工业和信息化部　　发 布

FZ/T 93076—2011

前　言

本标准按照 GB/T 1.1—2009 给出的规则起草。

本标准由中国纺织工业协会提出。

本标准由全国纺织机械与附件标准化技术委员会纺织器材分技术委员会(SAC/TC 215/SC 2)归口。

本标准起草单位:铜陵市松宝机械有限公司、陕西纺织器材研究所。

本标准主要起草人:赵玉生、秋黎凤、侯水利、阮运松、王腊保、王传满。

环锭细纱机用导纱钩支承板

1 范围

本标准规定了环锭细纱机用导纱钩支承板的术语和定义、分类和标记、要求、试验方法、检验规则和包装、标志、运输、储存。

本标准适用于环锭细纱机用导纱钩支承板(以下简称"导纱板")。

2 规范性引用文件

下列文件对于本文件的应用是必不可少的。凡是注日期的引用文件,仅注日期的版本适用于本文件。凡是不注日期的引用文件,其最新版本(包括所有的修改单)适用于本文件。

GB/T 191　包装储运图示标志

GB/T 2828.1　计数抽样检验程序　第1部分:按接收质量限(AQL)检索的逐批检验抽样计划

GB/T 2829　周期检验计数抽样程序及表(适用于对过程稳定性的检验)

GB/T 4340.1　金属材料　维氏硬度试验　第1部分:试验方法

3 术语和定义

下列术语和定义适用于本文件。

3.1

导纱板　supporting plate of guiding wire

在环锭细纱机上安装固定导纱钩的装置(见图1)。

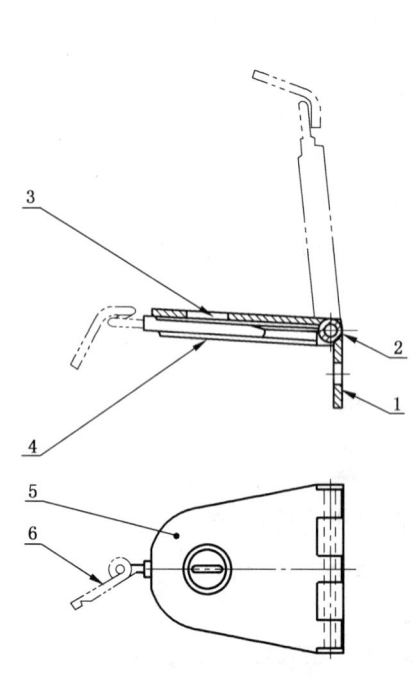

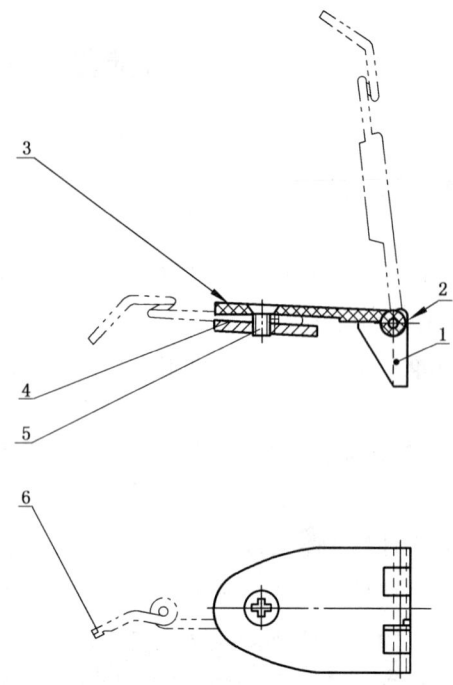

1——固定支板；
2——销轴；
3——调节片；
4——夹片；
5——活动支板；
6——导纱钩。

1——固定支板；
2——销轴；
3——活动支板；
4——异形螺母；
5——螺钉；
6——导纱钩。

a) 安装固定 A 型导纱钩用导纱板   b) 安装固定 B 型导纱钩用导纱板

图 1 环锭细纱机用导纱板

3.2

活动支板 detachabe supporting plate
安装固定导纱钩并绕销轴上下摆动的导纱板零件。

3.3

固定支板 dead supporting plate
固定在环锭细纱机上并连接活动支板的导纱板零件。

3.4

夹片 grip disk
夹紧导纱钩的导纱板零件。

3.5

调节片 regulation disk
在活动支板内调节导纱钩进出的圆片状导纱板零件。

3.6

销轴 pin
连接活动支板与固定支板,活动支板能绕其上下摆动的零件。

4 分类和标记

4.1 分类

4.1.1 根据材料,分为金属导纱板和非金属导纱板。

4.1.2 根据结构,分为安装固定 A 型导纱钩用导纱板(见图 2)和安装固定 B 型导纱钩用导纱板(见图 3)。

4.1.3 根据活动支板复位力,分为重力复位型导纱板和扭簧弹力复位型导纱板。

4.1.4 导纱板的分类特征及其代号见表 1。

表 1 导纱板的分类特征及其代号

分类特征	材料		结构		活动支板复位力	
	金属	非金属	安装固定 A 型导纱钩用	安装固定 B 型导纱钩用	重力复位	扭簧弹力复位
代号	J	F	A	B	1	2

4.2 标记

导纱板的标记方法:由产品名称、标准代号和顺序号、材料代号、结构代号、活动支板复位力代号和活动支板长顺序组成。

示例:由金属制造的结构为 A 型、活动支板为重力复位型、活动支板长为 50 mm 的导纱板,其标记为:

导纱板 FZ/T 93076-JA1-50

5 要求

5.1 导纱板的结构、基本尺寸应符合图 2、图 3 规定。

单位为毫米

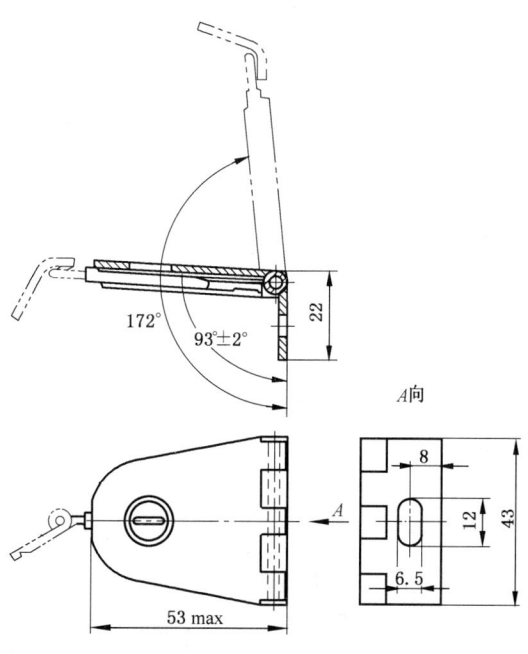

图 2 A 型导纱板

单位为毫米

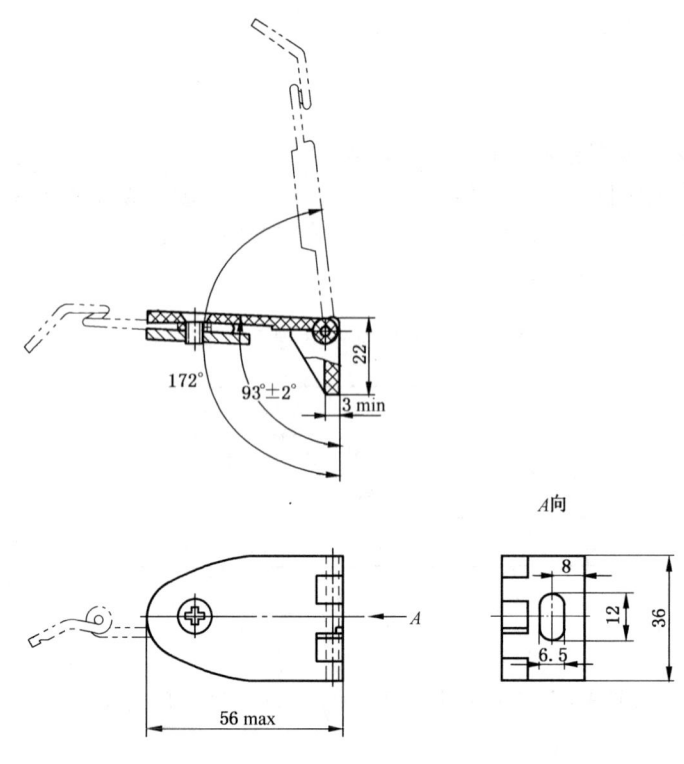

图 3   B 型导纱板

5.2   夹片、调节片工作表面硬度应为 400 HV0.1～500 HV0.1。

5.3   活动支板应上、下摆动灵活,当向上方抬起再释放后应能自动复位。

5.4   导纱板应为黑色,色泽应均匀一致;其表面应光滑、无毛刺。

6   试验方法

6.1   基本尺寸应用游标卡尺测定。

6.2   检测硬度时,应按 GB/T 4340.1 的规定进行。

6.3   手感、目测活动支板摆动的灵活性及其自动复位功能。

6.4   导纱板的外观质量及表面色泽目测。

7   检验规则

7.1   总则

7.1.1   导纱板应通过以下类别的检验:

    a)   型式检验;

    b)   出厂检验。

7.1.2   型式检验和出厂检验应由制造厂质量检验部门负责进行,订货方也可按本标准中的出厂检验规定在 1 个月内对购进的导纱板进行验收;根据订货方要求,制造厂应提供出厂检验所在周期的型式检验报告。

7.1.3   在型式检验或出厂检验中,被检验的样本单位若有不符合本标准表 2、表 3 对检验项目的有关规定时,即为不合格;有一个或一个以上不合格,即为不合格品。

7.2 检验

7.2.1 型式检验

7.2.1.1 连续生产的导纱板应定期进行型式检验,在改进结构、主要制造工艺,更换材料或中断生产后再恢复生产时,也应进行型式检验。

7.2.1.2 型式检验应按 GB/T 2829 中判别水平 Ⅱ 的一次抽样方案,型式检验方案由表2给出。

表 2 导纱板的型式检验方案

序号	检验项目名称	要求的章条号	试验方法的章条号	不合格质量水平	不合格分类
1	活动支板最大尺寸	5.1	6.1	40	
2	夹片、调节片硬度	5.2	6.2	40	
3	活动支板灵活性	5.3	6.3	40	C
4	外观质量及表面色泽	5.4	6.4	65	

7.2.2 出厂检验

7.2.2.1 经型式检验合格后,方可进行出厂检验。

7.2.2.2 每批导纱板应以个为样本单位进行出厂检验,出厂检验应按 GB/T 2828.1 中的一次抽样方案,从正常检验开始,出厂检验方案由表3给出。

表 3 导纱板的出厂检验方案

序号	检验项目名称	要求的章条号	试验方法的章条号	接收质量限	不合格分类
1	活动支板最大尺寸	5.1	6.1	4.0	
2	活动支板灵活性	5.3	6.3	4.0	C
3	外观质量及表面色泽	5.4	6.4	6.5	

8 包装、标志、运输、储存

8.1 包装

8.1.1 导纱板应经检验合格并附有合格证,方可进行包装。

8.1.2 导纱板应采用多件包装方法,采用纸或塑料或其他材料制成的包装盒盛装。

8.1.3 导纱板运往外地时应加外包装,外包装应采用硬包装箱或双瓦楞纸箱。

8.2 标志

8.2.1 每个包装盒上标明:
   a) 制造厂名和商标;
   b) 产品标记;
   c) 数量;
   d) 生产批号或生产日期。

8.2.2 外包装箱上标明：

    a) 运输包装收发货标志：

        1) 制造厂名和商标；

        2) 产品标记；

        3) 盒数和数量；

        4) 毛重；

        5) 生产批号或生产日期；

        6) 体积(长×宽×高＝ m^3)。

    b) 包装储运图示标志："怕雨"、"易碎物品"标志应符合 GB/T 191 规定。

8.3　运输

搬运导纱板时应轻拿、轻放,运输中应加盖遮篷。

8.4　储存

导纱板应储存在通风干燥并无腐蚀性介质的环境中。

——————————

ICS 59.120
W 91

中华人民共和国纺织行业标准

FZ/T 93077—2011

环锭细纱机用导纱钩

Guiding wire for ring spinning frame

2011-12-20 发布

2012-07-01 实施

中华人民共和国工业和信息化部　发布

前　　言

本标准按照 GB/T 1.1—2009 给出的规则起草。

本标准由中国纺织工业协会提出。

本标准由全国纺织机械与附件标准化技术委员会纺织器材分技术委员会(SAC/TC 215/SC 2)
归口。

本标准起草单位:铜陵市松宝机械有限公司、陕西纺织器材研究所。

本标准主要起草人:赵玉生、秋黎凤、侯水利、阮运松、王腊保、王传满。

环锭细纱机用导纱钩

1 范围

本标准规定了环锭细纱机用导纱钩的术语和定义、分类和标记、要求、试验方法、检验规则和包装、标志、运输、储存。

本标准适用于环锭细纱机用导纱钩(以下简称"导纱钩")。

2 规范性引用文件

下列文件对于本文件的应用是必不可少的。凡是注日期的引用文件,仅注日期的版本适用于本文件。凡是不注日期的引用文件,其最新版本(包括所有的修改单)适用于本文件。

GB/T 191 包装储运图示标志

GB/T 2828.1 计数抽样检验程序 第1部分:按接收质量限(AQL)检索的逐批检验抽样计划

GB/T 2829 周期检验计数抽样程序及表(适用于对过程稳定性的检验)

GB/T 4340.1 金属材料 维氏硬度试验 第1部分:试验方法

3 术语和定义

下列术语和定义适用于本文件。

3.1

导纱钩 guiding wire

在环锭细纱机上导引由前罗拉输出纱线至卷捻部分的钩状零件(见图1)。

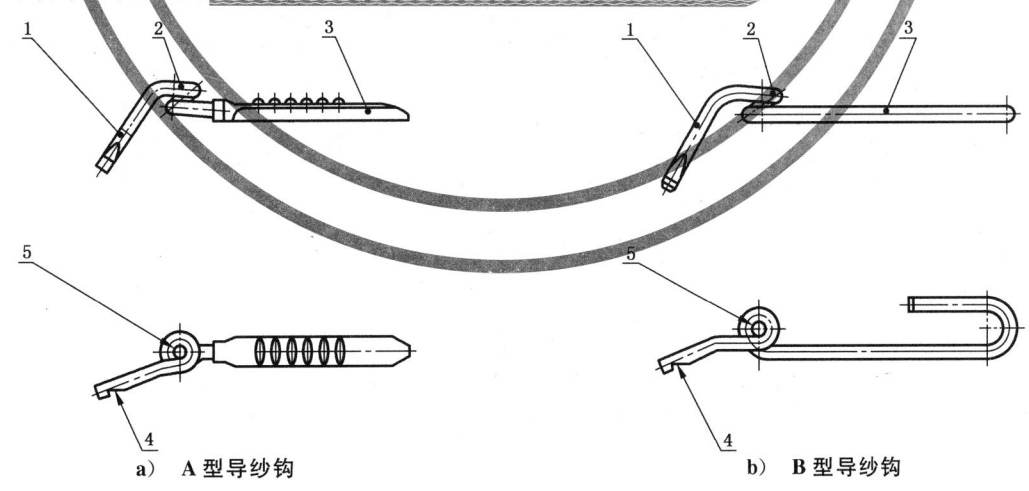

a) A型导纱钩   b) B型导纱钩

1——钩头;

2——钩圈;

3——钩柄;

4——嗑纱槽;

5——导纱孔。

图1 环锭细纱机用导纱钩

3.2

钩头　guiding head

导纱钩上有噙纱槽的一端。

3.3

钩圈　guiding ring

导纱钩上导引纱线的开口圆圈。

3.4

钩柄　guiding rod

导纱钩上固定在导纱钩支承板的一端。

3.5

导纱孔　guiding hole

钩圈形成的空心圆。

3.6

噙纱槽　yarn feeding trough

钩头端接纳纱线断头的缺口。

4　分类和标记

4.1　分类

根据结构,分为 A 型导纱钩(见图 2)和 B 型导纱钩(见图 3)。根据钩圈形状,A 型又分为 A1 型[见图 2a)]和 A2 型[见图 2b)];A2 型导纱孔直径与钩头钢丝直径见表 1。

单位为毫米

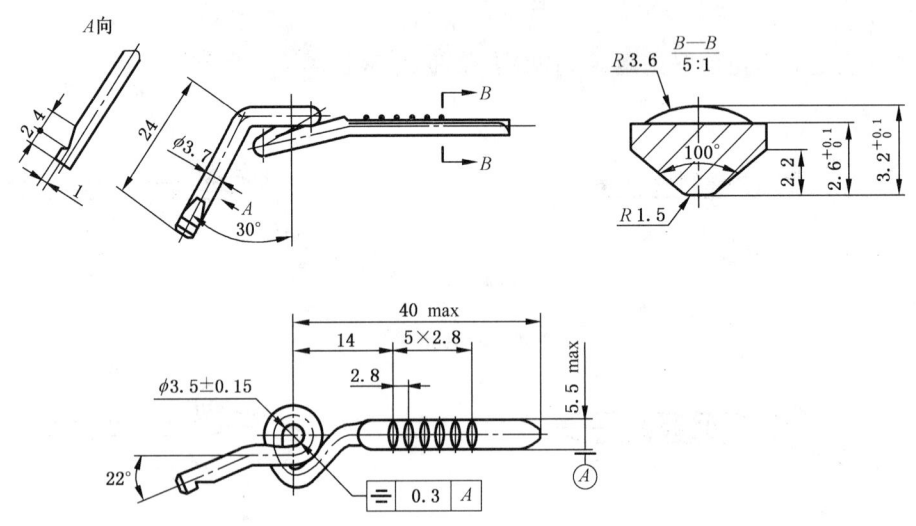

a)　A1 型导纱钩

图 2　A 型导纱钩的结构及尺寸

单位为毫米

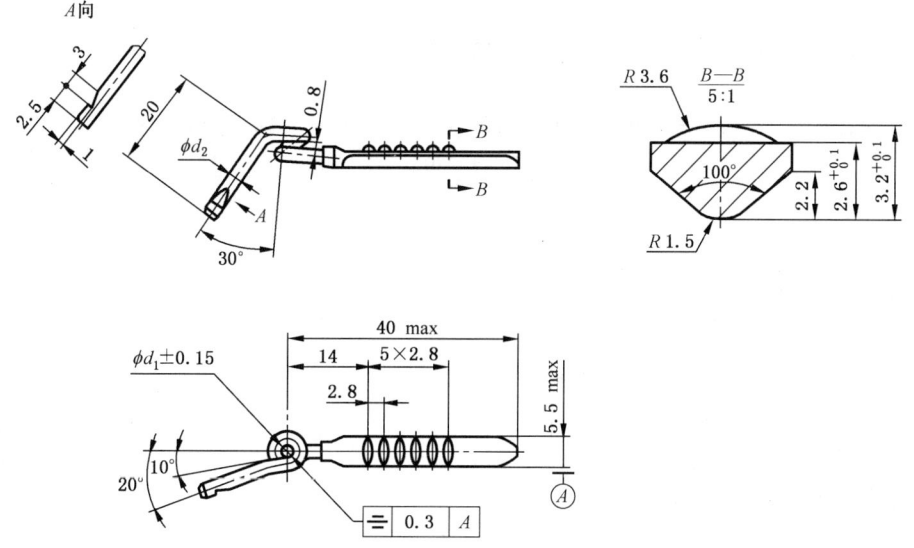

b) A2 型导纱钩

图 2（续）

表 1　A2 型导纱钩导纱孔直径 d_1 与钩头钢丝直径 d_2　　　　单位为毫米

d_1	d_2
1.8	2.0
2.0	
2.5	2.5

单位为毫米

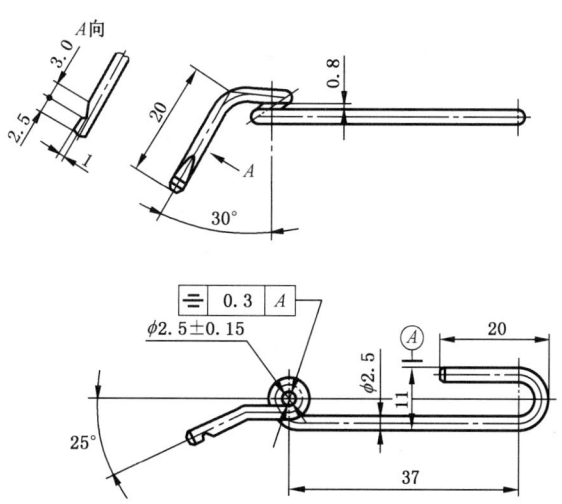

图 3　B 型导纱钩的结构及尺寸

4.2 标记

导纱钩的标记方法:由产品名称、标准代号和顺序号、分类代号、钩头钢丝直径和导纱孔直径顺序组成。

示例:钩头钢丝直径为 2.5 mm,导纱孔直径为 2.5 mm 的 A2 型导纱钩,其标记为:

导纱钩 FZ/T 93077-A2-2525

5 要求

5.1 导纱钩的结构、基本尺寸及极限偏差:
　　a) A 型导纱钩应符合图 2 及表 1 的规定;
　　b) B 型导纱钩应符合图 3 的规定。

5.2 钩圈表面显微维氏硬度应不小于 950 HV0.1。

5.3 钩圈表面粗糙度 Ra 值应不大于 0.5 μm。

5.4 导纱钩表面应光滑、无划痕、无毛刺、耐锈蚀。

6 试验方法

6.1 导纱孔直径应用通止型塞规检验,其他尺寸应用游标卡尺或外径千分尺测定。

6.2 应采用投影仪检验导纱孔中心与钩柄中心的对称度误差,投影仪放大倍数为 20。

6.3 测定硬度时,应按 GB/T 4340.1 的规定进行。

6.4 检验表面粗糙度时,应将导纱钩与表面粗糙度标准样块放大 100 倍进行对照。

6.5 检验外观质量时,用棉纤维在导纱钩表面滑擦,应不牵挂纤维。

6.6 检验导纱钩表面耐锈蚀性时,把导纱钩置于浓度为 10% 的氯化钠溶液汽雾中 72 h,应无锈斑。

7 检验规则

7.1 总则

7.1.1 导纱钩应通过以下类别的检验:
　　a) 型式检验;
　　b) 出厂检验。

7.1.2 型式检验和出厂检验应由制造厂质量检验部门负责进行,订货方也可按本标准中的出厂检验规定在 1 个月内对购进的导纱钩进行验收;根据订货方要求,制造厂应提供出厂检验所在周期的型式检验报告。

7.1.3 在型式检验或出厂检验中,被检验的样本单位若有不符合本标准表 1、表 2 对检验项目的有关规定时,即为不合格;有一个或一个以上不合格,即为不合格品。

7.2 检验

7.2.1 型式检验

7.2.1.1 连续生产的导纱钩应定期进行型式检验,在改进结构、主要制造工艺,更换材料或中断生产后再恢复生产时,也应进行型式检验。

7.2.1.2 型式检验应按 GB/T 2829 中判别水平 Ⅱ 的一次抽样方案,型式检验方案由表 2 给出。

表 2　导纱钩的型式检验方案

序号	检验项目名称	要求的章条号	试验方法的章条号	不合格质量水平	不合格分类
1	钩柄尺寸	5.1	6.1	40	
2	导纱孔直径	5.1	6.1	40	
3	导纱孔中心与钩柄中心的对称度	5.1	6.2	40	B
4	钩圈表面显微维氏硬度	5.2	6.3	40	
5	钩圈表面粗糙度	5.3	6.4	40	
6	外观质量	5.4	6.5,6.6	40	

7.2.2　出厂检验

7.2.2.1　经型式检验合格后,方可进行出厂检验。

7.2.2.2　每批导纱钩都应以个为样本单位进行出厂检验,出厂检验应按 GB/T 2828.1 中的一次抽样方案,从正常检验开始,出厂检验方案由表 3 给出。

表 3　导纱钩的出厂检验方案

序号	检验项目名称	要求的章条号	试验方法的章条号	接收质量限	不合格分类
1	钩柄尺寸	5.1	6.1	4.0	
2	导纱孔直径	5.1	6.1	4.0	B
3	外观质量	5.4	6.5	4.0	

8　包装、标志、运输、储存

8.1　包装

8.1.1　导纱钩应经检验合格并附有合格证,方可进行包装。

8.1.2　导纱钩应采用多件包装,采用纸或塑料或其他材料制成的包装盒盛装。

8.1.3　导纱钩运往外地时应加外包装,外包装应采用硬包装箱或双瓦楞纸箱。

8.2　标志

8.2.1　每个包装盒上标明:

　　a)　制造厂名和商标;

　　b)　产品标记;

　　c)　数量;

　　d)　生产批号或生产日期。

8.2.2　外包装箱上标明:

　　a)　运输包装收发货标志:

　　　　1)　制造厂名和商标;

　　　　2)　产品标记;

　　　　3)　盒数和数量;

4) 毛重；

5) 生产批号或生产日期；

6) 体积(长×宽×高＝　　　m³)。

b) 包装储运图示标志："怕雨"、"易碎物品"标志应符合 GB/T 191 规定。

8.3 运输

搬运导纱钩时应轻拿、轻放,运输中应加盖遮篷。

8.4 储存

导纱钩应储存在通风干燥并无腐蚀性介质的环境中。

————————

ICS 59.120.10
W 91

中华人民共和国纺织行业标准

FZ/T 93079—2012

转杯纺纱机 减震套

Rotor type open-end spinning machine—Resilient mounting

2012-05-24 发布   2012-11-01 实施

中华人民共和国工业和信息化部   发 布

前　　言

本标准按照 GB/T 1.1—2009 给出的规则起草。

本标准由中国纺织工业联合会提出。

本标准由全国纺织机械与附件标准化技术委员会纺纱、染整机械分技术委员会(SAC/TC 215/SC 1)归口。

本标准起草单位:国家纺织机械质量监督检验中心、无锡市宏飞工贸有限公司、上海淳瑞机械科技有限公司、汉中华燕纺织机械制造有限公司。

本标准主要起草人:张玉红、吉云飞、粟宝华、樊宝军。

转杯纺纱机 减震套

1 范围

本标准规定了转杯纺纱机减震套(以下简称"减震套")的分类、参数和标记、要求、试验方法、检验规则及标志、包装、运输、贮存。

本标准适用于转杯纺纱机的转杯用减震套。

2 规范性引用文件

下列文件对于本文件的应用是必不可少的。凡是注日期的引用文件,仅注日期的版本适用于本文件。凡是不注日期的引用文件,其最新版本(包括所有的修改单)适用于本文件。

GB/T 191 包装储运图示标志

GB/T 531.1 硫化橡胶或热塑性橡胶 压入硬度试验方法 第1部分:邵氏硬度计法(邵尔硬度)

GB/T 1958 产品几何量技术规范(GPS)形状和位置公差 检测规定

GB/T 2828.1—2003 计数抽样检验程序 第1部分:按接收质量限(AQL)检索的逐批检验抽样计划

GB/T 4879 防锈包装

GB/T 6543 运输包装用单瓦楞纸箱和双瓦楞纸箱

3 分类、参数和标记

3.1 分类

按结构分为A型[不带外套(见图1)]和B型[带外套(见图2)]。

3.2 参数

参数见表1。

表1

项目	参数	
	A型	B型
全长 l/mm	56、69、70	69
外圈外圆直径 D_1/mm	38	—
外套外圆直径 D_2/mm	—	39
内孔直径 d/mm	22	
注油孔数	1、2	2
内套散热孔数	0、3	0
前橡胶环孔数	0、5	0

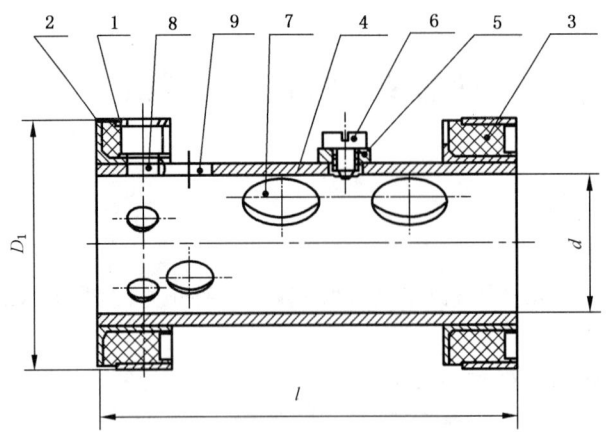

1——外圈；

2——前橡胶环；

3——后橡胶环；

4——内套；

5——螺母；

6——紧定螺钉；

7——注油孔；

8——前橡胶环孔；

9——内套散热孔。

图 1

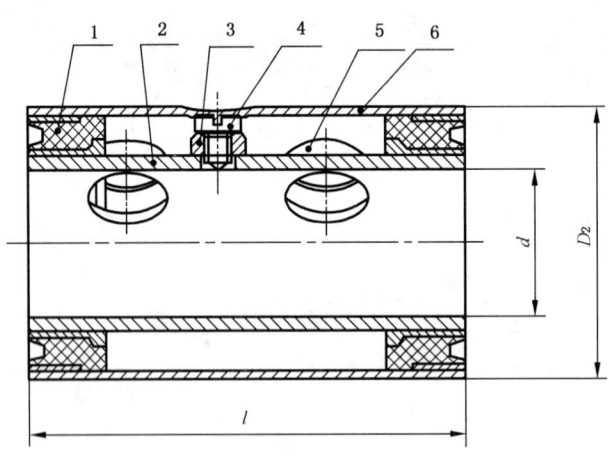

1——橡胶环；

2——内套；

3——螺母；

4——紧定螺钉；

5——注油孔；

6——外套。

图 2

3.3 标记

3.3.1 标记依次包括以下内容:

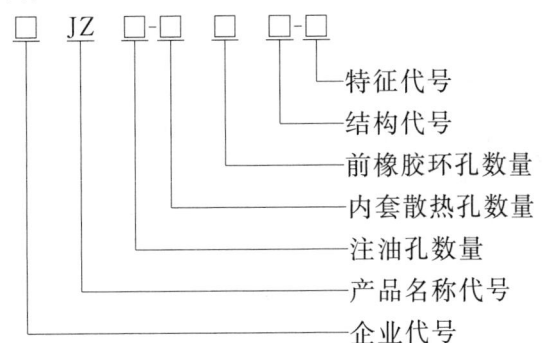

a) 企业代号,企业自定;
b) 产品名称代号,用大写字母"JZ"表示;
c) 注油孔数量,单位为个;
d) 内套散热孔数量,单位为个,无孔时省略标注;
e) 前橡胶环孔数量,单位为个,无孔时省略标注;
f) 结构代号,用"A"表示"不带外套"、用"B"表示"带外套";
g) 特征代号,企业自定。

3.3.2 标记示例

示例1:注油孔2个、内套散热孔3个、前橡胶环孔5个、不带外套、特征代号为Ⅰ的减震套,其标记为:JZ2-35-A-Ⅰ。
示例2:注油孔2个、内套散热孔3个、带外套、特征代号为Ⅱ的减震套,其标记为:JZ2-3-B-Ⅱ。
示例3:企业代号为CR、注油孔2个、带外套的减震套,其标记为:CRJZ2-B。

4 要求

4.1 内孔直径 d 尺寸为 ϕ22H7。

4.2 外圈外圆或外套外圆对内孔轴线的径向圆跳动公差 0.05 mm。

4.3 A型橡胶环的硬度为(60±5) Shore A;B型橡胶环的硬度为(45±3) Shore A。

4.4 内孔、外圈外圆或外套外圆的表面粗糙度 Ra 0.8 μm。

4.5 外圈或外套的壁厚差≤0.5 mm。

4.6 橡胶环的粘接应牢固,无脱胶现象。

4.7 橡胶环表面应无龟裂、杂质等缺陷。

4.8 螺母与内套应焊接牢固,无明显歪斜现象。

4.9 减震套表面应无锈蚀、磕碰等缺陷。

5 试验方法

5.1 内孔直径尺寸(4.1),用圆柱塞规或气动量仪测量。

5.2 径向圆跳动(4.2),用千分表按 GB/T 1958 的规定进行测量。

5.3 橡胶硬度(4.3),按 GB/T 531.1 的规定进行测量。

5.4 表面粗糙度(4.4),用粗糙度样板比对检验,必要时用粗糙度仪测量。

5.5 壁厚差(4.5),将外圈或外套剖开,用游标卡尺测量。

5.6 其余项目,感官检验。

6 检验规则

6.1 型式检验

6.1.1 在下列情况之一时,应进行型式检验:
 a) 新产品投产鉴定时;
 b) 结构、工艺、材料有较大改变时;
 c) 产品停产两年以上恢复生产时;
 d) 第三方进行质量检验时。
6.1.2 检验项目:见第 4 章。

6.2 出厂检验

6.2.1 产品经生产企业的质量检验部门检验合格,并附有质量合格证。
6.2.2 检验项目:4.1~4.4、4.6~4.9。

6.3 抽样方法和判定规则

6.3.1 按 GB/T 2828.1—2003 的规定,采用正常检验一次抽样方案,从正常检验开始,选用一般检验水平Ⅱ,接收质量限 AQL 为 1.5,检验项目见 6.2.2。
6.3.2 外圈或外套的壁厚差(4.6),在每批产品零件中抽样 5 件,合格判定数为 0,不合格判定数为 1。
6.3.3 样本经检验,全部项目均合格,判定该样本符合标准的要求;反之,则判定该样本不符合标准的要求。

6.4 其他

在正常使用条件下,如有不符合本标准情况时,由生产企业会同用户共同处理。

7 标志

7.1 包装箱的储运图示标志,按 GB/T 191 的规定。
7.2 减震套表面标识产品标记和生产日期。

8 包装、运输、贮存

8.1 产品的防锈包装按 GB/T 4879,运输包装按 GB/T 6543 的规定,并采取防震措施。
8.2 瓦楞纸箱在储运过程中避免雨雪、暴晒、受潮和污染,不得采用有损纸箱的运输、装卸及工具。
8.3 产品出厂后,在良好的防潮及通风贮存条件下,包装箱内产品的防潮防锈有效期自出厂起为一年。

ICS 59.120.10
W 91

中华人民共和国纺织行业标准

FZ/T 93080—2012

转杯纺纱机 压轮轴承

Rotor type open-end spinning machine—
Press pulley bearings

2012-05-24 发布   2012-11-01 实施

中华人民共和国工业和信息化部   发 布

前　言

本标准按照 GB/T 1.1—2009 给出的规则起草。

本标准由中国纺织工业联合会提出。

本标准由全国纺织机械与附件标准化技术委员会纺纱、染整机械分技术委员会(SAC/TC 215/SC 1)归口。

本标准起草单位:国家纺织机械质量监督检验中心、晋中人和纺机轴承有限公司、无锡市宏飞工贸有限公司、上海人本集团有限公司、衡阳纺织机械有限公司。

本标准主要起草人:张玉红、张艳、吉云飞、阳艳玲、丁小玄。

转杯纺纱机 压轮轴承

1 范围

本标准规定了转杯纺纱机压轮轴承(以下简称"压轮轴承")的分类、参数和标记、要求、试验方法、检验规则及标志、包装、运输、贮存。

本标准适用于转杯纺纱机对龙带起压紧、支撑和导向作用的压轮的轴承。

2 规范性引用文件

下列文件对于本文件的应用是必不可少的。凡是注日期的引用文件,仅注日期的版本适用于本文件。凡是不注日期的引用文件,其最新版本(包括所有的修改单)适用于本文件。

GB/T 191 包装储运图示标志

GB/T 308—2002 滚动轴承 钢球

GB/T 1958 产品几何量技术规范(GPS) 形状和位置公差 检测规定

GB/T 2828.1—2003 计数抽样检验程序 第1部分:按接收质量限(AQL)检索的逐批检验抽样计划

GB/T 6543 运输包装用单瓦楞纸箱和双瓦楞纸箱

GB/T 8597 滚动轴承 防锈包装

GB/T 18254 高碳铬轴承钢

JB/T 1255—2001 高碳铬轴承钢滚动轴承零件 热处理技术条件

JB/T 5314 滚动轴承 振动(加速度)测量方法

JB/T 6641 滚动轴承 残磁及其评定方法

JB/T 7048—2002 滚动轴承零件 工程塑料保持架技术条件

JB/T 8921—1999 滚动轴承及其商品零件检验规则

3 分类、参数和标记

3.1 分类

按结构型式分为整体式压轮轴承[又可分为芯轴转动整体式压轮轴承(见图1)、外圈转动整体式压轮轴承(见图2)]、分体式压轮轴承(见图3)。

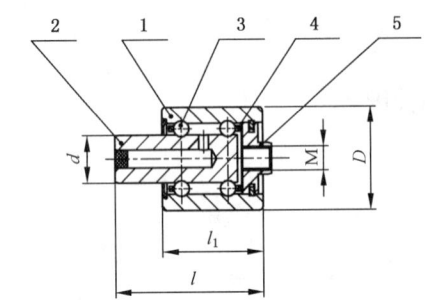

1——外圈；
2——芯轴；
3——钢球；
4——保持架；
5——端盖。

a） 端盖带内螺纹

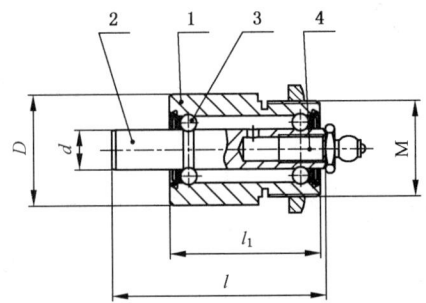

1——外圈；
2——芯轴；
3——钢球；
4——保持架。

b） 外圈带外螺纹

图 1　芯轴转动整体式压轮轴承

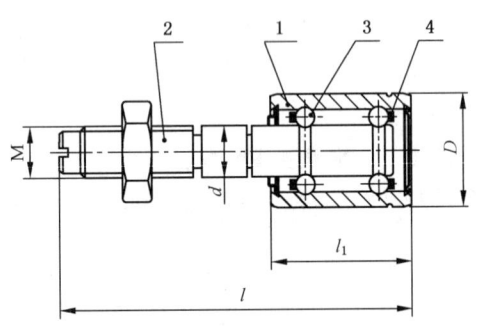

1——外圈；
2——芯轴；
3——钢球；
4——保持架。

a） 芯轴带外螺纹

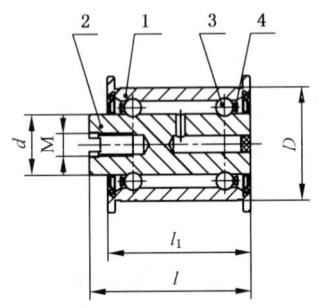

b） 芯轴带内螺纹

图 2　外圈转动整体式压轮轴承

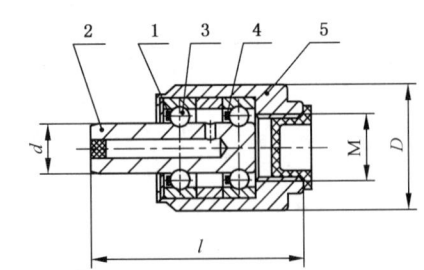

1——外圈；
2——芯轴；
3——钢球；
4——保持架；
5——螺套。

a） 螺套带内螺纹

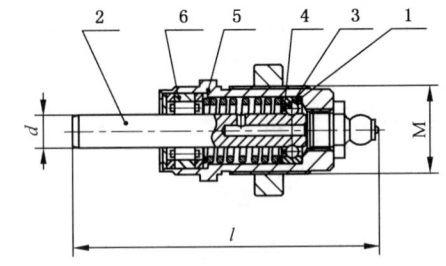

1——外圈；
2——芯轴；
3——钢球；
4——保持架；
5——螺套；
6——纺锭轴承。

b） 螺套带外螺纹

图 3　分体式压轮轴承

3.2 参数

参数见表1。

表 1
单位为毫米

项　　目	参　　数
外圈直径 D	20、22、24、25、26、28、30
芯轴直径 d	7.8、8、10、12、(13.5)、14、(14.5)、16、18
整体式外圈长度 l_1	20、26、31、32、33、35、39、40、43、45
外螺纹	M16×1.5、M21×1、M24×1
内螺纹	M4、M5、M6、M8、M16×1、M16×1.5
注：括号内的参数不推荐使用。	

3.3 标记

3.3.1 标记依次包括以下内容：

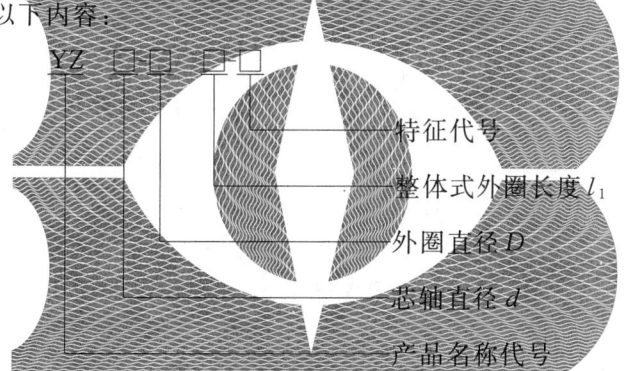

- 特征代号
- 整体式外圈长度 l_1
- 外圈直径 D
- 芯轴直径 d
- 产品名称代号

a) 产品名称代号，用大写字母"YZ"表示；

b) 芯轴直径 d，用公称尺寸表示，单位为毫米；

c) 外圈直径 D，用公称尺寸表示，单位为毫米；

d) 整体式外圈长度 l_1，用公称尺寸表示，单位为毫米；

e) 特征代号，企业自定。

3.3.2 标记示例

示例1：芯轴直径 10 mm、外圈直径 28 mm、整体式外圈长度 39 mm 的压轮轴承，其标记为：YZ10-2839。

示例2：芯轴直径 7.8 mm、外圈直径 24 mm、整体式外圈长度 45 mm 的压轮轴承，其标记为：YZ7.8-2445。

4 要求

4.1 材料和热处理

4.1.1 外圈、芯轴和钢球的材料性能指标应不低于 GB/T 18254 中 GCr15 钢的规定。

4.1.2 外圈、芯轴和钢球的热处理质量应符合 JB/T 1255—2001 的规定。

4.2 钢球

钢球公差等级应不低于 GB/T 308—2002 中 G16 级的规定。

4.3 保持架

保持架的径向拉伸强度、旋转灵活性、滚动体保持性及表面质量,应符合 JB/T 7048—2002 表 1 的规定。

4.4 成套

4.4.1 压轮轴承振动加速度级≤53 dB。

4.4.2 压轮轴承的残磁限值为 0.4 mT。

4.4.3 压轮轴承的径向游隙为 0.005 mm～0.025 mm。

4.4.4 芯轴转动的压轮轴承,芯轴外圆对外圈外圆轴线的径向圆跳动公差 0.020 mm;外圈转动的压轮轴承,外圈外圆对芯轴轴线的径向圆跳动公差 0.040 mm。

4.4.5 压轮轴承的内螺纹公差带 7H;外螺纹公差带 7g。

4.4.6 压轮轴承应旋转灵活、平稳、无阻滞现象。

4.4.7 压轮轴承应密封良好,无持续漏脂现象。

4.4.8 压轮轴承表面应无锈蚀、磕碰伤等缺陷。

5 试验方法

5.1 外圈、芯轴和钢球材料的性能(4.1.1),按 GB/T 18254 的规定检测。

5.2 外圈、芯轴和钢球的热处理质量(4.1.2),按 JB/T 1255—2001 中表 7 的规定检测。

5.3 钢球公差等级(4.2),按 GB/T 308—2002 的规定检测。

5.4 保持架(4.3),按 JB/T 7048—2002 的规定检测。

5.5 振动加速度级(4.4.1),用测振仪按 JB/T 5314 的规定测量。

5.6 残磁(4.4.2),用特斯拉计按 JB/T 6641 的规定测量。

5.7 径向游隙(4.4.3),用专用仪器测量。

5.8 径向圆跳动(4.4.4),用千分表按 GB/T 1958 的规定测量。

5.9 螺纹公差带(4.4.5),用螺纹塞规及螺纹环规测量。

5.10 轴承密封性(4.4.7),在工作转速下运转 10 min 后,取下将压轮轴承表面擦拭干净,再运转 10 min,目测有无漏脂现象。

5.11 其余项目,感官检验。

6 检验规则

6.1 型式检验

6.1.1 在下列情况之一时,应进行型式检验:

a) 新产品投产鉴定时;

b) 结构、工艺、材料有较大改变时;

c) 产品停产两年以上恢复生产时;

d) 第三方进行质量检验时。

6.1.2 检验项目:见第 4 章。

6.2 出厂检验

6.2.1 产品经生产企业的质量部门检验,并附有质量合格证。

6.2.2 检验项目:见 4.4。

6.3 抽样方法和判定规则

6.3.1 材料性能和热处理质量

外圈、芯轴和钢球的材料性能和热处理质量,按 JB/T 8921—1999 的规定。

6.3.2 钢球

按 JB/T 8921—1999 的规定,钢球的检验项目、抽检数量和接收质量限 AQL 或合格判定数,见表 2。

表 2

序号	检验项目	批量	样本数量	AQL	合格判定数
1	球直径变动量	按特殊检验水平 S-4 抽取		0.65	—
2	球形误差			0.65	—
3	滚动体批直径变动量			—	0
4	外观质量			0.65	—
5	表面粗糙度	8~500	3	—	0
		501~35 000	5	—	
		>35 000	8	—	

6.3.3 保持架

保持架按 JB/T 7048—2002 的规定。

6.3.4 成套

按 GB/T 2828.1—2003 的规定,采用正常检验一次抽样方案,从正常检验开始,选用一般检验水平Ⅱ,主要项目的接收质量限 AQL 为 1.5,次要项目的接收质量限 AQL 为 4.0,检验项目见表 3。

表 3

主要项目	次要项目
振动	残磁
径向游隙	螺纹公差带
径向圆跳动	旋转灵活性
密封性	外观质量

6.3.5 判定

样本经检验,材料性能和热处理质量、钢球、保持架及成套项目均合格,则判定该样本符合标准要求;反之,判定该样本不符合标准要求。

6.4 其他

在正常使用条件下,如有不符合本标准情况时,由生产企业会同用户共同处理。

7 标志

7.1 包装箱的储运图示标志按 GB/T 191 的规定。
7.2 压轮轴承表面标识产品标记和生产日期。

8 包装、运输、贮存

8.1 产品的防锈包装按 GB/T 8597 的规定,运输包装按 GB/T 6543 的规定,并有防震措施。
8.2 瓦楞纸箱在储运过程中应避免雨雪、暴晒、受潮和污染,不得采用有损纸箱质量的运输、装卸及工具。
8.3 产品出厂后,在良好的防潮及通风贮存条件下,包装箱内产品的防潮防锈有效期自出厂起为一年。

ICS 59.120.10
W 93

中华人民共和国纺织行业标准

FZ/T 93082—2012

半 精 纺 梳 理 机

Semi-worsted carding machines

2012-05-24 发布　　　　　　　　　　　　　　2012-11-01 实施

中华人民共和国工业和信息化部　　发 布

FZ/T 93082—2012

前　言

本标准按照 GB/T 1.1—2009 给出的规则起草。

本标准由中国纺织工业联合会提出。

本标准由全国纺织机械与附件标准化技术委员会(SAC/TC 215)归口。

本标准由青岛东佳纺机(集团)有限公司、青岛纺织机械股份有限公司、浙江恒强科技股份有限公司、胶南市明天纺织机械厂、中国纺织机械器材工业协会负责起草。

本标准主要起草人:张艳丽、李岱、单宝坤、胡军祥、王连胜。

半 精 纺 梳 理 机

1 范围

本标准规定了半精纺梳理机的型式与基本参数、要求、试验方法、检验规则及标志、包装、运输和贮存。

本标准适用于梳理经过初步开松、混合的天然纤维、化学纤维以及它们混合料的半精纺梳理机。

2 规范性引用文件

下列文件对于本文件的应用是必不可少的。凡是注日期的引用文件,仅注日期的版本适用于本文件。凡是不注日期的引用文件,其最新版本(包括所有的修改单)适用于本文件。

GB/T 191　包装储运图示标志

GB 755　旋转电机　定额和性能

GB 5226.1—2008　机械电气安全　机械电气设备　第1部分:通用技术条件

GB/T 7111.1　纺织机械噪声测试规范　第1部分:通用要求

GB/T 7111.2　纺织机械噪声测试规范　第2部分:纺前准备和纺部机械

FZ/T 90001　纺织机械产品包装

FZ/T 90074　纺织机械产品涂装

FZ/T 90089.1　纺织机械铭牌　型式、尺寸及技术要求

FZ/T 90089.2　纺织机械铭牌　内容

FZ/T 92029　梳棉机　盖板骨架

FZ/T 93019　梳棉机用弹性盖板针布

FZ/T 93038　梳理机用齿条

3 型式与基本参数

型式与基本参数见表1。

表 1

项　目	型式和参数
喂入型式	称重式、容积式、称重容积式、棉箱式等
锡林宽度 mm	1 020、1 520
适纺纤维长度 mm	22～76
锡林转速 r/min	200～360

表 1（续）

项 目	型式和参数
出条定量 g/m	3～8
台时产量 kg/h	7～45
主电机额定功率 kW	≤5.5

4 要求

4.1 外观

4.1.1 产品的外表面应平整、光滑、接缝平齐，紧固件需经表面处理。

4.1.2 表面经镀覆或化学处理的零件，色泽应一致，保护层不应有脱落或露底现象。

4.1.3 各类电线、管路的外露部分应排列整齐，安置牢固。

4.1.4 产品的涂装应符合 FZ/T 90074 的规定。

4.2 喂入系统

4.2.1 喂毛帘子运行平稳，无明显跑偏现象。

4.2.2 喂入重量不匀率：机械称重式≤3％；电子称重式≤1.5％。

4.2.3 喂毛斗机架振幅≤0.30 mm。

4.3 梳理系统

4.3.1 锡林、道夫轴承座振幅≤0.10 mm。

4.3.2 盖板应符合 FZ/T 92029 的规定。

4.3.3 盖板不应有明显起伏现象，跑偏量≤1 mm。

4.3.4 盖板托脚最高点的水平方向振幅≤0.15 mm。

4.3.5 全机辊子隔距左右需均匀，转动无异响。

4.4 安装质量

4.4.1 锡林、道夫、刺辊左右轴承中心等高差≤0.05 mm。

4.4.2 盖板无明显跑偏。

4.4.3 盖板最高点水平方向振幅≤0.15 mm。

4.4.4 圈条器顶盘振幅≤0.3 mm。

4.5 传动系统

4.5.1 全机各传动机构运转平稳，无异常振动和声响。

4.5.2 全机各辊运转正常，速比稳定。

4.5.3 全机各轴承润滑良好，其外壳温升≤20 ℃。

4.5.4 链条无爬链和脱链现象。

4.6 安全防护

4.6.1 全机防护罩壳安装位置准确,牢固可靠;安全警示标示醒目。

4.6.2 自停机构的控制动作灵敏、可靠、信号显示准确。

4.6.3 电气部分保护接地电路的连续性应符合 GB 5226.1—2008 中 18.2.2 的规定。

4.6.4 电气部分的绝缘性能应符合 GB 5226.1—2008 中 18.3 的规定。

4.6.5 电气部分的耐压性能应符合 GB 5226.1—2008 中 18.4 的规定。

4.6.6 电动机的安全性能应符合 GB 755 的有关规定。

4.7 噪声

发射声压级≤82 dB(A)。

4.8 功率消耗

主电机输入功率≤额定功率的 70%。

4.9 配套的针布、齿条

4.9.1 配套的针布应符合 FZ/T 93019 的有关规定。

4.9.2 配套的齿条应符合 FZ/T 93038 的有关规定。

5 试验方法

5.1 检测方法

5.1.1 4.1.1~4.1.3、4.2.1、4.4.2、4.5.1、4.5.4、4.6.1、4.6.2 采用目测、耳听、手感法检测。

5.1.2 4.1.4 按 FZ/T 90074 的有关规定检测。

5.1.3 4.2.2 用精度为 1 mg 的电子天平以每手称重法检测,原料采用 1.67 dtex×38 mm 涤纶纤维,连续称量 20 次;每次称量在设定重量为 150 g,喂入周期为 45 s 的条件下按式(1)计算喂入重量不匀率:

$$H = \frac{2(q-q_1)n_1}{qn} \times 100\% \qquad \cdots\cdots\cdots\cdots\cdots\cdots (1)$$

式中:

H ——喂入重量不匀率,%;

q ——试验总次数的平均重量,单位为克(g);

q_1 ——平均重量以下的平均喂入量,单位为克(g);

n_1 ——平均重量以下的试验次数;

n ——试验总次数。

5.1.4 4.2.3 用测振仪在机架中部离地面 1 m 处检测。

5.1.5 4.3.1、4.3.4、4.4.3、4.4.4 用测振仪检测。

5.1.6 4.3.2 按 FZ/T 92029 的规定检测。

5.1.7 4.3.3 用深度游标卡尺检测。

5.1.8 4.3.5 用隔距片检测。

5.1.9 4.4.1 用百分表检测。

5.1.10 4.5.2 用转速表检测。

5.1.11 4.5.3 用点温计在轴承外壳检测。

5.1.12　4.6.3 用接地电阻测试仪检测。

5.1.13　4.6.4 用兆欧表检测。

5.1.14　4.6.5 用耐压试验仪检测。

5.1.15　4.6.6 按 GB 755 的相关规定检测。

5.1.16　4.7 按 GB/T 7111.1、GB/T 7111.2 规定的方法检测。

5.1.17　4.8 用三相功率表检测。

5.1.18　4.9.1 按 FZ/T 93019 的相关规定检测。

5.1.19　4.9.2 按 FZ/T 93038 的相关规定检测。

5.2　空车试验

5.2.1　试验条件

5.2.1.1　锡林转速按最高设计转速的 70%。

5.2.1.2　运转时间＞2 h。

5.2.2　检验项目

4.1、4.2.1、4.2.3、4.3(除 4.3.2 外)、4.5～4.8。

5.3　工作负荷试验

5.3.1　试验条件

5.3.1.1　应符合使用厂工艺要求的温湿度。

5.3.1.2　在使用厂正常运转一个星期后进行。

5.3.2　检验项目

4.2.2。

6　检验规则

6.1　组批及抽样方法

6.1.1　组批

由相同生产条件下生产的同一规格(型号)的产品组成一批。

6.1.2　抽样方法

6.1.2.1　出厂检验

在每批中随机抽取 1 台。

6.1.2.2　型式检验

在出厂检验合格的产品中抽取 1 台。

6.2　检验分类

检验分出厂检验和型式检验。

6.2.1 出厂检验

6.2.1.1 出厂检验项目为本标准的 4.1、4.2.1、4.2.3、4.4～4.6。

6.2.1.2 每台产品须经制造厂质量检验部门按本标准检验合格后方可出厂,并附有产品质量合格证。

6.2.2 型式检验

6.2.2.1 型式检验项目为本标准第 4 章规定的全部内容。

6.2.2.2 在下列情况之一时,应进行型式检验:
——新产品或老产品转厂生产的试制定型鉴定;
——正式生产后,产品的结构、材料、工艺有较大改变,可能影响产品性能时;
——出厂检验结果与上次型式检验有较大差异时;
——产品停产一年以上,恢复生产时;
——国家有关部门提出进行型式检验要求时。

6.3 判定规则

6.3.1 出厂检验

检验结果如有两项及两项以上指标不符合本标准要求时,判定整批产品不合格;有一项指标不符合本标准要求时,允许重新取样进行复验,如复验结果仍不符合本标准技术指标的要求,则判定整批产品为不合格。

6.3.2 型式检验

检验结果如有一项及一项以上指标不符合本标准要求时,则判定产品为不合格。

6.4 其他

使用厂在安装调试产品过程中发现有不符合本标准时,由制造厂会同使用厂协商处理。

7 标志、包装、运输和贮存

7.1 标志

7.1.1 包装储运图示标志按 GB/T 191 的规定。

7.1.2 产品铭牌按 FZ/T 90089.1 和 FZ/T 90089.2 的规定。

7.2 包装

产品包装按 FZ/T 90001 的规定。

7.3 运输

产品在运输过程中应按规定的起吊位置起吊,包装箱应按规定朝向安置,不得倾倒或改变方向。

7.4 贮存

产品出厂后,在有良好防雨、防腐蚀及通风的贮存条件下,包装箱内的机件防潮、防锈有效期为一年。

ICS 59.120.10
W 90

中华人民共和国纺织行业标准

FZ/T 93086.1—2012

集聚纺纱用网格圈试验方法
第1部分：内周长

Testing method of lattice apron for compact spinning process—
Part 1:Inner perimeter

2012-12-28 发布   2013-06-01 实施

中华人民共和国工业和信息化部   发 布

FZ/T 93086.1—2012

前　言

FZ/T 93086《集聚纺纱用网格圈试验方法》分为两个部分：
——第1部分：内周长；
——第2部分：空隙率。

本部分为 FZ/T 93086 的第1部分。

本标准按照 GB/T 1.1—2009 给出的规则起草。

本部分由中国纺织工业联合会提出。

本部分由全国纺织机械与附件标准化技术委员会纺织器材分技术委员会（SAC/TC 215/SC 2）归口。

本部分起草单位：国家纺织器材质量监督检验中心、常州市同和纺织机械制造有限公司。

本部分主要起草人：胡新立、郭康、崔桂生、唐国新。

集聚纺纱用网格圈试验方法
第1部分:内周长

1 范围

FZ/T 93086 的本部分规定了测量集聚纺纱用网格圈内周长的试验仪器、试样、条件、步骤和结果。
本部分适用于测量棉、毛、麻、化纤及其混纺集聚纺纱用网格圈内周长。

2 试验仪器

集聚纺纱用网格圈内周长测试仪应符合下列要求:

a) 如图1所示,测试仪测量装置由一个固定测量杆和一个与其平行的活动测量杆组成;测量杆直径为 10 mm,长度为 40 mm;活动测量杆的位移速度不大于 120 mm/min;测试仪示值误差不大于 0.02 mm,能显示内周长和内径。

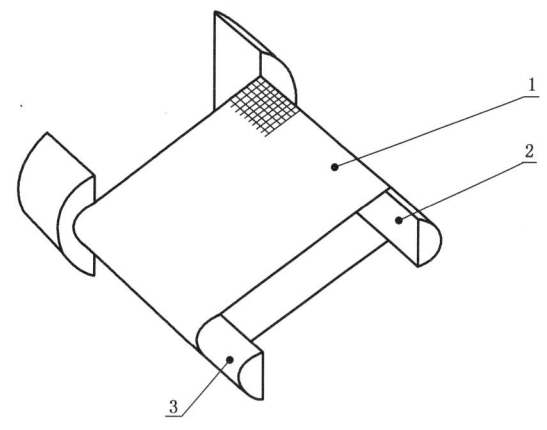

说明:

1——网格圈;

2——固定测量杆;

3——活动测量杆。

图 1 测试仪测量装置示意

b) 测量时施加于试样的张力为 5.0 N。

3 试样

试样为成品网格圈。

4 试验条件

4.1 试验标准环境

4.1.1 温度:(23±2) ℃。

4.1.2 相对湿度:(50±5)%。

4.2 试样状态调节

试样在试验标准环境下散开放置时间不少于4 h。

5 试验步骤

5.1 按照测试仪的使用说明调整测试仪。

5.2 将试样无张力安置于测试仪的两测量杆上。

5.3 开动测试仪,其活动测量杆以不大于120 mm/min的移动速度将测量力施加于试样上,待显示数值稳定后,读取内周长或内径值,精确到0.01 mm。

5.4 在同一试样的不同位置分别测量三次。

6 试验结果

试验结果取三次测量值的算术平均值。

ICS 59.120.10
W 90

中华人民共和国纺织行业标准

FZ/T 93086.2—2012

集聚纺纱用网格圈试验方法
第2部分:空隙率

Testing method of lattice apron for compact spinning process—
Part 2:Interstice rate

2012-12-28 发布

2013-06-01 实施

中华人民共和国工业和信息化部　　发 布

前　言

FZ/T 93086《集聚纺纱用网格圈试验方法》分为两个部分：
——第 1 部分：内周长；
——第 2 部分：空隙率。

本部分为 FZ/T 93086 的第 2 部分。

本标准按照 GB/T 1.1—2009 给出的规则起草。

本部分由中国纺织工业联合会提出。

本部分由全国纺织机械与附件标准化技术委员会纺织器材分技术委员会（SAC/TC 215/SC 2）归口。

本部分起草单位：国家纺织器材质量监督检验中心、常州市同和纺织机械制造有限公司。

本部分主要起草人：李伟、胡新立、崔桂生、唐国新。

集聚纺纱用网格圈试验方法
第2部分:空隙率

1 范围

FZ/T 93086 的本部分规定了测试集聚纺纱用网格圈空隙率的试验原理、仪器、试样、条件、步骤和结果。

本部分适用于测试棉、毛、麻、化纤及其混纺集聚纺纱用网格圈空隙率。

2 试验原理

在同一负压系统,测试放置网格圈前、后气压值的百分比,表示其空隙率。

3 试验仪器

集聚纺纱用网格圈空隙率测试仪应符合下列要求:

a) 如图1所示,测试仪测试装置由一个可产生(2 500±30)Pa 负压的管状密封体组成,密封体上方开有一个长为 17 mm、宽为 2 mm 的长圆形测试槽;

b) 网格圈在测试仪上受到的张力为 5.0 N;

c) 示值偏差为±60 Pa;

d) 以测试槽中心线为基准,测试头全覆盖测试槽。

单位为毫米

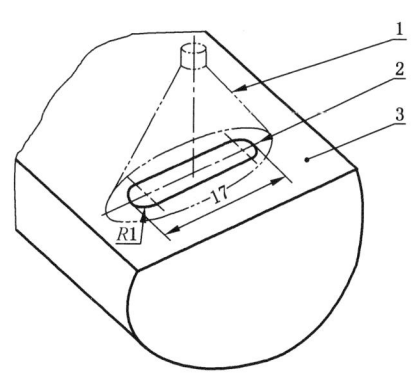

说明:
1——测试头;
2——测试槽;
3——密封体。

图 1 测试仪测试装置示意

4 试样

试样为成品网格圈。

5 试验条件

5.1 试验标准环境

5.1.1 温度:(23±2)℃。

5.1.2 相对湿度:(50±5)%。

5.2 试样状态调节

试样在试验标准环境下散开放置时间不少于 4 h。

6 试验步骤

6.1 按照测试仪的使用说明调整测试仪。

6.2 将试样宽度的中部对准测试槽中心线,试样受到的张力为 5.0 N,用测试头测试放置试样前、后的气压值,待气压稳定后读取气压值。

6.3 计算放置试样前、后气压值的百分比,精确到 0.1%。

6.4 在同一试样的不同位置分别测试三次。

7 试验结果

试验结果取三次测试值的算术平均值。

————————

ICS 59.120.10
W 93

中华人民共和国纺织行业标准

FZ/T 93087—2013

转杯纺纱机 假捻盘

Rotor type open-end spinning machine—Navel

2013-07-22 发布

2013-12-01 实施

中华人民共和国工业和信息化部 发布

FZ/T 93087—2013

前　言

本标准按照 GB/T 1.1—2009 给出的规则起草。

本标准由中国纺织工业联合会提出。

本标准由全国纺织机械与附件标准化技术委员会纺纱、染整机械分技术委员会(SAC/TC 215/SC 1)归口。

本标准起草单位:上海淳瑞机械科技有限公司、国家纺织机械质量监督检验中心、无锡市宏飞工贸有限公司、苏州赛琅泰克高技术陶瓷有限公司、新昌县城关启航机械厂。

本标准主要起草人:胡洪波、张秀丽、吉云飞、安旭舫、丁顶。

转杯纺纱机　假捻盘

1　范围

本标准规定了转杯纺纱机假捻盘的参数、分类与标记、要求、试验方法、检验规则、标志及包装、运输、贮存。

本标准适用于转杯纺纱机假捻盘(以下简称"假捻盘")。

2　规范性引用文件

下列文件对于本文件的应用是必不可少的。凡是注日期的引用文件,仅注日期的版本适用于本文件。凡是不注日期的引用文件,其最新版本(包括所有的修改单)适用于本文件。

GB/T 191　包装储运图示标志

GB/T 2413　压电陶瓷材料体积密度测量方法

GB/T 6543　运输包装用单瓦楞纸箱和双瓦楞纸箱

GB/T 10610　产品几何技术规范(GPS)　表面结构　轮廓法　评定表面结构的规则和方法

FZ/T 90001　纺织机械产品包装

3　参数、分类与标记

3.1　参数

主要参数见表1。

表 1
单位为毫米

项　　目	参　　数	
	金属假捻盘	陶瓷假捻盘
曲率半径 R	4、7(6.5)、8、10	4、5、7(6.5)、8、10
中心孔直径 d[a]	2、2.5、3、3.5	
[a]　中心孔直径 d 为中心孔最小处直径。		

3.2　分类

3.2.1　按工作面材料分为:金属假捻盘和陶瓷假捻盘。

3.2.2　按工作面表面形状分为:光面假捻盘(见图1)、刻槽假捻盘(见图2)、螺旋形假捻盘(见图3)。

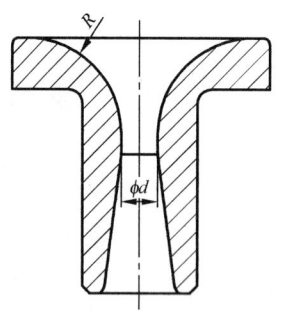

图 1　光面假捻盘

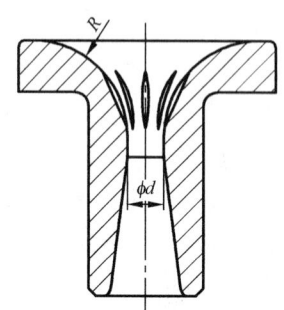

图 2　刻槽假捻盘

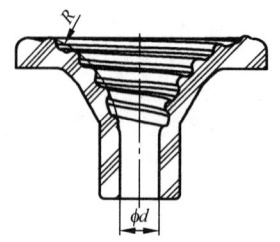

图 3　螺旋形假捻盘

3.3　标记

3.3.1　标记内容

标记包括以下内容：

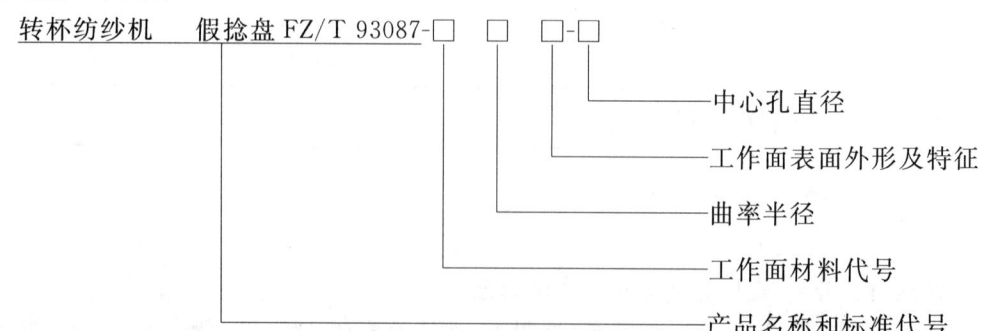

a)　产品名称和标准代号："转杯纺纱机　假捻盘"及标准代号 FZ/T 93087；

b)　工作面材料代号："金属假捻盘"用大写字母"J"表示，"陶瓷假捻盘"用大写字母"T"表示；

c)　曲率半径：用尺寸数字表示，单位为毫米；

d) 工作面表面形状及特征:"光面假捻盘"用大写字母"G"表示,"刻槽假捻盘"用大写字母"K"和数字表示,数字表示刻槽槽数,"螺旋形假捻盘"用大写字母"L"表示;

e) 中心孔直径:用尺寸数字表示,单位为毫米,直径为 2.5 mm 的可省略。

注:本标记用于技术文件、货物订单等场合;用于金属假捻盘非工作面作产品代码时,可省略产品名称、标准代号及工作面材料代号。

3.3.2 标记示例

示例1:金属刻槽假捻盘,曲率半径为 10 mm,刻槽数 4 槽,中心孔直径为 3 mm,其标记如下:

转杯纺纱机　假捻盘 FZ/T 93087-J10K4-3

示例2:陶瓷螺旋形假捻盘,曲率半径为 4 mm,中心孔直径为 2.5 mm,其标记如下:

转杯纺纱机　假捻盘 FZ/T 93087-T4L

4　要求

4.1　体积密度

氧化铝 99 陶瓷假捻盘的体积密度 $\geqslant$ 3.91 g/cm³。

4.2　表面粗糙度

4.2.1　金属假捻盘工作面的表面粗糙度 Ra 0.8 μm。

4.2.2　陶瓷假捻盘工作面的表面粗糙度 Ra 0.4 μm。

4.3　表面镀铬层厚度

金属假捻盘的表面镀铬层厚度 $\geqslant$ 0.03 mm。

4.4　外观质量

假捻盘工作面应光滑,无裂纹、毛刺,不挂纤维。

5　试验方法

5.1　氧化铝 99 陶瓷假捻盘的体积密度(4.1),按 GB/T 2413 的规定,用密度测试仪检测。

5.2　金属假捻盘工作面的表面粗糙度(4.2.1),用表面粗糙度样板比对检测。

5.3　陶瓷假捻盘工作面的表面粗糙度(4.2.2),按 GB/T 10610 规定,用表面粗糙度仪检测。

5.4　金属假捻盘的表面镀铬层厚度(4.3),用镀层测厚仪或金相显微镜测量中心孔直径沿轴向向上 0.5R 处工作面的镀层厚度。

5.5　外观质量(4.4),用棉条擦拭假捻盘的工作面,目测是否挂纤维。

6　检验规则

6.1　型式检验

6.1.1　在下列情况之一时,应进行型式检验:

a) 新产品投产鉴定时;

b) 结构、工艺、材料有较大改变时;

c) 产品长期停产,恢复生产时;

　　d)　第三方进行质量检验时。

6.1.2　检验项目:见第4章。

6.2　出厂检验

6.2.1　产品由生产企业的质量检验部门检验合格后方可出厂,并应附有产品合格证。

6.2.2　检验项目:4.1、4.2、4.4。

6.3　抽样方法和判定规则

6.3.1　假捻盘的检验项目、抽检数量和合格率,金属假捻盘见表2,陶瓷假捻盘见表3。

表 2

序号	检验项目	批量	样本数量	合格率
1	金属假捻盘工作面的表面粗糙度、外观质量	≤2 500	50	100%
2		>2 500	80	100%

表 3

序号	检验项目	批量	样本数量	合格率
1	外观质量	≤2 500	50	100%
		>2 500	80	100%
2	陶瓷假捻盘工作面的表面粗糙度、氧化铝99陶瓷假捻盘体积密度	≤2 500	3	100%
3		>2 500	5	100%

6.3.2　样本经过检验,其合格率均达到要求,判该批产品合格。

7　标志

　　包装箱的储运图示标志,按GB/T 191的规定。

8　包装、运输、贮存

8.1　产品的包装按FZ/T 90001的规定,运输包装按GB/T 6543的规定,并有防震措施。

8.2　瓦楞纸箱在储运过程中应避免雨雪、暴晒、受潮和污染,不得采用有损纸箱的运输、装卸及工具。

8.3　产品出厂后,在良好的防潮及通风贮存条件下,包装箱内产品的防潮防锈有效期自出厂起为一年。

ICS 59.120.10
W 93

中华人民共和国纺织行业标准

FZ/T 93088—2014

棉纺悬锭自动落纱粗纱机

Auto-doffing roving frame for cotton with suspended flyer

2014-05-06 发布　　　　　　　　　　　　2014-10-01 实施

中华人民共和国工业和信息化部　　发 布

前　言

本标准按照 GB/T 1.1—2009 给出的规则起草。

本标准由中国纺织工业联合会提出。

本标准由全国纺织机械与附件标准化技术委员会纺纱、染整机械分技术委员会(SAC/TC 215/SC 1)归口。

本标准起草单位:国家纺织机械质量监督检验中心、天津宏大纺织机械有限公司、赛特环球机械(青岛)有限公司、河北太行机械工业有限公司、青岛天一集团红旗纺织机械有限公司、常州市同和纺织机械制造有限公司、无锡宏源机电科技有限公司、无锡中氏机械有限公司。

本标准主要起草人:张秀丽、冯广轩、王成吉、刘晖、高玉刚、屈臻辉、缪小方、何志明。

棉纺悬锭自动落纱粗纱机

1 范围

本标准规定了棉纺悬锭自动落纱粗纱机的分类、规格和参数、要求、试验方法、检验规则及标志、包装、运输、贮存。

本标准适用于棉及纤维长度在 65 mm 以下化纤等其他纤维的纯纺、混纺的棉纺悬锭自动落纱粗纱机。

2 规范性引用文件

下列文件对于本文件的应用是必不可少的。凡是注日期的引用文件,仅注日期的版本适用于本文件。凡是不注日期的引用文件,其最新版本(包括所有的修改单)适用于本文件。

GB/T 191 包装储运图示标志

GB 2894 安全标志及其使用导则

GB 5226.1—2008 机械电气安全 机械电气设备 第1部分:通用技术条件

GB/T 7111.1 纺织机械噪声测试规范 第1部分:通用要求

GB/T 7111.2 纺织机械噪声测试规范 第2部分:纺前准备和纺部机械

GB/T 17626.2—2006 电磁兼容 试验和测量技术 静电放电抗扰度试验

GB/T 17626.4—2008 电磁兼容 试验和测量技术 电快速瞬变脉冲群抗扰度试验

FZ/T 90001 纺织机械产品包装

FZ/T 90086 纺织机械与附件 下罗拉轴承和有关尺寸

FZ/T 90089.1 纺织机械铭牌 型式、尺寸及技术要求

FZ/T 90089.2 纺织机械铭牌 内容

FZ/T 92013 SL系列上罗拉轴承

FZ/T 92024 LZ系列下罗拉轴承

FZ/T 92033 粗纱悬锭锭翼

FZ/T 92036 弹簧加压摇架

FZ/T 92072 气动加压摇架

FZ/T 92081 板簧加压摇架

FZ/T 93034—2006 棉纺悬锭粗纱机

FZ/T 93043 棉纺并条机

FZ/T 93064 棉粗纱机牵伸下罗拉

3 分类、规格和参数

3.1 分类

棉纺悬锭自动落纱粗纱机按落纱形式分为:内置式自动落纱粗纱机和外置式自动落纱粗纱机。

3.2 规格和参数

规格和参数见表1。

表 1

项　　　目	规　格　和　参　数			
适纺线密度/tex	200～1 250			
输出、喂入下罗拉最大中心距/mm	190			
牵伸形式	三罗拉皮圈牵伸		四罗拉皮圈牵伸	
下罗拉直径/mm	28、25、28 28、28、28 28.5、28.5、28.5 32、28、32 32、30、32		28、28、25、28 28、28、28、28 28.5、28.5、28.5、28.5 30、30、25.5、30 32、32、28、32 32、32、28.5、32 32、32、32、32	
上罗拉直径/mm	28、25、28 31、25、31		28、28、25、28 31、31、25、31	
牵伸倍数	4～12			
捻度范围/(捻/m)	18～100			
锭数/锭	96+12×n^a			
锭距/mm	185	194	216、220	260
粗纱成形最大尺寸/mm	$\phi 130 \times 400$	$\phi 135 \times 400$	$\phi 150 \times 400$	$\phi 150 \times 400$
筒管尺寸/mm	$\phi 45 \times 445$			
锭翼工艺转速/(r/min)	1 000～1 500			
锭翼形式	悬锭			
锭杆形式	下锭杆			
加压形式	弹簧加压、气动加压、板簧加压			
喂入架型式	积极式高架导条辊			
传动方式	多电机传动			
^{a} n 为大于或等于零的整数。				

4　要求

4.1　主要专件和部件

4.1.1　上罗拉轴承应符合 FZ/T 92013 的规定。

4.1.2　下罗拉应符合 FZ/T 93064 的规定。

4.1.3　下罗拉轴承应符合 FZ/T 92024 的规定。

4.1.4　下罗拉轴承座应符合 FZ/T 90086 的规定。

4.1.5　弹簧加压摇架应符合 FZ/T 92036 的规定;气动加压摇架应符合 FZ/T 92072 的规定;板簧加压

摇架应符合 FZ/T 92081 的规定。

4.1.6 锭翼应符合 FZ/T 92033 的规定。

4.1.7 传动齿轮箱、换向齿轮箱、蜗轮箱的安装应正确,箱体内无残留灰尘、杂质,密封性能良好,无渗漏现象,且齿轮啮合适当,转动轻快。

4.1.8 自动加油装置工作状态良好。

4.2 传动系统

传动系统应符合 FZ/T 93034—2006 中 4.2 的规定。

4.3 牵伸系统

牵伸系统应符合 FZ/T 93034—2006 中 4.3 的规定。

4.4 卷绕系统

4.4.1 下锭杆顶端的径向圆跳动不大于 0.20 mm。

4.4.2 下锭杆中心与锭翼的旋转中心同轴度不大于 1.0 mm。

4.4.3 锭翼的压掌内侧旋转最小半径的范围为 19 mm～22 mm。

4.4.4 锭翼的压掌应定位准确、可靠,转动灵活。

4.4.5 龙筋升降平稳,无顿挫抖动现象。

4.4.6 龙筋移出托手移动准确到位、移动传动轴传动平稳。

4.4.7 驱动筒管传动的万向轴摆角应满足落纱机构的要求,且运转平稳,润滑良好。

4.5 落纱交换机构

4.5.1 下锭杆中心与吊锭中心位置偏差不大于 2.0 mm。

4.5.2 纱管输送机构运行平稳、无顿挫。

4.5.3 升降机构运行平稳、定位准确。

4.5.4 取满纱成功率不小于 99%。

4.5.5 放空管成功率不小于 99%。

4.6 自动生头成功率

自动生头成功率不小于 99%。

4.7 空满管交换机构

4.7.1 吊锭中心与空满管交换托手中心位置偏差不大于 2.0 mm。

4.7.2 空满管交换过程运行平稳、定位准确。

4.7.3 空满管交换成功率不小于 99%。

4.8 电气、自动控制及安全

4.8.1 电气设备的连接和布线,应符合 GB 5226.1—2008 中 13.1 的规定。

4.8.2 电气设备的导线标识,应符合 GB 5226.1—2008 中 13.2 的规定。

4.8.3 电气设备保护联结电路的连续性,应符合 GB 5226.1—2008 中 18.2.2 的规定。

4.8.4 电气设备的绝缘性能,应符合 GB 5226.1—2008 中 18.3 的规定。

4.8.5 电气设备的耐压试验,应符合 GB 5226.1—2008 中 18.4 的规定。

4.8.6　电气设备的电快速瞬变脉冲群抗扰度性能,应符合 GB/T 17626.4—2008 中第 3 等级的规定。

4.8.7　电气设备的静电放电抗扰度性能,应符合 GB/T 17626.2—2006 中第 4 等级的规定,试验时设备不应有非正常动作。

4.8.8　自动落纱监测装置和空满管交换监测装置的自动监测、控制机构应动作准确、灵敏、可靠。

4.8.9　人机界面操作便捷、反应及时、显示正确;驱动系统控制可靠有效、动作准确。

4.8.10　锭翼区域应装有必要的安全装置,防止对人身的伤害。

4.9　清洁装置

4.9.1　吸口真空度不小于 300 Pa。

4.9.2　吹吸管及风道内表面应光滑、无锈蚀,且不挂纤维。

4.10　噪声

锭翼转速为 1 300 r/min 时,全机噪声的发射声压级不大于 86.5 dB(A)。

4.11　功率消耗

空车运转电机功率消耗应符合表 2 的规定。不同锭数功率消耗值应按 FZ/T 93034—2006 中附录 A 计算。

表 2

项　目	规　格　与　参　数					
	齿轮传动				齿形带传动	
锭距/mm	185	194	216、220	260	194	216、220
锭数/锭	120					
锭翼转速/(r/min)	1 300					
功率消耗/kW	≤11.5	≤12	≤12.5	≤13	≤16	≤16.5

4.12　外观质量

外观质量应符合 FZ/T 93034—2006 中 4.9 的规定。

4.13　粗纱质量

4.13.1　粗纱条干均匀度变异系数 CV 见表 3。

表 3　　　　　　　　　　　　　　　　　　　　　　　　　　　　　　　　　%

项　目	适纺线密度					
	714 tex	625 tex	555 tex	500 tex	455 tex	417 tex
普梳纯棉	≤5.5	≤5.5	≤5.6	≤5.6	≤5.7	≤5.70
精梳纯棉	≤3.6	≤3.6	≤3.6	≤3.6	≤3.7	≤3.7

4.13.2　假捻器的假捻效果好,耐磨性能强。

4.13.3　粗纱成形良好,无脱圈、冒纱等不良现象。

4.14 断头率

锭翼转速为 1 000 r/min 时,纯棉断头率不大于 2.5 根/(百锭·h),涤棉断头率不大于 1.5 根/(百锭·h)。

5 试验方法

5.1 检验方法

5.1.1 传动系统(4.2)中,各齿轮轴承、主轴轴承温升用表面温度计在各轴承座表面测量。

5.1.2 牵伸系统(4.3)中,纱条通道表面质量用棉纤维束在通道内擦拭检测。

5.1.3 下锭杆顶端的径向圆跳动(4.4.1),用百分表在锭杆顶端向下 20 mm 处测量。

5.1.4 下锭杆中心与锭翼的旋转中心同轴度(4.4.2),用同轴度专用工具测量。

5.1.5 锭翼的压掌内侧旋转最小半径(4.4.3),用专用定规在锭翼旋转中心与压掌导纱孔平齐位置处测量。

5.1.6 下锭杆中心与吊锭中心位置偏差(4.5.1)和吊锭中心与空满管交换托手中心位置偏差(4.7.1),将半径为 2 mm 的同心圆定心规放在下锭杆和交换托手上目测测量。

5.1.7 取满纱成功率(4.5.4)、放空管成功率(4.5.5)、自动生头成功率(4.6)、空满管交换成功率(4.7.3),按两次落纱的锭数统计,取其平均值计算。

5.1.8 电气设备的连接和布线(4.8.1),检查接线是否牢固;两端子之间的导线和电缆是否有接头和拼接点;电缆和电缆束的附加长度是否满足连接和拆卸的需要。

5.1.9 电气设备导线的标识(4.8.2),检查导线的每个端部是否有标记;如果用颜色作导线标记时,应符合标准的相关规定。

5.1.10 电气设备的保护联结电路连续性(4.8.3),按 GB 5226.1—2008 中 18.2.2 的规定测试(测试数据判定按 GB 5226.1—2008 附录 G 的规定)。

5.1.11 电气设备的绝缘性能(4.8.4),用兆欧表测试。

5.1.12 电气设备的耐压试验(4.8.5),用耐压测试仪测试。

5.1.13 电气设备的电快速瞬变脉冲群抗扰度性能试验(4.8.6),用电快速瞬变脉冲群发生器进行测试,受试设备的功能、动作要符合规定的要求。试验时,在受试设备供电电源端口及 PE 端口输出干扰的试验电压峰值为 2 kV,重复频率为 5 kHz 或者 100 kHz;输入、输出信号、数据和控制端口试验电压峰值为 1 kV,重复频率为 5 kHz 或者 100 kHz,试验时间不少于 1 min,正负极性均需测试。

5.1.14 电气设备的静电放电抗扰度性能试验(4.8.7),用静电放电发生器进行测试。采用接触放电 8 kV、空气放电 15 kV。

5.1.15 清洁装置(4.9.1),吸口真空度用 U 型管或微电脑数字压力计检测。

5.1.16 机器噪声(4.10),按 GB/T 7111.1 和 GB/T 7111.2 的规定检测。

5.1.17 功率消耗(4.11),用功率表检测。

5.1.18 断头率(4.14),目测统计一次落纱的时间和断头根数,换算出断头率。

5.1.19 其余项目,用通用量具或感官检测。

5.2 空车运转试验

5.2.1 试验条件:上、下罗拉按摇架的最大加压值;传动齿轮箱、蜗轮箱、换向齿轮箱等的油号油量按产品设计文件的规定。

5.2.2 试验电源:三相交流电压,额定电压(380±38)V,频率(50±1)Hz。

5.2.3 试验锭翼转速:1 300 r/min。

5.2.4 试验时间:4 h。

5.2.5 检验项目:4.2～4.4、4.5.1～4.5.3、4.7.1、4.7.2、4.8～4.12。

5.3 工作负荷试验

5.3.1 试验条件:

    a) 根据试纺品种,选择合理工艺参数;

    b) 环境温度(25±5)℃,相对湿度55%～65%;

    c) 纺纱工艺及参数由制造厂和用户商定;

    d) 喂入棉条按FZ/T 93043中末并水平的要求。

5.3.2 试验时间:正常生产一个月后。

5.3.3 检验项目:4.5.4、4.5.5、4.6、4.7.3、4.13、4.14。

6 检验规则

6.1 型式检验

6.1.1 产品在下列情况之一时,进行型式检验:

    a) 新产品鉴定时;

    b) 产品的结构、材料、工艺有较大改变,可能影响产品性能时;

    c) 产品停产两年以上恢复生产时;

    d) 第三方进行质量检验时。

6.1.2 检验项目:第4章。

6.2 出厂检验

6.2.1 每月或每批产品出厂前抽取1台全装。

6.2.2 每台产品出厂前应由制造厂的检验部门按本标准检验合格,并附有产品合格证方能出厂。

6.2.3 检验项目:见 4.2～4.4、4.5.1～4.5.3、4.7.1、4.7.2、4.8.1～4.8.4、4.8.8～4.8.10、4.9～4.12。

6.3 抽样规则与判定原则

6.3.1 单项符合标准检验要求,判单项合格;若同一项目需检验若干处,其检测结果85%以上符合标准要求,则判该项目合格。

6.3.2 每项检验全部合格,判定该产品符合标准要求。

6.4 其他

    产品出厂一年内,用户在安装调试过程中,发现有项目不符合本标准时,制造厂应会同用户共同处理。

7 标志

7.1 包装箱上的储运图示标志,按 GB/T 191 的规定。

7.2　产品铭牌及铭牌内容,按 FZ/T 90089.1 和 FZ/T 90089.2 的规定。

7.3　产品安全标志,按 GB 2894 的规定。

8　包装、运输和贮存

8.1　产品的包装,按 FZ/T 90001 的规定。

8.2　产品在运输过程中,须按规定的位置起吊,包装箱应按规定的朝向放置,不得倾倒或改变方向。

8.3　产品出厂后,在良好防雨及通风条件下贮存,包装箱内零件防锈、防潮有效期自出厂之日起一年。

———————

ICS 59.120.10
W 93

中华人民共和国纺织行业标准

FZ/T 93089—2014

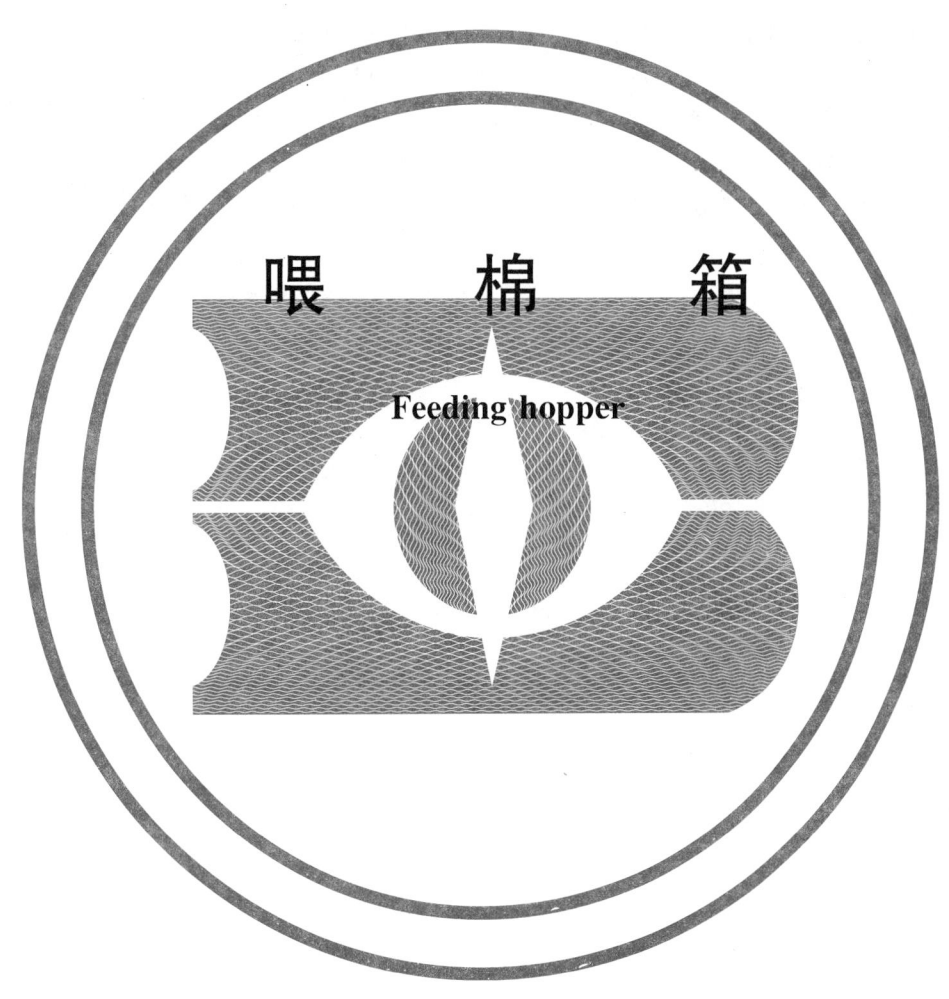

喂　棉　箱

Feeding hopper

2014-05-06 发布　　　　　　　　　　　　　　2014-10-01 实施

中华人民共和国工业和信息化部　　发 布

FZ/T 93089—2014

前　言

本标准按照 GB/T 1.1—2009 给出的规则起草。

本标准由中国纺织工业联合会提出。

本标准由全国纺织机械与附件标准化技术委员会纺纱、染整机械分技术委员会(SAC/TC 215/SC 1)归口。

本标准起草单位:青岛东佳纺机(集团)有限公司、国家纺织机械质量监督检验中心、青岛宏大纺织机械有限责任公司、青岛即墨第一纺织机械厂、卓郎(金坛)纺织机械有限公司、江阴市天顺科技发展有限公司、太仓市双凤非织造布设备有限公司、江苏迎阳无纺机械有限公司、郑州宏大新型纺机有限责任公司、青岛东昌纺机制造有限公司。

本标准主要起草人:纪合聚、李立平、贾坤、孙振华、张永平、徐林虎、范臻、范立元、徐国胜、邵长新。

喂　棉　箱

1　范围

本标准规定了喂棉箱的分类、参数、要求、试验方法、检验规则、标志、包装、运输和贮存。

本标准适用于梳棉机、非织造布梳理机的喂棉箱。

2　规范性引用文件

下列文件对于本文件的应用是必不可少的。凡是注日期的引用文件,仅注日期的版本适用于本文件。凡是不注日期的引用文件,其最新版本(包括所有的修改单)适用于本文件。

GB/T 191　包装储运图示标志

GB 2894　安全标志及其使用导则

GB 5226.1—2008　机械电气安全　机械电气设备　第1部分:通用技术条件

GB/T 7111.1　纺织机械噪声测试规范　第1部分:通用要求

GB/T 7111.2　纺织机械噪声测试规范　第2部分:纺前准备和纺部机械

GB/T 9239.1—2006　机械振动　恒态(刚性)转子平衡品质要求　第1部分:规范与平衡允差的检验

GB/T 17780.1　纺织机械　安全要求　第1部分:通用要求

GB/T 17780.2　纺织机械　安全要求　第2部分:纺纱准备和纺纱机械

FZ/T 90001　纺织机械产品包装

FZ/T 90074　纺织机械产品涂装

FZ/T 90089.1　纺织机械铭牌　型式、尺寸及技术要求

FZ/T 90089.2　纺织机械铭牌　内容

3　分类及参数

3.1　分类

按喂入结构分为:单罗拉喂入、双罗拉喂入。

3.2　参数

参数见表1。

表 1

项　目	参　数	
	棉纺	非织造布
工作宽度/mm	920～1 500	1 500～4 000
适纺纤维长度/mm	22～76	38～102
纤维层定量/(g/m²)	300～1 500	300～2 000
每米工作宽度产量 /(kg/h)	20～120	50～150

4 要求

4.1 机械传动系统

4.1.1 机器运转平稳,无异常振动和声响。

4.1.2 各轴承温升不大于 20 ℃。

4.1.3 各润滑系统润滑良好,无渗油、漏油现象。

4.2 输棉通道

输棉通道光滑、无毛刺、不勾挂纤维;管路密封良好。

4.3 喂给罗拉

4.3.1 喂给罗拉筒体的径向全跳动公差应符合表 2 的规定。

表 2
单位为毫米

项 目	参 数	
工作宽度	920~1 500	>1 500~4 000
径向全跳动公差	IT7	IT8

4.3.2 齿条罗拉的齿条根部应光洁;焊接点牢固,焊疤去毛刺。

4.3.3 喂给罗拉表面和两侧光洁、无毛刺。

4.4 开松罗拉

4.4.1 开松罗拉的径向全跳动公差不大于 0.20 mm。

4.4.2 开松罗拉的许用不平衡量,应符合 GB/T 9239.1—2006 中平衡品质 G2.5 级的要求。

4.5 输出罗拉

输出罗拉外表面光洁,不得有挂花现象。

4.6 给棉板

4.6.1 给棉板表面平整,工作表面的粗糙度不低于 Ra 0.8 μm。

4.6.2 给棉板与喂给罗拉隔距点处的直线度公差不大于 0.20 mm。

4.7 噪声

空车运转时全机噪声发射声压级不大于 76.0 dB(A)。

4.8 电气设备

4.8.1 电气设备的连接和布线,应符合 GB 5226.1—2008 中 13.1 的规定。

4.8.2 电气设备的导线标识,应符合 GB 5226.1—2008 中 13.2 的规定。

4.8.3 电气设备保护联结电路的连续性,应符合 GB 5226.1—2008 中 18.2.2 的规定。

4.8.4 电气设备的绝缘性能,应符合 GB 5226.1—2008 中 18.3 的规定。

4.8.5 电气设备的耐压试验,应符合 GB 5226.1—2008 中 18.4 的规定。

4.9 安全

全机应按 GB/T 17780.1、GB/T 17780.2 的规定采取安全防护措施和警示,以避免产品在使用过程中对人体健康造成的伤害。

4.10 涂装

产品涂装应符合 FZ/T 90074 的规定。

4.11 纤维层质量

4.11.1 用于梳棉机的喂棉箱纤维层重量不匀率:棉 CV 值不大于 2.0%;化纤 CV 值不大于 3.0%。

4.11.2 用于无纺梳理机的喂棉箱纤维层重量不匀率:棉 CV 值不大于 5.0%;化纤 CV 值不大于 6.0%。

5 试验方法

5.1 检验方法

5.1.1 4.1.2 用表面点温计检测。

5.1.2 4.3.1、4.4.1 用百分表检测。

5.1.3 4.4.2 按 GB/T 9239.1—2006 的规定在动平衡机上检测。

5.1.4 4.6.1 用表面粗糙度样板比对检测,或用表面粗糙度仪检测。

5.1.5 4.6.2 用平尺和塞尺检测。

5.1.6 4.7 按 GB/T 7111.1、GB/T 7111.2 的规定,用声级计检测。

5.1.7 4.8.1 检查接线是否牢固,两端子之间的导线和电缆是否有接头和拼接点,电缆和电缆束的附加长度是否满足连接和拆卸的需要。

5.1.8 4.8.2 检查导线的每个端部是否有标记,如果用颜色作导线标记时,应符合 GB 5226.1—2008 的相关规定。

5.1.9 4.8.3 按 GB 5226.1—2008 中 18.2.2 的规定测试,测试数据判定按 GB 5226.1—2008 附录 G 的规定。

5.1.10 4.8.4 用兆欧表测试。

5.1.11 4.8.5 用耐压试验仪测试。

5.1.12 4.11 采用取样称量法测定,方法如下:

a) 4.11.1 正常生产中,关停梳棉机给棉罗拉后,取出喂棉箱出棉罗拉握持口至梳棉机给棉罗拉握持口之间的纤维层,用天平称量,试样至少取 10 次。纤维层重量不匀率 CV 值按式(1)计算。

$$CV = \frac{1}{\overline{m}} \sqrt{\frac{\sum_{i=1}^{n}(m_i - \overline{m})^2}{n-1}} \times 100\% \quad \cdots\cdots\cdots\cdots\cdots\cdots(1)$$

式中:

m_i——每一块试样的质量,单位为克(g);

$\overline{m}$——试样质量的算术平均值,单位为克(g);

n——试样总数。

b) 4.11.2 正常生产中,在纤维层任意不同位置,用夹板法至少各取 10 块试样,每块试样大小为

250 mm×250 mm,分别用天平称量。纤维层重量不匀率 CV 值按式(1)计算。

5.1.13 其余项目,感官检测。

5.2 空车运转试验

5.2.1 试验条件:

  a) 试验速度:最高设计转速;

  b) 试验时间:2 h。

5.2.2 检验项目:4.1、4.7～4.10。

5.3 工作负荷试验

5.3.1 试验条件:

  a) 工作环境应符合工艺要求的温湿度。

  b) 空车运转试验合格后进行。

  c) 试验速度按生产工艺要求确定。

  d) 试验时间为正常生产连续运转 72 h。

5.3.2 检验项目:4.2、4.11。

6 检验规则

6.1 型式检验

6.1.1 产品在下列情况之一时,应进行型式检验:

  a) 新产品鉴定时;

  b) 生产过程中,如结构、材料、工艺有较大改变,可能影响产品性能时;

  c) 正常生产时,定期或积累一定产量后,应进行一次周期性检验;

  d) 出厂检验结果与上次型式检验有较大差异时;

  e) 第三方进行质量检验时。

6.1.2 检验项目:第 4 章。

6.2 出厂检验

6.2.1 每批产品至少抽出一台全装,同时进行空车运转试验,并经生产企业质检部门检验合格,附有产品合格证方能出厂。

6.2.2 检验项目:4.1、4.3～4.10。

6.3 判定规则

全部项目检验合格,判该产品符合标准要求。

6.4 其他

在安装调试过程中,发现有项目不符合本标准时,生产企业应会同用户共同处理。

7 标志

7.1 包装箱上的储运图示标记,按 GB/T 191 的规定。

7.2 产品铭牌,按 FZ/T 90089.1 和 FZ/T 90089.2 的规定。

7.3 产品安全标志,按 GB 2894 的规定。

8 包装、运输和贮存

8.1 产品的包装,按 FZ/T 90001 的规定。

8.2 产品在运输过程中,包装箱应按规定的朝向安置,不得倾斜或改变方向。

8.3 产品出厂后,在良好的防雨及通风贮存条件下,包装箱内的产品防潮、防锈有效期为一年。

ICS 59.120.10
W 93

中华人民共和国纺织行业标准

FZ/T 93090—2014

预 分 梳 板

Pre-carding plate

2014-05-06 发布   2014-10-01 实施

中华人民共和国工业和信息化部   发 布

前　言

本标准按照 GB/T 1.1—2009 给出的规则起草。

本标准由中国纺织工业联合会提出。

本标准由全国纺织机械与附件标准化技术委员会纺纱、染整机械分技术委员会(SAC/TC 215/SC 1)归口。

本标准起草单位:国家纺织机械质量监督检验中心、浙江锦峰纺织机械有限公司、金轮科创股份有限公司、青岛宏大纺织机械有限责任公司、青岛东佳纺机(集团)有限公司、卓郎(金坛)纺织机械有限公司、郑州宏大新型纺机有限责任公司。

本标准主要起草人:李立平、王胜、陆忠、倪敬达、纪合聚、盛意平、李瑞霞。

预 分 梳 板

1 范围

本标准规定了预分梳板的分类及参数、要求、试验方法、检验规则、标志、包装、运输和贮存。
本标准适用于梳棉机、开清棉机及其他梳理机的预分梳板。

2 规范性引用文件

下列文件对于本文件的应用是必不可少的。凡是注日期的引用文件,仅注日期的版本适用于本文件。凡是不注日期的引用文件,其最新版本(包括所有的修改单)适用于本文件。

GB/T 191　包装储运图示标志

GB/T 230.1　金属材料　洛氏硬度试验　第1部分:试验方法(A、B、C、D、E、F、G、H、K、N、T标尺)

GB/T 4340.1　金属材料　维氏硬度试验　第1部分:试验方法

FZ/T 90001　纺织机械产品包装

3 分类及参数

3.1 分类

按针、齿组数:单组、双组。
按分梳元件结构形式:锯齿式、梳针式。

3.2 参数

参数见表1。

表 1

项　目	参　数
公称宽度/mm	1 000～2 000
齿密度/[枚(齿)/(25.4×25.4)mm²]	40、60、90、140

4 要求

4.1 齿面不得有缺齿、断齿和侧弯齿;棱边、棱角不应有毛刺。

4.2 针面不得有缺针、断针和弯针。

4.3 针、齿尖部位的硬度不小于 720 HV0.2。

4.4 针、齿面的平面度公差应符合表2的规定。

表 2 单位为毫米

项　目	参　数	
公称宽度	≤1 500	>1 500
针、齿面的平面度公差	IT7	IT8

4.5　齿条不得有嵌花、挂花现象。

4.6　除尘刀刀口的直线度公差不大于 0.08 mm。

4.7　铝合金除尘刀的硬度不小于 300 HV0.2。

4.8　钢质除尘刀的硬度不小于 45 HRC。

4.9　托棉板的平面度公差不大于 0.15 mm。

4.10　托棉板工作表面的粗糙度不低于 Ra 1.6 μm。

4.11　除尘刀、托棉板工作表面不得有挂花现象。

5　试验方法

5.1　4.3、4.7 按照 GB/T 4340.1 的规定,用维氏硬度计检测。

5.2　4.4 用标准芯棒检测。

5.3　4.6、4.9 用平尺和塞尺检测。

5.4　4.8 按照 GB/T 230.1 的规定,用洛氏硬度计检测。

5.5　4.10 用表面粗糙度样板比对检测,或用表面粗糙度仪检测。

5.6　其余项目,感官检验。

6　检验规则

6.1　型式检验

6.1.1　产品在下列情况之一时,应进行型式检验:

　　a)　新产品鉴定时;

　　b)　生产过程中,如结构、材料、工艺有较大改变,可能影响产品性能时;

　　c)　正常生产时,定期或积累一定产量后,应进行一次周期性检验;

　　d)　出厂检验结果与上次型式检验有较大差异时;

　　e)　第三方进行质量检验时。

6.1.2　检验项目:第 4 章。

6.2　出厂检验

6.2.1　产品均应经生产企业检验部门检验合格,并附有合格证方能出厂。

6.2.2　检验项目:第 4 章。

6.3　判定规则

　　全部项目检验合格,判定该产品符合标准要求。

6.4　其他

　　用户在安装调试过程中,发现有项目不符合本标准时,生产企业应会同用户共同处理。

7 标志

包装箱上的储运图示标志,按 GB/T 191 的规定。

8 包装、运输和贮存

8.1 产品的包装,按 FZ/T 90001 的规定。

8.2 产品在运输过程中,包装箱应按规定的朝向安置,不得倾斜或改变方向。

8.3 产品出厂后,在良好的防雨及通风贮存条件下,包装箱内的产品防潮、防锈有效期为一年。

ICS 59.120.10
W 94

中华人民共和国纺织行业标准

FZ/T 94026—2009
代替 FZ/T 94026—1995

轻型初捻机、轻型复捻机

Light-duty first and second twisting frame

2010-01-20 发布

2010-06-01 实施

中华人民共和国工业和信息化部　　发　布

前　言

本标准代替 FZ/T 94026—1995《轻型初捻机、轻型复捻机》。

本标准与 FZ/T 94026—1995 相比主要变化如下：

——增加第 2 章"规范性引用文件"。

——原标准制定时没有相关国家标准和行业标准可引用，目前这类标准已形成较完善的体系，直接引用它们制定行标，便于标准的实施。

——为了适应现今的市场运作的需要，全面修改原标准的第 3 章"技术要求"，删除了过于细化的条款(见第 4 章)。

——删除原标准 3.1.2 中 b 的内容(见 4.1.2)。

——简化了 3.2 的内容。

——原标准 3.3.4 改为现标准"4.3.4　锭子的质量应符合 FZ/T 92052、FZ/T 92053 的规定。"

——原标准 3.3.5 改为现标准"4.3.5　钢领的质量应符合 FZ/T 92015 的规定。"

——原标准 3.6"噪声"规定的"空车运转时整机噪声发射声压级≤85 dB(A)。"改为"噪声:空车运转时整机噪声发射声压级≤83 dB(A)"(见 4.6.1)。

——增加"4.6.2　运转部分的防护罩壳安全可靠。"

——增加"4.6.3　开启车头门时停车正确可靠。"

——由于现今的试验方法和抽样规则目前已形成完整的标准体系，修订时不采用直接把具体内容纳入标准的方法，而采取用相关标准号或标准条款与简介各种试验方法特性相结合的方式，引导使用者根据需要和条件合理选用，并按 GB/T 1.1 对第 4 章内容作了编辑性修改。

——根据 GB/T 1.1 对标准条款及格式进行了编辑性修改。

本标准由中国纺织工业协会提出。

本标准由全国纺织机械与附件标准化技术委员会归口。

本标准由宜昌经纬纺机有限公司起草。

本标准主要起草人:汪斌、冉文。

本标准所代替标准的历次版本发布情况为:

——FJ/Q 254—1989;

——FZ/T 94026—1995。

轻型初捻机、轻型复捻机

1 范围

本标准规定了轻型初捻机和轻型复捻机的型式与主要参数、技术要求、试验方法、检验规则和标志、包装、运输、贮存。

本标准适用于复合捻线的卷装容量为 0～0.5 kg(折合成化纤型复合捻线)的轻型环锭初捻机(以下简称初捻机)和轻型环锭复捻机(以下简称复捻机)。

2 规范性引用文件

下列文件中的条款通过本标准的引用而成为本标准的条款。凡是注日期的引用文件,其随后所有的修改单(不包括勘误的内容)或修订版均不适用于本标准,然而,鼓励根据本标准达成协议的各方研究是否可使用这些文件的最新版本。凡是不注日期的引用文件,其最新版本适用于本标准。

GB/T 191 包装储运图示标志

GB/T 14344 化学纤维 长丝拉伸性能试验方法

GB/T 14345 化学纤维 长丝捻度试验方法

GB/T 7111.4—2002 纺织机械噪声测试规范 第4部分:纱线加工、绳索加工机械

FZ/T 90001 纺织机械产品包装

FZ/T 90074 纺织机械产品涂装

FZ/T 90089.1 纺织机械铭牌 型式、尺寸及技术要求

FZ/T 90089.2 纺织机械铭牌 内容

FZ/T 92015 粉末冶金钢领

FZ/T 92052 轴承内径 ϕ12 mm 环锭锭子

FZ/T 92053 轴承内径 ϕ10 mm 环锭锭子

3 型式与主要参数

3.1 型式见表1。

表 1 型式

项目	结 构 特 征	
整体结构型式	双面、环锭、干捻	
锭子型式	连接式弹性锭胆、多层油膜阻尼吸振的光杆锭子	
钢领型式	粉末冶金钢领或钢质钢领	
锭子传动方式	滚盘传动或滚筒传动,四锭一组	
适捻纤维品种	锦纶、涤纶	纯棉及混纺
上罗拉型式	包丁腈橡胶	镀铬
捻向	Z 或 S	

3.2 主要参数见表2。

表 2 主要参数

机型	锭距/mm	钢领直径/mm	升降全程/mm	下罗拉直径/mm	锭数	锭速/(r/min)
初捻机	120,140	85,100	205 255	45	108,188,216	4 750~7 500
复捻机	150,176	115,140			84,148,172	2 680~4 200

机型	捻度范围/(捻/m)	电机功率/kW	适捻线密度
初捻机	60~970	17	840 den~1 680 den
			29.15 tex×3~32.39 tex×10
复捻机	60~540	22	840 den×2~1 680 den×2
			(29.15 tex×3)×2~(32.39 tex×10)×2

4 技术要求

4.1 传动系统

4.1.1 机器运转平稳,无异常振动和冲击声响。

4.1.2 温升

各齿轮轴承、主轴轴承、下罗拉轴承温升≤20 ℃。

4.1.3 传动系统润滑良好。

4.1.4 滚盘或滚筒工作表面对主轴轴线的径向圆跳动公差值0.8 mm。

4.2 罗拉系统

下罗拉表面光滑、不挂丝,无凸起、裂纹、镀层剥落等缺陷并且运转灵活、平稳。

4.3 加捻卷绕系统

4.3.1 在升降全程范围内,锭杆轴线对钢领轴线的同轴度不大于 φ1 mm。

4.3.2 钢领板升降平稳,不允许有明显抖动等现象。

4.3.3 下机卷装成形良好。

4.3.4 锭子的质量应符合 FZ/T 92052、FZ/T 92053 的规定。

4.3.5 钢领的质量应符合 FZ/T 92015 的规定。

4.4 电气系统

电气系统符合以下要求:

a) 连线正确可靠;

b) 主回路端子与接地端子间绝缘电阻≥2 MΩ;

c) 金属外壳保护性接地准确。

4.5 自动机构

自动机构符合以下要求:

a) 定长自停装置准确可靠。

b) 车门打开时,自动停机,自停装置安全可靠。

4.6 安全环保

4.6.1 噪声:空车运转时整机噪声发射声压级≤83 dB(A)。

4.6.2 运转部分的防护罩壳安全可靠。

4.6.3 开启车头门时停车正确可靠。

4.7 功率

功率符合以下要求：

a) 空车运转时,初捻机主电机的功率消耗≤4.5 kW(188 锭)；

b) 空车运转时,复捻机主电机的功率消耗≤5.5 kW(148 锭)。

4.8 外观质量

产品涂装按 FZ/T 90074 的规定。

4.9 捻线质量

应符合表 3 的规定。

表 3 捻线质量

纤维品种	初捻线密度/ tex(den)	复捻线密度/ tex(den)	断裂强力/ N(kgf)
锦纶 6	140(1 260)	140(1 260)×2	≥196.1(20)
棉	27×5	27×5×3	≥83.4(8.5)
纤维品种	断裂强力不匀率/ %	断裂伸长率/ %	66.7 N(6.8 kgf) 负荷伸长率/ %
锦纶 6	—	124±2.8	10±1.3
棉	≤4.5	14±1.5	—

5 试验方法

5.1 用半导体点温计检测温升。

5.2 用千分表测量滚盘或滚筒的径向圆跳动误差。

5.3 用磁性测厚仪检测罗拉工作表面镀铬层厚度。

5.4 按 FZ/T 92052、FZ/T 92053 的规定方法对锭子进行检测。

5.5 按 FZ/T 92015 的规定方法对钢领进行检测。

5.6 用 500 V 高阻计检测主回路端子与接地端子间的绝缘电阻。

5.7 噪声发射声压级的测量方法按 GB/T 7111.4—2002 第 6 章的规定检测。

5.8 功率消耗用电流互感器和三相功率表测量,采用的仪器精度不低于 1 级。

5.9 车头门打开后自动停机的可靠性,开车作模拟试验。

5.10 锦纶 6 帘子线的 66.7 N(6.8 kgf)负荷伸长率、断裂强力和断裂伸长率的试验方法,按 GB/T 14344 的规定。

5.11 加捻帘子线的断裂强力和断裂伸长率的试验方法按 GB/T 14345 的规定。

5.12 空车运转试验

5.12.1 试验条件见表 4。

表 4 试验条件

机型	锭速/ r/min	罗拉转速/ r/min	升降螺距/ mm	锭子油位高度/ mm
初捻机	5 700	90	0.69~2.76	100
复捻机	3 500	50	0.95~3.83	

5.12.2 空车运转时间 4 h。

5.12.3 试验项目见 4.1,4.2,4.3.2,4.4~4.7。

5.13 工作负荷试验

5.13.1 试验条件

5.13.1.1 加捻锦纶、涤纶原丝的初捻机、复捻机用原丝的质量应符合表5的规定。

表 5 原丝质量

纤维品种	原丝线密度/ tex(den)	相对强力/ N(kgf)	断裂伸不匀率/ %	捻度不匀率/ %	四圈丝满丝不合格率/ %
锦纶 6	140(1 260)	88.7(9.05)	≤6	≤3.4	≥80

5.13.1.2 加捻纯棉原纱的初捻机、复捻机用原纱的质量应符合表6的规定。

表 6 原丝的质量

纤维品种	原纱线密度/ tex	捻度/ (捻/m)	捻度不匀率/ %	强力不匀率/ %
棉	27	627	≤3.4	5.2

5.13.1.3 筒管的质量应符合图样的规定。

5.13.1.4 工艺设计合理,设备管理良好。

5.13.1.5 锭速、罗拉转速、锭子油位高度应符合表4的规定。

5.13.2 正常生产连续运转一个月后进行质量检验。

5.13.3 试验项目见 4.3.3,4.9。

6 检验规则

6.1 出厂检验

6.1.1 产品组批及抽样方法

制造厂在每月、每批生产台数中随机抽出一台全装(批量大于200台时全装2台),并进行空车运转试验。

6.1.2 出厂检验的试验项目见 4.2,4.3.4,4.3.5,4.8 及空边运转试验的试验项目。

6.1.3 每台产品需经制造厂质量检查部门检验合格后方能出厂,并签发质量合格证。

6.2 型式检验

6.2.1 产品在符合下列情况之一时,一般应进行型式检验:

    a) 新产品生产的试制定型鉴定;

    b) 正式生产后,如结构、材料、工艺有较大改变,可能影响产品性能时;

    c) 出厂检验结果与上次型式检验有较大差异时;

    d) 国家质量监督机构提出进行型式检验的要求时。

6.2.2 型式检验项目按第4章规定进行。

6.2.3 使用厂在安装、调整、试验过程中,发现有不符合本标准时,由制造厂负责会同使用厂进行处理。

6.2.4 捻线质量可以由代表性用户出示试验记录报告。

6.2.5 产品发运到站一年内,使用厂在进行安装、调整、试验中发现有不符合本标准时,由制造厂负责处理。

7 标志、包装、运输和贮存

7.1 标志

7.1.1 包装储运的图示标志应符合 GB/T 191 的规定。

7.1.2 产品应标志以下内容：捻线机型号、有关基本参数、执行的产品标准号、厂名、厂址。

7.1.3 产品铭牌按 FZ/T 90089.1 和 FZ/T 90089.2 的规定。

7.1.4 警告、禁止标志应清晰、醒目。

7.2 包装

产品包装按 FZ/T 90001 的规定。

7.3 运输

产品在运输过程中，应按规定的位置起吊，包装箱按规定的朝向放置，不得倾斜或改变方向。

7.4 贮存

产品出厂后，在有良好防雨及通风的贮存条件下，包装箱内的零件防潮、防锈有效期为一年。

ICS 59.120.10
W 94

中华人民共和国纺织行业标准

FZ/T 94027—2009
代替 FZ/T 94027—1995

帘子线初捻机、帘子线复捻机

First and second twisting frame for tyre cord

2010-01-20 发布

2010-06-01 实施

中华人民共和国工业和信息化部   发 布

前　言

本标准代替 FZ/T 94027—1995《帘子线初捻机、帘子线复捻机》。

本标准与 FZ/T 94027—1995 相比主要变化如下：

——增加第 2 章"规范性引用文件"；

——原标准制定时没有相关国家标准和行业标准可引用,目前这类标准已形成较完善的体系,直接
　　引用它们制定行标,便于标准的实施；

——为了适应现今的市场运作的需要,全面修改原标准的第 3 章"技术要求",删除了过于细化的条
　　款(见第 4 章)；

——修改了原标准 3.1.1 中 a、b、c 的内容与 FZ/T 94026 中条款相互统一(见 4.1.1)；

——删除原标准的 3.1.2 中 b 的内容；

——删除原标准的 3.1.3 中 b 的内容；

——删除原标准的 3.1.5 的内容；

——简化了原标准 3.2 的内容(见 4.2)；

——简化了原标准 3.4.2 中 a、b、c 的内容(见 4.4.2)；

——原标准 3.7 规定的"空车运转时整机噪声发射声压级≤85 dB(A)"改为"噪声:空车运转时,整
　　机噪声发射声压级≤83 dB(A)"(见 4.7.1)；

——增加"4.7.2　运转部分的防护罩壳安全可靠。"；

——增加"4.7.3　开启车头门时停车正确可靠。"。

本标准由中国纺织工业协会提出。

本标准由全国纺织机械与附件标准化技术委员会归口。

本标准由宜昌经纬纺机有限公司起草。

本标准主要起草人:汪斌、冉文。

本标准所代替标准的历次版本发布情况为:

——FJ/Q 255—1989；

——FZ/T 94027—1995。

帘子线初捻机、帘子线复捻机

1 范围

本标准规定了帘子线初捻机和帘子线复捻机的型式与基本参数、技术要求、试验方法、检验规则和标志、包装、运输、贮存。

本标准适用于复合捻线的卷装容量为 1 kg~1.5 kg 的捻制化纤帘子线的环锭帘子线初捻机(以下简称初捻机)和环锭帘子线复捻机(以下简称复捻机)。

2 规范性引用文件

下列文件中的条款通过本标准的引用而成为本标准的条款。凡是注日期的引用文件,其随后所有的修改单(不包括勘误的内容)或修订版均不适用于本标准,然而,鼓励根据本标准达成协议的各方研究是否可使用这些文件的最新版本。凡是不注日期的引用文件,其最新版本适用于本标准。

GB/T 191 包装储运图示标志

GB/T 7111.4—2002 纺织机械噪声测试规范 第4部分:纱线加工、绳索加工机械

GB/T 14344 化学纤维 长丝拉伸性能试验方法

GB/T 14345 化学纤维 长丝捻度试验方法

FZ/T 90001 纺织机械产品包装

FZ/T 90074 纺织机械产品涂装

FZ/T 90089.1 纺织机械铭牌 型式、尺寸及技术要求

FZ/T 90089.2 纺织机械铭牌 内容

FZ/T 92015 粉末冶金钢领

FZ/T 92022 锦纶帘子线初复捻机锭子

3 型式与主要参数

3.1 型式见表1。

表 1 型式

项 目	结 构 特 征	
	初捻机	复捻机
整体结构型式	双面、环锭、干捻	
锭子型式	连接式弹性锭胆、多层油膜阻尼吸振的光杆锭子	
钢领型式	粉末冶金含油钢领	
锭子传动方式	滚盘传动、四锭一组、弹簧式双张力盘	
纱架型式	四层纱架、轴向抽出	两层纱架、径向抽出
适捻原丝品种	锦纶66、锦纶6、涤纶等化纤长丝	
捻向	Z	S

3.2 主要参数见表2。

表 2 主要参数

机型	锭距/mm	钢领直径/mm	升降全程/mm	下罗拉直径/mm	锭数	锭速/(r/min)
初捻机	140,150	100,115	305	45	188,200	6 000～7 000
复捻机	180,200	140,165	355		148,152	5 000～6 000

机型	捻度范围/(捻/m)	电机功率/kW	适捻线密度/tex(den)
初捻机	100～450	22,30	93.3(840)～220(1 980)
复捻机	300～450	30,37	140×2(1 260×2)～220×2(1 980×2)

4 技术要求

4.1 传动系统

4.1.1 机器运转平稳,无异常振动和冲击声。

4.1.2 锭速偏差率与锭速极差:整机锭子的锭速偏差率≤2%,锭速极差不大于设计转速的2%。

4.1.3 温升:各齿轮轴承、主轴轴承、下罗拉轴承温升≤20 ℃。

4.1.4 传动系统润滑良好。

4.1.5 滚盘须作静平衡试验,剩余的不平衡力矩≤1.57×10⁻³ N·m(160 g·mm)。

4.2 罗拉系统

下罗拉表面光滑、不挂丝,无凸起、裂纹、镀层剥落等缺陷并且运转灵活、平稳。

4.3 导纱系统

导纱器、导纱钩、导纱杆、罗拉、气圈环等丝道表面光滑、不挂丝,无凸起、裂纹、镀层剥落等缺陷。

4.4 加捻卷绕系统

4.4.1 锭杆顶端的振动≤0.30 mm。

4.4.2 在升降范围内,各主要零部件的同轴度公差值小于ϕ1.0 mm。

4.4.3 钢领座、导纱板、气圈环升降平稳,无明显抖动等现象。

4.4.4 下机卷装成形良好。

4.4.5 锭子的质量应符合 FZ/T 92022 的规定。

4.4.6 钢领的质量应符合 FZ/T 92015 的规定。

4.5 电气系统

电气系统应符合以下要求:

a) 连线正确可靠;

b) 主回路端子与接地端子间绝缘电阻≥2 MΩ;

c) 金属外壳保护性接地准确;

d) 除控制箱内的指示灯外,其他指示灯电压≤36 V。

4.6 自动机构

自动机构应符合以下要求:

a) 定长自停装置准确可靠,计数器误差≤0.8%;

b) 开车降压起动准确可靠;

c) 车门打开时,自动停机,自停装置安全可靠。

4.7 安全环保

4.7.1 噪声:空车运转时,整机噪声发射声压级≤83 dB(A)。

4.7.2 运转部分的防护罩壳安全可靠。

4.7.3 开启车头门时停车正确可靠。

4.8 功率消耗

空车运转的功率消耗见表3。

表 3 功率消耗

锭距/mm	140	180	150	200
升降全程/mm	305		355	
功率消耗/kW	≤6.5		≤7.5	≤8.5

4.9 外观质量

产品涂装按 FZ/T 90074 的规定。

4.10 帘子线质量

帘子线质量应符合表4的规定。

表 4 帘子线质量

纤维品种	初捻线密度/ tex(den)	复捻线密度/ tex(den)	初捻捻度/ (捻/m)	初捻捻度标准差/ (捻/m)	复捻捻度/ (捻/m)	复捻捻度标准差/ (捻/m)
锦纶66	140(1 260)	140(1 260)×2	405	≤4	380	≤4

纤维品种	66.7 N(6.8 kgf)负荷伸长率/ %	断裂强力/ N(kgf)	断裂伸长率/ %
锦纶66	12±1.2	≥211.8(21.6)	26.5±2.5

5 试验方法

5.1 用测振仪检测机器振动。

5.2 用闪光测速仪检测锭速。

5.3 用半导体点温计检测轴承温升。

5.4 用磁性测厚仪检测罗拉工作表面镀铬层厚度。

5.5 用表面粗糙度仪器检测罗拉工作表面粗糙度。

5.6 按 FZ/T 92022 规定的方法对锭子进行检测。

5.7 按 FZ/T 92015 规定的方法对钢领进行检测。

5.8 用 500 V 高阻计检测主回路端子与接地端子间的绝缘电阻。

5.9 定长自停装置准确可靠性按下列方法检验:

将计数器给定在 100 m,然后开动机器,当计数器达到给定值时,机器应自动停止,满管指示灯亮。

5.10 噪声发射声压级用 ND$_2$ 声级计按 GB/T 7111.4—2002 第6章的规定检测。

5.11 功率消耗用电流互感器和三相功率表测量,采用的仪表精度不低于1级。

5.12 车头门打开后自动停机及开车降压起动的可靠性开车作模拟试验。

5.13 捻度的试验方法按 GB/T 14345 的规定。

5.14 66.7 N(6.8 kgf)负荷伸长率、断裂强力和断裂伸长率的试验方法按 GB/T 14344 的规定。

5.15 空车运转试验

5.15.1 试验条件见表5。

表 5　试验条件

机型	锭速/(r/min)	计算捻度/(捻/m)	升降螺距/mm	锭子油位高度/mm
初捻机	7 000	374	0.96	145
复捻机	6 000	379	1.28	

5.15.2　空车运转时间 4 h。

5.15.3　试验项目见 4.1.1~4.1.5,4.2,4.4.1~4.4.3,4.5,4.6b),4.6c),4.7,4.8。

5.16　工作负荷试验

5.16.1　试验条件

5.16.1.1　捻丝用原丝的质量应符合表 6 的规定。

表 6　原丝质量

原丝品种	原丝线密度/tex(den)	线密度标准差/tex(den)	断裂强力/N(kgf)	断裂伸长率/%	断裂伸长率标准差/%	断裂强力标准差/N(kgf)
锦纶 66	140(1 260)	≤0.79(7)	≥114.7(11.7)	19	≤1	≥0.98(0.1)

5.16.1.2　筒管的质量应符合图样的规定。

5.16.1.3　工艺设计合理,设备管理良好。

5.16.1.4　锭速、捻度、升降螺距等条件应符合表 5 的规定。

5.16.2　正常生产连续运转一个月后进行质量检验。

5.16.3　试验项目见 4.4.4,4.6a),4.10。

6　检验规则

6.1　出厂检验

6.1.1　制造厂在每批产品中抽出一台进行全装(批量大于 200 台时全装 2 台),并进行空车运转试验。

6.1.2　每台产品需经制造厂质量检查部门检验合格后方能出厂,并附有产品质量合格证。

6.2　型式检验

6.2.1　产品在符合下列情况之一时,一般应进行型式检验:

　　a)　新产品生产的试制定型鉴定;

　　b)　正式生产后,如结构、材料、工艺有较大改变,可能影响产品性能时;

　　c)　出厂检验结果与上次型式检验有较大差异时;

　　d)　国家质量监督机构提出进行型式检验的要求时。

6.2.2　型式检验项目按第 4 章规定进行。

6.3　其他

使用厂在安装、调整、试验过程中,发现有不符合本标准时,由制造厂负责会同使用厂进行处理。

7　标志、包装、运输和贮存

7.1　标志

7.1.1　包装储运的图示标志应符合 GB/T 191 的规定。

7.1.2　产品应标志以下内容:捻线机型号、有关基本参数、执行的产品标准号、厂名、厂址。

7.1.3　产品铭牌按 FZ/T 90089.1 和 FZ/T 90089.2 的规定。

7.1.4　警告、禁止标志应清晰、醒目。

7.2 包装

产品包装按 FZ/T 90001 规定。

7.3 运输

产品在运输过程中,应按规定的位置起吊,包装箱按规定的朝向放置,不得倾斜或改变方向。

7.4 贮存

产品出厂后,在有良好防雨及通风的贮存条件下,包装箱内的零件防潮,防锈有效期为一年。

ICS 59.120.30
W 94

中华人民共和国纺织行业标准

FZ/T 94041—2007
代替 FZ/T 94041—1995

浆　纱　机

Sizing machines

2007-05-29 发布

2007-11-01 实施

中华人民共和国国家发展和改革委员会　　发　布

前　言

本标准代替 FZ/T 94041—1995《浆纱机》。

本标准在技术内容上与 FZ/T 94041—1995 相比的主要差异如下：

——扩大了品种的适用范围，从原来的 9.7 tex～97 tex 扩大到 7.3 tex～97 tex。见本版的第 1 章；

——引用最新版本的现行标准；见本版的第 2 章；

——取消了高能耗、低效率的热风烘燥方式及对应的技术要求（见 1995 版的 3.1.3 和 4.5.2）；

——增加了 2 m/min～100 m/min 一档高速浆纱机（见 1995 版的 3.2.4，本版的 3.2.4）；

——增加了对烘燥装置温度控制精度的要求及对应的试验方法（见本版的 4.4.3 和 5.3）；

——规定了伸缩筘的要求（见本版的 4.5.2）；

——按强制性国家标准修改了对电气安全的要求和试验方法（见 1995 版的 4.7 和 5.4，本版的 4.6 和 5.4）；

——增加了全机安全性能要求（见本版的 4.7.2）；

——提高或调整了个别性能指标[如 1995 版的 4.3.3、4.4.4、4.6.3、4.8、4.9.2 和 4.11.1 b)，本版的 4.2.3、4.3.4、4.5.4、4.7.1、4.8.2 和 4.9.1 b)]；

——明确了噪声测量的测点布置方案等要求（见 1995 版的 5.5，本版的 5.5）；

——删除了蒸发能力的指标和对应的试验方法，建议根据烘筒的配置数量在使用说明书中阐述（见 1995 版的 4.10 和 5.8）；

——取消了总伸率的指标，而是给出实际伸长率与工艺设定伸长率的误差要求[见 1995 版的 4.11.3 a)，本版的 4.9.3 a)]；

——删除了浆膜完整率和毛羽下降率的指标要求及相应的试验方法（见 1995 版的 4.11.4、4.11.5、5.12、5.13）。

本标准由中国纺织工业协会提出。

本标准由全国纺织机械与附件标准化技术委员会归口。

本标准起草单位：中国纺织机械器材工业协会、郑州纺织机械股份有限公司、盐城市宏华纺织机械有限公司、苏州圣元纺织机械有限公司。

本标准主要起草人：孙凉远、崔运喜、李远征、顾德新、王国祥、吴茂成、亓国宏。

本标准所代替标准的历次版本发布情况为：

——FJ/JQ 204—1988、FZ/T 94041—1995。

浆 纱 机

1 范围

本标准规定了浆纱机的产品分类、要求、试验方法、检验规则及标志、包装、运输和贮存。

本标准适用于线密度为 7.3 tex(约 80^s)至 97 tex(约 6^s)、单只浆槽中经纱覆盖率在 20%～60%的棉、麻、化纤等纯纺及混纺短纤维的经纱上浆用的浆纱机。

2 规范性引用文件

下列文件中的条款通过本标准的引用而成为本标准的条款。凡是注日期的引用文件,其随后所有的修改单(不包括勘误的内容)或修订版均不适用于本标准,然而,鼓励根据本标准达成协议的各方研究是否可使用这些文件的最新版本。凡是不注日期的引用文件,其最新版本适用于本标准。

GB 755 旋转电机 定额和性能

GB 5226.1 机械安全 机械电气设备 第 1 部分:通用技术条件

GB/T 7111.1 纺织机械噪声测试规范 第 1 部分:通用要求

GB/T 7111.5 纺织机械噪声测试规范 第 5 部分:机织和针织准备机械

GB/T 17780 纺织机械安全要求

GB/T 19551 纺织机械 浆纱机 最大有效宽度

FZ/T 90001 纺织机械产品包装

FZ/T 90035 纺织机械 整经轴术语和主要尺寸

FZ/T 90036 纺织机械 织轴术语和主要尺寸

FZ/T 90074 纺织机械产品涂装

FZ/T 90089.1 纺织机械铭牌 型式、尺寸及技术要求

FZ/T 90089.2 纺织机械铭牌 内容

FZ 92065 不锈钢焊接式烘筒

3 产品分类

3.1 型式

3.1.1 经轴架型式:

   a) 单层式;

   b) 组合式。

3.1.2 浆槽型式

   a) 按浆槽数量分:

      1) 单浆槽;

      2) 双浆槽;

      3) 多浆槽。

   b) 按浸压型式分:

      1) 单浸双压;

      2) 双浸双压;

      3) 双浸四压。

    c) 按调压型式分：
       1) 有级调压；
       2) 无级调压。
    d) 其他型式：
       1) 有预湿浆槽；
       2) 无预湿浆槽。

3.1.3 烘燥型式：
    烘筒式。

3.1.4 全机传动方式：
    a) 一单元传动；
    b) 多单元传动。

3.2 规格与主要技术参数

3.2.1 工作宽度(最大有效宽度)应符合 GB/T 19551 的规定。

3.2.2 整经轴的规格和主要技术参数应符合 FZ/T 90035 的规定。

3.2.3 织轴的规格和主要技术参数应符合 FZ/T 90036 的规定。

3.2.4 设计速度：1 m/min～60 m/min、2 m/min～80 m/min 或 2 m/min～100 m/min。

3.2.5 烘筒最大工作压力：0.36 MPa,烘筒最高工作温度：140℃。

4 要求

4.1 传动系统

4.1.1 机器运转应平稳,无异常振动和冲击声响,各传动系统润滑良好。

4.1.2 空车运转时各部轴承温升不大于 20℃。

4.1.3 各轴类零件转动灵活,各调节手轮、手柄应操作灵活。

4.1.4 配套的无级变速器的调速范围,输入轴、输出轴的转速及传递功率、传递力矩应符合浆纱机传动特性的需要。

4.2 经轴架

4.2.1 经轴架应能适应 FZ/T 90035 规定的整经轴。

4.2.2 经轴退绕张力均匀,经纱退绕张力差异率不大于 15%。

4.3 上浆装置

4.3.1 浆槽边轴与引纱辊及上浆辊离合器啮合、脱开动作可靠。

4.3.2 浸没辊升降灵活、平稳、无停滞现象。当浸没辊起侧压作用时,辊体摆动灵活,在宽度方向上压力均匀一致。

4.3.3 压浆辊宽度方向上压力均匀一致,对于无级调压的浆纱机,其压力能随车速自动调节,动作灵活可靠。

4.3.4 上浆辊、浸没辊与浆液接触的部位在正常使用条件下,镀铬辊三年内无锈蚀和镀层脱落现象,橡胶包覆辊一年内无起泡、龟裂、脱胶和左中右融涨等明显差异现象。

4.3.5 压浆辊在正常工作条件下,寿命不低于二年(包括磨削使用)。

4.3.6 循环浆泵密封装置可靠,无泄漏现象。

4.3.7 浆槽内浆液流动良好,在正常工作条件下,四角温差不大于 2℃。预热浆槽液面位置控制部分灵活、可靠。

4.4 烘燥装置

4.4.1 烘筒的技术要求应符合 FZ 92065 的规定。

4.4.2 烘筒表面涂层均匀,在正常工作条件下,寿命不低于三年。

4.4.3 对于温度自动控制的烘燥装置,实际温度应控制在设定温度的±3℃范围内。

4.5 卷绕车头

4.5.1 测长辊和分匹墨印装置正确、灵敏、可靠,墨印间隔误差不超过 5 cm。

4.5.2 伸缩筘左右、升降调节灵活,筘齿排列均匀,便于更换。

4.5.3 织轴上轴、落轴和脱开、啮合动作以及织轴压纱辊动作正常可靠。

4.5.4 织轴传动装置工作可靠,张力稳定,从小轴到大轴卷绕的张力差异率不大于 15%。

4.6 电气系统

4.6.1 各电气设备的功能应符合设计要求,手动和自动控制准确、可靠。

4.6.2 所有电气控制及在线监测(如压力、温度、伸长率等)应能满足所需工艺要求。显示屏和(或)仪表的显示数据应可靠、准确。

4.6.3 全机电气设备和控制设备的安全保护措施应符合 GB 5226.1 的规定。

4.6.4 电动机应符合 GB 755 的规定。

4.7 安全与环保

4.7.1 全机噪声发射声压级(A 计权)不大于 83 dB。

4.7.2 全机应按 GB/T 17780 采取安全防护措施和警示,以降低产品在使用过程中对人体健康造成的伤害。

4.8 能耗

4.8.1 汽耗:每千克浆纱耗汽小于 2.0 kg。

4.8.2 电耗:每吨浆纱耗电小于 80 kW·h。

4.9 浆纱质量

4.9.1 回潮率

a) 回潮率横向极差不大于 0.5%;

b) 双浆槽或多浆槽的两片纱或多片纱的回潮率差异不大于 0.4%。

4.9.2 上浆率

a) 上浆率横向极差不大于 1.0%;

b) 双浆槽或多浆槽的两片纱或多片纱的上浆率差异不大于 0.6%。

4.9.3 伸长率

a) 总伸率应能满足工艺设定范围,实际总伸率与工艺设定值的误差范围不大于 ±0.25%;

b) 横向伸长极差不大于 3 cm;

c) 双浆槽或多浆槽的两片纱或多片纱的伸长率差异不大于 0.3%。

4.10 外观质量

产品涂装按 FZ/T 90074 的规定。

5 试验方法

5.1 用精度不低于 0.5℃的表面温度计检测 4.1.2,检测各轴承表面温度与其附近环境温度之差。

5.2 用精度为 1 cN 的单纱张力仪或示波仪检测 4.2.2 和 4.5.4,从大轴到小轴测三次,按式(1)计算张力差异:

$$T(\%) = \frac{T_{max} - T_{min}}{\overline{T}} \times 100 \quad \cdots\cdots\cdots\cdots\cdots\cdots\cdots\cdots\cdots (1)$$

式中:

T——张力差异率,%;

T_{max}——最大张力,单位为厘牛(cN);

T_{min}——最小张力,单位为厘牛(cN);

$\overline{T}$——平均张力,单位为厘牛(cN)。

5.3 用精度不低于 0.5℃ 的非接触式温度检测仪测量 4.4.3。

5.4 电气要求(4.6.3)的检验按 GB 5226.1 的规定。

5.5 噪声(4.7.1)测试按 GB/T 7111.1 和 GB/T 7111.5 的规定。

5.5.1 根据测试环境选择工程法或简易法及对应精度(Ⅰ型或Ⅱ型)的积分声级计或普通声级计。

5.5.2 在距机器包络面 2 m 范围内不应有对噪声结果产生明显影响的障碍物,若在此范围内障碍物无法移去,可用合适的材料作吸声处理,以减少声反射对测量结果的影响。

5.5.3 测点安排在距机器包络面 1 m 的等距线(即测量线)上(见图1)。以机器中心线与测量线的两个交点(中心测点)和 4 个角测点为基本测点,其余测点均匀分布,相邻两测点间的距离不得大于 2 m。若角测点与中心测点间的距离大于 2 m,则在角测点与中心测点中间附加测点。

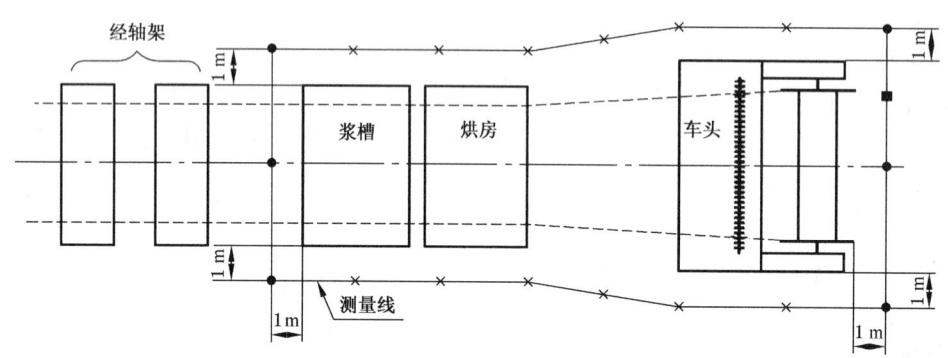

●——中心测点和角测点;

■——附加测点;

×——均布测点。

图 1 测点位置布置示意图

5.6 安全要求和措施(4.7.2)的验证按 GB/T 17780 的有关条款执行。

5.7 汽耗(4.8.1)

　　在正常连续开车的条件下,用蒸汽流量计在浆纱机蒸汽管道上测量,测得每小时耗汽量,再测得浆纱产量,然后用式(2)计算得汽耗:

$$q = \frac{Q}{P} \quad\quad\quad\quad\quad\quad\quad (2)$$

式中:

q——每千克浆纱的耗汽量,单位为千克蒸汽每千克浆纱(kg 蒸汽/kg 浆纱);

Q——耗汽量,单位为千克每小时(kg/h);

P——浆纱产量,单位为千克每小时(kg/h)。

5.8 电耗(4.8.2)

　　用有功电度表测量全机累计运转 1 h 的耗电量,再测得浆纱产量,然后用式(3)计算得电耗:

$$E = \frac{E_1}{P} \times 1\,000 \quad\quad\quad\quad\quad (3)$$

式中:

E——每吨浆纱的耗电量,单位为千瓦时每吨浆纱(kW·h/t 浆纱);

E_1——耗电量,单位为千瓦时(kW·h);

P——浆纱产量,单位为千克每小时(kg/h)。

5.9 回潮率(4.9.1)

　　回潮率用式(4)计算,横向极差从左至右测五处。

$$W_x(\%) = \frac{G - G_0}{G_0} \times 100 \qquad \cdots\cdots\cdots\cdots\cdots\cdots\cdots\cdots (4)$$

式中：

W_x——试样回潮率，%；

G——试样湿重，单位为克(g)；

G_0——试样干重，单位为克(g)。

5.10 上浆率(4.9.2)

上浆率用退浆法检测。上浆率横向极差从左至右测五处。

5.11 伸长率(4.9.3)

伸长率用伸长率测定仪检测。

伸长横向极差用弹线法连续测五次取平均值。

5.12 其他项目

用通用量仪或感官检验。

5.13 空车运转试验

5.13.1 试验条件

机器以 1 m/min 或 2 m/min 速度开始，以 10 m/min 的速度间隔依次运转，每次不少于 5 min，在额定最高车速 60 m/min 或 80 m/min 或 100 m/min 时连续运转 2 h。

5.13.2 检验项目

检验 4.1、4.3.1、4.3.2、4.3.3、4.4.1、4.5.2、4.5.3、4.6.1、4.6.3、4.6.4、4.7、4.10。

5.14 工作负荷试验

5.14.1 试验条件

a) 空车运转试验合格后进行；

b) 在设备通蒸汽使用之前，应按烘筒的最高使用压力检验调整安全阀的开启压力；

c) 根据纱支品种选择合理的工艺参数，并调整机器的各项参数；

d) 正常生产连续运转一个月。

5.14.2 检验项目

检验 4.2、4.3.6、4.3.7、4.4.1、4.4.3、4.5、4.6、4.7、4.8、4.9。

6 检验规则

6.1 出厂检验

6.1.1 每台产品须经制造厂质量检验部门按本标准检验合格后方能出厂，并附有产品质量合格证及压力容器合格证。

6.1.2 出厂检验项目：4.1、4.3.1、4.3.2、4.3.3、4.4.1、4.5.2、4.5.3、4.6.1、4.6.3、4.6.4、4.7、4.10。

6.2 型式检验

6.2.1 产品在下列情况之一时，应进行型式检验：

a) 新产品或老产品转厂生产的试制定型鉴定时；

b) 出厂检验结果与上次型式检验有较大差异时；

c) 第三方提出进行型式检验的要求时。

6.2.2 型式检验项目：按第4章要求。

6.3 判定原则

6.3.1 出厂检验项目按6.1.2全部合格即判定产品合格。

6.3.2 使用厂在进行安装、调整、试验及使用一年内，发现有不符合本标准时，由制造厂负责会同使用厂进行处理。

7 标志、包装、运输和贮存

7.1 标志

产品铭牌按 FZ/T 90089.1 和 FZ/T 90089.2 的规定。

7.2 包装

产品包装按 FZ/T 90001 的规定。

7.3 运输

产品在运输过程中,应按规定位置起吊,包装箱按规定朝向放置,不得倾斜或改变方向。

7.4 贮存

产品出厂后,在有良好防雨及通风贮存的条件下,包装箱内的零件防潮、防锈有效期为一年。

———————————

ICS 59.120
W 94

中华人民共和国纺织行业标准

FZ/T 94043—2011
代替 FZ/T 94043—1996

络 筒 机

Cone or cheese winding machine

2011-05-18 发布

2011-08-01 实施

中华人民共和国工业和信息化部　　发 布

前　言

本标准按照 GB/T 1.1—2009 给出的规则起草。

本标准代替 FZ/T 94043—1996《络筒机》。

本标准与 FZ/T 94043—1996 的主要差异如下：

——引用标准中大部分标准已被新确认的标准号所代替；

——引用标准中增加了 GB/T 7111.1《纺织机械噪声测试规范　第 1 部分：通用要求》；

——引用标准中增加了 GB/T 7111.4《纺织机械噪声测试规范　第 4 部分：纱线加工、绳索加工
机械》；

——成品质量要求提高；

——空车运转试验增加了安全性能要求；

——引用标准中取消了 FZ/T 90071《纺织机械噪声升压级的测量方法》；

——取消了产品主要结构的内容。

本标准由中国纺织工业协会提出。

本标准由全国纺织机械与附件标准化技术委员会(SAC/TC 215)归口。

本标准起草单位：天津宏大纺织机械股份有限公司。

本标准主要起草人：左英英、彭健、马丽娜。

本标准所代替标准的历次版本发布情况为：

——FJ 181—1962、FJ 181—1987；

——FZ/T 94043—1996。

络 筒 机

1 范围

本标准规定了槽筒式络筒机的参数、要求、试验方法、检验规则、标志、包装、运输和贮存。

本标准适用于将棉型、毛型的纯纺及化学短纤维的混纺纱,络制成交叉卷绕的不同锥度筒子、平行筒子的络筒机。

2 规范性引用文件

下列文件对于本文件的应用是必不可少的。凡是注日期的引用文件,仅注日期的版本适用于本文件。凡是不注日期的引用文件,其最新版本(包括所有的修改单)适用于本文件。

GB/T 191 包装储运图示标志

GB/T 7111.1 纺织机械噪声测试规范 第1部分:通用要求

GB/T 7111.4 纺织机械噪声测试规范 第4部分:纱线加工、绳索加工机械

FZ/T 90001 纺织机械产品包装

FZ/T 90074 纺织机械产品涂装

FZ/T 90089.1 纺织机械铭牌 型式、尺寸及技术要求

FZ/T 90089.2 纺织机械铭牌 内容

FZ/T 92040 钢板槽筒

FZ/T 92044 酚醛塑料槽筒

3 参数

参数见表1。

表 1

项 目		参 数		
锭距/mm		254	264	
导纱动程/mm		152	149	152
络纱速度/(m/min)	筒纱	510～700	510～700	
	绞纱	140～160	140～160	
	染色纱	400～500	350～400	
筒管规格（半锥角）	木管	5°57′	5°57′	
	纸管	3°30′,5°57′	5°57′	
	不锈钢管	0°,3°30′,4°20′		
成型尺寸/mm		$\phi 200 \times 152$	$\phi 200 \times 149$	

4 要求

4.1 传动系统

4.1.1 全机运转平稳,无异常振动和冲击声响。

4.1.2 各轴承温升不超过 20 ℃。

4.1.3 车头齿轮箱安装准确,润滑良好。

4.1.4 槽筒传动轴、中心轴应符合标准轴及定位工具的要求。整列槽筒安装后,每个槽筒表面的径向跳动≤0.3 mm。

4.1.5 筒子托架动作平稳可靠,下落时缓慢安全。

4.1.6 筒管插装在锭杆上,横动间隙≤0.4 mm。

4.2 电气及自动系统

4.2.1 全机自停机构动作可靠,信号灵敏。

4.2.2 电气接线正确牢固,对号清楚。

4.2.3 断纱自停装置安装准确,动作可靠灵敏,润滑密封良好,用户选用含油管形式的络筒机各连接油管通油顺畅,接头不漏油。

4.3 筒纱质量

4.3.1 筒子成型良好,手感硬度基本均匀,无硬边、脱圈、蛛网纱等不良缺陷,筒子合格率≥98%。

4.3.2 筒纱在合理的整经络纱工艺及操作正常情况下,整经线速度 350 m/min 退绕时无脱圈现象,整经百根万米断头率≤2 次/(百根·万米)。

4.3.3 染色纱卷绕过程中张力稳定,大、中、小纱张力差≤30 mN。
染色纱密度均匀,按规定合理的染色工艺进行染色,内、中、外层纱,染色色差≤一级。

4.4 噪声

整机噪声发射声压级≤80 dB(A)[带清洁吹风装置时≤85 dB(A)]。

4.5 功率

在 100 锭条件下,空车运转主传动电机输入功率≤3 kW(锭数增加可按比例折算)。

4.6 涂装

产品涂装按 FZ/T 90074 规定执行。

4.7 主要专件

4.7.1 钢板槽筒按 FZ/T 92040 规定执行。

4.7.2 酚醛槽筒按 FZ/T 92044 规定执行。

5 试验方法

5.1 检测方法

5.1.1 4.1.2 用 0.5 级精度点温计测量(测量部位:各轴承座外壳处)。

5.1.2 4.1.4,手盘传动带用百分表测量槽筒表面距两端 5 mm 处。

5.1.3 4.1.6 用塞尺检查。

5.1.4 4.3.2 在整经机(速度为 350 m/min)上测一批筒子整经断头次数(从满筒到空筒)。

5.1.5 4.3.3 用张力仪在筒子大、中、小纱时各测五次,张力差符合要求。

5.1.6 4.4 按 GB/T 7111.1、GB/T 7111.4 规定测量。

5.1.7 4.5 用功率表测量。

5.1.8 4.6,产品涂装按 FZ/T 90074 规定检查。

5.1.9 4.7,钢板槽筒按 FZ/T 92040,酚醛槽筒按 FZ/T 92044 规定执行。

5.1.10 其他条款用目测手感等方法。

5.2 空车运转试验

5.2.1 试验条件

a) 车头齿轮箱油量为游标标尺处,每只断纱自停箱油量约四分之一升;

b) 槽筒转速:筒纱喂入为 2 480 r/min,绞纱喂入为 540 r/min,染色纱喂入为 1 200 r/min;

c) 空车运转时间为连续运转 2 h。

5.2.2 检验项目

检验项目按 4.1、4.2、4.4～4.7 检验。

5.3 络纱试验

5.3.1 试验条件、络纱工艺、染色纱的染液流量、络纱速度均按合理的工艺方案配置。

5.3.2 正常生产连续运转一个月后按 4.3 进行检验。

6 检验规则

6.1 出厂检验

6.1.1 制造厂在每批生产的产品中抽出一台进行全总装,并按 5.2 进行空车运转试验。

6.1.2 每台产品需经制造厂质量检查部门按本标准要求检验合格后方能出厂,并附有产品质量合格证。

6.2 型式检验

6.2.1 产品在下列情况之一时,应进行型式检验:

a) 新产品投产鉴定时;

b) 结构、材料、工艺有较大改变,影响产品性能时;

c) 出厂检验结果与上次型式检验有较大差异时;

d) 第三方进行质量检验时。

6.2.2 产品需抽检一台,型式检验项目按第 4 章的规定。

6.2.3 产品出厂后一年内,使用厂在进行安装、调整、试验中发现有不符合本标准时,由制造厂负责处理。

7 标志、包装、运输、贮存

7.1 标志

7.1.1 包装储运的图示标志应符合 GB/T 191 的规定。

7.1.2 产品铭牌应符合 FZ/T 90089.1、FZ/T 90089.2 的规定。

7.2 包装

产品的包装应符合 FZ/T 90001 的规定。

7.3 运输

产品在运输过程中,应按规定的部位起吊,包装箱应按规定朝向安置,不得倾斜或改变方向。

7.4 贮存

产品出厂后,在良好的防雨及通风的贮存条件下,包装箱内的零件防潮、防锈有效期自出厂日起为一年。

———————————

ICS 59.120.20
W 94

中华人民共和国纺织行业标准

FZ/T 94044—2010
代替 FZ/T 94044—1996

自 动 络 筒 机

Automatic winder

2010-12-29 发布

2011-04-01 实施

中华人民共和国工业和信息化部　　发 布

前　言

本标准代替 FZ/T 94044—1996《自动络筒机》。

本标准与 FZ/T 94044—1996 相比的主要技术差异如下：

——本标准将原标准范围限定的"纱库型自动络筒机"改为"自动络筒机"，扩展了标准的覆盖范围（见第 1 章）；

——增加了产品型式，除纱库型外，本标准将原标准产品型式增加了"细络联型、集中纱库自动喂管型、筒倒筒型自动络筒机"（见 3.1）；

——本标准机器型式由原标准的"单卷绕头（单锭）式单面排列"改为"单卷绕头（单锭）式"（见 3.2.1）；

——扩大了卷绕头数的范围，本标准将原标准的卷绕头数"10 锭～60 锭"改为"4 锭～72 锭"（见 3.2.2）；

——将原标准的接头方式"空气捻接、机械搓捻、机械打结"改为"形成无结头纱的空气捻接、机械搓捻等"（见 3.2.5）；

——扩大了自动络筒机的速度范围，根据技术的发展，本标准将原标准的卷绕速度"500 m/min～1 500 m/min"改为"300 m/min～2 000 m/min"（见 3.2.6）；

——将原标准的捻接长度"12 mm～25 mm"改为"15 mm～35 mm"，重点保证捻接接头的强度，捻接长度更符合实际使用情况（见 4.1.3）；

——将原标准中的三次捻接成功率"≥95%"提高至"≥98%"（见 4.2）；

——将原标准的筒纱定长平均误差"±2%"提高至"±1.8%"（见 4.3.2）；

——将原标准的筒纱定长长度变异系数 $CV(\%)$"≤2%"提高至"≤1.8%"（见 4.3.3）；

——安全保护试验要求改为引用 GB 5226.1—2008（见 4.10 和 5.8）；

——根据标准内容的"可证实性原则"，删除了原标准 4.11 的可靠性要求；

——筒纱定长平均误差和筒纱定长长度变异系数的试验中，根据国家标准 GB/T 4743 的要求，对百米纱标准重量的取纱方式作了规定（见 5.3）；

——在筒纱定长长度变异系数 $CV(\%)$ 和纱线卷绕张力变异系数 $CV(\%)$ 的计算公式中增加"×100"，修正了原标准公式的错误[见式（6）和式（9）]；

——将噪声检测、安全保护试验、涂装和产品包装检验按现行国家标准、行业标准要求作了相应修改（见 5.7～5.9、5.11 和 7.2）；

——将型式试验条件中的卷绕速度由原标准"1 000 m/min"提高至"1 200 m/min"[见 5.11c)]，体现了近年来国产自动络筒机技术实质性的进步；

——增加了需进行型式检验的第四种情况"d)国家质量监督部门提出型式检验的要求时"（见 6.3.1）；

——增加了对产品标志的规定（见 7.1）。

本标准由中国纺织工业协会提出。

本标准由全国纺织机械与附件标准化技术委员会归口。

本标准起草单位：青岛宏大纺织机械有限责任公司、上海二纺机股份有限公司、东飞马佐里纺机有限公司、江苏凯宫机械股份有限公司、浙江泰坦股份有限公司、中国纺织机械器材工业协会。

本标准主要起草人：耿佃云、王莉、王静怡、赵刚、傅时杰、朱鹏、盛晓冬、江岸英、杨玉广、梁永青。

本标准所代替标准的历次版本发布情况为：

——FJ/JQ 199—1988；

——FZ/T 94044—1996。

自 动 络 筒 机

1 范围

本标准规定了自动络筒机的型式及基本参数、技术要求、试验方法、检验规则及标志、包装、运输、贮存。

本标准适用于将以天然纤维、化学纤维为原料的线密度为 667 tex～4.2 tex 的纯、混纺单纱或股线络制成筒子的自动络筒机。

2 规范性引用文件

卜列文件中的条款通过本标准的引用而成为本标准的条款。凡是注日期的引用文件,其随后所有的修改单(不包括勘误的内容)或修订版均不适用于本标准,然而,鼓励根据本标准达成协议的各方研究是否可使用这些文件的最新版本。凡是不注日期的引用文件,其最新版本适用于本标准。

GB 5226.1—2008 机械电气安全 机械电气设备 第1部分:通用技术条件

GB/T 7111.1 纺织机械噪声测试规范 第1部分:通用要求

GB/T 7111.4 纺织机械噪声测试规范 第4部分:纱线加工、绳索加工机械

GB/T 17627.2—1998 低压电子设备的高电压试验技术 第二部分:测量系统和试验设备

FZ/T 90001 纺织机械产品包装

FZ/T 90074 纺织机械产品涂装

FZ/T 90089.1 纺织机械铭牌 型式、尺寸及技术要求

FZ/T 90089.2 纺织机械铭牌 内容

FZ/T 93030 纺织机械与附件 交叉卷绕用圆锥形筒管 技术条件

3 产品型式及基本参数

3.1 产品型式

纱库型、细络联型、集中纱库自动喂管型、筒倒筒型自动络筒机。

3.2 产品基本参数

3.2.1 机器型式:单卷绕头(单锭)式。

3.2.2 卷绕头(锭)数:4 锭～72 锭。

3.2.3 锭距:320 mm。

3.2.4 纱线检测型式:电子清纱。

3.2.5 接头方式:形成无结头纱的空气捻接、机械搓捻等。

3.2.6 卷绕速度:300 m/min～2 000 m/min。

3.2.7 电脑监控、设定、记录。

4 技术要求

4.1 接头质量

4.1.1 接头强力≥80%的原纱强力;对于低支高强度纱允许接头强力<80%的原纱强力,但接头强力应满足后道工序的使用要求。

4.1.2 捻接直径≤原纱直径的 1.2 倍。

4.1.3 捻接长度为:15 mm～35 mm。

4.2 成结率

三次捻接成功率≥98%。

4.3 筒子成形

4.3.1 筒子成形良好,坏筒率≤1%。

4.3.2 筒纱定长平均误差±1.8%。

4.3.3 筒纱定长长度变异系数 CV(%)≤1.8%。

4.4 纱线卷绕张力变异系数 CV(%)≤15%。

4.5 整经百根万米断头次数≤2 次。

4.6 主机负载功率消耗<80%额定功率。

4.7 整机发射声压级噪声≤85 dB(A)。

4.8 气路接口处不得漏气。

4.9 各卷绕头运行平稳,无明显振动。

4.10 安全保护

4.10.1 随机安全保护装置应齐全、可靠。

4.10.2 电气设备的绝缘电阻应≥1 MΩ。

4.10.3 电气设备的耐压试验在 1 500 V 交流电压下持续 1 min 不得有闪烁现象。

4.10.4 机械电气设备所有外露导电部分与接地保护电路端子之间的电阻≤0.1 Ω。

4.11 涂装按 FZ/T 90074 的规定。

4.12 监控装置,应能准确记录、控制和监控整个生产过程,并具有提供生产数据的功能。

5 试验方法

5.1 接头质量(4.1)测量

5.1.1 接头强力(4.1.1)用单纱强力仪测定,每个卷绕头测 10 次,计算每个卷绕头平均值。相对强力按式(1)计算:

$$K = \frac{F}{F_0} \times 100\% \qquad \cdots\cdots (1)$$

式中:

K——相对强力,%;

F——接头强力(平均值),单位为厘牛(cN);

F_0——原纱强力,单位为厘牛(cN)。

5.1.2 捻接直径(4.1.2)在 5 倍放大镜下与原纱作对比测量。

5.1.3 捻接长度(4.1.3)用直尺测量。

5.2 三次捻接成功率(4.2)由人工测量,整机随机抽取 10 个卷绕头,每个卷绕头测至少 10 次,按式(2)计算。

$$A = \frac{N_1}{N_1 + N_2} \times 100\% \qquad \cdots\cdots (2)$$

式中:

A——三次捻接成功率,%;

N_1——捻接成功数;

N_2——三次捻接失败数。

5.3 筒纱定长平均误差(4.3.2)、筒纱定长长度变异系数(4.3.3)用称重法。在同一批纱中,12.5 tex以下测量 200 m/份,12.5 tex~100 tex 测量 100 m/份,100 tex 以上 10 m/份,并条有自调匀整的测10 份,无自调匀整的测至少 10 份,分别称量,然后取其算术平均值作为百米纱的标准重量。每个卷绕头取一只满筒(定长)称量折算其实测长度,再求全机算数平均值。筒纱定长平均误差和筒纱定长长度变异系数计算方法如下:

a) 筒纱定长平均误差按式(3)~式(5)计算:

$$B = \frac{L_0 - \overline{L}}{L_0} \times 100\% \qquad \cdots\cdots\cdots\cdots\cdots(3)$$

$$L_i = \frac{m}{m_0} \times 100 \qquad \cdots\cdots\cdots\cdots\cdots(4)$$

$$\overline{L} = \frac{\sum x_i}{n} \qquad \cdots\cdots\cdots\cdots\cdots(5)$$

式中:

B —— 筒纱定长平均误差,%;

L_0 —— 筒纱设定长度,单位为米(m);

$\overline{L}$ —— 全机实测平均长度,单位为米(m);

L_i —— 筒纱实测长度,单位为米(m);

m —— 满筒纱净重,单位为克(g);

m_0 —— 100 m 纱标准重量,单位为克(g);

n —— 筒子数。

b) 筒纱定长长度变异系数按式(6)~式(8)计算:

$$CV = \frac{\sigma_{n-1}}{\overline{x}} \times 100 \qquad \cdots\cdots\cdots\cdots\cdots(6)$$

$$\sigma_{n-1} = \sqrt{\frac{\sum (L_i - \overline{L})^2}{n - 1}} \qquad \cdots\cdots\cdots\cdots\cdots(7)$$

$$\overline{L} = \frac{\sum L_i}{n} \qquad \cdots\cdots\cdots\cdots\cdots(8)$$

式中:

CV —— 筒纱定长长度变异系数,%;

σ_{n-1} —— 长度均方差;

$\overline{L}$ —— 平均长度,单位为米(m);

L_i —— 某个筒纱实测长度,单位为米(m);

n —— 筒子数。

5.4 纱线卷绕张力用张力仪在管纱处于中纱状态时测定,每个卷绕头测一次,计算全机的张力变异系数(4.4)。

$$CV = \frac{\sigma_{n-1}}{\overline{x}} \times 100 \qquad \cdots\cdots\cdots\cdots\cdots(9)$$

$$\sigma_{n-1} = \sqrt{\frac{\sum (x_i - \overline{x})^2}{n - 1}} \qquad \cdots\cdots\cdots\cdots\cdots(10)$$

$$\overline{x} = \frac{\sum x_i}{n} \qquad \cdots\cdots\cdots\cdots\cdots(11)$$

式中:

σ_{n-1} —— 张力均方差;

x_i——卷绕头测定张力值,单位为厘牛(cN);

$\overline{x}$——各卷绕头测定张力平均值,单位为厘牛(cN);

n——卷绕头数。

5.5 整经百根万米断头次数(4.5),在高速整经机(≥700 m/min)上测一批筒子的整经断头次数(从满筒到空筒)。

5.6 负载功率消耗(4.6)用功率表测量。

5.7 噪声(4.7)按 GB/T 7111.1 和 GB/T 7111.4 的规定测量。

5.8 安全保护试验

5.8.1 绝缘电阻(4.10.2)按 GB 5226.1—2008 18.3 的规定测量。

5.8.2 执行耐压试验(4.10.3)时,应使用符合 GB/T 17627.2—1998 要求的设备。试验电压的标称频率为 50 Hz 或 60 Hz。不适宜经受试验电压的元件和器件应在试验期间断开。已按照某产品标准进行过耐压试验的元件和器件在试验期间可以断开。

5.8.3 安全保护电阻(4.10.4)按 GB 5226.1—2008 18.2 的规定测量。

5.9 涂装(4.11)按 FZ/T 90074 的规定检查。

5.10 其余用常规测量工具或感官检测。

5.11 型式试验条件

型式检验条件包括:

a) 正常的工艺条件及环境条件(包括车间温湿度、采光、电压、压缩空气等);

b) 试验用纱为 17.2 tex~9.2 tex 纯棉、涤棉混纺(T/C:65/35);

c) 卷绕速度为 1 200 m/min;

d) 管纱质量应符合细纱机中对管纱成形质量的要求,筒管应符合 FZ/T 93030 的要求。

6 检验规则

6.1 检验分类

检验分为出厂检验和型式检验。

6.2 出厂检验

每台产品的车头、锭节、车尾或整机须经制造厂功能模拟试验、安全保护试验等质量检验合格后方能出厂,并签发质量合格证。

6.3 型式检验

6.3.1 产品具有下列情况之一时,应进行型式检验:

a) 新产品投产鉴定时;

b) 正式生产后,如结构、材料、工艺有较大改变,可能影响产品性能时;

c) 产品停产三年后,恢复生产时;

d) 国家质量监督部门提出型式检验的要求时。

6.3.2 产品须抽检 1 台,检验项目按第 4 章全部项目。

7 标志、包装、运输、贮存

7.1 标志

产品的铭牌及铭牌内容应符合 FZ/T 90089.1 和 FZ/T 90089.2 的规定。

7.2 包装

产品包装应符合 FZ/T 90001 的规定。

7.3 运输

产品在运输过程中,应按规定的起吊位置起吊,包装箱应按规定朝向安置,不得倾斜或改变方向。

7.4 贮存

产品出厂后,在有良好防雨及通风的条件下贮存,包装箱内的零件防潮防锈有效期为一年。

———————————

ICS 59.120.20
W 94

中华人民共和国纺织行业标准

FZ/T 94059—2012

精 密 络 筒 机

Precision winder

2012-05-24 发布

2012-11-01 实施

中华人民共和国工业和信息化部   发 布

FZ/T 94059—2012

前　　言

本标准按照 GB/T 1.1—2009 给出的规则起草。

本标准由中国纺织工业联合会提出。

本标准由全国纺织机械与附件标准化技术委员会(SAC/TC 215)归口。

本标准由杭州长翼纺织机械有限公司、上海天佑纺织机械有限公司、天津宏大纺织机械有限公司、任丘市飞星纺织机械有限公司、浙江省质量技术监督检测研究院、中国纺织机械器材工业协会负责起草。

本标准主要起草人:傅岳琴、段肇祥、李岱、徐海平、彭健、宋双奎、蔡建国、沈为民。

精 密 络 筒 机

1 范围

本标准规定了精密络筒机的术语和定义、基本参数和结构特征、要求、试验方法、检验规则、标志、包装、运输和贮存。

本标准适用于超细丝以及各种丝、纱、线等的紧式或松式络筒的精密络筒机。

2 规范性引用文件

下列文件对于本文件的应用是必不可少的。凡是注日期的引用文件,仅注日期的版本适用于本文件。凡是不注日期的引用文件,其最新版本(包括所有的修改单)适用于本文件。

GB/T 191　包装储运图示标志

GB 755　旋转电机　定额和性能

GB/T 1184—1996　形状和位置公差　未注公差值

GB 5226.1—2008　机械电气安全　机械电气设备　第1部分:通用技术条件

GB/T 7111.1　纺织机械噪声测试规范　第1部分:通用要求

GB/T 7111.4　纺织机械噪声测试规范　第4部分:纱线加工、绳索加工机械

FZ/T 90001　纺织机械产品包装

FZ/T 90074　纺织机械产品涂装

FZ/T 90089.1　纺织机械铭牌　型式、尺寸及技术要求

FZ/T 90089.2　纺织机械铭牌　内容

FZ/T 96001　纺织用普通瓷件技术条件

3 术语和定义

下列术语和定义适用于本文件。

3.1

精密卷绕　precision winding

卷绕时,筒子转动与导丝(纱)器件运动两者精密配合,以保证卷绕比在各丝(纱)层中恒定不变。

3.2

精密络筒机　precision winder

采用精密卷绕方式的络筒机。

4 基本参数和结构特征

4.1 基本参数

基本参数见表1。

表 1

项　　目		基 本 参 数
锭数		≥3锭/节,可按节数增加
锭距/mm		300～500
卷绕速度/ (m/min)	机械式	≤500
	电子式	≤1 500
密度/(g/cm³)		≥0.18
导丝动程/mm		50～275
筒管类型		直筒管、锥形管
单锭电机额定总功率/W		≤500

4.2　结构特征

结构特征见表2。

表 2

项　　目	结 构 特 征
筒子排列型式	全机纵向排列或横向排列
导丝方式	导丝器、拨片
成形方式	机械式、电子式
驱动方式	单锭独立驱动

5　要求

5.1　外观

5.1.1　产品的外表面应平整、光滑、接缝平齐、缝隙均匀一致,紧固件需经表面处理。

5.1.2　表面经镀覆或化学处理的零件,色泽应一致,保护层不应有脱落或露底现象。

5.1.3　产品的涂装应符合 FZ/T 90074 的规定。

5.1.4　各类电线、管路的外露部分应排列整齐,安装牢固。

5.2　卷绕性能

5.2.1　筒子成形良好,无叠纱、毛纱、硬边、塌边脱圈、跳线等缺陷。

5.2.2　各筒子之间密度差异≤6%。

5.2.3　单锭计长精度误差≤1.0%。

5.3　传动系统

5.3.1　机器运转平稳,无异常振动和冲击声。

5.3.2 成形机构运转顺畅、灵活,无卡滞现象。

5.3.3 摇臂转动灵活、顺畅、平稳;各锭之间摇臂转动手感一致。

5.3.4 各润滑系统润滑良好,无漏油现象。

5.3.5 各轴承温升≤20 ℃。

5.4 自动控制

5.4.1 自动修边装置,可调节。

5.4.2 张力控制装置,并能实现恒张力或递减张力控制。

5.4.3 单锭断纱自停装置,且自停灵敏、可靠,停机时间可以设定。

5.4.4 超喂装置,超喂速度可根据筒子的线速度进行调整。

5.4.5 具有单锭计长功能。

5.4.6 满筒自停功能,且自停灵敏、可靠。

5.5 主要零部件及主要外购件

5.5.1 过丝零件表面应光滑、耐磨。

5.5.2 支承罗拉同轴度应符合 GB/T 1184—1996 表 B.4 中 8 级的规定。

5.5.3 瓷件应符合 FZ/T 96001 的规定。

5.5.4 主要外购件应符合相关的标准要求。

5.6 噪声

空载运行时,整机噪声发射声压级≤82 dB(A)。

5.7 功率消耗

空载运行时,单锭电机总功率消耗不大于其额定功率的80%。

5.8 安全保护

5.8.1 安全保护装置应齐全、可靠。

5.8.2 电气接线正确,可靠,有明显的接地标志。

5.8.3 电气部分保护接地电路的连续性应符合 GB 5226.1—2008 中 18.2.2 的规定。

5.8.4 电气部分的绝缘性能应符合 GB 5226.1—2008 中 18.3 的规定。

5.8.5 电气部分的耐压性能应符合 GB 5226.1—2008 中 18.4 的规定。

5.8.6 电动机的安全性能应符合 GB 755 的有关规定。

6 试验方法

6.1 检测方法

6.1.1 5.1.1、5.1.2、5.1.4、5.2.1、5.3.1~5.3.4、5.4、5.5.1、5.8.1、5.8.2 用手感、目测、耳听法检测。

6.1.2 5.1.3 按 FZ/T 90074 的有关规定检测。

6.1.3 5.2.2 用称重计算法检测。

6.1.4 5.2.3 用卷尺或皮尺检测。

6.1.5 5.3.5 用精度不低于 0.5 ℃的温度计在轴承的外壳处检测。

6.1.6　5.5.2 用百分表检测。

6.1.7　5.5.3 按 FZ/T 96001 的有关规定检测。

6.1.8　5.5.4 按相关标准的要求检测。

6.1.9　5.6 按 GB/T 7111.1 和 GB/T 7111.4 的有关规定检测。

6.1.10　5.7 用单相或三相功率表检测。

6.1.11　5.8.3 用接地电阻测试仪检测。

6.1.12　5.8.4 用兆欧表检测。

6.1.13　5.8.5 用耐压试验仪检测。

6.1.14　5.8.6 按 GB 755 的有关规定检测。

6.2　空车运转试验

6.2.1　试验条件

6.2.1.1　电源电压(380±38)V、(220±22)V;频率:(50±1)Hz。

6.2.1.2　环境温度 10 ℃～35 ℃、相对湿度 40%～85%。

6.2.1.3　试验转速按设计转速的 80%。

6.2.1.4　产品经跑合后,连续运转 4 h。

6.2.2　检验项目

检验项目为 5.1、5.3、5.6～5.8。

6.3　负荷试验

6.3.1　试验条件

6.3.1.1　空车运转试验合格后进行。

6.3.1.2　其余条件同 6.2.1.1、6.2.1.2。

6.3.1.3　试验原料:同一批号的 100 den～120 den 涤纶线。

6.3.1.4　试验速度、密度及卷装重量:按设计转速的 70%、密度 0.5 g/cm³、筒子卷装量 1 kg。

6.3.1.5　在机器的头、中、尾任选 3 个锭位,每个锭位绕 2 个筒子。

6.3.2　检验项目

检验项目为 5.2、5.4。

7　检验规则

7.1　组批及抽样方法

7.1.1　组批

由相同生产条件下生产的同一规格(型号)的产品组成一批。

7.1.2　抽样方法

7.1.2.1　出厂检验

在每批中随机按 2% 的比例抽样,如抽样不足 1 台时则抽取 1 台。

7.1.2.2 型式检验

在出厂检验合格的产品中随机抽取 1 台。

7.2 检验分类

检验分出厂检验和型式检验。

7.2.1 出厂检验

7.2.1.1 出厂检验项目为本标准的 5.1、5.3.1～5.3.4、5.4、5.5.1、5.8。

7.2.1.2 产品须经制造厂质检部门进行出厂检验合格后方可出厂,并附有制造厂质检部门开具的产品合格证。

7.2.2 型式检验

7.2.2.1 型式检验项目为本标准第 5 章规定的全部内容。

7.2.2.2 在下列情况之一时,须进行型式检验:
- ——新产品或老产品转厂生产的试制定型鉴定;
- ——正式生产后,产品的结构、材料、工艺有较大改变,可能影响产品性能时;
- ——出厂检验结果与上次型式检验有较大差异时;
- ——产品停产一年以上,恢复生产时;
- ——国家有关部门提出进行型式检验要求时。

7.3 判定规则

7.3.1 出厂检验

检验结果如有两项及两项以上指标不符合本标准要求时,判定整批产品不合格;有一项指标不符合本标准要求时,允许重新取样进行复验,复验结果仍不符合本标准技术指标的要求,则判定整批产品为不合格。

7.3.2 型式检验

检验结果如有一项及一项以上指标不符合本标准要求时,则判定产品为不合格。

7.4 其他

使用厂在安装调试产品过程中发现不符合本标准时,由制造厂会同使用厂协商处理。

8 标志、包装、运输和贮存

8.1 标志

8.1.1 包装储运的图示标志应符合 GB/T 191 的规定。

8.1.2 产品铭牌按 FZ/T 90089.1 和 FZ/T 90089.2 的规定。

8.2 包装

8.2.1 产品的包装应按 FZ/T 90001 的规定。

8.2.2 每批产品随机提供产品说明书及相关技术资料一套。

8.3 运输

8.3.1 产品在运输过程中,应按规定的起吊位置起吊;包装箱应按规定的朝向安置,不得倾斜或改变方向。

8.3.2 运输和存放时不得叠放。

8.4 贮存

产品出厂后,在有良好防雨、防腐蚀及通风的贮存条件下,包装箱内的机件防潮、防锈自出厂日起有效期为一年。

ICS 59.120.10
W 93

中华人民共和国纺织行业标准

FZ/T 96021—2010
代替 FZ/T 96021—1998

倍 捻 机

Two-for-one twister

2010-12-29 发布

2011-04-01 实施

中华人民共和国工业和信息化部　　发 布

前　言

本标准代替 FZ/T 96021—1998《倍捻机》。

本标准与 FZ/T 96021—1998 相比主要变化如下：

——调整了分类和参数；

——提高了锭速不匀率的要求；

——调整了功率消耗和噪声的指标；

——增加了电气设备和安全性能的要求。

本标准由中国纺织工业协会提出。

本标准由全国纺织机械及附件标准化技术委员会归口。

本标准起草单位：浙江日发纺织机械有限公司、浙江泰坦股份有限公司、绍兴县华裕纺机有限公司、中国人民解放军第四八零六工厂、无锡纺织机械研究所。

本标准主要起草人：周健颖、王尧军、钱立锋、郑照丰、李立平。

本标准所代替标准的历次版本发布情况为：

——FZ/T 96021—1998。

倍　捻　机

1　范围

本标准规定了倍捻机的分类、参数、要求、试验方法、检验规则及标志、包装、运输、贮存。

本标准适用于棉、毛、麻、绢、丝、化纤等纯纺及混纺加捻用的倍捻机。

2　规范性引用文件

下列文件中的条款通过本标准的引用而成为本标准的条款。凡是注日期的引用文件,其随后所有的修改单(不包括勘误的内容)或修订版均不适用于本标准,然而,鼓励根据本标准达成协议的各方研究是否可使用这些文件的最新版本。凡是不注日期的引用文件,其最新版本适用于本标准。

GB/T 191　包装储运图示标志

GB 2894　安全标志及其使用导则

GB 5226.1—2008　机械电气安全　机械电气设备　第1部分:通用技术条件

GB/T 7111.1　纺织机械噪声测试规范　第1部分:通用要求

GB/T 7111.4　纺织机械噪声测试规范　第4部分:纱线加工、绳索加工机械

FZ/T 90001　纺织机械产品包装

FZ/T 90074　纺织机械产品涂装

FZ/T 90089.1　纺织机械铭牌　型式、尺寸及技术要求

FZ/T 90089.2　纺织机械铭牌　内容

FZ/T 92054　倍捻锭子

3　分类及参数

3.1　分类

3.1.1　按用途:化纤长丝倍捻机、短纤维倍捻机、真丝倍捻机及其他。

3.1.2　按层数:双层型、单层型。

3.2　参数

见表1。

表 1

序号	项　目	化纤长丝		短纤维	真丝
1	型式	双层	单层	单层	双层
2	锭距/mm	150～400			
3	工艺锭速/(r/min)	≤13 500		≤12 000	≤9 000
4	适用范围/tex	2～120		2/(4～100)	4.2～12.6
5	捻度/(捻/m)	100～3 000		100～2 000	150～3 000
6	捻向	S捻或Z捻			
7	卷绕速度/(m/min)	≤40		≤60	≤30
8	最大喂入卷装/mm	φ110×(210～320)	φ135×(310～390)	φ180×152	φ140×165

4 要求

4.1 机械传动系统

4.1.1 机器运转平稳,无异常振动和声响。

4.1.2 各轴承温升不超过 20 ℃。

4.1.3 润滑系统润滑良好,无渗油、漏油现象。

4.2 锭子及龙带

4.2.1 锭子应符合 FZ/T 92054 的要求。

4.2.2 锭子在转动时不得有明显的上下窜动现象。

4.2.3 龙带运转平稳。

4.3 卷绕系统

4.3.1 过纱部件转动灵活,外表光滑、耐磨。

4.3.2 摩擦辊轴外圆的径向圆跳动公差≤0.35 mm。

4.3.3 超喂罗拉轴外圆的径向圆跳动公差≤0.40 mm。

4.3.4 往复导纱杆运行平稳,无明显顿挫现象。

4.4 电气设备和安全性能

4.4.1 各监测和自停机构动作准确、灵敏、可靠。

4.4.2 电气设备的连接和布线,应符合 GB 5226.1—2008 中 13.1 的规定。

4.4.3 电气设备的导线标识,应符合 GB 5226.1—2008 中 13.2 的规定。

4.4.4 电气设备保护联接电路的连续性,应符合 GB 5226.1—2008 中 18.2.2 的规定。

4.4.5 电气设备的绝缘性能,应符合 GB 5226.1—2008 中 18.3 的规定。

4.4.6 电气设备的耐压试验,应符合 GB 5226.1—2008 中 18.4 的规定。

4.5 功率消耗

空车运转时主电机功率消耗,应符合表 2 的规定。

表 2

项　目	化纤长丝		短纤维	真丝
锭数	256	120	120	256
加捻盘直径/mm	90	140	140	127
工作转速/(r/min)	12 000	10 000	8 000	6 000
层数	双层	单层	—	—
功率/kW	≤7.0	≤7.0	≤14.0	≤5.0
噪声/dB(A)	≤85.0	≤84.0	≤80.0	≤77.0

4.6 噪声

空车运转时全机噪声(发射声压级)应符合表 2 的规定。

4.7 锭速不匀率

化纤长丝和真丝倍捻机≤0.5%,短纤维倍捻机≤1%。

4.8 产品涂装

产品涂装应符合 FZ/T 90074 的规定。

5 试验方法

5.1 检验方法

5.1.1 轴承温升(4.1.2)用表面温度计在轴承座的外壳处测试。

5.1.2 外圆径向圆跳动公差(4.3.2、4.3.3)用百分表检测。

5.1.3 电气设备的连接和布线(4.4.2)，按 GB 5226.1—2008 中 13.1 的规定，目测接线是否牢固，两端子之间的导线和电缆是否有接头和拼接点，电缆和电缆束的附加长度是否满足连接和拆卸的需要等。

5.1.4 电气设备导线的标识(4.4.3)，按 GB 5226.1—2008 中 13.2 的规定，检查导线的每个端部是否有标记；如果用颜色作导线标记时，应符合标准的规定。

5.1.5 电气设备的保护联接电路连续性(4.4.4)，按 GB 5226.1—2008 中 18.2.2 的规定测试(测试数据判定按 GB 5226.1—2008 附录 G 的规定)。

5.1.6 电气设备的绝缘性能和耐压试验(4.4.5、4.4.6)，按 GB 5226.1—2008 中 18.3、18.4 的规定，用兆欧表和耐压试验仪测试。

5.1.7 主电机功率消耗(4.5)用三相瓦特表检测。

5.1.8 全机噪声(发射声压级)(4.6)，按 GB/T 7111.1 和 GB/T 7111.4 的规定用精密声级计测试。

5.1.9 锭速不匀率 X(4.7)用闪光测速仪检测，按式(1)计算：

$$X = \frac{2n_{下}(\overline{X} - \overline{X_{下}})}{n\overline{X}} \times 100 = \frac{2n_{上}(\overline{X_{上}} - \overline{X})}{n\overline{X}} \times 100 \quad \cdots\cdots\cdots\cdots\cdots(1)$$

式中：

X——锭速不匀率，%；

$n_{下}$——平均锭速以下的锭子数；

$\overline{X_{下}}$——平均锭速以下锭速平均值，单位为转每分(r/min)；

$n_{上}$——平均锭速以上的锭子数；

$\overline{X_{上}}$——平均锭速以上的锭速平均值，单位为转每分(r/min)；

$\overline{X}$——锭速的平均值，单位为转每分(r/min)；

n——全机锭子数。

5.1.10 其余项目，感官检测。

5.2 空车运转试验

5.2.1 试验条件

5.2.1.1 试验时间：连续 4 h。

5.2.1.2 试验速度：见表 2。

5.2.2 检验项目

见 4.1、4.2.2、4.2.3、4.3～4.7。

6 检验规则

6.1 型式检验

6.1.1 产品在下列情况之一时，应进行型式检验：

    a) 新产品鉴定时；

    b) 生产过程中，如结构、材料、工艺有较大改变，可能影响产品性能时；

    c) 出厂检验结果与上次型式检验有较大差异时；

    d) 第三方进行质量检验时。

6.1.2 检验项目：见第 4 章。

6.2 出厂检验

6.2.1 制造厂每批产品至少抽出一台进行全装，并需经空车运转试验。

6.2.2 每台产品均应经制造厂检验部门检验合格，并附有合格证方能出厂。

6.3 判定规则

全部项目检验合格,判该批产品符合标准要求。反之,判该批产品不符合标准要求。

6.4 用户在安装调试过程中,发现有项目不符合本标准时,制造厂应会同用户共同处理。

7 标志

7.1 产品的安全标志,按 GB 2894 的规定。

7.2 包装箱的储运图示、标志,按 GB/T 191 的规定。

7.3 产品铭牌,按 FZ/T 90089.1 和 FZ/T 90089.2 的规定。

8 包装、运输和贮存

8.1 产品的包装,按 FZ/T 90001 的规定。

8.2 产品在运输过程中,包装箱应按规定的朝向安置,不得倾斜或改变方向。

8.3 产品出厂后,在良好的防雨及通风贮存条件下,包装箱内的产品防潮、防锈有效期为一年。

ICS 59.120.10
W 97

中华人民共和国纺织行业标准

FZ/T 96023—2012
代替 FZ/T 96023—2001

假捻变形机

False-twise texturing machine

2012-12-28 发布

2013-06-01 实施

中华人民共和国工业和信息化部　　发 布

前　　言

本标准按照 GB/T 1.1—2009 给出的规则起草。

本标准代替 FZ/T 96023—2001《假捻变形机》。

本标准与 FZ/T 96023—2001 相比主要技术变化如下：

——增加了分类(见 3.1)；

——修改了参数(见表 1,2001 年版表 1)；

——修改了全机轴承温升的要求(见 4.1.3,2001 年版 4.1.3)；

——增加了对摩擦盘式假捻器的要求(见 4.2.1)；

——修改了全机假捻器转速不匀率的要求(见 4.2.2,2001 年版 4.2)；

——增加了电加热箱最大温度偏差的要求(见 4.3)；

——增加了对电气设备和安全性能的要求(见 4.9)；

——增加了转速不匀率的计算方法(见 5.3)。

本标准由中国纺织工业联合会提出。

本标准由全国纺织机械及附件标准化技术委员会(SAC/TC 215)归口。

本标准起草单位：无锡宏源机电科技有限公司、浙江越剑机械制造有限公司、无锡纺织机械研究所、江苏海源科技集团、晋中经纬化纤机械有限公司、绍兴纺织机械集团有限公司。

本标准主要起草人：缪小方、李兵、王兆海、刘军、俞宝福、张始荣、宋国清、李立平。

本标准于 2001 年 12 月首次发布,本次为第一次修订。

假捻变形机

1 范围

本标准规定了假捻变形机的分类、参数、要求、试验方法、检验规则及标志、包装、运输和贮存。

本标准适用于涤纶、锦纶预取向丝或其他花色丝进行牵伸假捻变形(加弹)工序使用的叠盘式假捻变形机。

2 规范性引用文件

下列文件对于本文件的应用是必不可少的。凡是注日期的引用文件,仅注日期的版本适用于本文件。凡是不注日期的引用文件,其最新版本(包括所有的修改单)适用于本文件。

GB/T 191 包装储运图示标志

GB 2894 安全标志及其使用导则

GB 5226.1—2008 机械电气安全 机械电气设备 第1部分:通用技术条件

GB/T 7111.1 纺织机械噪声测试规范 第1部分:通用要求

GB/T 7111.4 纺织机械噪声测试规范 第4部分:纱线加工、绳索加工机械

GB/T 17626.2—2006 电磁兼容 试验和测量技术 静电放电抗扰度试验

GB/T 17626.4—2008 电磁兼容 试验和测量技术 电快速瞬变脉冲群抗扰度试验

GB/T 17780.4 纺织机械 安全要求 第4部分:纱线和绳索加工机械

FZ/T 90001 纺织机械产品包装

FZ/T 90074 纺织机械产品涂装

FZ/T 90089.1 纺织机械铭牌 型式、尺寸及技术要求

FZ/T 90089.2 纺织机械铭牌 内容

FZ/T 96027 摩擦盘式假捻器

3 分类及参数

3.1 分类

按机械速度(中间罗拉)分为:低速、中速、高速。

3.2 参数

参数见表1。

表1

项 目		参 数		
		低速	中速	高速
最高机械速度	中间罗拉/(m/min)	400～600	650～900	1 000～1 500[a]
	假捻器/(r/min)	8 000	14 000	20 000

表 1（续）

项　目		参　数		
		低速	中速	高速
锭数		144～264	216～288	
锭距/mm		110、120	110	105、110
适纺线密度/dtex		涤纶　22～330	锦纶　17～220	
型式		双面式		
假捻方式		叠盘式摩擦假捻		
捻向		S 捻或 Z 捻		
加热方式		联苯气相加热、电加热		
卷装规格	形式	双锥形或直边形		
	最大尺寸/mm	ϕ250×250		
热箱温度/℃		110～250		
ª　应视具体型号而定。				

4　要求

4.1　传动系统

4.1.1　机器运转平稳,无异常振动和声响。

4.1.2　机器振动值应符合表 2 的规定。

表 2　　　　　　　　　　　　　　　　　　　　　　　单位为毫米每秒

项　目	参　数		
	低速	中速	高速
假捻器振动值	≤10.0	≤10.0	≤12.0
中间罗拉振动值	≤12.0	≤8.0	≤10.0

4.1.3　全机轴承温升≤35 ℃。

4.1.4　传动系统润滑良好,无漏油现象。

4.2　摩擦假捻系统

4.2.1　摩擦盘式假捻器应符合 FZ/T 96027 标准的规定。

4.2.2　全机假捻器转速不匀率应符合表 3 的规定。

表 3

项　目	参　数		
	低速	中速	高速
转速不匀率	≤1.4%	≤1.2%	≤1.0%

4.3 热箱

加热区各联苯热箱的最大温度偏差为±1.0 ℃。电加热热箱最大温度偏差为±3 ℃。

4.4 罗拉系统

整列罗拉径向圆跳动公差0.10 mm。

4.5 成品丝上油系统

全机应供油正常,全系统无漏油现象。

4.6 卷绕系统

卷绕成型良好。

4.7 噪声

空车运转时全机噪声(发射声压级)应符合表4的规定。

表 4

单位为 dB(A)

项 目	参 数	
	低速、中速	高速
全机噪声(发射声压级)	≤93.0	≤95.0

4.8 功率消耗

空车运转主电机功率消耗不大于额定功率的82%。

4.9 电气设备和安全性能

4.9.1 电气设备的电快速瞬变脉冲群抗扰度性能,应符合 GB/T 17626.4—2008 中第3等级的规定。

4.9.2 电气设备的静电放电抗扰度性能,应符合 GB/T 17626.2—2006 中第4等级的规定,试验时设备不应有非正常动作。

4.9.3 电气设备的连接和布线,应符合 GB 5226.1—2008 中13.1的规定。

4.9.4 电气设备的导线标识,应符合 GB 5226.1—2008 中13.2的规定。

4.9.5 电气设备保护联结电路的连续性,应符合 GB 5226.1—2008 中18.2.2的规定。

4.9.6 电气设备的绝缘性能,应符合 GB 5226.1—2008 中18.3的规定。

4.9.7 电气设备的耐压试验,应符合 GB 5226.1—2008 中18.4的规定。

4.10 安全要求

全机应按 GB/T 17780.4 的要求采取安全防护措施。

4.11 涂装

产品涂装应符合 FZ/T 90074 的规定。

5 试验方法

5.1 机器振动值(4.1.2):假捻器振动值用测振仪在假捻器座体上平面下方 10 mm 各对应轴承处检测;中间罗拉振动值用测振仪在中间罗拉轴承处检测。

5.2 全机轴承温升(4.1.3):用表面温度计在轴承座的外表面检测。

5.3 全机假捻器转速不匀率 x(4.2.2):用闪光测速仪测量。按式(1)计算:

$$x = \frac{2n_{下}(\overline{x} - \overline{x_{下}})}{n\overline{x}} \times 100\% \ 或 \ \frac{2n_{上}(\overline{x_{上}} - \overline{x})}{n\overline{x}} \times 100\% \quad\cdots\cdots\cdots\cdots\cdots (1)$$

式中:

$n_{下}$——平均锭速以下的锭子数;

$\overline{x_{下}}$——平均锭速以下锭速平均值,单位为转每分钟(r/min);

$n_{上}$——平均锭速以上的锭子数;

$\overline{x_{上}}$—— 平均锭速以上的锭速平均值,单位为转每分钟(r/min);

$\overline{x}$ ——锭速的平均值,单位为转每分钟(r/min);

n ——全机锭子数。

5.4 热箱温度偏差(4.3):检查控制柜设定温度与仪表显示温度,比较其差值。

5.5 整列罗拉径向圆跳动(4.4):用百分表检测。

5.6 全机噪声(发射声压级)(4.7):按 GB/T 7111.1、GB/T 7111.4 的规定,用声级计测试。

5.7 空车运转主电机功率消耗(4.8):用功率表检测。

5.8 电气设备的电快速瞬变脉冲群抗扰度性能试验(4.9.1):用电快速瞬变脉冲群发生器进行测试。采用供电电源端口及 PE 端口输出干扰试验电压峰值为 2 kV,重复频率为 5 kHz 或者 100 kHz;输入、输出信号、数据和控制端口的试验电压峰值为 1 kV,重复频率为 5 kHz 或者 100 kHz。受试设备的功能动作符合规定的要求。

5.9 电气设备的静电放电抗扰度性能试验(4.9.2):用静电放电发生器进行测试。采用接触放电 8 kV、空气放电 15 kV。

5.10 电气设备的连接和布线(4.9.3):检查接线是否牢固;两端子之间的导线和电缆是否有接头和拼接点;电缆和电缆束的附加长度是否满足连接和拆卸的需要。

5.11 电气设备导线的标识(4.9.4):检查导线的每个端部是否有标记;如果用颜色作导线标记时,应符合 GB 5226.1—2008 的相关规定。

5.12 电气设备的保护联结电路连续性(4.9.5):按 GB 5226.1—2008 中 18.2.2 的规定测试(测试数据判定按 GB 5226.1—2008 附录 G 的规定)。

5.13 电气设备的绝缘性能(4.9.6):用兆欧表测试。

5.14 电气设备的耐压试验(4.9.7):用耐压试验仪测试。

5.15 其余项目:感官检测。

5.16 空车运转试验

5.16.1 试验条件:

a) 环境温度:(25±2)℃;

b) 相对湿度:(65±5)%;

c) 电压:(380±38)V;频率:(50±1)Hz;

d) 试验速度:中间罗拉最高机械速度的80%;

e) 试验时间:连续运转24 h,在试验速度下,高速运转时间不低于4 h。

5.16.2 检验项目见4.1、4.2.2、4.3、4.4、4.7、4.8、4.9.3～4.9.7、4.10、4.11。

5.17 工作负荷试验

5.17.1 试验条件:

a) 环境条件应符合5.16.1中a)、b)、c)的要求;

b) 空车运转试验合格后进行;

c) 试验速度:按生产工艺要求确定;

d) 试验时间:正常生产连续运转72 h。

5.17.2 检验项目:见4.5和4.6。

6 检验规则

6.1 型式检验

6.1.1 产品在下列情况之一时,应进行型式检验:

a) 新产品鉴定时;

b) 生产过程中,如结构、材料、工艺有较大改变,可能影响产品性能时;

c) 出厂检验结果与上次型式检验有较大差异时;

d) 产品长期停产两年后,再恢复生产时;

e) 第三方进行质量检验时。

6.1.2 检验项目:见第4章。

6.2 出厂检验

6.2.1 每批产品至少抽出一台全装,同时进行空车运转试验,并经生产企业质检部门检验合格,附有产品合格证方能出厂。

6.2.2 检验项目:见4.1、4.2.2、4.3、4.4、4.7、4.8、4.9.3～4.9.7、4.10、4.11。

6.3 判定规则

全部项目检验合格,判该产品符合标准要求。

6.4 其他

在安装调试过程中,发现有项目不符合本标准时,生产企业应会同用户共同处理。

7 标志

7.1 包装箱上的储运图示标记,按GB/T 191的规定。

7.2 产品铭牌,按FZ/T 90089.1和FZ/T 90089.2的规定。

7.3 产品安全标志,按GB 2894的规定。

8 包装、运输和贮存

8.1 产品的包装,按 FZ/T 90001 的规定。

8.2 产品在运输过程中,包装箱应按规定的朝向安置,不得倾斜或改变方向。

8.3 产品出厂后,在良好的防雨及通风贮存条件下,包装箱内的产品防潮、防锈有效期为一年。

▶ 广告明细

特别鸣谢

常德纺织机械有限公司	总经理	陈子辉
无锡培力自动化设备有限公司	总经理	车金生
金轮针布（江苏）有限公司	董事长	黄春辉
上海光洋欧克电子科技发展有限公司	总经理	陈建设
特吕茨施勒纺织机械（上海）有限公司	总经理	Harald Schoepp
瑞士格拉夫针布（远东）有限公司	中国区销售总监	魏灿南
湘潭经纬纺机自动化设备有限公司	董事长	刘志文
新疆英联贝克机械设备有限公司	总经理	吕盈盈
合肥鹏通电子科技有限公司	总经理	崔群海

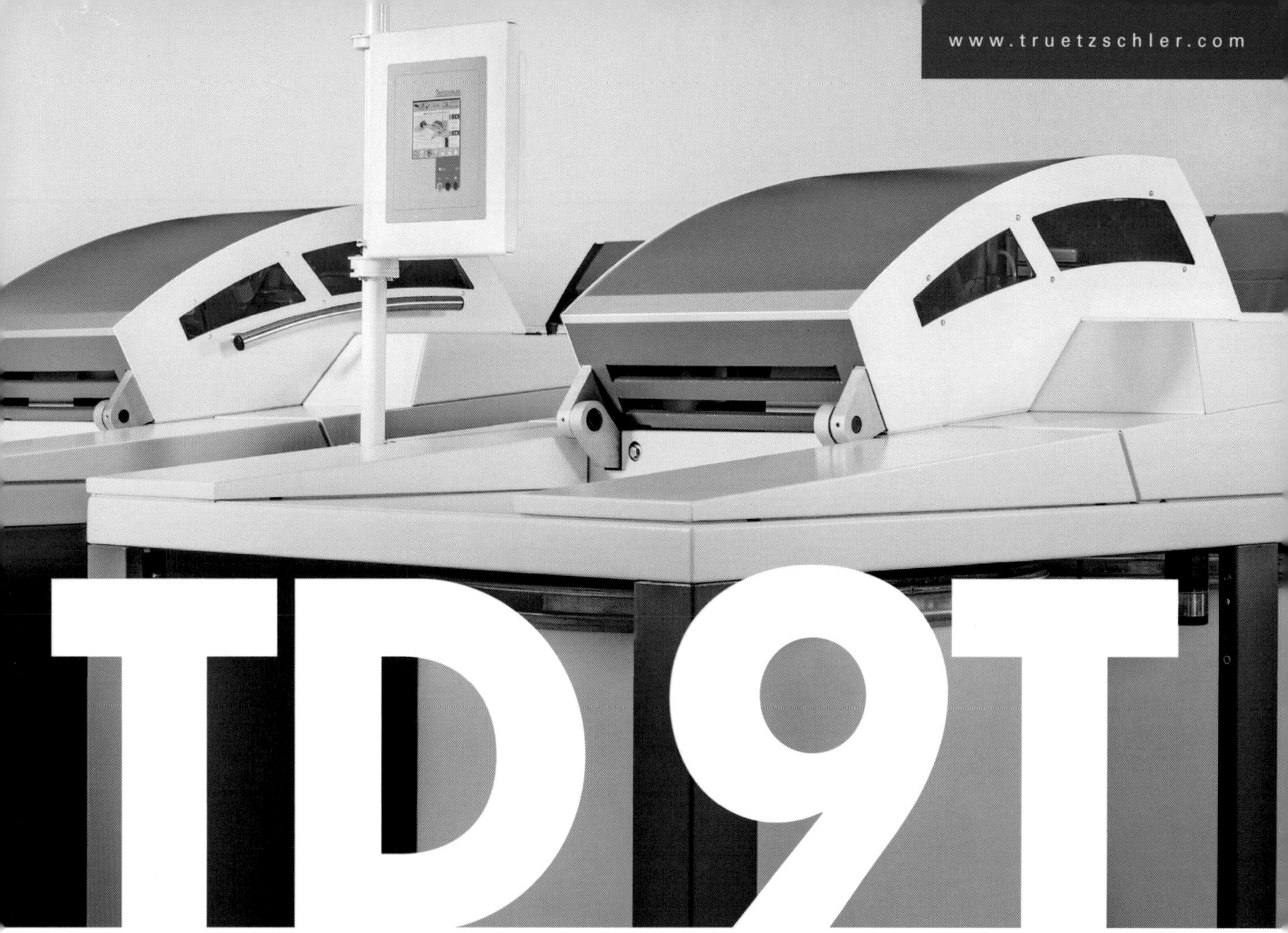

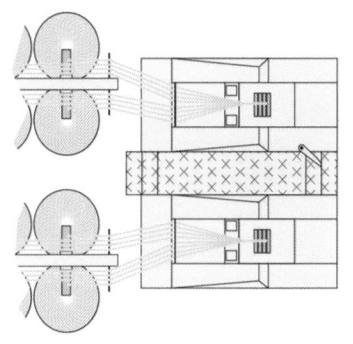

格 拉 夫 针 布
市 场 的 领 导 者

瑞士格拉夫针布（远东）有限公司
中国香港中环士丹利街60号明珠行20楼

电话：（852）2810 0955
传真：（852）2845 2964
电邮：Info@grafhk.com
联络人：魏灿男
手机：13801639742

GERON | 蓝钻
BLUE DIAMOND

蓝钻针布 清梳联的心脏
Blue Diamond   Heart of Blowing-Carding

金轮针布（江苏）有限公司
GERON CARD CLOTHING(JIANGSU)CO.,LTD.

地址：江苏南通经济技术开发区滨水路6号
Add:No.6 Binshui Road,Nantong Economic &
Technology Development Zone,China
Tel: (+86)513-8517 8888   Fax:(+86)513-8101 8555
URL: www.geron-card.com   E-mail:sales@geron-card.com

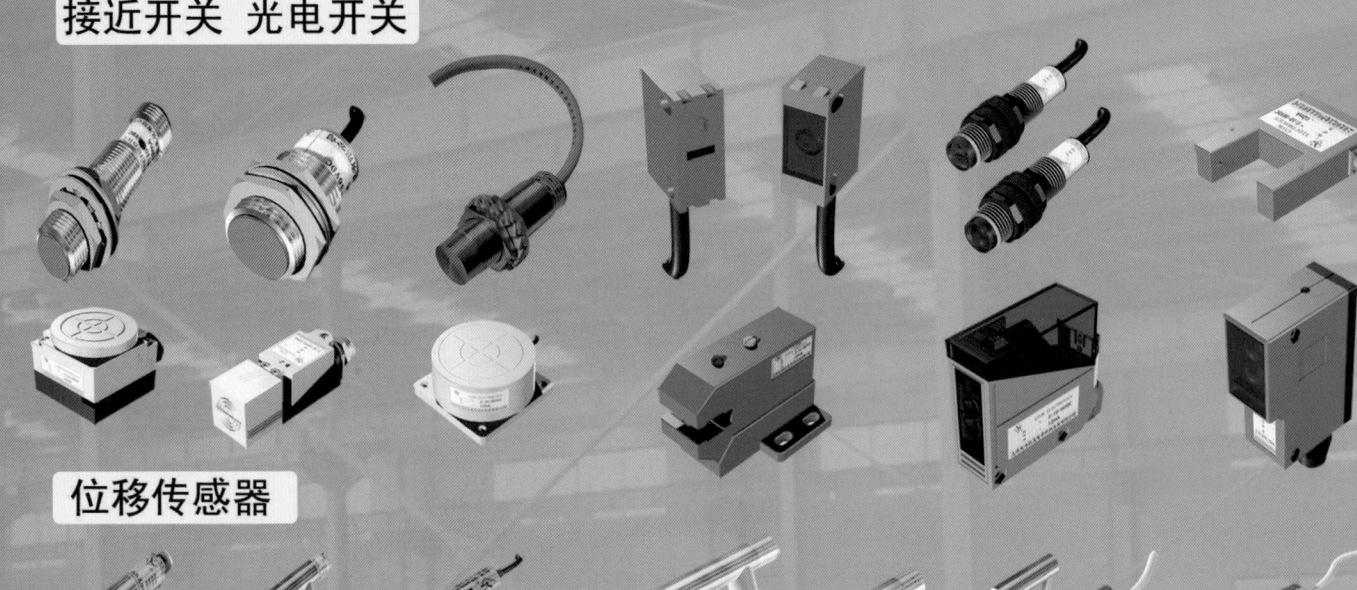
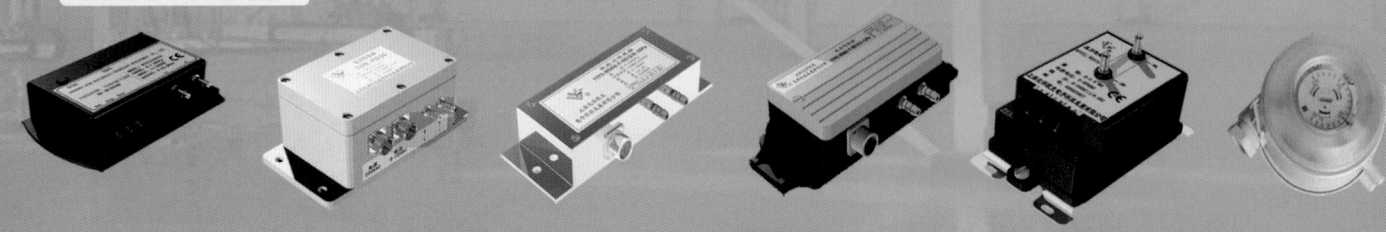

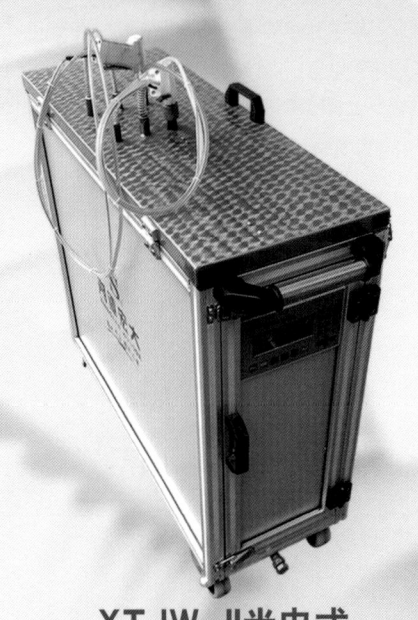
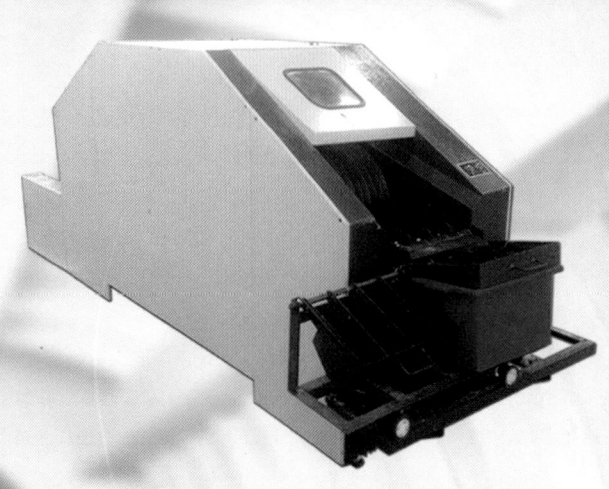
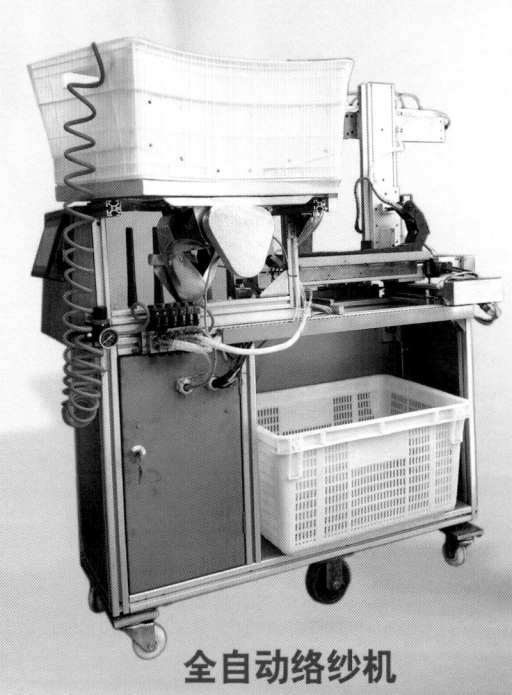
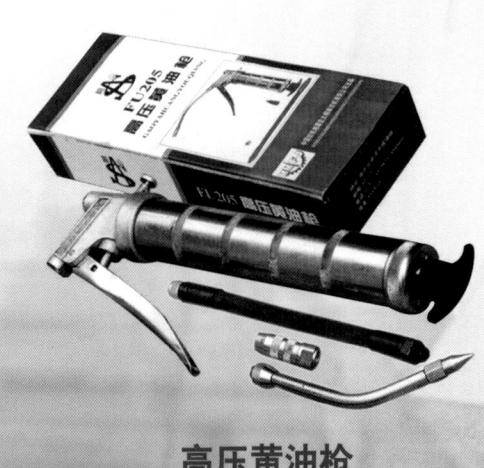